普通高等教育"十三五"规划教材

传感器原理与检测技术

主　编　何兆湘　黄兆祥　王　楠
副主编　陈　静　康宪芝　徐　骁

华中科技大学出版社
http://www.hustp.com
中国·武汉

内 容 简 介

本书的主要内容分为三大部分：传感器的组成与工作原理；光电探测系统的组成与工作原理；传感器与光电探测系统中信号处理电路的低噪声电子设计原理和抗干扰技术。本书共分18章，第1章概要介绍了在检测领域中常用的传感器和光电探测系统这两类重要的检测装置，并对二者作了比较。接着，运用"信号与系统"的基本原理，对二者的静态特性、动态特性、频域特性、稳定特性和不失真特性进行了介绍和讨论。其余各章对上述三大部分内容进行了详细的分析和讨论。本书配有较多的例题和设计实例，便于读者自学。本书可供电类各专业学生作教材使用，也可供相关专业研究生阅读以及硬件系统设计工程师参考。

为了方便教学，本书还配有电子课件等教学资源包，任课教师可以发邮件至 hustpeiit@163.com 索取。

图书在版编目(CIP)数据

传感器原理与检测技术/何兆湘，黄兆祥，王楠主编. —武汉：华中科技大学出版社，2019.9(2024.2 重印)
普通高等教育"十三五"规划教材
ISBN 978-7-5680-3802-7

Ⅰ.①传… Ⅱ.①何… ②黄… ③王… Ⅲ.①传感器-高等学校-教材 Ⅳ.①TP212

中国版本图书馆 CIP 数据核字(2019)第 198385 号

传感器原理与检测技术
Chuanganqi Yuanli yu Jiance Jishu

何兆湘　黄兆祥　王　楠　主编

策划编辑：康　序
责任编辑：康　序
责任监印：朱　玢

出版发行：华中科技大学出版社(中国·武汉)　　电话：(027)81321913
　　　　　武汉市东湖新技术开发区华工科技园　　邮编：430223
录　　排：武汉正风天下文化发展有限责任公司
印　　刷：武汉市洪林印务有限公司
开　　本：787mm×1092mm　1/16
印　　张：19
字　　数：486 千字
版　　次：2024 年 2 月第 1 版第 2 次印刷
定　　价：48.00 元

本书若有印装质量问题，请向出版社营销中心调换
全国免费服务热线：400-6679-118　　竭诚为您服务
版权所有　侵权必究

前言 PREFACE

人类在探索自然奥秘的过程中,从来没有停止过前进的步伐。随着科学技术的发展,人类研究自然奥秘的仪器和方法愈来愈先进。"传感器原理与检测技术"这门课程就是讲述如何利用各种类型的传感器,获取所需信号并进行适当的处理,从而获得有价值的信息并对生产过程进行必要的控制,以及由此而涉及的若干专门的技术和相关的基础理论。

近年来,光信息科学与技术的迅速发展,对传感器技术起到了积极的推动作用,因此大多数讲述传感器的教材,都增加了一些光电探测器的内容,本书也不例外。只是本书还适当增加了学习光电探测器所必须掌握的微弱信号处理的相关内容。因此,本书所适用的专业也更宽广一些。

在传感器中,连接在敏感元件和转换元件后面的是信号调理与转换电路;在光电探测系统中,连接在光电探测器后面的是光电信号处理电路。实际上,无论是信号调理与转换电路,还是光电信号处理电路,都是电子线路。二者虽有各自的特性,但都具有电子线路的共性。并且,在传感器中转换元件的输出信号,与在光电探测系统中光电探测器的输出信号,都是很微弱的信号。传感器中转换元件输出的信号可达微安、微伏数量级,而光电探测器输出的信号则更微弱,达到纳安、纳伏数量级。严格来说,对于传感器中的信号调理与转换电路,以及光电探测系统中的光电信号处理电路,其设计均应遵循低噪声电子设计和抗干扰的原则。因此,本书适当地增加了这部分内容的讲解。

本书的另一个特点是,在讨论传感器和光电探测系统的一般特性时,用"信号与系统"课程所讲授的基本原理来进行分析,有的则直接引用"信号与系统"课程中所得到的结论,因此,这就要求采用本书的专业,最好开设了"信号与系统"课程。

为了适应应用型人才的培养,编写适合于应用型人才阅读、自学的教材,本书还有一个特点是,适当增加了实用产品的设计实例,以帮助读者进一步提高系统设计能力。为了提高学生的系统设计和调试能力,建议使用本书的院校,理论学时可安排为32~48学时,很多内容可由学生自学后写读书报告,而增加8~16学时的实训课或课程设计。

本书是根据各位主编长期从事科研、教学积累的丰富经验和查阅大量著作文献并指导副主编,共同编写而成。个人的学识和水平毕竟都是有限的,书中如有错误和不妥之处,敬请读者不吝指出,各位编者在此表示衷心的感谢。

本书共分 18 章,下面分别进行简要介绍。

第 1 章 概述。本章介绍了在检测技术中常用的传感器和光电探测系统这两类重要的检测装置,并对二者进行了比较。接着,运用"信号与系统"课程的基础知识,结合传感器和光电探测系统的具体情况,对其静态特性、动态特性、频域特性、稳定特性和不失真特性进行了介绍和讨论。

第 2 章 金属丝应变片传感器。本章在介绍了金属丝的应变效应之后,主要讲解了金属丝应变片传感器的结构、主要特性和参数、测量与转换电路、温度误差及其补偿以及金属丝应变片传感器的应用。在本章中以例题的形式详细讲解了关于金属材料的泊松比 μ 的理论推导过程。

第 3 章 半导体压阻式传感器。本章在介绍了半导体压阻式传感器的结构框图之后,详细地讲解了半导体应变片的工作原理、结构和特性,接着给出了半导体应变片的测量与转换电路,最后列举了半导体压阻式传感器的特点和应用。

第 4 章 气敏传感器与湿敏传感器。本章分别介绍了电阻型半导体气敏传感器、湿敏传感器的工作原理和它们的典型应用实例。首先,画出了电阻型半导体气敏传感器的结构框图,介绍了电阻型半导体气敏元件三种类型的基本结构、电阻型半导体气敏元件的两种加热方式、电阻型半导体气敏元件的七种主要特性参数,列举了气敏传感器的三种应用实例;然后,画出了湿敏传感器的结构框图,介绍了有关湿度及其度量的基本概念、湿敏元件的分类和常用的四种湿敏元件、湿度传感器的九种主要特性参数、湿度传感器对测量电路的要求,以及三种湿敏传感器的测量与转换电路。

第 5 章 电容式传感器及其应用。本章首先介绍了电容式传感器的工作原理与分类,然后详细讲解了变极距型、变面积型、变介质型三种不同类型的电容式传感器的工作原理,讨论了电容式传感器的等效电路与测量电路,分析了电容式传感器的误差成因,最后列举了三类电容式传感器的应用。

第 6 章 电感式传感器及其应用。本章首先画出了电感式传感器的结构框图,然后详细讲解了自感式、差动变压器式、电涡流式三种不同类型的电感式传感器的工作原理,着重讨论了电感线圈的等效电路与测量电路,最后介绍了各类电感式传感器的应用。

第 7 章 压电式传感器及其应用。本章首先介绍了电介质及其电偶极矩等有关的基础知识,然后讨论了石英晶体的结构特点及其压电效应、压电材料的结构及其压电效应,接着分析了压电式传感器的等效电路与测量电路、压电式传感器的工作原理,最后,介绍了压电式传感器的应用。

第 8 章 热电式温度传感器及其应用。本章介绍了几种热电式温度传感器,包括热电偶、热电阻、热敏电阻和 PN 结集成温度传感器。本章首先详细讨论了热电偶的工作原理、热电效应、热电偶的四大基本定律、常用热电偶的材料和种类及结构、与热电偶配套的仪表及温度信号变送器,进而讨论了在应用热电偶测温时热电偶的冷端温度可能给测量带来的误差及其补偿问题。接着介绍了热电阻的测温原理、目前用于测温的金属热电阻的种类和结构、热电阻的分度表、热电阻的温度检测系统。然后,介绍了 PN 结集成温度传感器的工作原理和两款常用的 PN 结集成温度传感器。在本章的最后,介绍了热敏电阻的制作材料、结构、外形、种类和各种应用。

第 9 章 光纤传感器及其应用。本章介绍了光纤的结构与种类、光纤的传光原理、光纤传感器的结构与分类、光纤传感器的主要元器件及选择方法和光纤传感器的应用。

第10章 光电探测器及其应用。本章首先复习了光的基本性质及其度量,在介绍了各类光电探测器工作原理的基础上,讨论了常见的几种光电探测器(包括光子探测器、光电导探测器、光伏探测器)及其应用。对于光子探测器,着重介绍了光电倍增管的结构、工作原理、相关的电子线路及其在光子计数测量中的应用。对于光电导探测器则是以光敏电阻为例,介绍了其结构、工作原理和特性,并对三个应用实例进行了详细分析。对于光伏探测器,分别介绍了光电二极管、光电三极管、光电池的结构、工作原理和特性,同样对三个应用实例进行了详细分析。本章最后对光电耦合器,包括普通光电耦合器和线性光电耦合器进行了简明扼要的介绍,使读者在应用时注意二者的区别。

第11章 红外传感器及其应用。本章首先介绍了红外辐射的基本知识,包括红外辐射在电磁波谱中的位置、红外辐射的特性和关于红外辐射的三大定律。接着介绍了红外探测系统的一般组成框图,然后详细地讲解了红外探测器的分类和几个主要特性参数。在本章最后详细分析和介绍了两种红外探测器以及由它们构成的红外探测系统,包括红外焊缝检测仪和热释电红外探测系统。

第12章 磁敏传感器及其应用。本章从洛伦兹力、霍尔效应等基本概念着手,介绍了霍尔元件的结构、主要特性参数、电路符号和命名方法、常用的激励电源和对后置放大器的要求。接着介绍了两类常用的霍尔集成电路即霍尔线性型集成电路和霍尔开关型集成电路,分析了它们的内部结构框图。最后,介绍了霍尔元件在大电流测量、磁性材料特性研究、转速测量、无触点键盘等多方面的应用。本章同样对磁敏电阻、磁敏二极管、磁敏三极管的工作原理、结构、主要特性参数和应用都进行了较为详细的介绍和分析。

第13章 智能传感器。本章在介绍了智能传感器的发展史之后,给出了智能传感器的定义,详细地分析了智能传感器的结构和其所具有的优点,指出了智能传感器今后的发展方向,最后介绍了几个典型的集成化智能传感器实例。

第14章 传感器网络简介。本章论述了智能传感器实现网络化后所增加的新功能,进而介绍了传感器网络的结构及传感器网络信息交换体系。重点介绍了OSI开放系统互连参考模型及OSI参考模型对应的各层规范的功能。还介绍了传感器网络常用的通信协议,包括汽车协议、工业网络协议、办公室与楼宇自动化网络协议及家庭自动化网络协议等。

第15章 无线传感器网络。本章介绍了无线传感器网络的发展历史、研究现状以及它与物联网的关系,进而讨论了无线传感器网络的结构及其各组成部分,包括传感器节点、汇聚节点、监控管理中心和终端用户,较详细地介绍了无线传感器网络的网络协议和操作系统。还总结了无线传感器网络的特征以及它与现有无线网络的区别、与现场总线的区别、与传感器网络的区别。最后,举例介绍了无线传感器网络的应用。

第16章 噪声与干扰的基本知识。本章在介绍了噪声与干扰的基本定义之后,对噪声进行了全面的分析和描述,包括光电探测系统、传感仪表中电子线路常见的基本噪声、噪声的关联与相加、含多个噪声源的电路及其计算法则、等效噪声带宽、噪声的基本属性以及噪声对数字系统的影响等。

第17章 低噪声前置放大器。本章首先全面地论述了放大器的噪声分析方法,涉及放大器的噪声电压-噪声电流(E_n-I_n)模型、等效输入噪声及简化计算法则、噪声系数、最佳源电阻R_{opt}与最小噪声系数NF_{min}、噪声温度、多级放大器的噪声系数$NF_{1,2,\cdots,n}$等基本知识。接着介绍了耦合网络的低噪声设计原则、低噪声前置放大器的选用方法、噪声参数的测量、低噪声前置放大器对电源的要求等技术问题。最后,介绍了低噪声集成运算放大器的选用原则和方法并给出了设计实例。

第18章 屏蔽接地技术。本章全面分析了抗干扰的三要素、干扰源的种类及频谱、干扰对电路的作用形态，介绍了在干扰传播途径中抑制干扰的各种措施以及如何正确选用电源及采用电源滤波器。

本课程的授课学时可安排在32~48学时，也可根据专业情况和需要有选择性地讲解某些章节，一部分章节也可安排学生自学后写出读书报告。应该根据教材内容和实际情况安排8~16学时的课程设计或实训。对于传感器技术、检测技术和光电探测技术一类硬件性质课程，学十遍不如做一遍。因此，对于本课程应当充分重视课程设计和实训教学。

本书由华中科技大学何兆湘、文华学院黄兆祥、沈阳科技学院王楠任主编，由沧州交通学院陈静、康宪芝和徐骁任副主编。全书由何兆湘组织、定稿。

为了方便教学，本书还配有电子课件等教学资源包，任课教师可以发邮件至 hustpeiit@163.com 索取。

本书在编写过程中，得到了华中科技大学光学与电子信息学院领导的大力支持和鼓励，在此表示衷心的感谢。还要感谢华中科技大学出版社的相关编辑，没有他们的努力和帮助，本书也不可能及时且顺利地出版。

编者
2024年1月

目录

第1章 概述 (1)
1.1 传感元件与传感器 (1)
1.2 光电探测器与光电探测系统 (2)
1.3 传感器与光电探测系统的比较 (3)
1.4 传感器的一般特性 (3)
习题1 (11)

第2章 金属丝应变片传感器 (12)
2.1 金属丝应变片传感器的结构框图 (12)
2.2 金属丝的应变效应 (12)
2.3 金属丝应变片的结构 (14)
2.4 金属丝应变片的主要特性和参数 (16)
2.5 金属丝应变片的测量与转换电路 (19)
2.6 金属丝应变片的温度误差及其补偿 (28)
2.7 金属丝应变片传感器的应用 (30)
习题2 (33)

第3章 半导体压阻式传感器 (35)
3.1 概述 (35)
3.2 半导体应变片的工作原理、结构与特性 (35)
3.3 测量与转换电路 (39)
3.4 半导体压阻式传感器的应用 (41)
习题3 (44)

第4章 气敏传感器与湿敏传感器 (45)
4.1 气敏传感器 (45)
4.2 湿敏传感器 (50)
习题4 (61)

第5章 电容式传感器及其应用 (62)
5.1 概述 (62)
5.2 电容式传感器的工作原理与分类 (62)
5.3 变极距型电容式传感器 (63)
5.4 变面积型电容式传感器 (65)
5.5 变介质型电容式传感器 (67)
5.6 电容式传感器的等效电路与测量电路 (69)
5.7 电容式传感器的误差成因分析 (74)
5.8 电容式传感器的应用 (75)
习题5 (80)

第6章 电感式传感器及其应用 (82)
6.1 自感式传感器 (82)
6.2 差动变压器式传感器 (87)
6.3 电涡流式传感器 (90)
6.4 电感式传感器的应用 (93)
习题6 (96)

第7章 压电式传感器及其应用 (97)
7.1 电介质及其电偶极矩 (97)
7.2 石英晶体及其压电效应 (98)
7.3 压电材料及其压电效应 (99)
7.4 压电式传感器的等效电路与测量电路 (100)
7.5 压电式传感器的应用 (105)
习题7 (107)

第8章 热电式温度传感器及其应用 (108)
8.1 热电偶 (108)
8.2 热电阻 (118)
8.3 PN结集成温度传感器 (122)
8.4 热敏电阻 (129)
习题8 (131)

第9章 光纤传感器及其应用 …… (133)

9.1 概述 …… (133)
9.2 光纤的结构与种类 …… (133)
9.3 光纤的传光原理 …… (135)
9.4 光纤传感器的结构原理及分类 …… (137)
9.5 光纤传感器的主要元器件及选择 …… (140)
9.6 光纤传感器的应用 …… (142)
习题9 …… (145)

第10章 光电探测器及其应用 …… (146)

10.1 光的基本性质与度量 …… (146)
10.2 光子探测器及其应用 …… (151)
10.3 光电导探测器及其应用 …… (163)
10.4 光伏探测器及其应用 …… (169)
10.5 光电耦合器件 …… (182)
习题10 …… (184)

第11章 红外传感器及其应用 …… (185)

11.1 红外辐射的基本知识 …… (185)
11.2 红外探测系统的组成 …… (187)
11.3 红外探测器 …… (188)
11.4 典型的红外探测器及其构成的红外探测系统 …… (191)
习题11 …… (196)

第12章 磁敏传感器及其应用 …… (198)

12.1 霍尔效应与霍尔元件 …… (198)
12.2 霍尔元件的激励电源与后置电压放大器 …… (204)
12.3 霍尔集成电路 …… (205)
12.4 霍尔传感器的应用 …… (208)
12.5 磁敏电阻及其应用 …… (211)
12.6 磁敏二极管及其应用 …… (216)
12.7 磁敏三极管及其应用 …… (221)
习题12 …… (225)

第13章 智能传感器 …… (227)

13.1 智能传感器的发展史 …… (227)
13.2 智能传感器的定义、结构、优点与发展方向 …… (227)
13.3 智能传感器实例 …… (230)
习题13 …… (232)

第14章 传感器网络简介 …… (233)

14.1 概述 …… (233)
14.2 传感器网络的结构 …… (233)
14.3 传感器网络信息交换体系 …… (234)
14.4 传感器网络的通信协议 …… (236)
习题14 …… (238)

第15章 无线传感器网络 …… (239)

15.1 概述 …… (239)
15.2 无线传感器网络的结构 …… (240)
15.3 无线传感器网络的操作系统 …… (241)
15.4 无线传感器网络的特征 …… (242)
15.5 无线传感器网络的应用 …… (244)
习题15 …… (245)

第16章 噪声与干扰的基本知识 …… (246)

16.1 引言 …… (246)
16.2 噪声与干扰的基本知识 …… (247)
16.3 噪声的关联与相加 …… (250)
16.4 含多个噪声源的电路及其计算法则 …… (251)
16.5 等效噪声带宽 …… (252)
16.6 噪声的基本属性 …… (255)
16.7 噪声对数字系统的影响 …… (258)
习题16 …… (261)

第17章 低噪声前置放大器 …… (262)

17.1 放大器的噪声电压-噪声电流(E_n-I_n)模型 …… (262)
17.2 等效输入噪声及简化计算法则 …… (262)
17.3 噪声系数 …… (263)
17.4 最佳源电阻 R_{opt} 与最小噪声系数 NF_{min} …… (265)
17.5 噪声温度 …… (266)
17.6 多级放大器的噪声系数 $NF_{1,2,\cdots,n}$ …… (267)
17.7 耦合网络的低噪声设计原则 …… (268)
17.8 低噪声前置放大器的选用 …… (270)
17.9 噪声参数的测量 …… (272)
17.10 低噪声前置放大器对电源的要求 …… (276)
17.11 低噪声集成运算放大器的选用 …… (276)
17.12 设计举例 …… (278)
习题17 …… (280)

第18章 屏蔽接地技术 …… (282)

18.1 抗干扰方法 …… (282)
18.2 干扰源的种类及频谱分析 …… (282)
18.3 干扰对电路的作用形态 …… (283)
18.4 在干扰传播途径中抑制干扰的措施 …… (285)
18.5 正确选用电源及采用电源滤波器 …… (294)
习题18 …… (295)

参考文献 …… (296)

第 1 章　概　述

现代社会已经全面进入信息化时代,传感器与检测技术已经深入我们生活的方方面面。传感器与检测系统是从自然和生产领域获取信息的重要设备和工具。它们有许多相同之处,也有一些不同之处,本章首先介绍二者的基本结构,然后将二者进行对比,讨论它们的异同点,以便在实际工作中更好地选用它们。

1.1　传感元件与传感器

中华人民共和国国家标准《传感器通用术语》(GB/T 7665—2005)3.1 节对传感器(transducer/sensor)的定义为:"能感受被测量并按照一定的规律转换成可用输出信号的器件或装置,通常由敏感元件和转换元件组成。"其又进一步解释:"敏感元件(sensing element),指传感器中能直接感受或响应被测量的部分。转换元件(transducing element),指传感器中能将敏感元件感受或响应的被测量转换成适于传输或测量的电信号部分。"还指出:"当输出为规定的标准信号时,则称为变送器(transmitter)。"

按照国家标准的定义,传感器仅由敏感元件和转换元件组成,这里的传感器,实际上是一个元器件,可理解为狭义的传感器。在实际工作中,仅含有敏感元件和转换元件,多数情况下不可能按一定的规律转换成可用输出信号,在转换元件后面一般都连接有信号调理与转换电路,并且还必须配以适当的电源。电源不仅供信号调理与转换电路使用,有时还得供转换元件使用。这样一来,通常所说的传感器,其组成框图如图 1.1.1 所示。

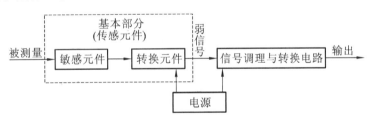

图 1.1.1　传感器的组成框图

由图 1.1.1 可以看出,传感器实际上应由四部分组成,分别是敏感元件、转换元件、信号调理与转换电路和电源等。当输出为规定的标准信号时,则称为变送器。由此可见,传感器或变送器都是一种前端检测设备,要得到一个完整的检测仪表或控制系统,在信号调理与转换电路后面还要增加相应的功能模块,如显示模块或功率驱动模块,以便实现信息的显示和设备的自动控制。

传感器的工作过程具体如下。

(1) 当敏感元件感受到被测量时,将其传送给转换元件。

(2) 转换元件在电源的帮助下(有的传感元件不需要)将敏感元件感受到的被测量的信息转换成电信号输出。

(3) 信号调理与转换电路将转换元件送来的微弱电信号进行初步的放大和处理。

实际上,在图 1.1.1 中,有时敏感元件和转换元件是合在一起无法区分的,因此可以把敏感元件和转换元件组成的传感器基本部分称为传感元件(或狭义传感器)。传感元件输出的信号十分微弱,往往只有 μA、μV 数量级,有的甚至只有 nA、nV 数量级。因此,后面的信号调理与转换电路中的前置放大器必须采用低噪声前置放大器和抗干扰技术。

> **注意**:在有些情况下,传感器在测温现场,而信号调理和转换电路在距离较远的中控室,传感元件输出的微弱信号要通过较长的导线才能传输到信号调理和转换电路,若不采取一定的抗干扰措施,是无法获得真实有用的信号的。

本书中后面用到"传感器"这个词时,既是指传感元件(或狭义传感器),还是指图 1.1.1 所示的传感器,读者可根据上下文来理解,有时也会在文中相应的位置注明。

传感器种类繁多,常用的有如下几大类:电阻式传感器、电容式传感器、电感式传感器、压电式传感器、热电式传感器、磁电式传感器、光电式传感器、超声波式传感器、光纤传感器等。

1.2 光电探测器与光电探测系统

归纳有关文献对光电探测器的论述,可得出光电探测器的定义如下:光电探测器是一类能接收调制光或非调制光,在辅助电源的帮助下(有些不需要),将其转换成电信号输出的器件。常用的这类器件有光电子发射探测器、光电导探测器、光伏探测器、热电探测器、热释电探测器、光电二极管、光电三极管、PIN 光电二极管、光电成像器件等。

在光电探测器的输出端接上低噪声前置放大器及相应的信号处理电路,就构成了光电探测系统。光电探测系统的组成框图如图 1.2.1 所示。

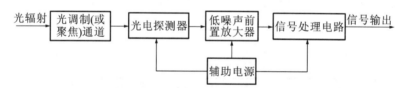

图 1.2.1 光电探测系统的组成框图

由图 1.2.1 可以看出,光电探测系统由五部分组成,分别是光调制(或聚焦)通道、光电探测器、低噪声前置放大器、信号处理电路和辅助电源等。

光调制通道由电机和调制盘组成,其作用是:当光通过调制通道时,被调制盘斩波,由连续光变成非连续光,即光由直流信号变为交流信号。聚焦通道则由一个或一组透镜组成,其作用是:当光通过聚焦通道后,可增强照射在光电探测器上光的强度,从而使光电探测器的输出信号增大。

光电探测系统的工作过程具体如下。

(1) 可见光或其他非可见光的电磁辐射经过调制通道的传输和调制后(有些系统是非调制通道,有些系统则是聚焦通道)到达光电探测器,在辅助电源的帮助下(有些不需要)产生微弱的电信号输出。

(2) 光电探测器输出的电信号十分微弱,往往只有 μA、μV 数量级,有的甚至只有 nA、nV 数量级。经过低噪声前置放大器放大后再送到信号处理电路进一步处理。

光电探测器输入的是光信号,输出的是电信号,光电探测器因此而得名。

根据光电探测系统所要完成功能的不同,信号处理电路会有很大的差异,但不管实现何种功能,低噪声前置放大器都是必不可少的。只有把光电探测器输出的微弱电信号放大到足够大,才能进行下一步的处理。有些情况下,仅用一级低噪声前置放大器是不够的,必须采用多级低噪声前置放大器的级联。在进行信号放大的同时,还必须采取防止内部串扰和外部干扰的相关措施。

1.3 传感器与光电探测系统的比较

比较图 1.1.1 所示的传感器的组成框图和图 1.2.1 所示的光电探测系统的组成结构框图,可以发现传感器与光电探测系统的异同之处。

二者的相同之处如下。

(1) 传感器中由敏感元件感受被测物理量并由转换元件将其转换为微弱的电信号输出,同样,光电探测系统中由光电探测器接收光辐射的照射并将其转换为微弱的电信号输出。

(2) 传感器中连接在转换元件后面的是电子线路,同样,光电探测系统中连接在光电探测器后面的也是电子线路。

(3) 传感器中必须配备直流稳压电源,同样,光电探测系统中也必须配备直流稳压电源。

二者的不相同之处如下。

(1) 传感器中由敏感元件直接感受被测物理量,而光电探测系统中由光电探测器接收来自调制通道或聚焦通道的光辐射照射。

(2) 传感器中由转换元件输出的微弱信号一般直接送到信号调理与转换电路进行处理;而光电探测系统中由光电探测器输出的微弱信号一般必须先经过一级或多级低噪声前置放大器放大后,才能进一步处理。

如果在图 1.2.1 所示的光电探测系统的组成结构框图中,把低噪声前置放大器归于信号处理电路,把经过光调制或聚焦通道的输出作为光源,那么光电探测系统的组成就与传感器的组成没有区别,这时,光电探测器相当于传感器中的传感元件,它感受光的照射并把这种照射转换为微弱的电信号输出。鉴于此,国家标准《传感器通用术语》(GB/T 7665—2005)中列入了三种常见的光电探测器,分别为 3.1.27 节的光导式传感器,3.1.28 节的光伏式传感器和 3.1.29 节的热电式传感器。

对于使用传感元件或光电探测器来设计相关设备、产品的人员来说,重要的是掌握传感元件或光电探测器的外特性,以及在何种外部条件下才能获得最佳性能。在设计前一定要对它们的外特性进行单独、反复的测试,并找到获得最佳性能的外部条件,以便在设计中尽量满足此条件,达到获得最佳性能的目的。

1.4 传感器的一般特性

1.4.1 静态特性

图 1.1.1 所示的传感器和图 1.2.1 所示的光电探测系统,都有各自的特性。但是,由"信号与系统"课程的知识可知,它们都符合"系统"的定义,即它们都是由若干相互联系、相互依赖的部件(或单元、元素)按一定规则组合而成,并能实现一定功能的整体。因此,二者也有一些共性。若只考虑输入量和输出量之间的关系,而不计其内部的具体结构,二者都可以用图 1.4.1 所示的方框来表示,即它们都遵循"信号与系统"课程中所述"系统"所应遵循

$x(t) \rightarrow$ 系统 $\rightarrow y(t)$ 的一般规律。

图 1.4.1 用方框表示传感器或光电探测系统

图 1.4.1 中 $x(t)$ 是传感器或光电探测系统的输入量，$y(t)$ 是输出量。这里的 $y(t)$ 可以是系统的输出，也可以是传感元件或光电探测器的输出，因为可以把传感元件看成传感器的子系统，而将光电探测器看成是光电探测系统的子系统。

当输入量 $x(t)$ 是常量 x 时，输出量 $y(t)$ 也是对应的常量 y。对于每一个常量 x 的输入，系统的输出都有一个常量 y 与之对应。若已知系统结构和元件参数，则可列出描述系统工作特性的数学方程，解这个方程即可求得输出和输入之间对应的函数关系如下。

$$y = f(x) \tag{1.4.1}$$

式(1.4.1)所表示的系统的特性，称之为**静态特性**。一般情况下式(1.4.1)是一条曲线，称为**系统的静态特性曲线**，它是在静态标准条件下测定的。利用一定精度等级的测量设备，对系统进行往复循环测试，即可得到输入-输出数据。将这些数据取平均值后，即可绘制出系统的静态特性曲线。

根据函数的幂级数展开式，将式(1.4.1)展开为麦克劳林级数，得到：

$$y = f(0) + f'(0)x + \frac{f''(0)}{2!}x^2 + \cdots + \frac{f^{(n)}(0)}{n!}x^n + \cdots \tag{1.4.2}$$

在上式中，分别令 $a_0 = f(0)$，$a_1 = f'(0)$，$a_2 = \frac{f''(0)}{2!}$，$\cdots$，$a_n = \frac{f^{(n)}(0)}{n!}$，$\cdots$ 得到：

$$y = a_0 + a_1 x + a_2 x^2 + \cdots + a_n x^n + \cdots \tag{1.4.3}$$

由式(1.4.3)可知，一般情况下，系统的静态特性曲线不是直线，而是曲线。系统的静态特性包括线性性质、灵敏度、分辨力、重复性、迟滞性、温漂、可靠性等，下面分别介绍。

1. 线性性质

在式(1.4.3)中，若 a_2 及其以后的系数 a_n 都为零，则系统的输入-输出关系是线性关系，即：

$$y = a_0 + a_1 x \tag{1.4.4}$$

满足式(1.4.4)的系统，称为线性系统，线性系统有许多优良的性质，这在"信号与系统"课程中已进行过充分的讨论。在式(1.4.4)中，若 a_0 也等于零，则是理想的线性关系，输入-输出的关系是过原点的一条直线，即：

$$y = a_1 x \tag{1.4.5}$$

为了描述非线性关系时系统的线性性质，即系统的**静态特性曲线**偏离直线的程度，引入非线性误差的概念，其定义如下。

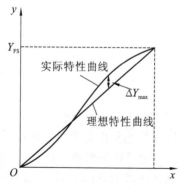

图 1.4.2 系统的非线性误差

非线性误差 在测量范围内，系统的**静态特性曲线**与理想直线间最大偏差 ΔY_{max} 对系统满量程输出 Y_{FS} 的百分比称为非线性误差，用 δ_L 表示，如图 1.4.2 所示。即：

$$\delta_L = \frac{\Delta Y_{max}}{Y_{FS}} \times 100\% \tag{1.4.6}$$

由图 1.4.2 可以看出，非线性误差的大小与理想直线的选取有关。以不同的直线作为比较标准，得到的非线性误差是不同的。非线性误差越小，线性度就越好，系统静态特性曲线就越接近直线。选取标准直线的方法有多种,比较简单而实用的方法是观察法。观察法是在系统静态特性曲线的坐标图上,选择一条在各处都最贴近曲线的直线位置,将其画出来。图 1.4.2 中的标准直线就是用观察法获得的。

2. 灵敏度 K

系统的灵敏度 K 是指到达稳定工作状态时,输出变化量 Δy 与引起此变化的输入变化量 Δx 之比。即:

$$K = \frac{\Delta y}{\Delta x} \tag{1.4.7}$$

线性系统的灵敏度 K 就是其静态特性曲线——直线的斜率,如图 1.4.3 所示。非线性系统的灵敏度 K 就是其静态特性曲线上各点的斜率,在不同的点,斜率不同,如图 1.4.4 所示。在非线性系统的情况下,灵敏度 K 为一变量,且有:

$$K = \frac{\mathrm{d}y}{\mathrm{d}x} = y'_x = f'(x) \tag{1.4.8}$$

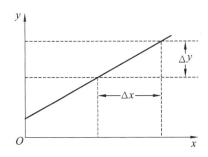

图 1.4.3　线性系统的灵敏度 K

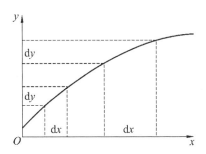

图 1.4.4　非线性系统的灵敏度 K

由式(1.4.8)可知,非线性系统的灵敏度 K 就是其静态特性曲线的一阶导数。

为了获得传感器或光电探测系统的灵敏度 K,在其输出端要有显示单元。对于灵敏度 K,下面举例进行说明。

例 1.4.1　一个 3 位半的数字万用表,其直流电压 200 mV 挡的灵敏度 K 是多少?

解答　由 3 位半数字万用表中直流电压 200 mV 挡的结构和工作原理可知,系统的输入量 x 为电压,输出量 y 为数码 N,且 N 的显示范围限定在 0~1999。实测表明,当输入量 x 由 5 mV 变化到 10 mV 时,输出量 y 的数码 N 由 50 变化到 100(注意:此时应不考虑显示出的小数点),因此得到:

$$K = \frac{\Delta y}{\Delta x} = \frac{100 - 50}{(10 - 5)} \mathrm{mV}^{-1} = 10 \ \mathrm{mV}^{-1}$$

计算结果表明,此挡的灵敏度 K 为(10/mV),其含义是输入量每变化 1 mV,输出数码就变化 10。故设计此挡时,要将数码 N 的个位左边的小数点同时点亮。这样,当输入量为 1 mV 时,显示器将显示 1.0,表示输入量为 1.0 mV,显示正确。

3. 最小可检测量 $x_{\min}$

系统的最小可检测量 $x_{\min}$ 是使系统能产生输出的最小的输入量。为了获得系统的最小可检测量 $x_{\min}$,在其输出端要有显示单元。对于最小可检测量 $x_{\min}$,举例说明如下。

例 1.4.2　一个 3 位半的数字万用表,其直流电流 200 mA 挡的最小可检测量 $x_{\min}$ 是多少?

解答 由 3 位半数字万用表中直流电流 200 mA 挡的结构和工作原理可知,系统的输入量 x 为电流,输出量 y 为数码 N,且 N 的显示范围限定在 0～1999。当输出量 y 的数码 $N=001$ 时,对应的输入量 x 即为系统的最小可检测量 $x_{\min}$。对于 200 mA 挡来说,设计此挡时,要将数码 N 的个位左边的小数点同时点亮。这样一来,直流电流 200 mA 挡的最小可检测量 $x_{\min}$ 则为 0.1 mA,而最大量程为 199.9 mA。

在没有干扰和噪声的理想情况下,线性系统的最小可检测量 $x_{\min}$ 就是系统的分辨率。

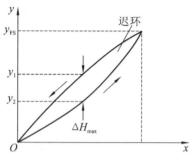

图 1.4.5 系统的迟滞特性

4. 迟滞

系统在输入量由小到大(正行程)及由大到小(反行程)的变化期间所测得的输入-输出特性曲线不重合的现象称迟滞,如图 1.4.5 所示。系统出现迟滞的原因,是系统中含有不合格的传感元件或探测器。必须设法消除迟滞现象,否则系统就没有实用价值。

5. 温度漂移

温度漂移简称温漂,表示在输入不变的情况下,系统输出值随着温度的变化而变化的特性。

温漂 W_P 是以温度变化 1 ℃所引起的输出变化量的最大值 $\Delta y_{\max}$ 与满量程输出 y_{FS} 的百分比来表示的。即:

$$W_P = \frac{\Delta y_{\max}}{y_{FS} \Delta T} \tag{1.4.9}$$

式中,ΔT 为温度变化值。

温漂的成因是由组成系统的元器件的温度特性所决定的,而元件的温度特性又取决于制造元件所使用的材料。而在众多的基础材料中,用得最多的是半导体,而半导体的温度特性又比较差,半导体的导电性能会随着温度的变化而产生较大的变化。如果系统的温漂过大,则无使用价值。要减小或克服系统的温漂,从理论上分析,一般有如下三种方法。

(1) 采用温度特性优良的材料制造元器件,这种材料的导电性能不随温度的变化而变化,但是能取代半导体的这种优良材料还没有研制出来。

(2) 在系统设计中采取措施,如放大器的设计中采用稳定工作点的偏置电路、负反馈以及热敏电阻等。

(3) 使系统工作在温度相对恒定的环境中,如在计算机的机箱内安装风扇,在 CPU 的背部安装风扇等和其他稳定环境温度的措施。

6. 重复性

在相同的工作条件下,系统的输入量由小到大(正行程)及由大到小(反行程)进行变化,在满量程范围内进行多次测量时,所测得的输入-输出特性曲线保持不变,即称此系统具有重复性。不具有重复性的系统,没有实用价值。例如,一个电子秤,对于同一个物品的称量,必须在满量程范围内进行多次测量时具有相同的测量值,否则就没有实用价值。系统不具有重复性的原因,一般是因为系统中的某些元器件性能不稳定造成的,必须设法找出来并进行更换。

7. 可靠性

系统的可靠性是指系统在规定时间内和规定条件下,完成规定功能的能力。规定时间包括储存时间和使用时间;规定条件包括环境条件、使用条件、维修条件等;规定功能是指给系统设计的各类技术指标。系统的可靠性一般用概率来衡量,系统的可靠性只有达到100%,这个系统才具有实用价值。假设每个元器件的可靠性是99.999%,系统由10个元器件组成,则系统的可靠性只有$(99.999\%)^{10}=99.990\%$;若系统由100个元器件组成,则系统的可靠性降为$(99.999\%)^{100}=99.900\%$。可见组成系统的元器件越多,对每个元器件的可靠性要求越高。

8. 测量仪表的精度等级

传感器和光电探测系统最终都会构成一个工程上能实用的测量仪表或生产控制装置。对于测量仪表的精度等级,国家标准《工业过程测量和控制用检测仪表和显示仪表精确度等级》(GB/T 13283—2008)作了规定,简要介绍如下。

(1) 定义仪表的测量误差为仪表的测量读数与被测量的真值之差。

(2) 定义仪表的基本误差(又称相对误差)为:

$$A = \frac{\Delta Y_{\max}}{Y_{\max} - Y_{\min}} \times 100\% \tag{1.4.10}$$

式中:$\Delta Y_{\max}$为测量的最大绝对误差;$Y_{\max}$为最大测量读数;$Y_{\min}$为最小测量读数。

将基本误差去掉"%"号后,就是国家标准规定的测量仪表的精度等级。国家标准中有如下若干等级:0.01、0.02、0.03、0.05、0.1、0.2、0.25、0.3、0.4、0.5、1.0、1.5、2.0、2.5、4.0、5.0。例如,某台测温仪的基本误差为0.1%,则其精度等级为0.1。又如,某台测温仪的基本误差为1.3%,则其精度等级为1.5级(因为国标中没有1.3级,故只能往后定为1.5级,而不能往前定为1.0级)。

例 1.4.3 一台精度等级为 0.01 级,量程范围为 1 500~2 000 ℃ 的温度仪表,它测量时,允许的最大绝对误差是多少?检测某点的最大绝对误差为 5 ℃,此表是否合格?

解 由式 1.4.10 可知,允许的最大绝对误差为:

$$\Delta Y_{\max} = A(y_{\max} - y_{\min})$$

代入题设参数可得:$\Delta Y_{\max} = A(y_{\max} - y_{\min}) = 0.01 \times (2\,000 - 1\,500)℃ = 5\,℃$,因检测某点的最大绝对误差为 5 ℃,没有超过允许的最大绝对误差,故此表合格。

例 1.4.4 一台量程范围为 0~200 ℃ 的温度仪表,检验测试结果其最大绝对误差 $\Delta Y_{\max} = 4\,℃$ 试判断该温度仪表的精度等级。

解 由题意可知该温度仪表的相对误差为:

$$A = \frac{\Delta Y_{\max}}{Y_{\max} - Y_{\min}} \times 100\% = \frac{4}{200} = 2.0\%$$

故该温度仪表为 2.0 级。

1.4.2 动态特性

图 1.1.1 所示的传感器和图 1.2.1 所示的光电探测系统都有各自的特性,但它们都符合"信号与系统"课程中关于"系统"的定义,即它们都是由若干相互联系、相互依赖的部件(或单元、元素)按一定规则组合而成,并能实现一定功能的整体。对于实际的物理系统,常讨论的重要性质有稳定性、时域特性和频域特性。动态特性是时域特性之一,讨论传感器和光电探测系统的动态特性,可以从一般系统的动态特性着手。

当系统的输入量是随时间变化而变化的时间变量 $x(t)$ 时,则系统的输出量也是随时间变化而变化的时间变量,记为 $y(t)$,如图 1.4.6 所示。$y(t)$ 的特性就是系统的动态特性。只

$x(t) \rightarrow$ 系统 $\rightarrow y(t)$

图 1.4.6 输入、输出均为时间变量的系统

要求得 $y(t)$ 的表达式或波形图,系统的动态特性就一目了然。

系统从大的方面来分类,可分为线性系统和非线性系统。对于线性系统的性质,已有许多文献和教材进行了详细的论述。对于非线性系统,还在不断的探索和研究之中。严格来说,大多数系统都是非线性系统。为了研究非线性系统的性质和求解非线性系统,可采用近似的方法,即在小信号输入范围内,把非线性系统近似等效为线性系统。所以在讨论传感器和光电探测系统的动态特性时,也可采用这种方法。

对于线性系统,在已知输入 $x(t)$、系统结构及其元件参数的条件下,为了求得输出 $y(t)$,可列出描写系统工作特性的输入-输出微分方程:

$$\frac{d^n y(t)}{dt^n} + a_{n-1} \frac{d^{n-1} y(t)}{dt^{n-1}} + \cdots\cdots + a_1 \frac{dy(t)}{dt} + a_0 y(t)$$
$$= b_m \frac{d^m x(t)}{dt^m} + b_{m-1} \frac{d^{m-1} x(t)}{dt^{m-1}} + \cdots\cdots + b_1 \frac{dx(t)}{dt} + b_0 x(t) \tag{1.4.11}$$

求解这个微分方程,即可求得系统的动态特性 $y(t)$。对于式(1.4.11)的各种求解方法,在"信号与系统"课程中有详尽的论述,这里不再赘述。对于实际的物理系统,在式(1.4.11)中,满足 $n \geq m$。当 $n=1$ 时,该系统称为一阶系统;当 $n=2$ 时,该系统称为二阶系统,依此类推。

系统的输入 $x(t)$ 又称为激励,系统的动态特性 $y(t)$ 又称为响应。响应有完全响应 $y(t)$、零输入响应 $y_{zi}(t)$、零状态响应 $y_{zs}(t)$ 之分。并且完全响应等于零输入响应与零状态响应之和,即:

$$y(t) = y_{zi}(t) + y_{zs}(t) \tag{1.4.12}$$

在实际应用中,系统开始起动时,其起始状态一般为零。因此由起始状态产生的零输入响应为零,此时系统的动态特性(系统的完全响应),等于零状态响应,即:

$$y(t) = y_{zs}(t) \tag{1.4.13}$$

求得系统的动态特性后,便可根据其判断质量的好坏。例如,系统的动态特性 $y(t)$ 能否真实地反映系统的输入 $x(t)$,是否存在失真、延时等。通过观察判断后,可对系统设计提出改进措施。改进系统特性的方法是,根据描写系统工作特性的输入-输出微分方程式(1.4.11),画出系统的直接模拟图,然后可选择用软件在计算机上实现,可以通过改变直接模拟图的有关参数来获得所需要的系统特性,最后,根据改进后的参数重新改造系统。

系统的时域特性除了动态特性(系统的完全响应)外,还包括系统的冲激响应和阶跃响应。在时域中观察和分析系统的性质,除了通过求系统的动态特性之外,还可以通过求系统的冲激响应和阶跃响应来进行。冲激响应 $h(t)$ 是激励为单位冲激函数 $\delta(t)$ 时系统的零状态响应;而阶跃响应 $y_\varepsilon(t)$ 是激励为单位阶跃函数 $\varepsilon(t)$ 时系统的零状态响应。

1.4.3 频域特性

传感器和光电探测系统在小信号输入的情况下,可作为线性系统来处理,1.4.2节简要地讨论了线性系统的时域特性,本节讨论线性系统的频域特性,频域特性又称为频响特性。所谓频响特性是指系统在输入量为正弦波时,输出量的变化情况,这包括幅度和相位两个方面的变化情况。在"信号与系统"课程中已经证明,当系统的输入量为正弦波时,其输出量的稳态部分也是同频率的正弦波,只是振幅已被系统的幅频特性所加权,相位是输入正弦波的相位与系统的相频特性相加。

> **说明**：幅频特性是指对应于某个角频率时频域系统函数的模,是一个正数。相频特性是指对应于某个角频率时频域系统函数的相位角。

1. 系统函数、幅频特性和相频特性的获取

系统的幅频特性和相频特性可由系统函数求出,而系统函数则可由描写系统工作特性的输入-输出微分方程式(1.4.11)导出。

在零状态因果激励的条件下,对式(1.4.11)两边取拉普拉斯变换得：

$$(s^n + a_{n-1}s^{n-1} + \cdots + a_1 s + a_0)Y(s) = (b_m s^m + b_{m-1}s^{m-1} + \cdots + b_1 s + b_0)X(s)$$

由上式经过运算有：

$$H(s) = \frac{Y(s)}{X(s)} = \frac{b_m s^m + b_{m-1}s^{m-1} + \cdots + b_1 s + b_0}{s^n + a_{n-1}s^{n-1} + \cdots + a_1 s + a_0} \tag{1.4.14}$$

式中：$H(s)$ 为系统函数；$Y(s)$ 为 $y(t)$ 的拉普拉斯变换；$X(s)$ 为 $X(t)$ 的拉普拉斯变换。而由 $H(j\omega) = H(s)\big|_{s=j\omega}$ 可得：

$$H(j\omega) = \frac{Y(j\omega)}{X(j\omega)} = \frac{b_m (j\omega)^m + b_{m-1}(j\omega)^{m-1} + \cdots + b_1 (j\omega) + b_0}{(j\omega)^n + a_{n-1}(j\omega)^{n-1} + \cdots + a_1 (j\omega) + a_0} \tag{1.4.15}$$

上式所表达的 $H(j\omega)$ 即为频域系统函数,其为一复数,因此可用极坐标写成如下形式。

$$H(j\omega) = |H(j\omega)| e^{j\varphi(\omega)} \tag{1.4.16}$$

上式中频域系统函数的模和角频率的关系为：

$$|H(j\omega)| \sim \omega \tag{1.4.17}$$

即为系统的幅频特性。而式(1.4.16)中频域系统函数的相角和频率的关系为：

$$\varphi(\omega) \sim \omega \tag{1.4.18}$$

即为系统的相频特性。如果已知系统元件的实际参数,代入式(1.4.15)后,就可得到频域系统函数的具体表达式,进而可根据式(1.4.17)和式(1.4.18)做出幅频特性和相频特性的波形图。

2. 频响特性的证明

现在来证明,当系统的输入量为正弦波时,为什么其输出同频率正弦波的振幅已被系统的幅频特性所加权,相位是输入正弦波的相位与系统的相频特性相加。

因为系统的零状态响应 $y(t)$ 等于激励 $x(t)$ 与系统冲激响应 $h(t)$ 的卷积,即：

$$y(t) = x(t) * h(t) \tag{1.4.19}$$

对上式两边取傅里叶变换,由傅里叶变换的卷积定理得：

$$Y(j\omega) = X(j\omega) H(j\omega) \tag{1.4.20}$$

式中：$Y(j\omega)$、$X(j\omega)$、$H(j\omega)$ 分别是 $y(t)$、$x(t)$、$h(t)$ 的傅里叶变换,将它们分别用极坐标表示为：

$$Y(j\omega) = |Y(j\omega)| e^{j\varphi_Y(\omega)} \tag{1.4.21}$$

$$X(j\omega) = |X(j\omega)| e^{j\varphi_X(\omega)} \tag{1.4.22}$$

$$H(j\omega) = |H(j\omega)| e^{j\varphi_H(\omega)} \tag{1.4.23}$$

将上述三式代入式(1.4.20),根据两复数相等的原理可得：

$$|Y(j\omega)| = |X(j\omega)| |H(j\omega)| \tag{1.4.24}$$

$$\varphi_Y(\omega) = \varphi_X(\omega) + \varphi_H(\omega) \tag{1.4.25}$$

式(1.4.24)的含义就是输出和输入同频率正弦波的振幅已被系统的幅频特性所加权，式(1.4.25)的含义就是输出和输入同频率正弦波的相位是输入正弦波的相位与系统的相频特性相加。

1.4.4 稳定特性

传感器仪表或光电探测系统一个重要的性质就是能稳定持久地工作。前面指出：在小信号输入范围内，可把传感器和光电探测系统近似地等效为线性系统。如果已经由式(1.4.11)求得系统函数：

$$H(s) = \frac{Y(s)}{X(s)} = \frac{b_m s^m + b_{m-1} s^{m-1} + \cdots + b_1 s + b_0}{s^n + a_{n-1} s^{n-1} + \cdots + a_1 s + a_0} \tag{1.4.26}$$

则通过求解代数方程，得：

$$s^n + a_{n-1} s^{n-1} + \cdots + a_1 s + a_0 = 0 \tag{1.4.27}$$

可得到系统函数的 n 个极点，若这 n 个极点都在左半平面，则系统是稳定的，否则就是不稳定的。

1.4.5 不失真特性

传感器或光电探测系统一个重要的性质就是能对被测物理量进行不失真的测量或探测。在小信号输入范围内，可把传感器和光电探测系统近似地等效为线性系统。

设被检测物理量的信号是 $x(t)$，通过系统传输和处理后输出信号为 $y(t)$，理论分析和实验表明，如果它们之间满足下式：

$$y(t) = Kx(t - t_0) \tag{1.4.28}$$

式中：K 为常数；t_0 为延时时间。那么，传感器或光电探测系统就可实现不失真测量或探测。对上式两边取傅里叶变换，根据傅里叶变换的延时性质，可以得出：

$$Y(j\omega) = KX(j\omega) e^{-j\omega t_0} \tag{1.4.29}$$

由上式可得频域系统函数为：

$$H(j\omega) = \frac{Y(j\omega)}{X(j\omega)} = K e^{-j\omega t_0} \tag{1.4.30}$$

上式结果表明，如果系统的幅频特性和相频特性分别满足：

$$\begin{cases} |H(j\omega)| = K \\ \varphi(\omega) = -\omega t_0 \end{cases} \tag{1.4.31}$$

即系统的幅频特性是平行于 ω 轴的一条直线，而相频特性是过原点的一条直线，如图 1.4.7 所示，则传感器或光电探测系统就可实现不失真测量或探测。

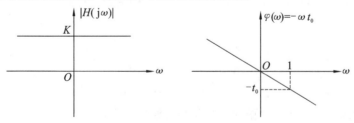

图 1.4.7 实现不失真测量的条件

习 题 1

1.1 画出传感器的组成框图,说明其由哪几部分组成,各部分的作用是怎样的?
1.2 根据传感器的组成框图,详细叙述传感器的工作过程。
1.3 查阅国家标准《传感器专用术语》(GB/T 7665—2005),细数其列出了多少种传感器。
1.4 画出光电探测系统的组成结构框图,说明其由哪几部分组成,各部分的作用是怎样的?
1.5 根据光电探测系统的组成框图,详细叙述光电探测系统的工作过程。
1.6 比较传感器和光电探测系统的异同点。
1.7 低噪声前置放大器和一般的放大器有何区别。
1.8 若已知系统的输入量为常量 x,以及系统的结构和元件参数,并求得描述系统工作特性的数学方程式为:
$$y = f(x)$$
为了判定系统的线性性质,应如何处理?
1.9 什么是非线性误差,它有何作用,如何确定系统的非线性误差?
1.10 给出系统灵敏度 K 的定义。
1.11 3 位半的数字万用表,其直流电压 200 V 挡的灵敏度 K 是多少?
1.12 3 位半的数字万用表,其直流电流 200 mA 挡的灵敏度 K 是多少?
1.13 3 位半的数字万用表,其电阻 200 Ω 挡的灵敏度 K 是多少?
1.14 什么是系统的最小可检测量?
1.15 3 位半的数字万用表,其直流电压 200 V 挡的最小可检测量是多少?
1.16 3 位半的数字万用表,其直流电流 20 mA 挡的最小可检测量是多少?
1.17 3 位半的数字万用表,其电阻 200 Ω 挡的最小可检测量是多少?
1.18 如果传感器存在迟滞现象,则此传感器有无实用价值?
1.19 系统的温度漂移是如何形成的?克服温度漂移的方法有哪些?
1.20 系统不具有重复性的原因是什么?不具有重复性的系统有无实用价值?
1.21 系统的可靠性取决于什么?如何衡量系统的可靠性?
1.22 某系统由 100 个元件组成,每个元件的可靠性为 99.99%,求系统的可靠性。
1.23 国家标准对测量仪表的精度等级是如何规定的?
1.24 一台精度等级为 0.02 级,量程范围为 0~200 ℃ 的温度计,它测量时允许的最大绝对误差是多少?检测某点的最大绝对误差为 2 ℃,此温度计是否合格?
1.25 一台量程范围为 0~800 ℃ 的温度仪表,检验测试结果其最大绝对误差 $\Delta Y_{\max} = 4$ ℃,试判断该温度仪表的精度等级。
1.26 系统的动态特性是指什么?
1.27 传感器和光电探测系统在什么条件下都可以看成是线性系统?
1.28 系统的时域特性除了动态特性(系统的完全响应)外,还有哪些响应?分别论述这些响应的作用。
1.29 系统的频域特性是指的什么?
1.30 试证明:当线性系统的输入量为正弦波时,其输出量的稳态部分也是同频率的正弦波。
1.31 试问:频域系统函数和系统函数有何异同点?
1.32 系统的幅频特性、相频特性与频域系统函数的关系是怎样的?

第 2 章　金属丝应变片传感器

金属丝应变片传感器利用金属丝的应变效应将被测物理量的变化转换为电阻的变化，通过外接电源和电子线路将这种反映被测物理量大小的电阻的变化转换为电压或电流的变化，再通过信号处理电路的处理与显示来实现对被测物理量的测量。

2.1　金属丝应变片传感器的结构框图

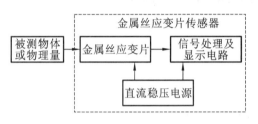

图 2.1.1　金属丝应变片传感器的结构框图

金属丝应变片传感器可用于测量应力、压力、位移、物体受力后的应变、运动物体的加速度等物理量。金属丝应变片传感器的结构框图如图 2.1.1 所示。图 2.1.1 中金属丝应变片就是传感元件，它既是敏感元件，又是转换元件，集二者于一身。金属丝应变片以某种方式固定在被测物体上，感受被测物体所受到的各类应力而产生相应的应变，应变的结果使本身的电阻发生改变，电阻的改变通过测量与信号处理电路的转换、放大等处理后由显示电路显示出来。图 2.1.1 中虚线框内的三个小方框，即金属丝应变片、信号处理及显示电路、直流稳压电源共同构成了金属丝应变片传感器。下面先介绍金属丝的应变效应。

2.2　金属丝的应变效应

金属丝应变片由金属丝制成，当金属丝受到轴向外力作用时，其电阻值会发生改变。图 2.2.1 所示的是金属丝应变效应的实验，取一根细金属丝，两端接上一台数字式欧姆表（分辨率为 0.01 Ω），记下其初始阻值（图中为 10.01 Ω）。当用力将该电阻丝拉长时，会发现其阻值略有增加。导体或半导体在受到外界力的作用时，产生机械变形，机械变形导致其阻值变化，这种因形变而使阻值发生变化的现象称为应变效应。用于测量应力、应变、压力的金属丝应变片传感器就是利用金属丝的应变效应制作的。下面运用物理和数学知识来分析金属丝的应变效应并得出相应的结论。

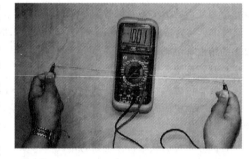

图 2.2.1　金属丝应变效应的实验

如图 2.2.2 所示，一段长为 L、截面半径为 r、截面面积为 S、电阻率为 ρ 的金属丝，它的电阻为：

$$R=\rho\frac{L}{S} \qquad (2.2.1)$$

当金属丝受到轴向拉力 F 作用时，会引起金属丝的长度 L、截面积 S、电阻率 ρ 都发生变化，从而导致金属丝电阻 R 变化，为了求得电阻 R 的相对变化率，对式(2.2.1)取对数可得：

$$\ln R = \ln \rho + \ln L - \ln S \tag{2.2.2}$$

再对式(2.2.2)两边取微分即得：

$$\frac{dR}{R} = \frac{d\rho}{\rho} + \frac{dL}{L} - \frac{dS}{S} \tag{2.2.3}$$

式(2.2.3)中，$\frac{dL}{L}$为金属丝长度的相对变化率，即轴向应变，用ε_x表示，即：

$$\varepsilon_x = \frac{dL}{L} \tag{2.2.4}$$

而$\frac{dS}{S}$为截面积的相对变化率。因为$S = \pi r^2$，所以$dS = 2\pi r dr$，由此两式之比得：

$$\frac{dS}{S} = 2\frac{dr}{r} \tag{2.2.5}$$

在式(2.2.5)中，令：

$$\varepsilon_r = \frac{dr}{r} \tag{2.2.6}$$

式中：ε_r为径向应变。由理论分析可知，在弹性范围内金属丝沿轴向方向伸长时，径向尺寸缩小；反之，金属丝沿轴向方向缩短时，径向尺寸则增大。设径向应变ε_r和轴向应变ε_x的关系为：

$$\varepsilon_r = -\mu \varepsilon_x \tag{2.2.7}$$

式中：μ为金属材料的泊松系数，一般由实验测出，常用的金属$\mu = 0.3$。也可从理论上求出金属材料的泊松系数，约等于0.5(见例2.2.1)，二者之间存在一定的误差。将式(2.2.7)和式(2.2.6)代入式(2.2.5)得：

$$\frac{dS}{S} = -2\mu \varepsilon_x \tag{2.2.8}$$

再将式(2.2.8)代入式(2.2.3)得

$$\frac{dR}{R} = \frac{d\rho}{\rho} + \varepsilon_x + 2\mu \varepsilon_x \tag{2.2.9}$$

在式(2.2.9)中，对于金属丝来说，轴向拉力所产生的电阻率的相对变化率$\frac{d\rho}{\rho}$相对于后两项很小，可忽略不计。因此可得：

$$\frac{dR}{R} = (1 + 2\mu)\varepsilon_x \tag{2.2.10}$$

令$K_s = 1 + 2\mu$，则式(2.2.10)变为：

$$\frac{dR}{R} = K_s \varepsilon_x \tag{2.2.11}$$

或写成：

$$K_s = \frac{dR}{R} / \varepsilon_x \tag{2.2.12}$$

式中：K_s为单根金属丝的应变灵敏系数。其含义是，当金属丝发生轴向应变时，K_s的大小为电阻的相对变化率与其应变的比值。理论分析(见例2.2.1)表明，对于大多数金属丝而言，在弹性形变范围内时K_s约等于常数2，实验则表明K_s一般为1.8～3.6。误差产生的原因之一，是理论分析没有考虑当金属丝发生轴向应变时，其电阻率的相对变化。

例2.2.1 一根长为L、截面半径为r、截面面积为S、电阻率为ρ的金属丝，受轴向拉力F的作用，如图2.2.3所示。设其轴向应变为$\varepsilon_x = \frac{dL}{L}$，径向应变为$\varepsilon_r = \frac{dr}{r}$，试求径向应

变与轴向应变之比 $\varepsilon_r/\varepsilon_x$（又称金属材料的泊松比 μ）为多少？

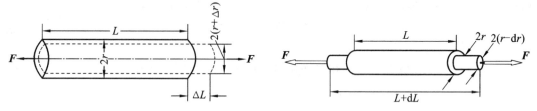

图 2.2.2　长为 L、截面半径为 r 的金属丝受轴向拉力时的变化

图 2.2.3　金属丝受轴向拉力 F 的作用时的应变

解　如图 2.2.3 所示，拉力作用前金属丝的长为 L、截面半径为 r，受轴向拉力 F 的作用时，金属丝的长变为 $L+\mathrm{d}L$、截面半径变为 $r-\mathrm{d}r$。在弹性形变范围内，金属丝的体积没有变化，有：

$$L\pi r^2 = (L+\mathrm{d}L)\pi(r-\mathrm{d}r)^2 \qquad ①$$

由上式可解得：

$$(L+\mathrm{d}L)\left(\frac{\mathrm{d}r}{r}\right)^2 - 2(L+\mathrm{d}L)\left(\frac{\mathrm{d}r}{r}\right) + \mathrm{d}L = 0 \qquad ②$$

因为 $\varepsilon_r = \dfrac{\mathrm{d}r}{r}$，代入上式后，即得：

$$(L+\mathrm{d}L)\varepsilon_r^2 - 2(L+\mathrm{d}L)\varepsilon_r + \mathrm{d}L = 0 \qquad ③$$

两边同除以 $(L+\mathrm{d}L)$ 得：

$$\varepsilon_r^2 - 2\varepsilon_r + \frac{\mathrm{d}L}{L+\mathrm{d}L} = 0 \qquad ④$$

因为 $\varepsilon_x = \dfrac{\mathrm{d}L}{L}$，将上式第三项的分子分母同时除以 L，得：

$$\varepsilon_r^2 - 2\varepsilon_r + \frac{\varepsilon_x}{1+\varepsilon_x} = 0 \qquad ⑤$$

解这个一元二次方程得：

$$\varepsilon_r = 1 \pm \sqrt{1 - \frac{\varepsilon_x}{1+\varepsilon_x}} \qquad ⑥$$

将上面的函数展开成幂级数，取前两项得：$\sqrt{1-\dfrac{\varepsilon_x}{1+\varepsilon_x}} \approx 1 - \dfrac{1}{2}\varepsilon_x$ ⑦

将⑦式代入⑥式，取符合要求的根得：$\varepsilon_r = \dfrac{1}{2}\varepsilon_x$ ⑧

由⑧式即得径向应变与轴向应变之比为：$\dfrac{\varepsilon_r}{\varepsilon_x} = \dfrac{1}{2}$

要指出的是这个比值没有负号，是因为在图 2.2.3 中，已经设受轴向拉力 F 的作用时，半径由 r 变为 $r-\mathrm{d}r$，这里的 $\mathrm{d}r$ 为一正值，与实际一致，所以解出的 $\varepsilon_r = \dfrac{\mathrm{d}r}{r}$ 也为正值。如果在图 2.2.3 中，改设受轴向拉力 F 的作用时，半径由 r 变为 $r+\mathrm{d}r$，这里的 $\mathrm{d}r$ 为一负值时，才能与实际一致，所以求得的比值 $\dfrac{\varepsilon_r}{\varepsilon_x} = -\dfrac{1}{2}$，这个工作留给读者自己完成。

2.3　金属丝应变片的结构

2.3.1　粘贴式金属丝应变片

利用金属丝的应变效应可制成测试物件应变的传感元件金属丝应变片。典型的粘贴式金属丝应变片的结构如图 2.3.1 所示。

由图 2.3.1 可知,典型的粘贴式金属丝应变片由敏感栅、基底、盖片、引线和黏结剂等组成。这些部分所选用的材料将直接影响应变片的性能。因此,传感器设计者应根据使用条件和要求选择质量好的产品。其中,敏感栅由金属细丝绕成栅形,再用黏结剂粘贴在基底上。绕成栅形的金属细丝的电阻即是应变片的标准化的阻值,有 60 Ω、120 Ω、200 Ω、350 Ω、600 Ω 和 1 000 Ω 等多种规格,可供传感器设计工程师根据多项设计原则综合考虑后选用。

敏感栅的结构如图 2.3.2 所示。栅长 L 的大小关系到所测应变的准确度,应变片测得的应变大小是应变片栅长和栅宽所在面积内的平均轴向应变量。

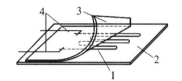
图 2.3.1 典型的金属丝应变片的结构
1—敏感栅;2—基底;3—盖片;4—引线

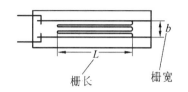
图 2.3.2 敏感栅的结构

基底用于保持敏感栅、引线的几何形状和相对位置,盖片既保持敏感栅和引线的形状和相对位置,还可以保护敏感栅。基底的全长称为基底长,其宽度称为基底宽。

将敏感栅固定于基底上,并将盖片与基底粘贴在一起,需要使用黏结剂。使用金属应变片时,也需用黏结剂将应变片基底粘贴在被测构件表面某个方向和位置上,以便将构件受力后的表面应变传递给应变片的基底和敏感栅。选择和使用何种黏结剂十分重要,其关系测量的成败和精度。常用的黏结剂分为有机和无机两大类。有机黏结剂用于低温、常温和中温。常用的有聚丙烯酸酯、酚醛树脂、有机硅树脂,聚酰亚胺等。无机黏结剂用于高温,常用的有磷酸盐、硅酸、硼酸盐等。

栅状金属丝,可以制成 U 形、V 形和 H 形等多种形状,如图 2.3.3 所示。金属丝式应变片使用的基片材质可以分为纸基、纸浸胶基和胶基等种类。

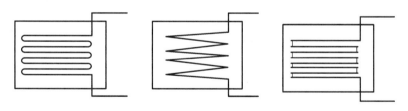
图 2.3.3 U 形、V 形和 H 形的栅状金属丝

2.3.2 箔式金属丝应变片与薄膜式应变片

金属丝应变片也可以用制作印刷电路板的方法来制作。利用光刻、腐蚀等工艺在覆有金属的绝缘基片上制成一种很薄的金属箔栅,厚度一般为 0.003～0.010 mm,上面再覆盖一层薄膜即可。这种金属丝式应变片又称为箔式应变片,如图 2.3.4 所示。箔式应变片的工作原理与金属丝应变片相同,只是制造方法不同。箔式应变片由于其基底的接触面积较大,所以在受拉伸时不易脱胶;散热条件好,可通过较大电流;蠕变较小、一致性好,易于大批量生产。其目前广泛用于应变式传感器制造上。

还有一种采用集成电路制造工艺制作的薄膜式应变片,其先采用真空蒸镀技术,在绝缘

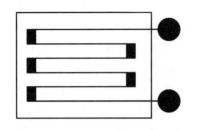
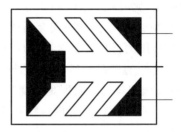

图 2.3.4　两种不同栅状的箔式应变片

基底上蒸镀一层薄金属材料制成薄膜电阻,然后用覆盖层加以保护。它与基底的接触面积最大,允许电流密度大,工作温度范围较广,且有较高的灵敏度系数。

2.4　金属丝应变片的主要特性和参数

对于金属丝应变片传感器的设计者来说,重要的是掌握金属丝应变片的外特性及描述外特性的主要参数。只有这样才能设计出性价比高、质量优良的金属丝应变片传感器。因此,下面介绍金属丝应变片的主要特性和参数。

1. 灵敏度系数 K_P

前已述及,金属丝的灵敏度系数 K_s,其含义是当金属丝发生轴向应变时,K_s 的大小为电阻的相对变化率与其应变的比值,见式(2.2.12)。当金属丝做成应变片后,其电阻应变特性与金属单丝情况不同。需用实验的方法进行重新测定。实验表明,金属应变片的电阻相对变化与应变 ε 在很宽的范围内均为线性关系,如式(2.4.1)所示。

$$K_P = \frac{\Delta R}{R}/\varepsilon \tag{2.4.1}$$

式中,K_P 即为应变片的灵敏系数。金属丝应变片的灵敏度系数 K_P 恒小于金属丝的灵敏度系数 K_s。因为当金属丝制成应变片后,会产生一些影响提高金属丝应变片灵敏度系数 K_P 的因素,主要包括胶层传递引起的变形失真和横向效应。

2. 横向效应

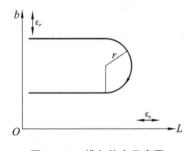

图 2.4.1　横向效应示意图

金属丝应变片由于敏感栅的两端为半圆弧形的横栅,测量应变时,构件的轴向应变 ε_x 使敏感栅电阻发生变化,其横向应变 ε_r 也将使敏感栅半圆弧部分的电阻发生变化,应变片的这种既受轴向应变影响,又受横向应变影响而引起电阻变化的现象称为横向效应。如图 2.4.1 所示为横向效应示意图。图 2.4.1 中为金属丝应变片敏感栅半圆弧部分的形状,沿 L 轴方向应变为 ε_x,沿 b 轴方向应变为 ε_r。

深入的理论分析表明,敏感栅栅宽越窄、栅长越长的应变片,其横向效应引起的灵敏度降低就越小。传感器的设计者应尽量选择应变片的灵敏系数 K_P 大的应变片。

3. 电阻值 R

应变片没有粘贴也不受力时,在室温下测定的电阻值,即标准化的阻值。应变片阻值有一个系列,如 60 Ω、120 Ω、350 Ω、600 Ω 和 1 000 Ω 等,其中以 120 Ω 最为常用。

4. 绝缘电阻

绝缘电阻是指应变片引线与被测试件之间的电阻值,它取决于黏合剂及基底材料的种类。绝缘电阻过低,会造成应变片与试件之间漏电,产生测量误差。

5. 最大工作电流

最大工作电流是指允许通过应变片而不影响其工作特性的最大电流。工作电流越大,应变片输出信号越大,灵敏度越高,但过大的电流产生的热量会影响其工作特性甚至把应变片烧毁。金属丝应变片一般要求静态电流小于 25 mA,动态电流不超过 75～100 mA。

6. 应变极限

图 2.4.2 所示为解释应变极限的原理图。横坐标 ε_z 为应变片的真实应变,纵坐标 ε_i 为应变片的指示应变。应变片的线性特性,只有在一定的应变限度范围内才能保持。如图 2.4.2 中,应变片的真实应变在虚线的左边时,可以认为应变片工作在线性特性范围,没有超过应变极限。当试件输入的真实应变超过某一限值时,应变片的输出特性将出现非线性,如图 2.4.2 中所示的标为"1"的点。在恒温条件下,使非线性误差达到 10%时的真实应变值,称为应变极限,用 ε_{lim} 表示,如图

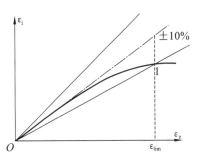

图 2.4.2 应变极限原理图

2.4.2 中标为"1"的点所对应的横坐标。真实应变是由于工作温度变化或承受机械载荷,在被测试件内产生应力时所引起的表面应变,由理论计算给出,而指示应变则由显示电路给出。非线性误差用相对误差表示:

$$\delta = \frac{|\varepsilon_z - \varepsilon_i|}{\varepsilon_z} \times 100\% \tag{2.4.2}$$

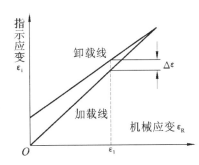

图 2.4.3 应变片的机械滞后特性

7. 机械滞后特性

机械滞后特性如图 2.4.3 所示。当应变片牢固地粘贴在被测试件上,温度恒定时,其加载特性与卸载特性不重合,即为应变片的机械滞后特性。图 2.4.3 中,下面一条直线为加载线,上面一条直线为卸载线,两条直线并不重合。这会给实际测量带来误差,如图 2.4.3 所示,在应变为 ε_1 处的误差为 $\Delta\varepsilon$。机械滞后特性产生的原因有:应变片在承受机械应变后的残余变形,使敏感栅电阻发生少量不可逆变化;在制造或粘贴应变片时,敏感栅受到的不适当的变形或黏结剂固化不充分等。机械滞后值还与应变片所承受的应变量有关,加载时的机械应变愈大,卸载时的滞后也愈大。所以,通常在实验之前应将试件预先加、卸载若干次,以减少因机械滞后所产生的实验误差。

8. 零点漂移

当应变片牢固地粘贴在被测试件上,温度恒定而又不承受应变时,其电阻值随时间增加而变化的特性,称为应变片的零点漂移。零点漂移产生的原因有:敏感栅通电后温度升高;应变片的内应力逐渐变化;黏结剂固化不充分等。零点漂移会给测量带来误差,且零点漂移主要是由温度变化引起的。克服零点漂移的办法是对应变片预先通电并设法使其温度恒定。

9. 蠕变

在一定温度下,使应变片承受恒定的机械应变,其电阻值随时间增加而变化的特性称为蠕变。一般蠕变的方向与原应变量的方向相反。蠕变产生的原因是由于胶层之间发生"滑动",使力传到敏感栅的应变量逐渐减少。一旦发现蠕变,应重新粘贴应变片。

例 2.4.1 某金属丝应变片的标准化阻值 $R=350\ \Omega$,灵敏系数 $K_P=2.05$,用作应变片传感器的敏感元件,将其牢固地粘贴在弹性试件上,当信号处理与显示电路显示其电阻增加了 $\Delta R=0.575\ \Omega$ 时,其产生的应变为多大?

解 根据金属丝应变片的灵敏系数公式 $K_P=\dfrac{\Delta R}{R}/\varepsilon$ 可得:

$$\varepsilon=\frac{\Delta R}{RK_P}=\frac{0.575}{350\times 2.05}=8.0139\times 10^{-4}$$

故金属丝应变片产生的应变为 $\varepsilon=8.0139\times 10^{-4}$。

例 2.4.2 某金属丝应变片的标准化阻值 $R=350\Omega$,灵敏系数 $K_P=2.1$,合格地粘贴在铝支柱上。支柱的外径为 $D=50\ \text{mm}$,内径为 $d=47.5\ \text{mm}$,其弹性模量 $E=73\ \text{GPa}$。试计算当支柱承受 1 000 kg 负荷时金属丝应变片电阻的变化。

解 根据金属丝应变片的灵敏系数公式 $K_P=\dfrac{\Delta R}{R}/\varepsilon$ 可得应变片电阻的变化:

$$\Delta R=K_P\varepsilon R \qquad ①$$

由式①可知,为了求得应变片电阻的变化 ΔR,只要求出应变片的应变 ε 即可。由题意可知,金属丝应变片是合格地粘贴在铝支柱上的,因此,金属丝应变片产生的应变和铝支柱产生的应变相同。

由物理学(力学)知识可知,在弹性限度范围内,铝支柱在外力作用下产生的应变 ε 与其所受的应力 σ 成正比,与材料的弹性模量 E 成反比,即有:

$$\varepsilon=\frac{\sigma}{E} \qquad ②$$

由题设可知,铝支柱在外力作用下所受的应力为:

$$\sigma=\frac{F}{S}=\frac{1\ 000\ \text{kg}}{\pi(D^2-d^2)/4}=\frac{9\ 800\ \text{N}}{1.91\times 10^{-4}\ \text{m}^2}=5.139\times 10^7\ \text{N/m}^2$$

由题设参数知:$E=73\ \text{GPa}=73\times 10^6\times 980\ \text{N/m}^2=7.154\times 10^{10}\ \text{N/m}^2$,将上述两参数代入式②得:

$$\varepsilon=\frac{\sigma}{E}=\frac{5.139\times 10^7}{7.154\times 10^{10}}=0.718\ 3\times 10^{-3}$$

将上述应变值代入式①得:

$$\Delta R=K_P\varepsilon R=2.1\times 0.718\ 3\times 10^{-3}\times 350\ \Omega=0.528\ 0\ \Omega$$

故当支柱承受 1 000 kg 负荷时,金属丝应变片电阻的变化为 $0.528\ 0\ \Omega$。

例 2.4.3 为了测出金属丝应变片的灵敏度系数,将其牢固地粘贴在弹性试件上,已知金属丝应变片标准化阻值为 $100\ \Omega$,试件受力横截面积 $S=0.5\times 10^{-4}\ \text{m}^2$,弹性模量 $E=2\times 10^{11}\ \text{N/m}^2$,若有 $F=5\times 10^4\ \text{N}$ 的拉力引起电阻变化为 $1\ \Omega$。试求该应变片的灵敏度系数。

解 由金属丝应变片的灵敏度系数定义式有:

$$K_P=\frac{\Delta R}{R}/\varepsilon \qquad ①$$

根据题意,金属丝应变片已被牢固地粘贴在弹性试件上,故在外力作用下,金属丝应变片产生的应变与弹性试件产生的应变相同。由题意可知,弹性试件产生的应变为:

$$\varepsilon = \frac{\sigma}{E} = \frac{F/S}{E} = \frac{5 \times 10^4 \text{ N}}{(2 \times 10^{11} \text{ N/m}^2) 0.5 \times 10^{-4} \text{ m}^2} = 5 \times 10^{-3} \quad ②$$

将式②代入式①,即可得金属丝应变片的灵敏度系数为:

$$K_P = \frac{\Delta R}{R} / \varepsilon = \frac{1}{100 \times 5 \times 10^{-3}} = 2$$

故应变片的灵敏度系数等于 2。

例 2.4.4 某金属丝应变片的标准化阻值 $R=350\ \Omega$,灵敏系数 $K_P=2.1$,用作应变片传感器的敏感元件,合格地粘贴在铝支柱上。当支柱承受 5 000 kg 负荷时,信号处理电路显示其电阻增加了 $\Delta R = 0.441\ \Omega$。已知支柱的外径为 $D = 50$ mm,内径为 $d = 47.5$ mm,其弹性模量 $E = 73$ GPa。试计算金属丝应变片的指示应变 ε_i 与真实应变 ε_z,同时试判断金属丝应变片工作时是否超过应变极限。

解 由题意可知,应变片的指示应变为:

$$\varepsilon_i = \frac{\Delta R}{R K_P} = \frac{0.441}{350 \times 2.1} = 0.6 \times 10^{-3} \quad ①$$

应变片的真实应变为:

$$\varepsilon_z = \frac{\sigma}{E} \quad ②$$

由题意可知:

$$\sigma = \frac{F}{S} = \frac{5\ 000 \text{ kg}}{\pi(D^2 - d^2)/4} = \frac{49\ 000 \text{ N}}{1.91 \times 10^{-4} \text{ m}^2} = 2.570 \times 10^8 \text{ N/m}^2$$

由题设参数知:$E = 73 \text{ GPa} = 73 \times 10^6 \times 980 \text{ N/m}^2 = 7.154 \times 10^{10} \text{ N/m}^2$

将题设 E 之值与上述求得的 σ 之值代入式②即得:

$$\varepsilon_z = \frac{\sigma}{E} = \frac{2.570 \times 10^8 \text{ N/m}^2}{7.154 \times 10^{10} \text{ N/m}^2} = 0.359 \times 10^{-2}$$

非线性相对误差为:

$$\delta = \frac{|\varepsilon_z - \varepsilon_i|}{\varepsilon_z} \times 100\% = \frac{0.359 \times 10^{-2} - 0.6 \times 10^{-3}}{0.359 \times 10^{-2}} \times 100\% = 83.3\%$$

由计算结果可知,非线性相对误差远远大于 10%,可见金属丝应变片工作时已远远超过应变极限。

2.5 金属丝应变片的测量与转换电路

金属丝应变片只是把被测物体的应变转换成了电阻的变化。如何把电阻的变化转换成电压或电流的变化,以及最终显示出被测物体的应变,这一系列的工作,都需要电子技术、单片机技术、软件编程技术等来完成。

把金属丝应变片电阻的变化转换成电压或电流的变化的方法有很多种,常用的是直流电桥电路和集成运算放大器构成的运算放大电路。下面先介绍直流电桥电路,然后介绍由集成运算放大器构成的运算放大电路。

2.5.1 直流电桥

直流电桥电路如图 2.5.1 所示。E 为直流稳压电源,R_1、R_2、R_3、R_4 为四个桥臂电阻,U_o 为输出电压。由图可知,

$$U_o = U_c - U_d = \left(\frac{R_1}{R_1+R_3} - \frac{R_2}{R_2+R_4}\right)E \tag{2.5.1}$$

$$= \left[\frac{R_1R_4 - R_2R_3}{(R_1+R_3)(R_2+R_4)}\right]E$$

当 $R_1R_4 = R_2R_3$ 时，电桥达到平衡状态，$U_o=0$。若四个桥臂电阻全相等，即：

$$R_1 = R_2 = R_3 = R_4$$

这样的直流电桥称为全等臂电桥。应变片的测量电路常采用这种电桥。应变片的全等臂电桥测量电路，根据使用应变片的片数和放置的位置的不同，可分为如下几种情况：①使用1片应变片；②使用2片应变片；③使用3片应变片；④使用4片应变片。下面分别进行介绍。

1. 使用1片应变片的全等臂电桥

使用1片应变片工作的电桥称为单臂工作的全等臂电桥，如图2.5.2所示。图2.5.2中，R_1 为应变片，其阻值为应变片标准化的阻值 R，即 $R_1=R$；其余三个桥臂的电阻应选择温漂小、精度高的高品质电阻，且其阻值均与应变片标准化的阻值 R 相等，即有：$R_2=R_3=R_4=R_1=R$。应变片不工作时，电桥处于平衡状态，输出电压 $U_o=0$。当应变片受到应力作用时，其阻值发生改变，由 R 变为 $R+\Delta R$（注意，这里的 ΔR 为代数量），而其他三个桥臂的电阻没有变化，仍然为 R。设此时电桥的输出电压为 U_{o1}，可由式(2.5.1)求得：

$$U_{o1} = U_c - U_d = \left(\frac{R+\Delta R}{R+\Delta R+R} - \frac{R}{R+R}\right)E = \frac{\Delta R/R}{4+2\Delta R/R}E$$

上式分母中，因为 $(2\Delta R/R) \ll 4$，可忽略不计，于是得到：

$$U_{o1} = U_c - U_d = \frac{1}{4}\frac{\Delta R}{R}E \tag{2.5.2}$$

综上可知，单臂工作的全等臂电桥当应变片的电阻由 R 变为 $R+\Delta R$ 时，电桥的输出电压由 $U_o=0$ 变化为 $U_{o1}=\frac{1}{4}\frac{\Delta R}{R}E$，根据第1章介绍的灵敏度的定义，可得单臂工作的全等臂电桥的灵敏度为：

$$S_1 = \frac{\Delta U_o}{\Delta R} = \frac{1}{4}\frac{E}{R} \tag{2.5.3}$$

由式(2.5.3)可知，单臂工作的全等臂电桥的灵敏度与电源电压 E 成正比，与应变片标准化的阻值 R 成反比。电源电压不可能太高，应变片标准化的阻值 R 是有规定的，也不可能太小。要提高全等臂电桥测量应变的灵敏度，可以增加金属丝应变片的数量。分析图2.5.1所示的全等臂电桥电路，若 R_2 用同型号的应变片，且所受应力与 R_1 相反，则可使输出电压增加，从而提高灵敏度。同理，若 R_3 用同型号的应变片，且所受应力与 R_1 相反，则也可使输出电压再增加，从而再提高灵敏度。同样，R_4 用同型号的应变片，且所受应力与 R_1 相同，

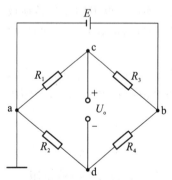

图2.5.1　直流电桥

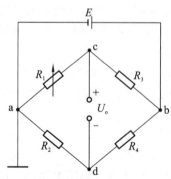

图2.5.2　单臂工作的全等臂电桥

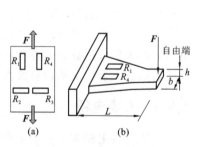

图2.5.3　圆柱体与悬臂梁

则又进一步使输出电压增加,从而又进一步提高灵敏度。综上分析可知,应变片工作时,R_1 与 R_4 的受力情况应该一致,R_2 与 R_3 的受力情况应当一致,这样才能获得最大的灵敏度。根据试件的不同又分为以下两种情况:①试件为圆柱体,则应变片的粘贴方法如图 2.5.3(a)所示,图中,R_1 与 R_4 的长度方向与圆柱体的轴向一致,而 R_2 与 R_3 的长度方向与圆柱体的圆周方向一致;②试件为悬臂梁,则应变片的粘贴方法如图 2.5.3(b)所示,图中,R_1 与 R_4 的长度方向与悬臂梁的长度方向一致,且粘贴在梁的正面,而 R_2 与 R_3 的则对应地粘贴在梁的反面(图中未画出)。

2. 使用 2 片应变片的全等臂电桥

使用 2 片应变片的全等臂电桥主要有三种配置情况,分别如图 2.5.4(a)、(b)、(c)所示。

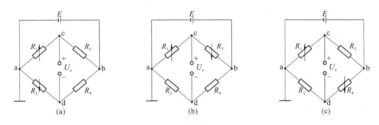

图 2.5.4 使用 2 片应变片的全等臂电桥

下面以图 2.5.4(a)为例来说明其工作情况。图 2.5.4(a)中,R_1、R_2 为应变片,其阻值为应变片标准化的阻值 R,即 $R_1 = R_2 = R$;其余两个桥臂的电阻应选择温漂小、精度高的高品质电阻,且其阻值均和应变片标准化的阻值 R 相等,即有:$R_3 = R_4 = R_1 = R_2 = R$。应变片不工作时,电桥处于平衡状态,输出电压 $U_o = 0$。当两应变片受到应力作用时,其阻值发生改变,R_1 由 R 变为 $R + \Delta R_1$,R_2 由 R 变为 $R + \Delta R_2$(注意:这里所设变化量均为代数量)。其余两个桥臂的电阻没有变化,仍然为 R。设此时电桥的输出电压为 U_{o1},可由式(2.5.1)求得:

$$U_{o1} = U_c - U_d = \frac{(R+\Delta R_1)R - (R+\Delta R_2)R}{(2R+\Delta R_1)(2R+\Delta R_2)} E$$

$$= \frac{R\Delta R_1 - R\Delta R_2}{4R^2 + 2R(\Delta R_1 + \Delta R_2) + \Delta R_1 \Delta R_2} E$$

上式分母中,由于 $\Delta R_1 \ll R, \Delta R_2 \ll R$,分母中后三项可去掉,故上式可近似为:

$$U_{o1} \approx \frac{1}{4}\left(\frac{\Delta R_1}{R} - \frac{\Delta R_2}{R}\right) E \tag{2.5.4}$$

下面再根据图 2.5.3,分两种情况来讨论。

(1) 试件如图 2.5.3(a)所示,为圆柱体。引用金属丝应变片灵敏度系数 K_P 的定义式即 $K_P = \frac{\Delta R}{R}/\varepsilon$,有 $\frac{\Delta R_1}{R} = K_P \varepsilon_1$,$\frac{\Delta R_2}{R} = K_P \varepsilon_2$。由图 2.5.4(a)可知,应变片 R_1 为拉伸应变时,应变片 R_2 则为压缩应变,所以 $\varepsilon_2 = -\mu \varepsilon_1 = -0.3\varepsilon_1$,$\mu$ 的理论值为 0.5,实验值为 0.3,一般取实验值。将上述两比值代入(2.5.4)式得:

$$U_{o1} \approx \frac{1}{4}(K_P \varepsilon_1 - K_P \varepsilon_2)E = \frac{1}{4}K_P(\varepsilon_1 - \varepsilon_2)E = \frac{1}{4}K_P \varepsilon_1 (1+\mu)E \tag{2.5.5}$$

再把上述第一个比值代入式(2.5.5)得:

$$U_{o1} \approx \frac{1}{4}\frac{\Delta R_1}{R}(1+\mu)E \tag{2.5.6}$$

同理,根据第 1 章介绍的灵敏度的定义,可得相邻两臂工作的全等臂电桥的灵敏度为:

$$S_2 = \frac{\Delta U_o}{\Delta R} = \frac{U_{o1}}{\Delta R_1} = \frac{1}{4}(1+\mu)\frac{E}{R} \tag{2.5.7a}$$

比较式(2.5.7)和式(2.5.3)可知,使用2片应变片的全等臂电桥的灵敏度是使用1片应变片的全等臂电桥的$(1+\mu)$倍。因此,类似于圆柱体这种情况,可视为不完全的差动式。

(2) 试件如图2.5.3(b)所示,为悬臂梁。此种情况下,R_1的长度方向与悬臂梁的长度方向一致,且粘贴在梁的正面,受拉力作用,而R_2对应地粘贴在梁的反面,受压力作用,故满足$\Delta R_2 = -\Delta R_1 = -\Delta R$,将此式代入(2.5.4)式,则可得:

$$U_{o1} = \frac{1}{4}\left(\frac{\Delta R}{R} + \frac{\Delta R_1}{R}\right)E = \frac{1}{2}\frac{\Delta R}{R}E$$

这种情况就是完全的差动式输入。此时得到的相邻两臂工作的全等臂电桥的灵敏度为:

$$S_2 = \frac{\Delta U_o}{\Delta R} = \frac{U_{o1}}{\Delta R} = \frac{1}{2}\frac{E}{R} \qquad (2.5.7b)$$

将式(2.5.7b)与式(2.5.3)对比,可知,在完全的差动式输入情况下,使用2片应变片的全等臂电桥的灵敏度是使用1片应变片的全等臂电桥的2倍。对于图2.5.4(b)、(c)两种情况下全等臂电桥的灵敏度,是否与图2.5.4(a)相同,这个工作留给读者完成。

3. 使用3片应变片的全等臂电桥

使用3片应变片的全等臂电桥主要有三种配置情况,分别如图2.5.5(a)、(b)、(c)所示。下面以图2.5.5(a)为例来说明其工作情况。图2.5.5(a)中,R_1、R_2、R_3为应变片,其阻值为应变片标准化的阻值R,即$R_1 = R_2 = R_3 = R$;剩余一个桥臂的电阻应选择温漂小、精度高的高品质电阻,且其阻值必须与应变片标准化的阻值R相等,即有:$R_4 = R_1 = R_2 = R_3 = R$。应变片不工作时,电桥处于平衡状态,输出电压$U_o = 0$。当3应变片受到应力作用时,其阻值发生改变,$R_1$由$R$变为$R + \Delta R_1$;$R_2$和$R_3$则由$R$分别变为$R + \Delta R_2$和$R + \Delta R_3$。另一个桥臂的电阻没有变化,仍然为$R$。设此时电桥的输出电压为$U_{o1}$,可由式(2.5.1)求得:

$$U_{o1} = U_c - U_d = \frac{(R+\Delta R_1)R - (R+\Delta R_2)(R+R_3)}{(2R+\Delta R_1 + \Delta R_3)(2R+\Delta R_2)}E$$

$$= \frac{R\Delta R_1 - R\Delta R_2 - R\Delta R_3}{4R^2 + 2R(\Delta R_1 + \Delta R_2 + \Delta R_3) + \Delta R_1 \Delta R_2 + \Delta R_2 \Delta R_3}E$$

式中:ΔR_1、ΔR_2、ΔR_3均为代数量。由图2.5.5(a)可知,ΔR_1为正,ΔR_2、ΔR_3为负。上式分母中,由于$\Delta R_1 \ll R$,$\Delta R_2 \ll R$,$\Delta R_3 \ll R$,分母中除第一项外,其余均可忽略,故上式可近似为:

$$U_{o1} \approx \frac{1}{4}\left(\frac{\Delta R_1}{R} - \frac{\Delta R_2}{R} - \frac{\Delta R_3}{R}\right)E \qquad (2.5.8)$$

下面再根据图2.5.3,分两种情况来讨论。

(1) 试件如图2.5.3(a)所示,为圆柱体。引用金属丝应变片灵敏度系数K_P的定义式,即$K_P = \frac{\Delta R}{R}/\varepsilon$,有$\frac{\Delta R_1}{R} = K_P\varepsilon_1$,$\frac{\Delta R_2}{R} = K_P\varepsilon_2$,$\frac{\Delta R_3}{R} = K_P\varepsilon_3$。由图2.5.4(a)可知,应变片$R_1$为拉伸应变时,应变片$R_2$和$R_3$则为压缩应变,所以$\varepsilon_2 = \varepsilon_3 = -\mu\varepsilon_1 = -0.3\varepsilon_1$,$\mu$的理论指为0.5,实验值为0.3,一般取实验值。将上述三比值代入式(2.5.8)得:

$$U_{o1} \approx \frac{1}{4}K_P(\varepsilon_1 - \varepsilon_2 - \varepsilon_3)E = \frac{1}{4}K_P\varepsilon_1(1+2\mu)E \qquad (2.5.9)$$

再把上述第一个比值代入式(2.5.9)得:

$$U_{o1} \approx \frac{1}{4}\frac{\Delta R_1}{R}(1+2\mu)E \qquad (2.5.10)$$

同理,根据第1章介绍的灵敏度的定义,可得图2.5.5(a)所示的全等臂电桥的灵敏度为:

$$S_3 = \frac{\Delta U_o}{\Delta R} = \frac{U_{o1}}{\Delta R_1} = \frac{1}{4}(1+2\mu)\frac{E}{R} \qquad (2.5.11a)$$

比较式(2.5.11a)和式(2.5.3)可知,在试件为圆柱体的情况下,使用 3 片应变片的全等臂电桥的灵敏度是使用 1 片应变片的全等臂电桥的 $(1+2\mu)$ 倍,为不完全的差动式。

(2) 试件如图 2.5.3(b)所示,为悬臂梁。此种情况下,R_1 的长度方向与悬臂梁的长度方向一致,且粘贴在梁的正面,受拉力作用,而 R_2 和 R_3 对应地粘贴在梁的反面,受压力作用,故满足 $\Delta R_2=\Delta R_3=-\Delta R_1=-\Delta R$,将此式代入式(2.5.8),则可得:

$$U_{o1} \approx \frac{1}{4}\left(\frac{\Delta R_1}{R}+\frac{\Delta R_1}{R}+\frac{\Delta R_1}{R}\right)E=\frac{3}{4}\frac{\Delta R}{R}E$$

这种情况就是完全的差动式输入。此时得到的相邻三臂工作的全等臂电桥的灵敏度为:

$$S_3=\frac{\Delta U_o}{\Delta R}=\frac{U_{o1}}{\Delta R}=\frac{3}{4}\frac{E}{R} \tag{2.5.11b}$$

将式(2.5.11b)与式(2.5.3)对比,可知,在完全的差动式输入情况下,使用 3 片应变片的全等臂电桥的灵敏度是使用 1 片应变片的全等臂电桥的 3 倍。

对于图 2.5.5(b)、(c)两种情况下全等臂电桥的灵敏度,是否与图 2.5.5(a)相同,这个工作留给读者完成。

4. 使用 4 片应变片的全等臂电桥

为了进一步提高灵敏度,可使用 4 片应变片的全等臂电桥。其电路原理图如图 2.5.6 所示。图 2.5.6 中,R_1、R_2、R_3、R_4 为完全相同的应变片,其阻值为应变片标准化的阻值 R,即 $R_1=R_2=R_3=R_4=R$;应变片不工作时,电桥处于平衡状态,输出电压 $U_o=0$。当 4 个应变片受到应力作用时,其阻值发生改变,由图可知 R_1 和 R_4 的阻值增加,而 R_2 和 R_3 的阻值减小。设此时电桥的输出电压为 U_{o1},可由式(2.5.1)求得:

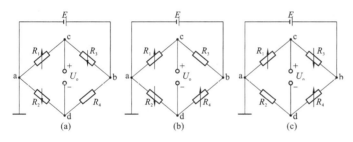

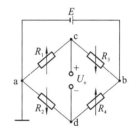

图 2.5.5 使用 3 片应变片的全等臂电桥   图 2.5.6 使用 4 片应变片的全等臂电桥

$$U_{o1}=U_c-U_d=\frac{(R+\Delta R_1)(R+\Delta R_4)-(R+\Delta R_2)(R+R_3)}{(2R+\Delta R_1+\Delta R_3)(2R+\Delta R_2+\Delta R_4)}$$

$$=\frac{R\Delta R_1+R\Delta R_4-R\Delta R_2-R\Delta R_3}{4R^2+2R(\Delta R_1+\Delta R_2+\Delta R_3+\Delta R_4)+\Delta R_1\Delta R_2+\Delta R_2\Delta R_3+\Delta R_1\Delta R_4+\Delta R_3\Delta R_4}E$$

上式分母中,由于 $\Delta R_1 \ll R, \Delta R_2 \ll R, \Delta R_3 \ll R, \Delta R_4 \ll R$,故分母中除第一项外,其余均可忽略,则上式可近似为:

$$U_{o1} \approx \frac{1}{4}\left(\frac{\Delta R_1}{R}+\frac{\Delta R_4}{R}-\frac{\Delta R_2}{R}-\frac{\Delta R_3}{R}\right)E \tag{2.5.12}$$

下面再根据图 2.5.3,分两种情况来讨论。

(1) 试件如图 2.5.3(a)所示,为圆柱体。引用金属丝应变片灵敏度系数 K_P 的定义式,即 $K_P=\frac{\Delta R}{R}/\varepsilon$,有 $\frac{\Delta R_1}{R}=K_P\varepsilon_1, \frac{\Delta R_2}{R}=K_P\varepsilon_2, \frac{\Delta R_3}{R}=K_P\varepsilon_3, \frac{\Delta R_4}{R}=K_P\varepsilon_4$。由图 2.5.6 可知,应变片 R_1、R_4 为拉伸应变时,应变片 R_2、R_3 均为压缩应变,所以 $\varepsilon_4=\varepsilon_1, \varepsilon_2=\varepsilon_3=-\mu\varepsilon_1=-0.3\varepsilon_1$,$\mu$ 的理论指为 0.5,实验值为 0.3,这里取实验值。将上述三比值代入式(2.5.12a)得:

$$U_{o1} \approx \frac{1}{4}K_P(\varepsilon_1 + \varepsilon_4 - \varepsilon_2 - \varepsilon_3)E = \frac{1}{4}K_P\varepsilon_1(2+2\mu)E \qquad (2.5.13)$$

再将上述第一个比值代入式(2.5.13)得：

$$U_{o1} \approx \frac{1}{4}\frac{\Delta R_1}{R}(2+2\mu)E \qquad (2.5.14)$$

同理，根据第1章介绍的灵敏度的定义，可得图2.5.6所示使用4片应变片的全等臂电桥的灵敏度为：

$$S_4 = \frac{\Delta U_o}{\Delta R} = \frac{U_{o1}}{\Delta R} = \frac{1}{4}(2+2\mu)\frac{E}{R} = \frac{1}{2}(1+\mu)\frac{E}{R} \qquad (2.5.15a)$$

比较式(2.5.15a)和式(2.5.3)可知，在试件为圆柱体的情况下，使用4片应变片的全等臂电桥的灵敏度是使用1片应变片的全等臂电桥的$2(1+\mu)$倍，为不完全的差动式。

(2) 试件如图2.5.3(b)所示，为悬臂梁。此种情况下，R_1和R_4的长度方向与悬臂梁的长度方向一致，且粘贴在梁的正面，受拉力作用；而R_2和R_3对应地粘贴在梁的反面，受压力作用。故满足$\Delta R_2 = \Delta R_3 = -\Delta R_1 = -\Delta R_4 = -\Delta R$，将此式代入式(2.5.12)，则可得：

$$U_{o1} \approx \frac{1}{4}\left(\frac{\Delta R_1}{R} + \frac{\Delta R_1}{R} + \frac{\Delta R_1}{R} + \frac{\Delta R_1}{R}\right)E = \frac{\Delta R}{R}E$$

这种情况就是完全的差动式输入。此时得到的四臂工作的全等臂电桥的灵敏度为：

$$S_4 = \frac{\Delta U_o}{\Delta R} = \frac{U_{o1}}{\Delta R} = \frac{E}{R} \qquad (2.5.15b)$$

将式(2.5.15b)与式(2.5.3)对比可知，在完全的差动式输入情况下，使用4片应变片的全等臂电桥的灵敏度是使用1片应变片的全等臂电桥的4倍。

5. 由电桥的输出电压U_{o1}来求被测试件所受的应力

下面分析如何通过电桥的输出电压U_{o1}来求被测试件所受的应力，以使用1片应变片的全等臂电桥为例进行说明。

由式(2.5.2)知：

$$U_{o1} = \frac{1}{4}\frac{\Delta R}{R}E$$

而由式(2.4.1)知：

$$K_P = \frac{\Delta R}{R}/\varepsilon$$

由上两式可得：

$$\varepsilon = \frac{4U_{o1}}{K_P E} \qquad (2.5.16)$$

式(2.5.16)表明，应变片产生的应变与电桥的输出电压成正比，与电桥的电源电压成反比，同时也与应变片的灵敏度系数K_P成反比。由式(2.5.16)可知，只要测得电桥的输出电压，也就可以求得应变片产生的应变。又由物理学（力学）可知，在弹性限度范围内，物体在外力作用下产生的应变ε与其所受的应力σ成正比，与材料的弹性模量E_m成反比（由于电桥的电源电压已用E表示，故这里弹性模量用E_m表示），即有：

$$\varepsilon = \frac{\sigma}{E_m} \qquad (2.5.17)$$

由式(2.5.17)和式(2.5.16)可解得被测物体所受的应力为：

$$\sigma = \varepsilon E_m = \frac{4U_{o1}E_m}{K_P E} \qquad (2.5.18)$$

例2.5.1 用一片灵敏度系数$K_P = 2.0$的金属丝应变片，将它们按图2.5.2的要求牢固地粘贴在弹性试件上，已知试件材料的弹性模量$E_m = 2 \times 10^{11}$ N/m²。电桥电路的电源电压$E = 6$ V，试件空载时，电桥电路的输出电压$U_o = 0$，试件承受应力作用时，电桥电路的输出电压$U_{o1} = 1.20$ mV。试求试件所受应力σ。

解 根据题意,金属丝应变片已被牢固地粘贴在弹性试件上,故在应力作用下,金属丝应变片产生的应变与弹性试件产生的应变相同。将题目所给的参数直接代入式(2.5.18),即可求得试件所受应力为:

$$\sigma = \frac{4U_{o1}E_m}{K_P E} = \frac{4 \times 1.2 \times 10^{-3}\,\text{V} \times 2 \times 10^{11}\,\text{N/m}^2}{2 \times 6\,\text{V}} = 8 \times 10^7\,\text{N/m}^2$$

故试件所受应力为 $\sigma = 8 \times 10^7\,\text{N/m}^2$。

2.5.2 集成运算放大器电路

如今集成运算放大器(以下简称集成运放)的制造技术已经非常成熟了,并且不断地有各种性能优良的产品问世,因此其在电子线路的设计中得到了广泛的应用。在传感器中也常采用集成运算放大器来构成测量与转换电路,常用的有反相比例放大电路、同相比例放大电路和电压跟随器。下面结合传感元件来分别进行介绍。

1. 反相比例放大电路

如图 2.5.7 所示的是运用集成运算放大器设计的一种测量与转换电路,它是反相比例放大电路,能将金属丝应变片电阻的变化转换为电压输出。

图 2.5.7 中,V_{CC}、$-V_{CC}$ 为正负两路直流稳压电源,与运放共用;R 为应变片,R_3 为匹配电阻,在应变片未工作时,调节 R_3 使 $R_3 = R$,这样便有 $v_i = 0$,于是 $v_o = 0$。当应变片受到应力作用时,其电阻由 R 变为 $R + \Delta R$,此时 v_i 由 0 变为:

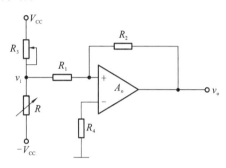

图 2.5.7 反相比例放大电路

$$v_i = \frac{[V_{CC} - (-V_{CC})](R + \Delta R)}{R_3 + R + \Delta R} - V_{CC} \approx \frac{2V_{CC}(R + \Delta R)}{2R} - V_{CC} = \frac{V_{CC}\Delta R}{R} \quad (2.5.19)$$

v_i 经过由集成运算放大器 A_o 构成的反相比例放大电路放大后,输出电压为:

$$v_{o1} = -\frac{R_2}{R_1}v_i = -\frac{R_2}{R_1}\frac{V_{CC}\Delta R}{R} \quad (2.5.20)$$

式中 $-\frac{R_2}{R_1} = A_V$ 是反相放大电路的放大倍数,可在一定范围内调节,得到合理的最大输出。负号表示输出电压的变化与应变片电阻的变化相反,当应变片电阻的变化为增大时,输出电压的变化为减小;反之,当应变片电阻的变化减小时,输出电压的变化则增大。集成运放转换电路的灵敏度为:

$$S_A = \frac{\Delta v_o}{\Delta R} = \frac{v_{o1} - 0}{\Delta R} = -\frac{R_2}{R_1}\frac{V_{CC}}{R} = A_V\frac{V_{CC}}{R} \quad (2.5.21)$$

由上式可知,集成运放转换电路的灵敏度与放大电路的放大倍数 A_V 及电源电压 V_{CC} 成正比,而与应变片标准化阻值 R 成反比。这三个参数的选取都不能随意,电源电压一般可在 5~15 V 范围内选取;应变片标准化阻值是有一个系列的,只能在系列内选取;放大电路的放大倍数的选取要遵循运算放大电路的设计原理,下面举例说明。

例 2.5.2 某金属丝应变片的标准化阻值 $R = 100\,\Omega$,灵敏系数 $K_P = 2.1$,用作应变片传感器的敏感元件,工作时其应变 ε 的变化范围是 0.001 至 0.005。测量转换电路为如图 2.5.7 所示的由集成运算放大器构成的反相比例放大电路,已知直流稳压电源 V_{CC} 为 15 V,求:(1)求反相比例放大电路的放大倍数 A_V 应为多少?(2)反相比例放大电路中的电阻 R_1、

R_2、R_4 应何选取？

分析 因为运放的电源电压为 ±15 V，若考虑集成运算放大器的输出级的饱和管压降为 0.3 V，则输出电压 v_o 应在区间 (−14.3 V, 14.3 V) 内。根据应变片工作时其应变 ε 的最大值，可求得反相比例放大电路输入电压 v_i 的最大值，根据上述两条，即可求得反相比例放大电路的放大倍数 A_V 的取值范围。

解 （1）由题意可知应变片工作时其应变 ε 的最大值为 0.005，由式(2.4.1)：

$$K_P = \frac{\Delta R}{R} / \varepsilon$$

可求得此时应变片的电阻变化值为：

$$\Delta R = K_P \varepsilon R = 2.1 \times 0.005 \times 100 \ \Omega = 1.05 \ \Omega$$

由图 2.5.7 及式(2.5.13)，可求得此时反相比例放大电路的输入电压为：

$$v_i = \frac{V_{CC} \Delta R}{R} = \frac{15 \ \text{V} \times 1.05 \ \Omega}{100 \ \Omega} = 0.1575 \ \text{V}$$

由图 2.5.7 及式(2.5.14)可知，此时反相比例放大电路的输出电压为：

$$v_{o1} = -\frac{R_2}{R_1} v_i = A_V v_i$$

因为输出电压必须在区间 (−14.3 V, 14.3 V) 内，而 $A_V = -\frac{R_2}{R_1}$ 为负数，所以应有：

$$v_{o1} = A_V v_i > -14.3 \ \text{V}$$

于是 $A_V > \frac{14.3 \ \text{V}}{v_i} = \frac{-14.3 \ \text{V}}{0.1575 \ \text{V}} \approx -91$。从原理上来说，$A_V$ 取大于 −91 的负数均可，但为了获得尽量大的输出电压，应取尽量接近 −91 的负数。因此，可取 $A_V = -90$。

（2）下面分析反相比例放大电路中的电阻 R_1、R_2、R_4 应何选取？

首先选择 R_1、R_2，二者应满足 $A_V = -(R_2/R_1)$，因为已取 $A_V = -90$，代入后即得 $R_2/R_1 = 90$。R_1、R_2 的选择，除了要满足此式外，还应考虑测量电路的要求。为了测量的稳定和准确，应使流过 R_1、R_2 的电流远小于流过应变片 R 的电流，这样就要求 $R_1 + R_2 \gg R$。即使这样，选择还是很多的，如可选 $R_1 = 1 \ \text{k}\Omega$，于是 $R_2 = 90 \ \text{k}\Omega$。为了减少测量误差，应选 $R_4 = (R_1 // R_2) \approx R_1 = 1 \ \text{k}\Omega$。

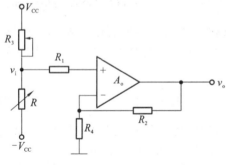

图 2.5.8 同相比例放大电路

2. 同相比例放大电路

图 2.5.8 所示的是集成运放同相比例放大电路构成的一种测量与转换电路，能将金属丝应变片电阻的变化转换为电压输出。图 2.5.8 中，V_{CC}、$-V_{CC}$ 为正负两路直流稳压电源，与运放共用，R 为应变片，R_3 为匹配电阻。在应变片未工作时，调节 R_3 使 $R_3 = R$，这样便有 $v_i = 0$，于是 $v_o = 0$。当应变片受到应力作用时，其电阻由 R 变为 $R + \Delta R$，此时 v_i 由 0 变为：

$$v_i = \frac{[V_{CC} - (-V_{CC})](R + \Delta R)}{R_3 + R + \Delta R} - V_{CC} = \frac{U_{CC} \Delta R}{R}$$

v_i 经过由集成运算放大器 A_o 构成的同相比例放大电路放大后，输出电压为：

$$v_{o1} = \left(1 + \frac{R_2}{R_1}\right) v_i = \left(1 + \frac{R_2}{R_1}\right) \frac{V_{CC} \Delta R}{R} \qquad (2.5.22)$$

式中：$1+\dfrac{R_2}{R_1}=A_V$ 是同相放大电路的放大倍数，可在一定范围内调节，得到合理的最大输出。式(2.5.22)还表明，同相放大电路的输出电压 v_{o1} 和应变片电阻的变化 ΔR 同号。当应变片电阻的变化 ΔR 为正时，输出电压 v_{o1} 也为正；反之，当应变片电阻的变化 ΔR 为负时，输出电压 v_{o1} 也为负。

同相比例放大电路构成的转换电路的灵敏度为：

$$S_A=\frac{\Delta v_o}{\Delta R}=\frac{v_{o1}-0}{\Delta R}=\left(1+\frac{R_2}{R_1}\right)\frac{V_{CC}}{R}=A_V\frac{V_{CC}}{R} \quad (2.5.23)$$

由上式可知，转换电路的灵敏度与放大电路的放大倍数及电源电压成正比，而与应变片标准化阻值 R 成反比。与反相比例放大电路类似，这三个参数的选取都不能随意，电源电压一般可在 5～15 V 范围内选取；应变片标准化阻值是有一个系列的，只能在系列内选取；放大电路的放大倍数的选取要遵循运算放大电路的设计原理，下面举例说明。

例 2.5.3 某金属丝应变片的标准化阻值 $R=100\ \Omega$，灵敏系数 $K_P=2.1$，用作应变片传感器的敏感元件，工作时其应变 ε 的变化范围是 0.001 至 0.01。测量与转换电路为如图 2.5.8 所示的由集成运算放大器构成的同相比例放大电路，已知直流稳压电源 V_{CC} 为 15 V。求：(1) $\varepsilon=0.01$ 时，同相比例放大电路输出电压为 10 V，问放大倍数 A_V 应为多少？(2) 同相比例放大电路中的电阻 R_1、R_2、R_4 应何选取？

解 (1) 当 $\varepsilon=0.01$ 时，由式(2.4.1) $K_P=\dfrac{\Delta R}{R}\Big/\varepsilon$ 可求得金属丝应变片电阻的变化为 $\Delta R=K_P\varepsilon R=2.1\times0.01\times100\ \Omega=2.1\ \Omega$。根据式(2.5.22) $v_{o1}=\left(1+\dfrac{R_2}{R_1}\right)v_i=\left(1+\dfrac{R_2}{R_1}\right)\dfrac{V_{CC}\Delta R}{R}$，代入有关参数可求得放大倍数为：

$$A_V=1+\frac{R_2}{R_1}=\frac{Rv_{o1}}{V_{CC}\Delta R}=\frac{100\ \Omega\times10\ V}{15\ V\times2.1\ \Omega}=31.746$$

(2) 由上式可得： $\dfrac{R_2}{R_1}=31.746-1=30.746\approx31$

则 $R_2=31R_1$。

这里对电阻 R_1、R_2 的选取，不用考虑对应变片支路电流的影响，可按集成运放外围电路通用的选取方法来选取。R_1、R_2 太大会引入干扰和噪声，太小会增加功耗，同时也会增大电流的散粒噪声。这里可取 $R_1=1\ k\Omega$，$R_2=31R_1=31\ k\Omega$，为了减少测量误差，应选 $R_4=(R_1//R_2)\approx R_1=1\ k\Omega$。

讲评：这个测量与转换电路的设计比较实用。只要用数字电压表测出同相比例放大电路的输出电压（单位为 V），乘以 10^{-3} 即可求得应变 ε 之值。例如，当测得同相比例放大电路的输出电压为 1.2 V 时，立即可得应变 $\varepsilon=1.2\times10^{-3}=0.001\ 2$，快捷方便。

3. 电压跟随器

由集成运算放大器构成的电压跟随器也可用作传感器的测量与转换电路，如图 2.5.9 所示。从例 2.5.3 所给参数来分析，当金属丝应变片的应变取最小值，即 $\varepsilon=0.001$ 时，对于标准化阻值 $R=100\ \Omega$ 的金属丝应变片，用图 2.5.7 或图 2.5.8 所示测量与转换电路，第一级产生的电压为：

$$v_i=\frac{V_{CC}\Delta R}{R}=\frac{V_{CC}K_P\varepsilon R}{R}=V_{CC}K_P\varepsilon$$

$$=15\ V\times2.1\times0.001=0.031\ 5\ V=31.5\ mV$$

这个数量级的直流电压,可以用直流毫伏电压表测量。在第一级匹配电路后加一级由集成运算放大器构成的电压跟随器,可以起到阻抗变换作用,以避免测量时对金属丝应变片电路形成干扰。由集成运算放大器构成的电压跟随器,其输入电阻很大,可高达 10^{10} Ω 以上,而输出电阻很小,在 10 Ω 左右。

比较上述三种由集成运放构成的测量与转换电路,可知同相比例放大电路较好,只要用数字电压表测出同相比例放大电路的输出电压(单位为 V),乘以 10^{-3} 即可求得应变 ε 之值。这样可以省却后续显示电路的设计与制作。

2.5.3 电阻应变仪

前面介绍的直流电桥和集成运算放大器电路,都需要自行设计、计算和调试电路,虽然灵活方便,但是周期较长。目前市面上有电阻应变仪成品,可根据实际情况选用。电阻应变仪按测量应变力的频率可分为静态应变仪和动态应变仪。按应变力变化的频率又可细分为:静态(5 Hz)、静动态(几百 Hz)、动态(5 kHz)、超动态(几十 kHz)。一种典型的交流电桥电阻应变仪的结构框图如图 2.5.10 所示。

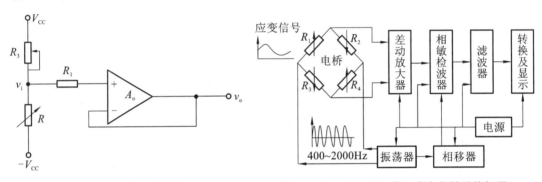

图 2.5.9　电压跟随器　　　　图 2.5.10　交流电桥电阻应变仪的结构框图

该电阻应变仪主要由电桥、振荡器、放大器、相敏检波器、滤波器、转换和显示电路组成。其中,电桥的作用是通过金属丝应变片测出 20~200 Hz 应变力,并输出调幅波信号;放大器的作用是将电桥输出的调幅波放大;振荡器用于产生等幅正弦波提供电桥电压和相敏检波器参考电压;如果应变有拉应变和压应变,则可通过相敏检波电路区分双相信号;相移器为相敏检波器提供参考信号以便实现相敏检波;滤波器的作用是为了还原被检测的信号,用低通滤波器去掉高频保留低频应变信号。

>
> **注意:**相敏检波是利用参考信号与被测信号的相位关系而实现的整流。关于"相敏检波"的工作原理,可见参考文献[1]。

2.6　金属丝应变片的温度误差及其补偿

2.6.1　温度误差及其产生原因

用作测量应变的金属丝应变片,我们希望其阻值仅随应变变化,而不受其他因素的影响。实际上应变片的阻值还受环境温度,包括被测试件的温度影响很大。由于环境温度变化引起的电阻变化与试件应变所造成的电阻变化几乎有相同的数量级,从而产生很大的测量误差,称为应变片的温度误差,又称为热输出。因环境温度改变而引起应变片的阻值变化的主要原因有两个:一是应变片的电阻丝(敏感栅)具有一定温度系数;二是电阻丝材料与测试材料的线膨胀系数不同。

如果测试的起始时间与结束时间相隔很短,环境温度没有变化,则无须采取补偿措施;如果测试的起始时间与结束时间相隔很长,环境温度有明显的变化,则必须采取补偿措施。补偿措施根据测量电路的不同而不同。

2.6.2 直流电桥测量电路的温度误差补偿

单臂工作的全等臂电桥,如图 2.6.1(a)所示。对于这种测量电路的补偿方法是,测量应变时,使用两块完全相同的应变片,如图 2.6.1(b)所示。一片贴在被测试件的表面,即图中的 R_1,称为工作应变片;另一片贴在与被测试件材料相同的补偿块上,即图中的 R_3,称为补偿应变片。在工作过程中补偿应变片不承受应变,仅随温度发生变化。当温度发生变化,桥路中相临两臂的电阻 R_1 和 R_3 变化相同,对电桥输出无影响,从而消除了温度变化带来的影响。对于图 2.5.4(b)所示的使用 2 片应变片的全等臂电桥测量电路,以及图 2.5.6 所示的使用 4 片应变片的全等臂电桥测量电路,由于满足"当温度发生变化,桥路中相临两臂的电阻变化相同,对电桥输出无影响"这一条件,因而无须增加温度补偿电路,应优先选用。

2.6.3 集成运算放大器测量电路的温度误差补偿

对于图 2.5.7 所示的反相比例放大测量电路,只要将 R_3 换成与 R 完全相同的应变片,并且让 R_3 和 R 工作在差动状态,如图 2.6.2 所示,这样改进的结果,不但可实现温度误差补偿,还可提高测量精度。

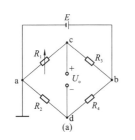 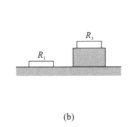 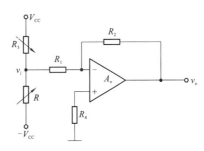

图 2.6.1 单臂工作的全等臂电桥的温度补偿　　图 2.6.2 改进的反相比例放大测量电路

由于 R_3 和 R 是完全相同的应变片,因此不论温度怎么变化,都有 $v_i=0$,于是 $v_o=0$。当应变片受到应力作用时,其电阻一个由 R 变为 $R+\Delta R$,另一个则由 R 变为 $R-\Delta R$,此于是 v_i 由 0 变为:

$$v_i = \frac{[V_{CC}-(-V_{CC})](R+\Delta R)}{R-\Delta R+R+\Delta R} - V_{CC} = \frac{2V_{CC}(R+\Delta R)}{2R} - V_{CC} = \frac{V_{CC}\Delta R}{R} \quad (2.6.1)$$

后面的结论与 2.5.2 节完全一样,此处不再赘述。这样改进的结果是消除了由于温度变化可能带来的测量误差。

同样的,对于图 2.5.8 所示的同相比例放大测量电路和图 2.5.9 所示的电压跟随器测量与转换电路也可以进行相同的改进,分别如图 2.6.3 和图 2.6.4 所示。

2.6.4 双丝组合式自补偿

如图 2.6.5 所示,应变片由两种不同电阻温度系数(即一种为正值,一种为负值)的材料串联组成敏感栅,以达到一定的温度范围内在一定材料的试件上实现温度补偿。这种双丝结构的应变片能自补偿的条件是,要求粘贴在试件上的两段敏感栅,随温度变化而产生的电阻增量大小相等,符号相反。即 $\Delta R_{1t} = -\Delta R_{2t}$。该方法补偿效果可达 $\pm 0.45\ \mu\varepsilon/℃$。

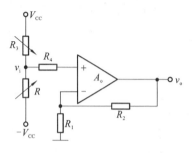 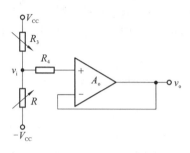 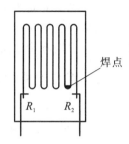

图 2.6.3　改进的同相比例　　　图 2.6.4　改进的电压跟随器　　　图 2.6.5　双丝结构
　　　　　　放大测量电路　　　　　　　　测量与转换电路

2.7　金属丝应变片传感器的应用

金属丝应变片的应用可分为如下两大类。

(1) 第一类是将应变片粘贴于某些弹性体上,并将其连接到测量转换电路,这样就构成测量各种物理量的专用应变式传感器。应变式传感器中,敏感元件一般为各种弹性体。传感元件就是应变片,测量转换电路一般为桥路。

(2) 第二类是将应变片贴于被测试件上,然后将其连接到应变仪上就可直接从应变仪上读取被测试件的应变量。

金属丝应变片,除了用于测定试件应力、应变外,还用于制成多种应变式传感器用来测定力、扭矩、加速度、压力等其他物理量。

金属丝应变片传感器包括两个部分:一是**弹性敏感元件**,利用它将被测物理量(如力、扭矩、加速度、压力等)转换为弹性体的应变值;另一个是**应变片**,利用其作为转换元件将应变转换为电阻的变化。下面介绍金属丝应变片传感器的几个典型应用。

2.7.1　金属丝应变片加速度传感器

金属丝应变片加速度传感器的结构如图 2.7.1 所示。测量时将传感器壳体与被测对象刚性固定。当加速度作用在壳体上时,由于应变梁的刚度很大,质量块也以同样的加速度运动,其产生的惯性力与加速度成正比,并使应变梁发生变形,贴在应变梁上、下方的金属丝应变片的电阻会发生差动式的变化,在外接的测量电路中会产生输出信号,对输出信号进行处理、运算后,即可显示出加速度的大小。硅油阻尼液的作用是产生适当大小的阻尼,使测量过程平稳。保护块的作用是在测量超限时,起到保护传感器的作用。这种加速度传感器不适用于频率较高的振动和冲击场合,一般适用于频率为 10～60 Hz 范围。

2.7.2　金属丝应变片柱式力传感器

金属丝应变片柱式力传感器的弹性元件分实心和空心两种,如图 2.7.2 所示。柱式力传感器的特点是结构简单,可承受较大载荷,最大可达 10^7 N,在测 $10^3 \sim 10^5$ N 载荷时,为提高变换灵敏度和抗横向干扰,一般采用空心圆柱结构。在测试压力或拉力时,一般是沿轴向布置一个或几个应变片,在圆周方向布置同样数目的应变片,这样便可以使后者取符号相反的应变,以构成差动对。由于应变片沿圆周方向分布,所以非轴向载荷分量被补偿。圆柱

(筒)在外力 F 作用下产生形变,从而应变片产生形变,其中轴向应变为:

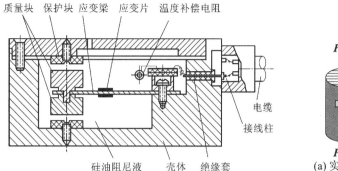

图 2.7.1 金属丝应变片加速度传感器

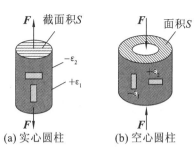

图 2.7.2 应变片柱式力传感器

$$\varepsilon_1 = \frac{\Delta l}{l} = \frac{\sigma}{E} = \frac{F}{SE} \tag{2.7.1}$$

圆周方向应变为:
$$\varepsilon_2 = -\mu\varepsilon_1 = -\mu\frac{F}{SE} \tag{2.7.2}$$

式中:L 为弹性元件的长度;S 为弹性元件的横截面积;F 外力;σ 为应力,$\sigma = F/S$;E 为弹性模量。

弹性元件上应变片的粘贴和电桥连接,应尽可能消除偏心和弯矩的影响,一般将应变片对称地贴在应力均匀的圆柱表面中部,构成差动对,且处于对臂位置,以减小弯矩的影响。横向粘贴的应变片,如前所述还具有温度补偿作用。应变片在圆柱上的实际粘贴和电桥的连接示意图见图 2.7.3。

例 2.7.1 采用 4 片相同的金属丝应变片,其灵敏度系数 $K_P = 2$,将它们贴在实心圆柱形测力弹性元件上,如图 2.7.4(a)所示。$F = 1\,000$ kg,圆柱截面半径 $r = 1$ cm,杨氏模量 $E = 2 \times 10^7$ N/cm²,泊松比 $\mu = 0.3$。求:(1)画出应变片在圆柱上粘贴的位置及相应测量电桥原理图;(2)各应变片的应变 ε 为多少?各应变片的电阻相对变化量 $\Delta R/R$ 是多少?(3)若电源电压 $E = 6$,求电桥的输出电压。(4)论述此种测量方式能否补偿环境温度对测量的影响。

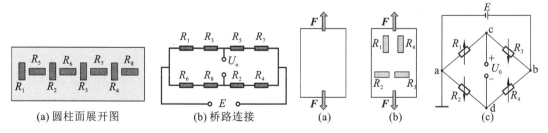

图 2.7.3 应变片在圆柱上的实际粘贴和电桥的连接示意图

图 2.7.4 实心圆柱形测力弹性元件及其测量电桥

解 (1)按题意要求,可采用 2.5.1 节中图 2.5.6 所示的电桥电路,粘贴位置如图 2.7.4(b)所示。R_1、R_4 沿轴向粘贴,在力 F 的作用下,产生正应变 $\varepsilon_1 > 0$,$\varepsilon_4 > 0$;R_2、R_3 沿圆周方向粘贴,产生负应变 $\varepsilon_2 < 0$,$\varepsilon_3 < 0$;金属丝应变片接入电桥的位置如图 2.7.4(c)所示。

(2) $\varepsilon_1 = \varepsilon_4 = \dfrac{F}{SE} = \dfrac{1\,000 \times 9.8 \text{ N}}{\pi \times 1^2 \text{ cm}^2 \times 2 \times 10^7 \text{ N/cm}^2} = 1.56^{-4} = 156\mu\varepsilon$

$\varepsilon_2 = \varepsilon_3 = -\mu\dfrac{F}{SE} = -0.3 \times 1.56^{-4} = -47\mu\varepsilon$

$\dfrac{\Delta R_1}{R_1} = \dfrac{\Delta R_4}{R_4} = k_P\varepsilon_1 = k_P\varepsilon_4 = 2 \times 1.56 \times 10^{-4} = 3.12 \times 10^{-4}$

$\dfrac{\Delta R_2}{R_2} = \dfrac{\Delta R_3}{R_3} = k_P\varepsilon_2 = k_P\varepsilon_3 = 2 \times (-0.47) \times 10^{-4} = -0.94 \times 10^{-4}$

(3) 根据 2.5.1 节导出的式(2.5.12a)得出电桥的输出电压为：

$$U_{o1} = \dfrac{1}{4}\left(\dfrac{\Delta R_1}{R_1} + \dfrac{\Delta R_4}{R_4} - \dfrac{\Delta R_2}{R_2} - \dfrac{\Delta R_3}{R_3}\right)E = \dfrac{1}{2}\left(\dfrac{\Delta R_1}{R_1} - \dfrac{\Delta R_2}{R_2}\right)E$$
$$= 0.5(3.12 \times 10^{-4} + 0.94 \times 10^{-4}) \times 6 \text{ V} = 1.22 \text{ mV}$$

(4) 此种测量方式为差动式输入，与前所述，能自动补偿环境温度对测量的影响。证明如下。

4 片相同的金属丝应变片，当环境温度变化时，它们的阻值变化相同，即：

$$\dfrac{\Delta R_{1t}}{R_1} = \dfrac{\Delta R_{4t}}{R_4} = \dfrac{\Delta R_{2t}}{R_2} = \dfrac{\Delta R_{3t}}{R_3}$$

因此由温度变化引起的热输出为：

$$U_{o1} = \dfrac{1}{4}\left(\dfrac{\Delta R_{1t}}{R_1} + \dfrac{\Delta R_{4t}}{R_4} - \dfrac{\Delta R_{2t}}{R_2} - \dfrac{\Delta R_{3t}}{R_3}\right)E = 0$$

2.7.3 金属丝应变片梁式力传感器

常见的金属丝应变片梁式力传感器有等截面梁力传感器和等强度梁力传感器两种。下面分别介绍。

1. 等截面梁式力传感器

等截面梁式力传感器的悬臂梁的横截面积处处相等，所以称为等截面梁，如图 2.7.5 所示。当外力 F 作用在梁的自由端时，固定端产生的应变最大，粘贴在应变片处的应变为：

$$\varepsilon = \dfrac{6FL_0}{bh^2 E_m} \qquad (2.7.3)$$

式中：L_0 是为悬臂梁受力端到应变中心的长度；b、h 分别为梁的宽度和梁的厚度；E_m 为梁的杨氏模量。

2. 等强度梁式力传感器

等强度梁的特点是悬臂梁长度方向的截面积按一定规律变化，为一种特殊形式的悬臂梁，如图 2.7.6 所示。当力作用在自由端时，梁内各断面产生的应力相等，表面上的应变也相等，所以称为等强度梁。在 L 方向上粘贴应变片位置要求不严，应变片处的应变大小为：

$$\varepsilon = \dfrac{6FL}{bh^2 E_m} \qquad (2.7.4)$$

式中：L 为悬臂梁受力端到固定端的长度；b、h 分别为梁的自由端宽度和梁的厚度；F 为自由端的作用力，如图 2.7.6 所示；E_m 为梁的杨氏模量。在悬臂梁式力传感器中，一般将应变片贴在距固定端较近的表面，且顺梁的方向上下各贴两片，上面两个应变片受压时，下面两个应变片受拉，并将四个应变片组成全桥差动电桥。这样既可以提高输出电压灵敏度，又可以克服环境温度带来的影响和减小非线性误差。

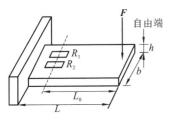
图 2.7.5 等截面悬臂梁

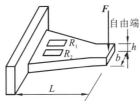
图 2.7.6 等强度悬臂梁

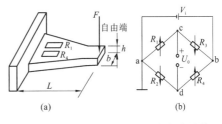
图 2.7.7 贴有 4 片金属丝应变片的等强度梁与直流电桥

例 2.7.2 一台用等强度梁作为弹性元件的电子秤,在梁的上面贴两片金属丝应变片 R_1 和 R_4,在梁的下面对应地贴两片金属丝应变片 R_2 和 R_3,4 片应变片完全相同,且其灵敏度系数均为 $K_P=2$,如图 2.7.7(a)所示,因 R_2 和 R_3 在梁的下面,未画出。图中有关参数为 $L=100\text{ mm},b=11\text{ mm},h=3\text{ mm}$,梁的杨氏模量 $E_m=2\times10^4\text{ N/mm}^2$。现将 4 片应变片接入图 2.7.7(b)所示的直流电桥中,电桥电源压 $E=6\text{ V}$,当 $F=0.5\text{ kg}$ 时,求电桥输出电压 $U_o=$?(符号说明:本书符号 E 表示电源电压,而用 E_m 表示杨氏模量。)

解 当力作用时,由图 2.7.8(a)所示的 4 片金属丝应变片的位置可知,R_1 和 R_4 受拉力产生正应变,而 R_2 和 R_3 受压力产生负应变,其应变绝对值相等,即:

$$\varepsilon_1=\varepsilon_4=|\varepsilon_2|=|\varepsilon_3|=\varepsilon=\frac{6FL}{bh^2E_m} \qquad ①$$

电阻的相对变化量为: $\dfrac{\Delta R_1}{R}=\dfrac{\Delta R_4}{R}=\left|\dfrac{\Delta R_2}{R}\right|=\left|\dfrac{\Delta R_3}{R}\right|=\dfrac{\Delta R}{R}=K_P\varepsilon \qquad ②$

由图 2.7.8(b)所示电桥的性质,运用 2.5.1 节公式(2.5.12b)式,可得电桥的输出电压为:

$$U_o=\frac{\Delta R}{R}E=K_P\varepsilon V_i=K_P\frac{6FL}{bh^2E_m}E$$

$$=\frac{2\times6\times0.5\times9.8\text{ N}\times100\text{ mm}\times6\text{ V}}{11\text{ mm}\times(3\text{ mm})^2\times2\times10^4\text{ N/mm}^2}=17.8\text{ mV}$$

3. 其他形式梁力传感器

其他形式梁力传感器还有平行双孔梁和 S 型拉力工字梁,分别如图 2.7.8(a)、(b)所示。而图 2.7.9 所示的则是两种悬臂梁的实物图。

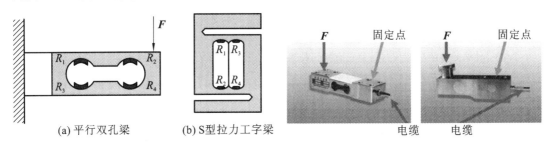

(a) 平行双孔梁　　(b) S型拉力工字梁

图 2.7.8 平行双孔梁和 S 型拉力工字梁　　　图 2.7.9 两种悬臂梁的实物图

习 题 2

2.1 画出金属丝应变片传感器的结构框图,说明各方框的作用。并与图 1.1.1 所示的传感器的组成框图对比,指出异同点。

2.2 什么是金属丝的应变效应?试给出数学分析和相关的结论。

2.3　什么是金属材料的泊松系数？其理论值为多少？实验值是多少？

2.4　粘贴式金属丝应变片的结构如何，它由哪几部分组成？

2.5　根据金属丝应变片的结构来分，它有几种类型？

2.6　描述金属丝应变片特性的主要参数有哪些？

2.7　金属丝的灵敏度系数 K_S 的定义是怎样的？

2.8　金属丝应变片的灵敏度系数 K_P 是怎样的？为什么金属丝应变片的灵敏度系数 K_P 恒小于金于金属丝的灵敏度系数 K_S？

2.9　什么是横向效应？它有什么危害？

2.10　金属丝应变片的电阻值能否随意选取？

2.11　金属丝应变片的绝缘电阻指的是什么？

2.12　金属丝应变片的最大工作电流一般为多大？

2.13　工作过程中超过金属丝应变片的应变极限的后果是什么？

2.14　什么是金属丝应变片的机械滞后特性？它有什么危害？如何克服？

2.15　什么是应变片的零点漂移？如何克服？

2.16　什么是应变片的蠕变？如何克服？

2.17　如果将 100 Ω 的金属丝应变片贴在弹性试件上，若试件受力横截面积 $S=0.4\times10^{-4}\ m^2$，弹性模量 $E_m=2\times10^{11}\ N/m^2$，若有 $F=4\times10^4\ N$ 的拉力引起应变电阻变化为 1 Ω。试求该应变片的灵敏度系数。

2.18　一应变片的电阻 $R=120\ \Omega$，灵敏度系数 $K_P=2.05$，应变为 800 μm/m 的传感元件。求：(1) ΔR 和 $\Delta R/R$；(2) 若电源电压 $E=3\ V$，求此时惠斯通电桥的输出电压 U_{o1} 为多大。

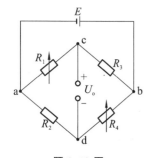

题 2.19 图

2.19　双臂电桥如图所示，已知电源电压 $E=12\ V$，电桥平衡时，$R_1=R_2=R_3=R_4=120\ \Omega$，应变发生时，电桥输出电压 $U_{o1}=100\ mV$，求电桥的灵敏度：

$$S_H = \left|\frac{\Delta U_o}{\Delta R/R}\right|$$

及两应变片电阻的变化量 ΔR。

2.20　金属丝应变片的测量与转换电路的作用是什么？其常用的测量与转换电路有几种？

2.21　金属丝应变片的测量与转换电路能否采用交流电桥？所谓"交流电桥"，是指将电桥的电源由直流电源 E 改为正弦交流电，频率可根据需要选定。试给出相关的论述。

2.22　试比较直流电桥电路和集成运算放大器两种测量转换电路的优缺点。

2.23　金属丝应变片的四种直流电桥测量电路，常用的是哪两种？为什么？

2.24　比较金属丝应变片的三种集成运算放大器测量与转换电路，各有何优缺点，各在什么情况下使用？

2.25　什么是电阻应变仪？目前它有哪几种类型？

2.26　画出交流电桥电阻应变仪的结构框图，简述其工作原理。

2.27　简述相敏检波器的工作原理。

2.28　金属丝应变片的直流电桥测量电路是否会因环境温度的改变而产生测量误差？如何克服？

2.29　金属丝应变片的集成运算放大器测量电路是否会因环境温度的改变而产生测量误差？如何克服？

2.30　金属丝应变片传感器可以用来测量哪些物理量？分别举例说明。

2.31　有 4 片完全相同的金属丝应变片，其灵敏度系数 $K_P=2$，将其贴在图 2.7.5 所示的等截面悬臂梁上，R_1 和 R_4 贴在梁的上面，R_2 和 R_3 贴在梁的下面。已知：$F=10\ kg$，$L_0=100\ mm$，$h=5\ mm$，$b=5\ mm$，杨氏模量 $E_m=2\times10^5\ N/mm^2$，求：(1) 画出测量电路直流电桥的电原理图；(2) 各应变片电阻的相对变化量；(3) 当桥路的直流电源 $E=6\ V$ 时，桥路的输出电压 $U_{o1}=$？ (4) 环境温度的改变对桥路的测量有无影响？为什么？

第3章 半导体压阻式传感器

3.1 概述

半导体压阻式传感器的结构框图如图 3.1.1 所示。由图可知,半导体压阻式传感器的敏感元件是半导体应变片。半导体应变片是利用硅材料的压阻效应,将被测物理量的变化转换成敏感元件电阻值的变化,再经过转换电路和信号处理电路变成电信号输出或显示出来。按照其工作原理,可将其归纳为电阻式传感器。因而半导体压阻式传感器,一般指的是利用半导体材料(特别是硅)的压阻效应和电子技术制成的一种测量仪器,主要用于压力、速度、加速度、位移、荷重、扭矩等参数的测量。

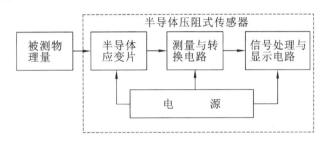

图 3.1.1 半导体压阻式传感器的结构框图

半导体压阻式传感器与其他同类型的电阻式传感器相比,具有灵敏度高、工作频率高、动态响应好、精度高、耗电小、易于微型化和集成化等特点,广泛应用于航空、航天、军工、航海、石油化工、动力机械、生物医学工程、气象、地质、地震测量等各个领域。

3.2 半导体应变片的工作原理、结构与特性

3.2.1 工作原理

当半导体应变片在某一个方向受到应力作用时,它的电阻率会发生明显的变化,这种现象被称为压阻效应。一般来说,所有材料在受到某种程度应用作用下都能呈现出压阻效应,但在半导体材料中,这种压阻效应特别强,能直接反映出很微小的应变。

由第 2 章的相关内容可知,金属丝应变片受力发生机械形变后也会引起其电阻的相对变化,这种变化主要是由于金属材料的几何尺寸所引起的。而与金属丝应变片有所不同的是,半导体应变片电阻的相对变化主要是由于电阻率的变化引起的。而半导体的电阻率取决于有限量载流子——空穴和电子的迁移率,迁移率决定了半导体的电阻率的变化。

根据欧姆定律,导体或者半导体材料的电阻都可用下面的公式计算。

$$R=\frac{\rho L}{S} \tag{3.2.1}$$

式中:ρ 为材料的电阻率;L 为长度;S 为截面积。

因此材料电阻的变化率都可用下式决定:

$$\frac{\mathrm{d}R}{R} = \frac{\mathrm{d}\rho}{\rho} + \frac{\mathrm{d}L}{L} - \frac{\mathrm{d}S}{S} \tag{3.2.2}$$

对金属而言,上式中的第一项 $\mathrm{d}\rho/\rho$ 比较小,即电阻率的变化率较小,有时可以忽略不计,而 $\mathrm{d}L/L$ 和 $\mathrm{d}S/S$ 两项较大,即尺寸的变化率较大,因此金属材料电阻的变化率主要是由 $\mathrm{d}L/L$ 和 $\mathrm{d}S/S$ 两项引起的。而对于半导体材料来说,当半导体应变片受轴向应力作用时,上式中的 $\mathrm{d}L/L$ 和 $\mathrm{d}S/S$ 两项很小,即尺寸的变化率很小,可以忽略不计,而 $\mathrm{d}\rho/\rho$ 这项较大,也就是电阻率的变化率较大,因此半导体材料电阻的变化率主要是由这一项引起的,这也就是半导体压阻式传感器的基本工作原理。

当半导体应变片受轴向应力作用时,其电阻率发生变化。由 2.2 节式(2.2.9)可知,其电阻的相对变化可以表示为:

$$\frac{\mathrm{d}R}{R} = (1+2\mu)\varepsilon + \frac{\mathrm{d}\rho}{\rho} \tag{3.2.3}$$

式中:μ 为泊松比(径向变化与轴向变化之比,详见第 2 章 2.2 节);$\mathrm{d}\rho/\rho$ 为半导体材料的电阻率的相对变化,其值与半导体敏感元件在轴向所受的应力相关,它们之间的关系为:

$$\frac{\mathrm{d}\rho}{\rho} = \pi\sigma = \pi E \varepsilon \tag{3.2.4}$$

式中:π 为半导体材料的压阻系数,它与半导体材料的种类以及应力方向与晶轴方向之间的夹角有关;σ 为半导体材料所受的应力;E 为弹性模量;ε 为半导体应变片的轴向应变。

将式(3.2.4)代入式(3.2.3)中,可得:

$$\frac{\mathrm{d}R}{R} = (1+2\mu+\pi E)\varepsilon \tag{3.2.5}$$

式中:$1+2\mu$ 项随半导体材料的几何形状变化而变化;πE 项为压阻效应项,随电阻率的变化而变化。理论与实验均证明,半导体材料的 πE 比 $(1+2\mu)$ 大很多,所以可以忽略半导体材料的形变因素 $(1+2\mu)$,将半导体材料电阻的变化率写成:

$$\frac{\mathrm{d}R}{R} = \pi E \varepsilon = \frac{\mathrm{d}\rho}{\rho} \tag{3.2.6}$$

由此可见,半导体材料电阻的变化率 $\mathrm{d}R/R$ 主要是由 $\mathrm{d}\rho/\rho$ 引起的,这就是压阻效应。因此半导体应变片的灵敏系数为:

$$K_b = \frac{\mathrm{d}R/R}{\varepsilon} = \pi E \tag{3.2.7}$$

由上式可知,半导体应变片的灵敏系数比金属丝应变片的高很多倍。此外,半导体材料电阻的灵敏系数与掺杂浓度有关,它随杂质浓度的增加而减小。

总体来说,半导体材料的压阻效应与掺杂浓度、温度和材料的类型都有关,同时具备各向异性特征,当沿着不同的方向施加应力和沿着不同方向通过电流,其电阻率的变化会随之不同。当力作用于半导体晶体时,晶体的晶格发生变形,它使载流子发生了从一个能谷到另外一个能谷的散射,载流子的迁移率发生变化,扰动了纵向和横向的平均有效质量,使半导体材料的电阻率发生变化,这个变化率随晶体取向的不同而不同,即半导体材料的压阻效应与晶体取向有关。

半导体材料做成的电阻应变片相对于其他材料做的电阻应变片的优点是尺寸小、横向效应和机械滞后都很小,灵敏度很高,因此输出值很大,可以不需要外接放大器直接与记录仪器连接,使得测量系统简化。但半导体材料的温度系数大,其电阻值和灵敏系数的稳定性不好,应变时非线性比较严重,灵敏系数随受拉或受压而变,且分散度大,使得它的应用范围受到了一定的限制。

3.2.2 结构

根据半导体应变片的外观结构特征和制造工艺,可以将其分为四种类型:体型、薄膜型、扩散型和外延型。

1. 体型

利用半导体材料制成粘贴式应变片(半导体应变片),再用此应变片制成的传感器,称为半导体应变片式传感器。体型半导体应变片是一种将半导体材料硅或锗晶体按照一定方向切割成片状小条,经腐蚀压焊等制造工艺,最后粘贴在锌酚醛树脂或聚酰亚胺的衬底上形成的应变片,图 3.2.1 给出了体型应变片的六种不同的布局和接线方式。

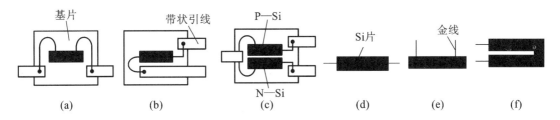

图 3.2.1 体型应变片的六种不同的布局和接线方式

半导体应变片传感器的结构形式基本上与金属丝电阻应变片传感器相同,也是由敏感元件等四部分组成,如图 3.1.1 所示。不同的是应变片的敏感栅不是金属丝,而是用半导体材料制成的。

2. 薄膜型

薄膜型半导体应变片是薄膜技术发展的产物,其厚度一般在 0.1 μm 以下。它是利用真空蒸发或者真空沉积技术,将半导体材料沉积在带有绝缘层的试件上而制成的,其结构示意图如图 3.2.2 所示。

这种类型的应变片灵敏系数高,容易实现工业化生产,是一种很有前景的新型结构的传感器敏感元件。目前实际使用中的主要问题,是难以控制温度和时间引起电阻变化之间的关系。

3. 扩散型

扩散型半导体应变片,是一种在半导体材料的基底上利用集成电路工艺制成的扩散电阻。将 P 型杂质扩散到一个高阻值 N 型硅单晶基底上,形成一层极薄的 P 型导电层,再通过超声波和热压焊法连接上引线,就制成了扩散型半导体应变片。它是一种应用很广泛的半导体应变片,其结构示意图如图 3.2.3 所示。

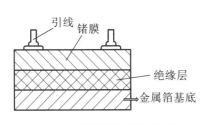

图 3.2.2 薄膜型半导体应变片

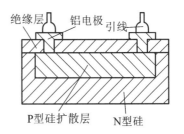

图 3.2.3 扩散型半导体应变片

4. 外延型

这种外延型半导体应变片是在多晶硅或蓝宝石的衬底上外延一层单晶硅而制成的。它的优点是取消了 P-N 结隔离,使工作温度大为提高(可达 300 ℃以上)。

3.2.3 特性分析

1. 温度误差及补偿

由于半导体材料对温度很敏感,半导体应变片的电阻值及其灵敏度系数随温度变化而发生变化,引起的温度误差分别为零漂和灵敏度温漂。

半导体应变片一般是在半导体基底上扩散 4 个电阻,当 4 个扩散电阻的阻值相等或者相差不大、电阻温度系数也相同时,其零漂和灵敏度温漂都会很小,但工艺上难以实现。由于温度误差较大,半导体应变片压阻式传感器一般都要进行温度补偿。

1) 零点温度补偿

零位温度漂移一般都是由于 4 个扩散电阻的阻值及它们的温度系数不一致造成的。一般采用串、并联电阻的方法进行补偿,补偿电路如图 3.2.4 所示。串联电阻 R_s 用于调节电桥在零位的不平衡输出,并联电阻 R_p 的阻值较大,一般采用负温度系数的热敏电阻补偿零位漂移。R_s 和 R_p 的阻值和电阻温度系数都要进行合适的选择。

由于零点漂移,导致 B、D 两点电位不等。例如,当温度升高时,R_2 增加得比较大,使 D 点的电位低于 B 点,B、D 两点的电位差即为零点漂移。

可在 R_2 上并联一个温度系数为负、阻值较大的电阻 R_p,用来约束 R_2 的变化。当温度变化时,可减少或消除 B、D 点之间的电位差,达到补偿的目的。

2) 灵敏度温度补偿

半导体应变片传感器的灵敏度温度漂移是由于压阻系数随温度的变化引起的。为了补偿灵敏度温度漂移,可采用在电源回路中串联二极管的方法。图 3.2.4 中的二极管 VD 呈现负的温度特性,室温温度每升高 1 ℃,正向压降减小 2.0~2.5 mV。采用恒压源作为补偿电路的供电电源,如果将适当数量的二极管串联在电桥的电源回路中,工作时,当温度升高时,应变片的灵敏度下降,使电桥的输出减小;但二极管的正向压降却随温度的升高而减小,于是供给电桥的电压增大,使电桥的输出也增大,补偿了因应变片温度变化引起的输出压降。反之,当温度下降时,应变片的灵敏度增大,电桥的输出也增大,但二极管的正向压降却随温度的降低而增大,于是供给电桥的电压降低,使电桥的输出也减小,补偿了应变片温度误差。这种方法只需要根据温度变化的情况来计算所需要二极管的个数,并将它们串入电源回路,就可以实现补偿的功能。

用这种方法对电路进行补偿时,必须考虑二极管的正向压降的阈值,硅管为 0.7 V,锗管为 0.3 V,采用恒压源供电时,还应考虑把电源电压适当地提高。

随着微制造技术的不断提高,现在利用半导体集成电路工艺不仅能实现全桥压敏电阻与弹性膜片一体化,制作成所谓的"固态传感器",而且能将温度补偿电路与电桥集成在一起,使它们处于相同的温度环境中,以取得良好的补偿效果,甚至还能把信号放大电路与传感器集成在一起,制成单片集成传感器。

3) 热敏电阻补偿法

热敏电阻补偿法如图 3.2.5 所示。图中的热敏电阻 R_t 处在与应变片相同的温度条件下,当应变片的灵敏度随着温度升高而下降时,热敏电阻 R_t 的阻值也随之下降,使电桥的输入电压随温度升高而增加,从而提高电桥的输出,补偿因为应变片引起的输出下降。合理选择分流电阻 R_s 的阻值,可以得到较好的补偿效果。

2. 影响压阻系数的因素

影响压阻系数大小的主要因素是扩散杂质的表面浓度和环境温度。压阻系数随扩散杂质浓度的增加而减小,表面杂质浓度相同时,P 型硅的压阻系数值比 N 型硅的压阻系数的(绝对)值高,因此选 P 型硅有利于提高敏感元件的灵敏度。压阻系数与环境温度的关系:表面杂质浓度浓度低时,随温度升高,压阻系数下降快;提高表面杂质浓度,随温度升高,压阻系数下降趋缓。从温度影响来看,扩散杂质的表面浓度高比较好,但提高扩散浓度也要降低压阻系数,而且高浓度扩散时,扩散层 P 型硅与衬底(膜片)N 型硅间 PN 结耐击穿电压也随之下降,从而使绝缘电阻下降。总之,对于压阻系数、绝缘电阻以及温度的影响诸多因素应综合考虑。

3.3 测量与转换电路

半导体压阻式传感器的敏感元件是半导体应变片。半导体应变片可以把应变的变化转换成电阻的变化,为了显示与记录应变的大小,还要把电阻的变化再转换为电压或者电流的变化,完成上述作用的电路称为测量与转换电路,如图 3.1.1 所示。半导体应变片的测量与转换电路与第 2 章金属丝应变片的测量与转换电路类似,一般采用测量电桥。而电桥有多种不同的电路与供电形式,需要根据实际情况来选择。下面介绍对于半导体应变片常用的两种测量电桥电路。其他类型的测量电路可参阅 2.5 节。

1. 直流电桥

直流电桥,顾名思义,就是采用直流供电的桥路。电路由四个桥臂 R_1、R_2、R_3 及 R_4 和一个供桥电源 U 组成,如图 3.3.1 所示。其中,R_L 为负载电阻,U_o 为电桥输出电压,四臂中的任一臂电阻可使用应变片代替。

当被测物理量无变化时,四桥臂满足一定的关系,输出为零;当被测物理量发生变化时,测量电桥平衡被破坏,有电压输出。

1) 电桥平衡条件

由图 3.3.1 可得:

$$U_o = U\left(\frac{R_1}{R_1+R_2} - \frac{R_3}{R_3+R_4}\right)$$

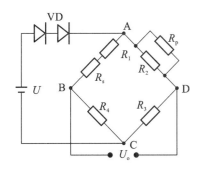
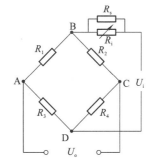
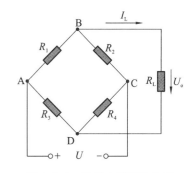

图 3.2.4 温度误差补偿电路　　图 3.2.5 热敏电阻补偿电路　　图 3.3.1 直流电桥测量电路

当电桥平衡时,$U_o = 0$,则有:

$$\frac{R_1}{R_2}=\frac{R_3}{R_4} \tag{3.3.1}$$

由上式可知,欲使电桥平衡,其相邻两臂电阻的比值应相等,或者相对两臂电阻的乘积相等。

2) 电压灵敏度

求直流电桥电压灵敏度的电路如图3.3.2所示。假定应变片在R_1的位置,也即R_1为电阻应变片,而R_2、R_3、R_4为电桥固定电阻。当R_1产生应变时,若应变片电阻变化为ΔR_1,其他桥臂固定不变,电桥输出电压$U_o \neq 0$。此时电桥不平衡,输出电压为:

$$U_o = U\left(\frac{R_1+\Delta R_1}{R_1+\Delta R_1+R_2}-\frac{R_3}{R_3+R_4}\right)$$

$$= U\frac{\dfrac{R_4}{R_3}\dfrac{\Delta R_1}{R_1}}{\left(1+\dfrac{\Delta R_1}{R_1}+\dfrac{R_2}{R_1}\right)\left(1+\dfrac{R_4}{R_3}\right)}$$

设桥臂比 $n = R_2/R_1$,考虑到平衡条件 $R_2/R_1 = R_4/R_3$,且 $\Delta R_1/R_1$ 很小可忽略,电桥不平衡时输出电压为:

$$U_o = U\left[\frac{n}{(1+n)^2}\right]\frac{\Delta R_1}{R_1}$$

由上式即得电桥电压灵敏度:

$$K_u = \frac{U_o}{\dfrac{\Delta R_1}{R_1}} = U\left[\frac{n}{(1+n)^2}\right] \tag{3.3.2}$$

因此,可得出如下结论。

① 电桥电压灵敏度 K_u 正比于电桥供电电压 $U:U\uparrow \to K_u\uparrow$,但供电电压 U 的提高受到应变片允许功耗的限制,所以要进行适当选择。

② 电桥电压灵敏度 $K_u = K_u(n)$,恰当地选择桥臂比 n 的值,就可以保证电桥具有较高的电压灵敏度。可以证明,当桥臂比 $n=R_2/R_1=1$ 时,电压灵敏度取得最大值。

2. 交流电桥

根据直流电桥的分析可知,由于应变电桥的输出电压很小,一般都要增加放大器,而直流放大器易于产生零漂,因此应变电桥多采用交流电桥。

由于桥路供电电源为交流电源,引线分布电容使得桥臂应变片呈现复阻抗特性。这种情况下的电桥的测量电路如图3.3.3所示。

此时,相当于二只应变片各并联了一个电容,其等效电路如图3.3.4所示。则每一桥臂上复阻抗分别为:

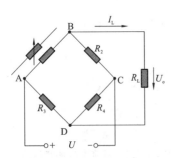

图 3.3.2 求直流电桥电压灵敏度的电路配置

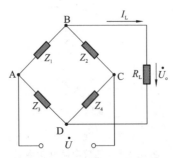

图 3.3.3 交流电桥测量电路

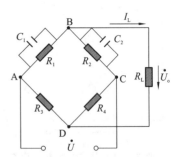

图 3.3.4 交流电桥的等效电路

$$Z_1=\frac{R_1}{R_1+\mathrm{j}\omega R_1 C_1},\ Z_2=\frac{R_2}{R_2+\mathrm{j}\omega R_2 C_2},\ Z_3=R_3,\ Z_4=R_4$$

由交流电路分析可得：

$$\dot{U}_o=\frac{\dot{U}_i(Z_1 Z_4-Z_2 Z_3)}{(Z_1+Z_2)(Z_3+Z_4)}$$

要满足电桥平衡条件，即要求： $\dot{U}_o=0$

由此，则可得： $Z_1 Z_4=Z_2 Z_3$

运用复数运算规则，可解得电桥平衡条件为：

$$\begin{cases}R_3=R_4\\ C_1=C_2\end{cases} \tag{3.3.3}$$

由式(3.3.3)可知，交流电桥的平衡条件是既要满足两固定电阻相等，还要满足两应变片并联的电容也相等的条件。

3.4 半导体压阻式传感器的应用

利用半导体应变片的压阻效应，可以设计出多种类型的压阻式传感器。压阻式传感器体积小，耗电少，结构比较简单，灵敏度高，能测量十几微帕的微压，长期稳定性好，滞后和蠕变小，频率响应高，便于生产。因此，它在测量压力、压差、液位、加速度和流量等方面得到了普遍的应用。它是目前发展和应用较为迅速的一种比较理想的压力传感器。

3.4.1 压阻式压力传感器

图 3.4.1 所示的是半导体压阻式压力传感器结构示意图。硅压阻式压力传感器由外壳、硅膜片(硅杯)和引线等组成。其敏感核心部分是硅膜片，由于其外形为杯状，故又名硅杯。采用集成电路工艺将电阻条(4 个相等的电阻)扩散在单晶硅膜片上，经蒸镀金属电极及连线，连接成惠斯登电桥，再用压焊法与外引线相连。这样就可以通过硅膜片感受被测外力了。硅膜片的一侧是与被测压力端相连接的高压腔，另一侧是与大气相连通的低压腔，也有做成真空的。当硅膜片两边存在压力差时，就有压力作用在硅膜片上，使得硅膜片发生形变，因此硅膜片上各点就产生应力。4 个扩散电阻在应力作用下，阻值发生变化，电桥失去平衡，输出相应的电压，电压大小与硅膜片两边的压力差成正比，其大小就反映了硅膜片所受压力的差值。设计时，适当设置好电阻的位置，可以组成差动电桥。

如果硅杯的高压腔与被测压力端相连，低压腔与另一压力源相接，则可测压差。

相比其他压力传感器，硅半导体压阻式压力传感器的优点如下。

(1) 灵敏度高。硅应变电阻的灵敏因子比金属应变片大 50～100 倍，所以利用硅应变片做成的传感器灵敏度很高，一般满量程输出可以达到 100 mV 左右。这样的输出电压对后续测量接口电路就没用特别的要求，使得整个应用电路结构简单，且成本较低。同时由于它不是一种带有机械结构的传感器，因此分辨率可以做得很高，主要只受限于外界的检测读出仪表限制，以及噪声干扰限制，一般均可达传感器满量程的十万分之一以下。硅压阻传感器在零点附近的低量程段无死区，且有良好的线性。

(2) 精度高。由于固态压阻压力传感器的感知、敏感转换和检测三部分集成在一起，由同一个元件实现，没有中间转换环节，所以其重复性很好，且迟滞误差极小。同时由于硅单

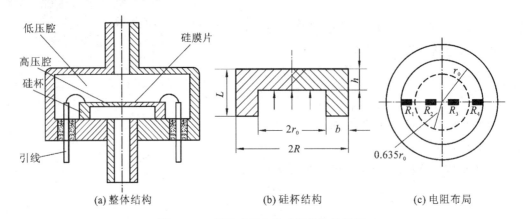

图 3.4.1 压阻式压力传感器结构示意图

晶本身刚度很大,形变很小,保证了良好的线性,因此综合静态精度很高。

(3) 体积小、重量轻、动态频响高。由于芯体采用集成工艺,又没使用机械传动部件,因此体积小,重量轻。小尺寸芯片加上硅极高的弹性模数,敏感元件的固有频率很高。在动态应用时,动态精度高,使用频带宽,合理选择设计传感器外形,使用带宽可以达到 0~100 kHz。

(4) 性能稳定、可靠性高。由于工作弹性形变低至微应变数量级,弹性薄膜最大位移在亚微米数量级,因而无磨损、无疲劳、无老化。其寿命长达 10^7 压力循环次以上。

(5) 温度系数小。由于微电子技术的进步,四个应变电阻的一致性可做得很好,加之激光修调技术、计算机自动补偿技术的进步,目前硅压阻传感器的零位与灵敏度温度系数已可达 $10^{-5}/℃$ 数量级,即在压力传感器领域已超过温度系数小的其他应变式传感器的水平了。

(6) 适应介质广。由于硅的优良化学防腐性能,以及硅油的良好可兼容性,使得隔离式结构易于实现。即使是非隔离型的压阻式压力传感器,也具有很强的适应各种介质的能力。

(7) 安全防爆。由于其低电压、低电流的低功耗特点,因此也是安全防爆型产品,可广泛用于各种化学工业检测控制等领域,具有最优性价比。

只是这种传感器的测量准确度会受到非线性和温度的影响,从而影响压阻系数的大小,需要进行温度补偿,温度补偿可以采用本书先前介绍的方法进行。并且制造工艺较为复杂,成本较高。现在出现的智能压阻式压力传感器利用微处理器对非线性和温度进行补偿,它利用大规模集成电路技术,将传感器与微处理器等集成在同一块硅片上,兼有信号检测、处理、存储等功能,从而大大提高了传感器的稳定性和测量的准确度。

压阻式压力传感器现已广泛用于水利、化工、医疗、电力、冶金等领域的压力测量与控制。

3.4.2 压阻式加速度传感器

硅微加速度传感器是最早开发的一种压阻式加速度传感器,其弹性元件的结构形式一般采用微机械加工技术形成硅梁外加质量块,利用压阻效应来检测加速度。图3.4.2所示为压阻式加速度传感器结构示意图。它的悬臂梁直接用单晶硅制成,在悬臂梁的根部,利用扩散工艺,形成4个阻值相同的应变片电阻,构成差动电桥。在悬梁臂的自由端安装一个质量块,当有加速度作用在质量块上时,由于悬臂梁的刚度很大,且因为惯性作用,其产生的惯性力正比于加速度的大小,惯性力作用在使悬梁臂发生形变而产生应力,该应力使4个应变片扩散电阻的阻值发生变化,由电桥的输出信号可以获得加速度的大小。

压阻式硅微加速度传感器的典型结构形式有很多种,除悬臂梁外,还有双臂梁、四梁和双岛-五梁等。弹性元件的结构形式及尺寸决定传感器的灵敏度、频响、量程等。质量块能够在较小的加速度作用下对悬梁臂施加较大的应力,从而提高传感器的输出灵敏度。在较大加速度的情况下,质量块的作用可能会使悬臂梁上的应力超过材料的弹性限度,变形过大,致使断裂,因此,可采用质量块和梁厚相等的单臂梁和双臂梁的结构形式,分别如图3.4.3和图3.4.4所示。压阻式加速度传感器的敏感元件为半导体材料制成的电阻测量电桥,其结构动态模型仍然是弹簧质量系统。现代微加工制造技术的发展使压阻式敏感元件的设计具有很大的灵活性,以适应各种不同测量条件的要求。在灵敏度和量程方面,从低灵敏度高量程的冲击测量,到直流高灵敏度的低频测量,都有压阻形式的加速度传感器在使用。同时,压阻式加速度传感器测量频率范围也可以从直流信号到具有刚度高、测量频率范围到几十千赫兹的高频测量。超小型化的设计也是压阻式传感器的一个亮点。需要指出的是,尽管压阻敏感元件的设计和应用具有很大的灵活性,但对于某个特定设计的压阻式元件而言,其使用范围一般要小于压电型传感器。压阻式加速度传感器的另外一个缺点是受温度的影响较大,使用的传感器一般都需要进行温度补偿。温度补偿可以采用本章中介绍的方法进行。

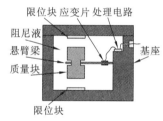

图3.4.2 压阻式加速度传感器结构示意图

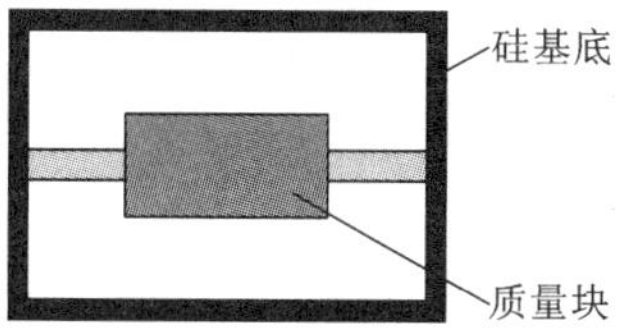

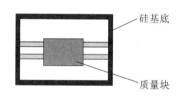

图3.4.3 单臂梁结构示意图

图3.4.4 双臂梁结构示意图

压阻式加速度传感器的输出阻抗低,输出电平高,内在噪声低,对电磁和静电干扰的敏感度低,所以易于进行信号调理。它对底座应变和热瞬变不敏感,在承受大冲击加速度作用时零漂很小。压阻式加速度传感器的一个最大的优点就是工作频带很宽,并且频率响应可以低到零频(直流响应),因此可以用于低频振动的测量和持续时间长的冲击测量,如军工冲击波试验。压阻式加速度传感器的灵敏度通常比较低,因此非常适合冲击测量,广泛用于汽车碰撞测试、运输过程中振动和冲击的测量、颤振研究等。

3.4.3 其他应用

目前,半导体压阻式传感器已广泛地应用于航天、航空、航海、石油化工、动力机械、生物医学工程、气象、地质、地震测量等各个领域。在航天和航空工业中压力是一个关键参数,对静态和动态压力,局部压力和整个压力场的测量都要求很高的精度。半导体压阻式传感器是用于这方面测量的较理想的传感器。例如,用于测量直升机机翼的气流压力分布,测试发动机进气口的动态畸变、叶栅的脉动压力和机翼的抖动等。在飞机喷气发动机中心压力的测量中,使用专门设计的硅压力传感器,其工作温度达500 ℃以上。在波音客机的大气数据测量系统中采用了精度高达0.05%的配套硅压力传感器。在尺寸缩小的风洞模型试验中,半导体压阻式传感器能密集安装在风洞进口处和发动机进气管道模型中。单个传感器直径仅2.36 mm,固有频率高达300 kHz,非线性和滞后均为全量程的±0.22%。

在生物医学方面,半导体压阻式传感器也是理想的检测工具。已制成扩散硅膜薄到 10 μm,外径仅 0.5 mm 的注射针型半导体压阻式压力传感器和能测量心血管、颅内、尿道、子宫和眼球内压力的传感器。半导体压阻式传感器还能有效地应用于爆炸压力和冲击波的测量、真空测量、监测等方面。

汽车上应用硅压阻式传感器与计算机配合,可监测和控制汽车发动机的性能以达到节能目的,此外还可用来测量汽车启动和刹车时的加速度。在兵器工业上,由于固有频率高、动态响应快、体积小等特点,压阻式压力传感器可适合测量枪炮膛内的压力,测量时传感器安装在枪炮的身管上或装在药筒底部。另外,压阻式传感器也可以用来测试武器发射时产生的冲击波。

此外,在石油工业中,硅压阻式压力传感器可用来测量油井压力,以便分析油层情况。压阻式加速度计作为随钻测向测位系统的敏感元件,用于石油勘探和开发。在机械工业中可用来测量冷冻机、空调机、空气压缩机、燃气涡轮发动机等气流流速,监测机器的工作状态。在邮电系统中用作地面和地下密封电缆故障点的检测和确定,比机械式传感器更加精确且节省费用。在航运上测量水的流速,以及测量输水管道、天然气管道内介质的流速等。

随着微电子技术、计算机和网络技术的进一步发展,其应用领域还将不断扩展。

习 题 3

3.1 画出半导体压阻式传感器的结构框图,说明各方框的作用。
3.2 半导体压阻式传感器相对于其他同类型的电阻式传感器比较,有何优点?
3.3 什么是压阻效应?
3.4 简述金属丝电阻应变片和半导体应变片的工作原理有何区别?各有何优缺点?
3.5 半导体应变片可以分为哪几种类型,分别进行简要介绍。
3.6 半导体应变片的温度特性如何?它对半导体压阻式传感器的温度特性有何影响?
3.7 半导体应变片常用的测量电路有哪几种?分别进行简要介绍和分析。
3.8 试推导图 3.2.7 所示直流电桥电压灵敏度的表达式,并证明当桥臂比 $n=1$ 时,电桥电压灵敏度 K_u 取得最大值。
3.9 分别简述压阻式压力传感器、压阻式加速度传感器的工作原理。
3.10 搜寻资料,列举半导体压阻式传感器的三个应用实例。
3.11 利用半导体应变片,设计一个液位传感器。给出结构示意图,说明其工作原理。

第 4 章 气敏传感器与湿敏传感器

4.1 气敏传感器

现在生产和生活中使用和排放的气体日益增多,这些气体中有些是易燃、易爆的气体(如氢气、煤矿瓦斯、天然气、液化石油气等),有些是对人体有害的气体(如一氧化碳、氨气等)。为了保护人类赖以生存的自然环境,防止不幸事故的发生,需要对各种有害、可燃性气体在环境中存在的情况进行有效监控,这就需要使用各种类型的**气敏传感器**。

通过气体对敏感元件的作用来检测气体类别、浓度或成分的传感器,称为气敏传感器。按构成敏感元件的材料的不同可分为半导体气敏传感器和非半导体气敏传感器两大类。目前实际使用最多的是**半导体气敏传感器**。半导体气敏传感器按照半导体敏感元件的物理特性的不同又可分为电阻型和非电阻型两种类型。**电阻型半导体气敏传感器**是通过半导体敏感元件接触气体时阻值的变化来检测气体成分或浓度来工作的;而非电阻型半导体气敏传感器则是通过半导体敏感元件接触气体时,敏感元件的其他参数的变化来检测被测气体的,如二极管伏安特性和场效应晶体管的阈值电压变化等。电阻型半导体气敏传感器是目前实际使用最为广泛的一种半导体气敏传感器,下面专门进行介绍。

4.1.1 电阻型半导体气敏传感器的工作原理

根据第 1 章图 1.1.1 所示的传感器的组成框图并结合**电阻型半导体气敏传感器**的具体情况,可以画出电阻型半导体气敏传感器的组成框图如图 4.1.1 所示。将二者对比可知,半导体气敏元件既是敏感元件,又是转换元件。

电阻型半导体气敏传感器是利用气体在半导体表面的氧化反应或还原反应导致敏感元件阻值变化而制成的。当气体被吸附到半导体表面时,根据气体性质和半导体类型的不同组合,可分为如下四种情况。

(1) 当氧化性气体吸附到 N 型半导体上时,氧化性气体会夺取 N 型半导体中的自由电子,从而使得 N 型半导体中的载流子减少,导致其电阻值增大。气体浓度越大,则半导体电阻值增大得也越多。

(2) 当还原性气体吸附到 N 型半导体上时,会释放出多余的电子,从而使得 N 型半导体中的自由电子增多,导致其电阻值减小。当气体浓度越大,则半导体电阻值减小得也越多。

(3) 当氧化性气体吸附到 P 型半导体上时,氧化性气体会夺取 P 型半导体中共价键的电子,使 P 型半导体中的载流子——空穴增多,导致半导体电阻值下降。当气体浓度越大,则半导体电阻值减小得也越多。

(4) 当还原性气体吸附到 P 型半导体上时,会放出多余的电子,这些电子会与 P 型半导体中的空穴复合,从而使得半导体载流子——空穴减少,导致电阻值增大。气体浓度越大,则半导体电阻值增大得也越多。

根据上述四种情况,可从敏感元件阻值的变化得知吸附气体的种类和浓度。半导体气敏传感器的响应时间一般不超过 1 分钟。常用的 N 型半导体材料有 SnO_2、ZnO、TiO 等,P 型半导体材料有 MoO_2、CrO_3 等。

4.1.2 电阻型半导体气敏元件的基本结构

电阻型半导体气敏元件的基本结构有三种类型,即烧结型、薄膜型和厚膜型。

1. 烧结型气敏元件

烧结型气敏元件制作方法简单,以氧化物半导体材料为基体,将铂电极和加热丝埋入材料中,用加热、加压的制陶工艺烧结成形,因此,被称为半导体陶瓷,简称半导瓷,如图4.1.2所示。半导瓷内的晶粒直径为1 μm左右,晶粒的大小对电阻有一定影响,但对气体检测灵敏度则无很大的影响。烧结型器件寿命长,但由于烧结不充分,器件机械强度不高,电极材料较贵重,电性能一致性较差,因此其应用受到了一定限制。

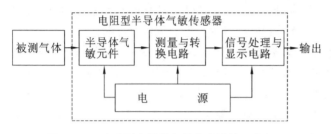
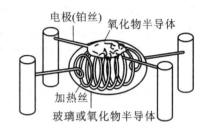

图4.1.1 电阻型半导体气敏传感器的组成框图　　图4.1.2 烧结型气敏元件

2. 薄膜型气敏元件

薄膜型气敏元件制作方法简单,是采用蒸发或溅射工艺,在石英基片上形成厚度约100 nm氧化物半导体薄膜而形成,如图4.1.3所示。半导体薄膜的气敏特性最好,但半导体薄膜为物理性附着,器件间性能差异较大。

3. 厚膜型气敏元件

先将氧化物半导体材料与硅凝胶混合制成可印刷的厚膜胶,再将厚膜胶印刷到装有电极的绝缘基片上,经烧结后即成为厚膜型气敏元件,如图4.1.4所示。这种元件机械强度高,离散度小,适合批量生产。

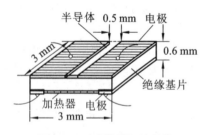
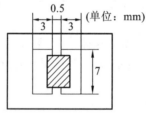
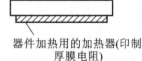

图4.1.3 薄膜型气敏元件　　图4.1.4 厚膜型气敏元件

4.1.3 电阻型半导体气敏元件的加热方式

电阻型半导体气敏元件全部附有加热器。加热器的作用是烧掉附着在敏感元件表面上的尘埃、油雾等,加速气体的吸附,从而提高器件的灵敏度和响应速度。加热器的温度一般控制在200~400 ℃左右。加热方式一般有直热式和旁热式两种,因而形成了直热式和旁热式两种不同加热方式的气敏元件。

1. 直热式气敏元件

直热式气敏元件是将加热丝、测量丝直接埋入氧化物半导体材料粉末中烧结而成。工作时加热丝通电,测量丝用于测量器件阻值,也有加热丝兼作测量丝的。图 4.1.5(a)所示的是直热式烧结型气敏元件的结构,图 4.1.5(b)、(c)是其电路符号。这类器件制造工艺简单、成本低、功耗小,可在高电压回路下使用;但其热容量小,易受环境气流的影响,测量回路和加热回路间没有隔离而相互影响,且加热器与半导体基体间由于热膨胀系数的差异而导致接触不良,从而造成元件失效。

2. 旁热式气敏元件

旁热式气敏元件是将加热丝放置在一个陶瓷管内,管外涂梳状金电极作测量极,在金电极外涂上氧化物半导体材料而成。旁热式气敏元件克服了直热式气敏元件的缺点,使测量电极和加热电极分离,而且加热丝不与气敏材料接触,避免了测量回路和加热回路的相互影响,元件热容量大,降低了环境温度对器件加热温度的影响。图 4.1.6(a)所示为旁热式气敏元件的结构示意图,图 4.1.6(b)为其电路符号。

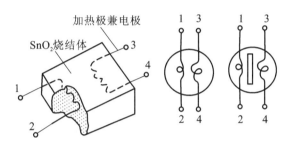

图 4.1.5 直热式气敏元件结构与符号

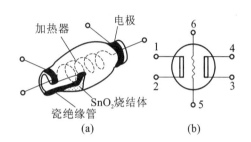

图 4.1.6 旁热式气敏元件的结构与符号

4.1.4 电阻型半导体气敏元件的特性参数

想在实际应用中正确使用电阻型半导体气敏元件,就必须掌握其特性参数,下面详细介绍电阻型半导体气敏元件的主要特性参数。

1. 气敏元件的电阻值

气敏元件的电阻值,是指将电阻型气敏元件放在洁净空气中,并于常温下测得的电阻值,称为气敏元件的固有电阻值,用 R_a 表示。其固有电阻值一般在 $(10^3 \sim 10^5)$ Ω 范围内。

要强调的是,测定固有电阻值 R_a 时,要求必须在洁净空气环境中进行。由于地理环境的差异,各地区空气中含有的气体成分差别较大,即使对于同一气敏元件,在温度相同的条件下,在不同地区进行测定,其固有电阻值也都将出现差别。

2. 气敏元件的灵敏度

按照第 1 章 1.4.1 节关于灵敏度的一般定义:系统的灵敏度 K 是指到达稳定工作状态时,输出变化量 Δy 与引起此变化的输入变化量 Δx 之比,见式(1.4.7)。

即:
$$K = \frac{\Delta y}{\Delta x}$$

结合气敏元件的实际情况,为了便于操作,且在不违背上述一般性的定义的前提下,给出了便于操作的如下三种定义。

(1) 电阻比灵敏度 K。

电阻比灵敏度的定义是:
$$K = \frac{R_a}{R_g} \qquad (4.1.1)$$

式中:R_a 是气敏元件在洁净空气中的电阻值;R_g 是气敏元件在规定浓度的被测气体中的电

阻值。

(2) 气体分离度。

气体分离度的定义是：
$$\alpha = R_{C1}/R_{C2} \tag{4.1.2}$$

式中：R_{C1} 是气敏元件在浓度为 C_1 的被测气体中的阻值；R_{C2} 是气敏元件在浓度为 C_2 的被测气体中的阻值，通常，$C_1 > C_2$。

由上式可知，两个气敏元件在相同的测试条件下，α 值较大的，其灵敏度也高，因此气体分离度也可以看成是灵敏度。也即，气体分离度和电阻比灵敏度一样，是表征气敏元件对于被测气体的敏感程度的指标，它表示气体敏感元件的电阻与被测气体浓度之间的依从关系。

(3) 输出电压比灵敏度。

输出电压比灵敏度的定义是：
$$K_V = \frac{V_a}{V_g} \tag{4.1.3}$$

式中：V_a 是气敏元件在洁净空气中工作时，负载电阻上的输出电压；V_g 是气敏元件在规定浓度被测气体中工作时，负载电阻的输出电压。

3. 气敏元件的分辨率

气敏元件的分辨率表示气敏元件对被测气体的识别(选择)以及对干扰气体的抑制能力。气敏元件的分辨率用 S 表示，其定义为：
$$S = \frac{\Delta V_g}{\Delta V_{gi}} = \frac{V_g - V_a}{V_{gi} - V_a} \tag{4.1.4}$$

式中：V_a 是气敏元件在洁净空气中工作时，负载电阻上的输出电压；V_g 是气敏元件在规定浓度的被测气体中工作时，负载电阻上的电压；V_{gi} 是气敏元件在 i 种气体浓度为规定值中工作时，负载电阻上的电压。

4. 气敏元件的响应时间

气敏元件的响应时间表示在工作温度下，气敏元件对被测气体的响应速度。一般从气敏元件与一定浓度的被测气体接触时开始计时，直到气敏元件的阻值达到在此浓度下的稳定电阻值的 63% 时为止，所需的时间称为气敏元件在此浓度下的被测气体中的响应时间，通常用符号 t_r 表示。

5. 气敏元件的恢复时间

气敏元件的恢复时间表示在工作温度下，被测气体由该元件上解除吸附的速度。一般从气敏元件脱离被测气体时开始计时，直到其阻值恢复到在洁净空气中阻值的 63% 时所需的时间。

6. 初期稳定时间

长期在非工作状态下存放的气敏元件，因表面吸附空气中的水分或者其他气体，导致其表面状态会发生变化。若在此时通电加热，随着元件温度的升高，会发生解吸现象。因此，要使气敏元件恢复正常工作状态，需要一定的时间，这个时间的长短，称为气敏元件的初期稳定时间。具体来说，对于电阻型半导体气敏元件，在刚通电的瞬间，其电阻值将下降，然后再上升，最后达到稳定。由开始通电直到气敏元件阻值到达稳定所需时间的长短，称为电阻型半导体气敏元件的初期稳定时间。初期稳定时间是敏感元件存放时间和环境状态的函数。存放时间越长，其初期稳定时间也越长。在一般条件下，气敏元件存放两周以后，其初期稳定时间即可达最大值。

7. 气敏元件的加热电阻和加热功率

气敏元件一般工作在 200 ℃ 以上高温。为气敏元件提供必要工作温度的加热器的电阻值称为加热电阻,用 R_H 表示。直热式的加热电阻值一般小于 5 Ω;旁热式的加热电阻值一般大于 20 Ω。气敏元件正常工作所需的加热电路功率,称为加热功率,用 P_H 表示,一般在 0.5~2.0 W 范围。

4.1.5 电阻型半导体气敏传感器的应用

电阻型半导体气敏传感器具有灵敏度高、响应时间和恢复时间快、使用寿命长以及成本低等优点,得到了广泛的应用。其主要用于工业上的天然气、煤气,石油化工等部门的易燃、易爆、有毒等有害气体的监测、预报和自动控制等。

1. 简易家用可燃性气体报警器

简易家用可燃性气体报警器的电路如图 4.1.7 所示。由图可知,报警器采用了型号为 TGS09 的直热式气敏元件。接通电源后,变压器 B 的次级向其中的一根加热丝供电,同时,220 V 交流电源通过加热丝引脚与气敏元件的体电阻和蜂鸣器构成测试供电的主回路。当环境中可燃性气体浓度的增加,气敏元件的阻值下降到一定值后,流入蜂鸣器的电流,足以推动其工作而发出报警信号。电阻 R 和氖管构成报警器的电源接通指示回路。

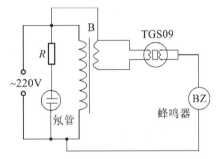

图 4.1.7 简易家用可燃性气体报警器电路

> **设计这种报警器时应注意**:一般气敏元件的工作电压不高(3~10 V),其工作电压,特别是供给加热的电压,必须稳定。否则,将导致加热器的温度变化幅度过大,使气敏元件的工作点漂移,影响检测准确性。

由于气敏元件自身的特性受温度、湿度及初期稳定性等的影响,故在设计、制作应用电路时,应考虑这些因素。例如:采用温度补偿电路,以减少气敏元件的受温度影响而引起的误差;设置延时电路,以防止通电初期,因气敏元件阻值大幅度变化造成误报;使用加热器失效通知电路,防止加热器失效导致漏报现象。

目前市售的家用可燃性气体报警器,都采用了单片机而实现了简单的智能化,功能已比较齐全,可靠性得到了大幅提高。

2. 简易酒精测试仪

一种简易酒精测试仪的电路原理图如图 4.1.8 所示。此电路采用 TGS5812 型酒精敏感元件,对酒精有较高的灵敏度,且对一氧化碳也敏感。由图可知,TGS5812 为旁热式电阻型半导体气敏元件,与其串联的电阻 R_1 及 R_2,即为负载电阻。其输出信号直接接到 LED 显示驱动器 LM3914 的信号输入端 5 脚。当酒精变成蒸汽时,随着酒精蒸汽浓度的增加,输出电压也上升,则 LM3914 所能驱动的 10 个 LED,点亮的数目也增加。LED 点亮的形式可以预先设定为圆点或条形状。此测试仪工作时,人只要向传感器呼一口气,根据 LED 点亮的数目便可知其是否饮酒,并可大致了解饮酒量为多少。

关于 LM3914 的详细功能和作用,可查阅有关资料。

3. 矿灯瓦斯报警器

图 4.1.9 所示为一种矿灯瓦斯报警器电路。由图可知,其瓦斯探头由 QM-NS 型气敏

元件担任。QM-NS 为旁热式电阻型半导体气敏元件，R_1 为加热丝限流电阻，电源采用矿灯蓄电池。因为气敏元件在预热期间会输出信号造成误报警，所以气敏传感器在使用前必须预热 2～3 分钟以避免误报警。一般矿灯瓦斯报警器直接安放在矿工的工作帽内。

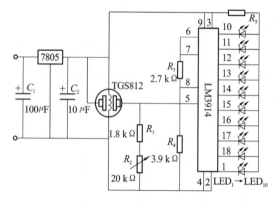

图 4.1.8　简易酒精测试仪电原理图　　　　图 4.1.9　矿灯瓦斯报警器电原理图

当瓦斯超限时，矿灯自动闪光并发出报警声。图中，R_P 为报警设定电位器，当瓦斯浓度超过某设定值时，R_P 的中心抽头电位升高，使二极管 VD 导通，进而晶体管 VT_1 导通，使得 VT_2、VT_3 组成的互补式自激多谐振荡器开始工作，这样就使得继电器 K 不断地吸合和释放。因为 S_1 是继电器 K 的常开触点，所以，当继电器 K 不断地吸合和释放时，S_1 就不断地闭合与断开，于是矿灯 HL 就不断地闪烁。由于继电器 K 与矿灯都是安装在工作帽上的，K 吸合时，动铁芯撞击铁芯发出的"嗒、嗒"声通过工作帽传给矿工，实现了声光双报警。开关 S_2 为手动暂停开关。S_2 合上时，报警器工作；S_2 断开时，报警器暂停工作，因此也称为湿度传感器。

4.2　湿敏传感器

湿度与工农业生产、人们的日常生活存在着密切的关系，湿度是描述空气中水蒸气含量多少的物理量。湿敏传感器是一种测量湿度的常用仪器，因此也称为湿度传感器。

4.2.1　湿敏传感器的组成框图

湿敏传感器在气象预报、食品行业、医疗卫生、药品储存、烟草行业、精密仪器、半导体集成电路与元器件制造等行业都有广泛的应用。

根据第 1 章图 1.1.1 传感器的组成框图并结合湿敏传感器的具体情况，可以画出湿敏传感器的组成框图如图 4.2.1 所示。将两个组成框图进行对比可知，湿敏元件既是敏感元件，又是转换元件。由图 4.2.1 可知，湿敏传感器的关键元件是湿敏元件，其余部分全都是电子线路。本节主要介绍和讨论各种类型的湿敏元件，同时介绍一些湿敏传感器的整机原理图。

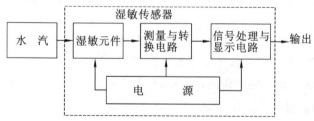

图 4.2.1　湿敏传感器的组成框图

4.2.2 湿度的度量与表示

在介绍湿敏元件及湿敏传感器之前,先介绍一下有关湿度及其度量的基本概念。

空气中含有水蒸气的量的多少称为湿度,含有水蒸气的空气是一种混合气体。**湿度的度量方法**主要有质量百分比和体积百分比、相对湿度和绝对湿度、露点(霜点)等多种方法。

1. 绝对湿度

绝对湿度 AH(absolute humidity)是指在一定温度和压力条件下,每单位体积的混合气体中所含水蒸气的质量,单位为 g/m^3,用符号 AH 表示。用公式表示为:

$$AH = \frac{m_v}{V} \tag{4.2.1}$$

式中:AH 为待测空气的绝对湿度;m_v 为待测空气中水蒸气质量;V 为待测空气的总体积。

2. 相对湿度

相对湿度 RH(relative humidity)为待测空气中的水汽压与相同温度下的饱和水汽压的比值,用百分比表示。用公式表示为:

即:
$$RH = \frac{P_v}{P_w} \times 100\% \tag{4.2.2}$$

式中:P_v 是温度为 T 的空气中的水汽压;P_w 是温度为 T 时的饱和水汽压。相对湿度给出了大气的潮湿程度,是一个无量纲的量,在实际使用中多使用这一概念。

相对湿度 RH 的另一定义是:气体的绝对湿度与同一温度下水汽达到饱和状态时的绝对湿度之比。也可用公式表示为:

$$RH = \frac{AH}{AH_s} \times 100\% \tag{4.2.3}$$

式中:AH 为温度为 T 时气体的绝对湿度;AH_s 为温度为 T 时气体中的水汽达到饱和时的绝对湿度。

实际上,这两个定义在本质上是一样的。相对湿度是最常用的湿度表示法。

3. 露点

水的饱和蒸汽压是随温度的降低而逐渐下降的,因此,在同样的水汽压下,温度越低,则空气的水汽压与同温度下水的饱和蒸汽压的差值越小。当空气温度下降到某一温度时,空气中的水汽压将会与同温度下水的饱和水汽压相等。此时,空气中的水汽将向液相转化而凝结成露珠。因此,将相对湿度为 RH=100% 时的温度,称为空气的露点温度,简称露点。通过对空气露点温度的测定可以测得空气的水汽压。

水在不同温度下的饱和蒸汽压如表 4.2.1 所示。

表 4.2.1 水在不同温度下的饱和蒸汽压

温度 $t/℃$	饱和蒸汽压 $/10^3$ Pa	温度 $t/℃$	饱和蒸汽压 $/10^3$ Pa	温度 $t/℃$	饱和蒸汽压 $/10^3$ Pa	温度 $t/℃$	饱和蒸汽压 $/10^3$ Pa	温度 $t/℃$	饱和蒸汽压 $/10^3$ Pa	温度 $t/℃$	饱和蒸汽压 $/10^3$ Pa	温度 $t/℃$	饱和蒸汽压 $/10^3$ Pa
0	0.611	49	11.75	98	94.3	147	438.7	196	1428	245	3 649	294	7 881	343	15 152
1	0.657	50	12.34	99	97.76	148	450.8	197	1 459	246	3 712	295	7 995	344	15 342
2	0.706	51	12.97	100	101.3	149	463.1	198	1 490	247	3 776	296	8 110	345	15 533
3	0.758	52	13.62	101	105	150	475.7	199	1 521	248	3 841	297	8 227	346	15 727

续表

温度 $t/℃$	饱和蒸汽压 $/10^3$ Pa	温度 $t/℃$	饱和蒸汽压 $/10^3$ Pa	温度 $t/℃$	饱和蒸汽压 $/10^3$ Pa	温度 $t/℃$	饱和蒸汽压 $/10^3$ Pa	温度 $t/℃$	饱和蒸汽压 $/10^3$ Pa	温度 $t/℃$	饱和蒸汽压 $/10^3$ Pa	温度 $t/℃$	饱和蒸汽压 $/10^3$ Pa	温度 $t/℃$	饱和蒸汽压 $/10^3$ Pa
4	0.814	53	14.3	102	108.8	151	488.6	200	1 554	249	3 907	398	8 345	347	15 922
5	0.873	54	15.01	103	112.7	152	501.8	201	1 568	250	3 974	299	8 464	348	16 120
6	0.935	55	15.75	104	116.7	153	515.2	202	1 620	251	4 041	300	8 584	349	16 320
7	1.002	56	16.52	105	120.8	154	529	203	1 654	252	4 110	301	8 705	350	16 521
8	1.073	57	17.32	106	125	155	543	204	1 688	253	4 179	302	8 828	351	16 825
9	1.148	58	18.16	107	129.4	156	557.3	205	1 723	254	4 249	303	8 953	352	16 932
10	1.228	59	19.03	108	133.9	157	571.9	206	1 758	255	4 320	304	9 078	353	17 138
11	1.313	60	19.93	109	138.5	158	586.9	207	1 795	256	4 392	305	9 205	354	17 348
12	1.403	61	20.87	110	143.2	159	602.1	208	1 831	257	4 465	306	9 333	355	17 561
13	1.498	62	21.85	111	148.1	160	617.7	209	1 868	258	4 539	307	9 463	356	17 775
14	1.599	63	22.87	112	153.1	161	633.5	210	1 906	259	4 614	308	9 594	357	17 992
15	1.706	64	23.93	113	158.3	162	649.7	211	1 945	260	4 689	309	9 727	358	18 211
16	1.819	65	25.02	114	163.6	163	666.3	212	1 984	261	4 766	310	9 861	359	18 432
17	1.938	66	26.16	115	169	164	683.1	213	2 023	262	4 844	311	9 996	360	18 655
18	2.064	67	27.35	116	174.6	165	700.3	214	2 063	263	4 922	312	10 133	361	18 881
19	2.198	68	28.58	117	180.3	166	717.8	215	2 104	264	5 002	313	10 271	362	19 110
20	2.339	69	29.85	118	186.2	167	735.7	216	2 146	265	5 082	314	10 410	363	19 340
21	2.488	70	31.18	119	192.3	168	753.9	217	2 188	266	5 164	315	10 551	364	19 574
22	2.645	71	32.55	120	198.5	169	772.5	218	2 231	267	5 246	316	10 694	365	19 809
23	2.81	72	33.97	121	204.9	170	791.5	219	2 274	268	5 330	317	10 838	366	20 048
24	2.985	73	35.45	122	211.4	171	810.8	220	2 318	269	5 414	318	10 984	367	20 289
25	3.169	74	36.98	123	218.1	172	830.5	221	2 363	270	5 500	319	11 131	368	20 533
26	3.363	75	38.56	124	225	172	850.5	222	2 408	271	5 586	320	11 279	369	20 780
27	3.567	76	40.21	125	232	174	871	223	2 454	272	5 674	321	11 429	370	21 030
28	3.782	77	41.91	126	239.2	175	891.8	224	2 501	273	5 763	322	11 581	371	21 286
29	4.008	78	43.67	127	246.7	176	913	225	2 548	274	5 852	323	11 734	372	21 539
30	4.246	79	45.49	128	254.3	177	934.6	226	2 596	275	5 943	324	11 889	373	21 803
31	4.495	80	47.37	129	262	178	956.7	227	2 645	276	6 035	325	12 046	—	—
32	4.758	81	49.32	130	270	179	979.1	228	2 694	277	6 128	326	12 204	—	—
33	5.034	82	51.34	131	278.2	180	1 002	229	2 744	278	6 222	327	12 364	—	—
34	5.323	83	53.43	132	286.6	181	1 025	230	2 795	279	6 317	328	12 525	—	—

续表

温度 $t/℃$	饱和蒸汽压 $/10^3$ Pa	温度 $t/℃$	饱和蒸汽压 $/10^3$ Pa	温度 $t/℃$	饱和蒸汽压 $/10^3$ Pa	温度 $t/℃$	饱和蒸汽压 $/10^3$ Pa	温度 $t/℃$	饱和蒸汽压 $/10^3$ Pa	温度 $t/℃$	饱和蒸汽压 $/10^3$ Pa	温度 $t/℃$	饱和蒸汽压 $/10^3$ Pa	温度 $t/℃$	饱和蒸汽压 $/10^3$ Pa
35	5.627	84	55.59	133	295.2	182	1 049	231	2 847	280	6 413	329	12 688	—	—
36	5.945	85	57.82	134	303.9	183	1 073	232	2 899	281	6 511	330	12 852	—	—
37	6.28	86	60.12	135	312.9	184	1 098	233	2 952	282	6 609	331	13 019	—	—
38	6.63	87	62.5	136	322.1	185	1 123	234	3 006	283	6 709	332	13 187	—	—
39	6.997	88	64.96	137	331.6	186	1 148	235	3 060	284	6 809	333	13 357	—	—
40	7.381	89	67.5	138	341.2	187	1 174	236	3 116	285	6 911	334	13 528	—	—
41	7.784	90	70.12	139	351.1	188	1 200	237	3 172	286	7 014	335	13 701	—	—
42	8.205	91	72.82	140	361.2	189	1 226	238	3 289	287	7 118	336	13 876	—	—
43	8.646	92	75.61	141	371.5	190	1 254	239	3 286	288	7 224	337	14 053	—	—
44	9.108	93	78.49	142	382.1	191	1 282	240	3 345	289	7 330	338	14 232	—	—
45	9.59	94	81.47	143	392.9	192	1 310	241	3401	290	7 438	339	14 412	—	—
46	10.09	95	84.53	144	404	193	1 339	242	3 464	291	7 547	310	14 594	—	—
47	10.62	96	87.69	145	415.3	194	1 368	243	3 525	292	7 657	341	14 778	—	—
48	11.17	97	90.95	146	426.9	195	1 398	244	3 586	293	7 769	342	14 964	—	—

例 4.2.1 已知 20 ℃时,RH=60%,求 AH。

解 查水在不同温度下的饱和蒸汽压表 4.2.1 可知,20 ℃时水的饱和蒸汽压为:

$$P_w = 2\ 339\ \text{Pa}$$

根据相对湿度 RH 的定义,可求得 20 ℃时水的水汽压为:

$$P_v = 2\ 339\ \text{Pa} \times 60\% = 1\ 403.4\ \text{Pa}$$

根据气体方程

$$PV = nRT$$

式中:P 为气体压强;V 为气体体积;n 为摩尔数;$R = 8.314\ \text{J} \times \text{mol}^{-1}\text{K}^{-1}$ 为气体常数;T 为气体的绝对温度。由上式可求得 1 立方米空气中水汽的摩尔数为:

$$n = \frac{PV}{RT} = \frac{1\ 403.4\ \text{Pa} \times 1\ \text{m}^3}{8.314\ \text{J} \times \text{mol}^{-1}\ \text{K}^{-1} \times (273+20)\ \text{K}} = 0.576\ 1$$

因此 1 m³ 的水蒸气质量为 $m_v = 0.576\ 1 \times 18\ \text{g} = 10.369\ 8\ \text{g}$。

> 注意:上面运算过程中,有 1 Pa×1 m³=1 J。

故:
$$AH = \frac{m_v}{V} = 10.369\ 8\ \text{g/m}^3$$

例 4.2.2 已知在 30 ℃时,水汽压为 2 000 Pa,求露点。

解 将温度为 T_1 的气体冷却,开始结露的温度为 T_2,则有:温度 T_1 时的水汽压=温度 T_2 的饱和蒸汽压。查表 4.2.1 可知,17 ℃时,饱和蒸汽压为 1 938 Pa;18 ℃时,饱和蒸汽压为 2 064 Pa。设从 17 ℃到 18 ℃饱和蒸汽压随温度的变化是线性的,则可求得 17.5 ℃时饱和蒸汽压为 2 000 Pa,故露点为 17.5 ℃。

例 4.2.3 在 30 ℃时,水汽压为 2 000 pa,求 RH,AH。

解 查表 4.2.1 可知,30 ℃时水的饱和蒸汽压为:

$$P_w = 4\ 246\ \text{Pa}$$

故:
$$RH = 2\ 000/4\ 246 = 47.1\%$$

与例 4.2.1 相同,根据气体方程 $PV=nRT$ 可求得 1 m³ 空气中水汽的摩尔数为:

$$n = \frac{PV}{RT} = \frac{2\ 000\ \text{Pa} \times 1\ \text{m}^3}{8.314\ \text{J} \times \text{mol}^{-1} \text{K}^{-1} \times (273+30)\ \text{K}} = 0.793\ 9$$

因此 1 m³ 的水蒸气质量为:$m_V = 0.793\ 9 \times 18\ \text{g} = 14.29\ \text{g}$。

故:
$$AH = m_V/V = 14.29\ \text{g/m}^3$$

4.2.3 湿敏元件的分类

由图 4.2.1 可知,组成湿敏传感器的核心部件是湿敏元件。根据制造湿敏元件所使用材料的不同,可将其分为如下几种类型。

(1) 电解质型:以氯化锂湿敏电阻为例来说明。氯化锂湿敏电阻,是一种典型的电解质型湿敏元件,利用吸湿性盐类潮解后离子导电率发生变化的特性而制成。其基本结构是由引线、基片、感湿层与电极组成。它是在绝缘基板上制作一对电极,涂上了氯化锂胶膜。氯化锂极易潮解,并产生离子导电,电阻随着湿度升高而减小。

(2) 陶瓷型:如半导体陶瓷湿敏电阻是用两种以上的金属氧化物半导体材料混合烧结而成为多孔陶瓷,利用多孔陶瓷的阻值对空气中水蒸气的敏感特性而制成。常用的半导体材料是 $ZnO\text{-}LiO_2\text{-}V_2O_5$ 系、$Si\text{-}Na_2O\text{-}V_2O_5$ 系、$TiO_2\text{-}MgO\text{-}Cr_2O_3$ 系和 Fe_3O_4 等。

(3) 高分子型:先在玻璃等绝缘基板上蒸发梳状电极,通过浸渍或涂覆,使其在基板上附着一层有机高分子感湿膜。有机高分子的材料种类也很多,工作原理也各不相同。

(4) 单晶半导体型:所用材料主要是硅单晶,利用半导体工艺制成。常用的有二极管湿敏器件和 MOSFET 湿度敏感器件等。其特点是易于与半导体电路集成在一起。

根据湿敏元件的感湿特征量来分类,可将其分为电阻湿敏元件、电容湿敏元件、二极管湿敏元件和 MOSFET 湿敏元件等,通常以电阻湿敏元件使用较多。

4.2.4 常用的几种湿敏元件

1. 氯化锂湿敏电阻

氯化锂湿敏电阻,是一种典型的电解质型湿敏元件,是利用吸湿性氯化锂的潮解特性使离子导电率发生变化而制成的。其基本结构如图 4.2.2 所示,由引线、基片、感湿层与金电极组成。

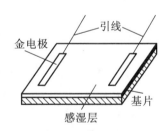

图 4.2.2 氯化锂湿敏电阻

可用氯化锂湿敏电阻制作电阻式湿度计。这种电阻式湿度计具有较高的精度,同时具有结构简单、价格便宜,适用于常温常湿的测控等一系列优点。氯化锂元件的测量范围与湿敏层的氯化锂浓度及其他成分有关。单个元件的有效感湿范围一般在 20%RH 以内。例如，0.05% 的浓度对应的感湿范围约为 (80～100)%RH，0.2% 的浓度对应的感湿范围是 (60～80)%RH 等。由此可见，要测量较宽的湿度范围时，必须把不同浓度的元件组合在一起使用。可用于全量程测量的湿度计组合的元件数一般为 5 个，采用元件组合法的氯化锂湿度计可测范围通常为 (15～100)%RH，国外有些产品的测量范围可达 (2～100)%RH。还有一种露点式氯化锂湿度计，这种湿度计与上述电阻式氯化锂湿度计形式相似，但工作原理却完全不同。它是利用氯化锂饱和水溶液的饱和蒸汽压随温度变化而进行工作的。

2. 半导体陶瓷湿敏电阻

利用半导体陶瓷材料制成的陶瓷湿敏电阻有许多优点：测湿范围宽，可实现全湿范围内的湿度测量；工作温度高，常温湿敏元件的工作温度在 150 ℃ 以下，而高温湿敏元件的工作温度可达 800 ℃；响应时间较短，精度高，抗污染能力强，工艺简单，成本低廉等。

半导体陶瓷湿敏电阻的典型产品是 $MgCr_2O_4$-TiO_2 系。此外，还有 TiO_2-V_2O_5 系、ZnO-Li_2O-V_2O_5 系、$ZnCr_2O_4$ 系、ZrO_2-MgO 系、Fe_3O_4 系、Ta_2O_5 系等。这类湿度电阻除 Fe_3O_4 外，都为负特性湿敏电阻，即随着环境相对湿度的增加，阻值下降。

一种半导体陶瓷湿敏电阻的典型结构如图 4.2.3 所示。该半导体陶瓷湿敏电阻的感湿体是 $MgCr_2O_4$-TiO_2 系多孔陶瓷。这种多孔陶瓷的气孔大部分为粒间气孔，气孔直径随 TiO_2 添加量的增加而增大。粒间气孔与颗粒大小无关，相当于一种开口毛细管，容易吸附水分。材料的主晶相是 $MgCr_2O_4$，此外，还有 TiO_2 等，感湿体是一个多晶多相的混合物。

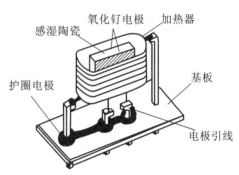

图 4.2.3 半导体陶瓷湿敏电阻的典型结构

3. 高分子薄膜湿敏电阻

用有机高分子材料制成的薄膜湿敏电阻，主要是利用某些高分子电介质吸湿后，电阻明显变化，制成的薄膜湿敏电阻。图 4.2.4(a) 所示为聚苯乙烯磺酸锂高分子薄膜湿敏电阻的结构图。当环境湿度变化时，在整个湿度范围内，高分子薄膜湿敏电阻均有感湿特性，其阻值与相对湿度的关系在单对数坐标纸上近似为一直线，如图 4.2.4(b) 所示。

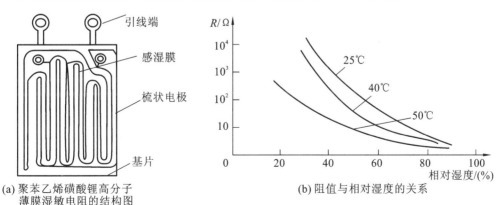

(a) 聚苯乙烯磺酸锂高分子薄膜湿敏电阻的结构图

(b) 阻值与相对湿度的关系

图 4.2.4 高分子薄膜湿敏电阻

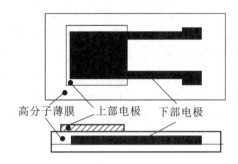

图 4.2.5 高分子薄膜电介质湿敏
电容的基本结构

4. 高分子薄膜湿敏电容

利用某些高分子电介质吸湿后,介电常数会发生明显改变的原理,可制成高分子薄膜湿敏电容。高分子薄膜电介质湿敏电容的基本结构如图 4.2.5 所示。高分子薄膜电介质湿敏电容,其上部多孔质的金电极可使水分子透过,水的介电系数比较大,室温时约为 79,感湿高分子材料的介电常数并不大。当水分子被高分子薄膜吸附时,介电常数发生变化。随着环境湿度的提高,高分子薄膜吸附的水分子增多,因而高分子薄膜电介质湿敏电容的电容量增加,故可以根据电容量的变化可测得相对湿度。利用高分子薄膜电介质湿敏电容制作的湿度传感器,属于变介质型电容式湿度传感器。

以上是应用较多的几种湿敏元件,另外还有其他类型的根据不同原理研制的湿敏元件,这里就不一一介绍了。

在湿度测量领域中,对于低湿和高湿及其在低温和高温条件下的测量,到目前为止仍然是一个薄弱环节,而其中又以高温条件下的湿度测量技术最为落后。以往,通风干湿球湿度计几乎是在这个温度条件下可以使用的唯一方法,而该法在实际使用中亦存在种种问题,无法令人满意。另一方面,随着科技的发展,要求在高温下测量湿度的场合越来越多,如水泥、金属冶炼、食品加工等涉及工艺条件和质量控制的许多工业过程的湿度测量与控制。因此,自 20 世纪 60 年代起,许多国家开始竞相研制适用于高温条件下进行测量的湿度传感器。考虑到传感器的使用条件,人们很自然地把探索方向着眼于既具有吸水性又能耐高温的某些无机物上。实践已经证明,半导体陶瓷元件不仅具有湿敏特性,而且还可以作为感温元件和气敏元件。这些特性使它极有可能成为一种有巨大发展前景的多功能敏感元件,从而可以利用它研制出多功能的传感器。

4.2.5 湿度传感器的主要特性参数

掌握和了解湿度传感器的主要特性参数,对于湿度传感器的设计者和使用这来说,都是十分重要的,下面详细介绍各参数。

1. 湿度量程(测量范围)

湿度量程(测量范围)指湿度传感器技术规范中所规定的感湿范围,它是湿度传感器工作性能的一项重要指标。全湿度范围用相对湿度(0~100)%RH 表示。与测量重量、温度一样,选择湿度传感器首要要确定测量范围。除了气象、科研部门外,进行温度、湿度测控时一般不需要全湿程(0~100%)RH 测量。

测量的目的在于控制,测量范围与控制范围统称为使用范围。当然,对不需要研制测控系统的应用者来说,直接选择通用型湿度仪就可以了。

2. 测量精度

与测量范围一样,测量精度也是传感器的重要指标。测量精度每提高一个百分点,对传感器来说就是上了一个新台阶。因为要达到不同的精度,其制造成本相差很大,售价也相差甚远。例如,1 只进口的廉价湿度传感器只售几美元,而 1 只进口的供标定用的全湿程湿度传感器售价为几百美元,相差近百倍。所以使用者一定要量体裁衣,不宜盲目追求"高、精、尖"。生产厂商往往是分段给出其湿度传感器的精度的,如中、低湿段(0~80%RH)为±2%RH,而高湿段(80~100%RH)为±4%RH。而且此精度是在某一指定温度下(如 25 ℃)的值。如果在不同温度下使用湿度传感器,其示值还要考虑温度漂移的影响。因为相对湿度是温度的函数,故温度严重地影响着指定空间内的相对湿度。温度每变化 0.1 ℃,将产生 0.5%RH 的湿度变化(误差)。使用场合如果难以做到恒温,则提出过高的测湿精度是不合适的。因为湿度随着温度的变化也飘忽不定的话,奢谈测湿精度将会失去实际意义。所以控湿首先应做好控温工作,这就是为什么大量应用的往往是温湿度一体化传感器而不单纯是湿度传感器的缘故。多数情况下,如果没有精确的控温手段,或者被测空间是非密封的,±5%RH 的精度就足够了。对于要求精确控制恒温、恒湿的局部空间,或者需要随时跟踪记录湿度变化的场合,再选用±3%RH 以上精度的湿度传感器。而与此相对应的温度传感器,其测温精度须满足±0.3 ℃以上,起码是±0.5 ℃。而精度高于±2%RH 的要求恐怕连校准传感器的标准湿度发生器也难以做到,更何况传感器自身了。国家标准物质研究中心湿度室的文章认为:相对湿度测量仪表,即使在 20~25 ℃下,要达到 2%RH 的准确度仍是很困难的。

3. 感湿特征量

每种湿度传感器都有其感湿特征量,如电阻、电容等,通常用电阻比较多。以电阻为例,在规定的工作湿度范围内,湿度传感器的湿敏电阻值随环境湿度变化的关系特性曲线,简称阻湿特性。有的湿度传感器的湿敏电阻值随湿度的增加而增大,称为正特性湿敏电阻,如 Fe_3O_4 湿敏电阻。有的阻值随着湿度的增加而减小,称为负特性湿敏电阻,如 TiO_2-SnO_2 陶瓷湿敏电阻。对于负特性湿敏电阻,低湿时阻值不能太高,否则不利于与测量系统或控制仪表相连接。

4. 感湿灵敏度

感湿灵敏度简称灵敏度,又称为湿度系数。其定义是在某一相对湿度范围内,相对湿度改变 1%RH 时,湿度传感器电参量的变化值或百分率。

各种不同的湿度传感器,对灵敏度的要求各不相同,对于低湿型或高湿型的湿度传感器来说,它们的量程较窄,要求灵敏度很高。但对于全湿型湿度传感器来说,并非灵敏度越大越好,因为电阻值的动态范围很宽,给配制二次仪表带来不利,所以灵敏度的大小要适当。

5. 特征量温度系数

特征量温度系数是反映湿度传感器在感湿特征量——相对湿度特性曲线随环境温度而变化的特性。感湿特征量随环境温度的变化越小,环境温度变化所引起的相对湿度的误差就越小。在环境温度保持恒定时,湿度传感器特征量的相对变化量与对应的温度变化量之比,称为特征量温度系数。一般情况下,湿度传感器特征量有电阻和电容两种,故特征量温度系数的定义式也有两种,即电阻温度系数和电容温度系数。

(1) 电阻温度系数:
$$\alpha_{tR} = \frac{R_1 - R_2}{R_1 \Delta T} \times 100\% \tag{4.2.4}$$

式中:ΔT 为温度 25 ℃与另一规定环境温度之差;R_1 为温度 25 ℃时湿度传感器的电阻值;R_2 为另一规定环境温度时湿度传感器的电阻值。

(2) 电容温度系数:
$$\alpha_{tC} = \frac{C_1 - C_2}{C_1 \Delta T} \times 100\% \tag{4.2.5}$$

式中:ΔT 为温度 25 ℃与另一规定环境温度之差;C_1 为温度 25 ℃时湿度传感器的电容值;C_2 为另一规定环境温度时湿度传感器的电容值。

6. 感湿温度系数

感湿温度系数是反映湿度传感器温度特性的一个比较直观、实用的物理量。它表示在两个规定的温度下,湿度传感器的电阻值(或电容值)达到相等时,其对应的相对湿度之差与两个规定的温度变化量之比,称为感湿温度系数。或者指环境温度每变化 1 ℃时,所引起的湿度传感器的湿度误差。根据上述定义,感湿温度系数的表达式为:

$$\alpha_{tH} = \frac{H_1 - H_2}{\Delta T} \times 100\% \tag{4.2.6}$$

式中:ΔT 为温度 25 ℃与另一规定环境温度之差;H_1 为温度 25 ℃时湿度传感器某一电阻值(或电容值)对应的相对湿度值;H_2 为另一规定环境温度下湿度传感器另一电阻值(或电容值)对应的相对湿度。

如图 4.2.6 所示为感湿温度系数示意图。

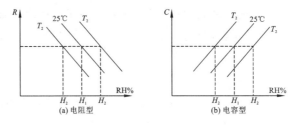

图 4.2.6 感湿温度系数示意图

7. 响应时间

在一定温度下,当相对湿度发生跃变时,湿度传感器的电参量会发生变化,由于电路中存在电抗元件,所以,这种变化是需要一定时间才能达到新的稳态。因此,规定湿度传感器从原状态达到新的稳态所需要的时间称为湿度传感器的响应时间,并用专门的符号 t_{re} 表示。

对于响应时间的计算方法有如下的规定:一般是以相应的起始状态和终止状态这一相对湿度变化区间的 63% 作为相对湿度变化所需要的时间,也称时间常数,它是反映湿度传感器相对湿度发生变化时,其反应速度的快慢,单位为 s。也有规定从起始到终止 90% 的相对湿度变化作为响应时间的。响应时间又分为吸湿响应时间和脱湿响应时间。大多数湿度传感器都是脱湿响应时间大于吸湿响应时间,一般以脱湿响应时间作为湿度传感器的响应时间。

8. 电压特性

测量湿度时,湿敏传感器所加测试电压不能为直流电压,需用交流电压。因为直流电压会引起感湿体内水分子的电解,致使电导率随时间的增加而下降。因此,湿敏传感器工作时,前端敏感元件部分必须使用交流稳压电源。传感器的湿敏电阻与外加交流电压之间存在一定关系,当测试电压小于 5 V 时,交流电压对阻-湿特性没有影响;但交流电压大于 15 V 时,由于会产生焦耳热,对湿度传感器的阻-湿特性产生了较大影响。因而一般湿度传感的使用的交流电压都小于 10 V。

9. 频率特性

湿度传感器在测试湿度时,其湿敏电阻的阻值应只随湿度的变化而变化,而与外加测试电压的频率无关。实验表明,在高湿时,外加测试电压的频率对阻值的影响很小;当低湿高频时,随着外加测试电压的频率的增加,阻值下降。对于这种湿度传感器,在各种湿度下,当外加测试电压的测试频率小于 10^3 Hz 时,阻值不随使用频率而变化,故这类湿度传感器使用外加测试电压的频率上限为 10^3 Hz。对一台湿度传感器,其外加测试电压的频率上限究竟为多少,应由实验确定。由于直流电压会引起水分子的电解,因此,测试电压频率也不能太低。

4.2.6 湿敏传感器对测量电路的要求

由图 4.2.1 所描述的湿敏传感器的组成框图可知,湿敏元件只有配以适当的电源、测量与转换电路、信号处理与显示电路之后,才能成为一个完整而实用的湿敏传感器。湿敏传感器对其激励电源和测量电路有一些特殊要求,下面分别进行介绍。

1. 电源的选择

一切电阻式湿敏元件都必须使用交流电源,否则性能会劣化甚至失效。电解质湿敏元件的电导是靠离子的移动实现的,在直流电源作用下,正、负离子必然向电源两极运动,产生电解作用,使感湿层变薄甚至被破坏;在交流电源作用下,正负离子往返运动,不会产生电解作用,感湿膜不会被破坏。

交流电源的频率选择的原则是,在不产生正、负离子定向积累情况下尽可能低一些。在高频情况下,测试引线的容抗明显下降,会使湿敏电阻短路。另外,湿敏膜在高频下也会产生集肤效应,阻值发生变化,影响到测湿灵敏度和准确性。

2. 温度补偿

因为湿敏元件具有正或负的温度系数,其温度系数大小不一,工作温区有宽有窄。通常氧化物半导体陶瓷湿敏电阻的湿度温度系数为 0.1~0.3,所以要考虑温度补偿的问题。

进一步的研究表明,对于半导体陶瓷湿敏元件,其电阻与温度的关系一般为指数函数关系,通常其温度关系属于 NTC 型,即:

$$R=R_0 e^{\left(\frac{B}{T}-AH\right)} \tag{4.2.7}$$

式中:H 是相对湿度;T 是绝对温度;R_0 是在 $T=0\ ℃$,相对湿度 $H=0$ 时半导体陶瓷湿敏元件的阻值;A 是湿度常数;B 是温度常数。这两个常数通常由实验测得。

定义传感器温度系数为:
$$\alpha_t=\frac{\partial R}{R\partial T}=-\frac{B}{T^2} \tag{4.2.8}$$

定义传感器湿度系数为:
$$\alpha_H=\frac{\partial R}{R\partial H}=-A \tag{4.2.9}$$

定义传感器湿度温度系数为:
$$\alpha_{Ht}=\frac{\alpha_t}{\alpha_H}=\frac{B}{AT^2} \tag{4.2.10}$$

根据上述定义式,若测得传感器的湿度温度系数为 $0.07\%RH/℃^2$,而工作时温度差为 30 ℃,则可求出测量误差为 $0.21\%RH/℃$,这种测量误差,可不必考虑温度补偿。若测得传感器的湿度温度系数为 $0.4\%RH/℃^2$,则可求出测量误差为 $12\%RH/℃$,这种测量误差太大,必须进行温度补偿。进行温度补偿的方法,目前一般都采用单片机系统,连同信号处理一并进行。

4.2.7 湿敏传感器的测量与转换电路实例

本节介绍几种湿敏传感器的测量与转换电路,供读者学习参考。

1. 电容式湿敏传感器的测量与转换电路

一种电容式湿敏传感器的测量与转换电路如图 4.2.7 所示。电路主要由一片 7556 集成电路和少量外围元件构成。7556 集成电路内含两个 555 时基电路。第一个 555 时基电路 IC_1 及其外围元件 R_1、R_2、C_1 组成的多谐振荡器,提供 20 ms 的脉冲触发第二个 555 时基电路。第二个 555 时基电路 IC_2 及其外围电路是一个可变脉宽的脉冲发生器,其脉冲宽度取决于湿敏元件MC-2的电容值大小。

2.5 V的电源电压可保证MC-2的工作电压不超过1.0 V。脉冲调宽信号由IC_2的9脚输出,经R_5、C_3滤波后输出直流电压。该直流电压即反映了湿敏元件MC-2的电容值大小,也即反映了相对湿度的大小。综上分析可知,图4.2.7所示为电容式湿敏传感器的测量与转换电路,若想成为一个完整的能直接显示相对湿度RH大小的湿敏传感器,后面还要增加信号处理电路及显示器。这些相关工作,绝大部分都是电子线路设计工程师的任务。

2. 直读式湿度计的应用电路

直读式湿度计电路原理图如图4.2.8所示,其中,RH为氯化锂湿敏电阻。氯化锂湿敏电阻属于水分子亲和力型湿敏元件,它采用真空镀膜工艺,在玻璃片上镀上一层梳状金电极,然后在电极上涂上一层由氯化锂和聚氯乙烯醇等配制的感湿膜。由于聚氯乙烯醇是一种黏合性很强的多孔性物质,它与氯化锂结合后,水分子会很容易在感湿膜中吸附或释放,从而使湿敏电阻的电阻值迅速发生变化。为了提高湿敏电阻的抗污染能力,还可在湿敏电阻表面涂敷一层多孔性保护膜。

对于一种配方的湿敏电阻,其测试湿度的范围相当狭窄。要求湿度测量范围较大时,需要将多个湿敏电阻组合使用,其测量范围才能达到20%～80%RH。

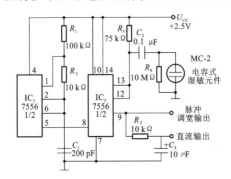

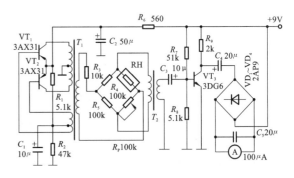

图4.2.7 电容式湿敏传感器的测量与转换电路　　　图4.2.8 直读式湿度计电原理路

对图4.2.8所示的电路原理图作简要分析如下:由VT_1、VT_2和T_1等组成测湿电桥的电源,其振荡频率为250～1000Hz。电桥的输出信号经变压器T_2、C_3耦合到VT_3,经VT_3放大后的信号由VD_1～VD_4桥式整流后输入微安表,指示出由于相对湿度的变化而引起电流的改变。经标定并把湿度刻划在微安表表盘上,就成为一个简单而实用的直读式湿度计了。

3. 频率输出式湿度传感器的测量与转换电路

频率输出式湿度传感器是基于独特工艺制成的湿敏电容元件HS1100/1101来设计的,该湿敏电容具有可靠性高、稳定性好、反应时间快等优点,可用于线性电压或频率输出回路当中。采用湿敏电容HS1100/1101设计的湿度测量与频率转换电路,能够实现对环境相对湿度的测量,并转换成频率输出。线性频率输出式湿度传感器测量电路如图4.2.9所示,电源电压范围为$U_{CC}=+3.5$～12 V。利用一片CMOS定时器TLC555,配上HS1100/1101和电阻R_2、R_4构成多谐振荡器,该电路可将相对湿度RH转换成对应的不同频率的方波信号。输出频率范围是7 351～6 033 Hz,所对应的相对湿度RH为0～100%。当RH=55%时,f=6 660 Hz。输出的不同频率的方波信号可送至数字频率计或单片机系统,测量并显示出相对湿度值RH。R_3为输出端的限流电阻,起保护作用。555电路的非平衡电阻R_1作为内部温度补偿用,应具有1%的精度,目的是为了抑制温度效应,使它与HS1100/1101的温度效应相抵消。由于不同型号的555的内部温度补偿有所不同,所以R_1的值必须与特定的芯片相匹配。在精度要求不高的场合,也可用0.01 μF的电容代替。

习 题 4

4.1 在工农业生产和日常生活中有哪些气体可能造成危害?

4.2 什么是气敏传感器?画出气敏传感器的组成框图,说明各部分的作用。

4.3 什么是半导体气敏传感器?半导体气敏传感器有哪几种类型?

4.4 画出电阻型半导体气敏传感器的组成框图,说明各部分的作用。

4.5 不同的气体在半导体表面的氧化反应或还原反应导致敏感元件阻值变化分为哪几种情况,分别给出详细的论述。

4.6 电阻型半导体气敏元件的基本结构有哪几种类型,请分别进行简要介绍。

4.7 电阻型半导体气敏元件为什么全部附有加热器?其加热方式有哪几种?

4.8 电阻型半导体气敏元件的主要特性参数有哪几个?请分别进行简要介绍。

4.9 气敏元件灵敏度的定义有几种?为什么会有这么多定义?这些定义与第 2 章 2.1.2 节关于灵敏度的一般定义是否一致?

4.10 列举两个电阻型半导体气敏传感器的应用实例,并进行适当的解释和介绍。

4.11 列举在工农业生产和日常生活中与湿度密切相关的事例。

4.12 画出湿敏传感器的组成框图,说明各方框的功能和作用。

4.13 湿度的度量方法有多少种,分别进行详细的介绍。

4.14 已知 20 ℃时,RH=50%,求 AH。

4.15 在 30 ℃时,水汽压为 1 800 Pa,求 RH,AH。

4.16 已知在 25 ℃时,水汽压为 2 200 Pa,求露点。

4.17 根据制造湿敏元件所使用的材料,可将湿敏元件分为几种类型,试对每种类型进行简要介绍。

4.18 常用的湿敏元件有哪几种?分别进行简要介绍。

4.19 在湿度测量领域中,到目前为止薄弱环节在哪一方面?湿敏传感器的发展方向是什么?

4.20 湿度传感器的主要特性参数有哪些?分别进行简要介绍。

4.21 湿敏传感器对其激励电源和测量电路有何特殊要求?

4.22 列举两例湿敏传感器的测量与转换电路实例,画出电路原理图并对工作原理进行简要解说。

4.23 利用电阻型半导体气敏元件设计一台数字式湿度计,测量范围是 RH=(0~100)%。试求:①给出测量与转换电路的设计;②给出整机原理框图的设计,并说明各框图的作用。

4.24 题 4.24 图所示为一湿度检测显示电路,设计者的目的是要实现湿度检测控制和温度检测控制,试定性分析该电路的工作原理,并指出不妥和需要更正之处。

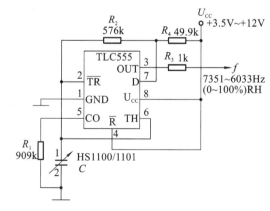

图 4.2.9 频率输出式湿度传感器的测量与转换电路

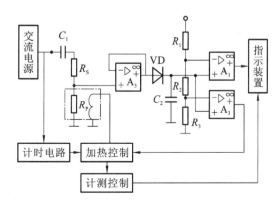

题 4.24 图 湿度检测显示电路

第 5 章 电容式传感器及其应用

5.1 概述

电容式传感器能将被测物理量的变化转换为电容量变化,并建立被测物理量与电容量的对应关系,从而实现对被测物理量的测量。电容式传感器可以用于测量压力、位移、厚度、加速度、液位、物位、湿度和成分含量等。电容式传感器的优点有:①测量范围大、灵敏度高、结构简单、适应性强、动态响应时间短、易实现非接触测量;②机械损失小,电极间相互吸引力十分微小,又无摩擦存在,其自然热效应甚微,从而保证了传感器具有较高的精度。

电容传感器结构简单,适应性强。电容传感器一般用金属作为电极,以无机材料(如玻璃、石英、陶瓷等)作为绝缘支承,因此电容传感器能承受很大的温度变化和各种形式的强辐射作用,适合于在恶劣环境中工作。

由于材料、工艺,特别是测量电路及半导体集成技术等方面已达到了相当高的水平,因此寄生电容的影响得到较好的解决,使电容式传感器的优点得以充分发挥。

5.2 电容式传感器的工作原理与分类

电容器的形状和结构多种多样,除圆柱形电容器外,大多数都可以等效地看成是由两块平行的金属平板作电极,两电极间填满了很薄的一层电介质所的构成的最简单的电容器,如图 5.2.1 所示。由物理学相关知识可知,该电容器的电容量为:

$$C = \frac{\varepsilon S}{d} = \frac{\varepsilon_r \varepsilon_0 S}{d} \quad (5.2.1)$$

式中:S 为极板相对覆盖面积;d 为极板间距离;ε 为电容极板间介质的介电常数;ε_r 为介质材料的相对介电常数;ε_0 为真空介电常数,$\varepsilon_0 = 8.85 \text{ pF/m}$。且有:

$$\varepsilon = \varepsilon_r \varepsilon_0 \quad (5.2.2)$$

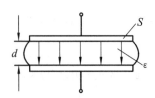

图 5.2.1 电容器的等效结构

由(5.2.1)式可见,电容量 C 是三个参数 S、ε 和 d 的函数,当其中任何一个参数发生变化时,电容量 C 也随之变化。如果保持其中两个参数不变,则被测物理量发生变化,仅会引起其中一个参数的变化,就可把该参数的变化转换为电容量的变化,通过测量电路就可以测出电容量的变化,从而推导出被测物理量的变化,这就是电容式传感器基本的工作原理。由此看来,电容式传感器可分为变极距(d)型、变面积(S)型和变介质(ε)型三种类型。

其中,变极距型(d)电容式传感器又可分为一般形式变极距型电容式传感器、差动式变极距型电容式传感器、固定介质与变极距相结合的电容式传感器等三类;而变面积(S)型电容式传感器则又可分为线位移变面积型电容式传感器、角位移变面积型电容式传感器、圆筒形线位移式变面积型电容式传感器等三类;变介质(ε)型电容式传感器则是按其用途可分为测位移的变介质型电容式传感器、测液位的变介质型电容式传感器两类。而测液位的变介质型电容式传感器又根据电容器的形状可分为平行板电容器构成的测液位变介质型电容式传感器和圆筒形电容器构成的测液位变介质型电容式传感器两种。下面分别进行介绍。

5.3 变极距型电容式传感器

5.3.1 一般变极距型电容式传感器

一般变极距型电容式传感器示例如图 5.3.1 所示。图中，极板 1 固定不动，极板 2 为可移动电极，当可移动电极随被测量的变化而移动时，使两极板间距 d 发生变化，从而使电容量产生变化。

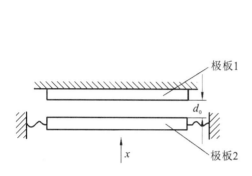

图 5.3.1　变极距型电容式传感器示例　　　图 5.3.2　C-d 函数曲线

变极距型电容式传感器仍然满足电容器的基本关系式(5.2.1)式：

$$C = \frac{\varepsilon S}{d} = \frac{\varepsilon_r \varepsilon_0 S}{d}$$

在变极距的情况下，式(5.2.1)中 S、ε 均为常数，两极板间距 d 为变量，d_0 为其起始值。为了习惯和方便，暂时用 x 代替 d 来表示两极板间距，这样一来，变极距型电容式传感器的电容量的表达式就变为：

$$C = \frac{\varepsilon S}{d} = \frac{\varepsilon S}{x} \tag{5.3.1}$$

因为自变量 $x = d$ 只能取正数，所以 C 随 $x(d)$ 变化的函数关系为第一象限的双曲线，如图 5.3.2 所示。对(5.3.1)式微分可得：

$$\frac{dC}{dx} = -\frac{\varepsilon S}{x^2} \tag{5.3.2}$$

将(5.3.1)式代入式(5.3.2)得：

$$\frac{dC}{dx} = -\frac{C}{x} \tag{5.3.3}$$

根据第 1 章 1.4.1 节灵敏度的定义式(1.4.7)式，将式(5.3.3)与式(1.4.7)进行对比，可知变极距型电容式传感器的灵敏度即为：

$$K = \frac{dC}{dx} = -\frac{C}{x} \tag{5.3.4}$$

由式(5.3.4)可知，变极距型电容式传感器的灵敏度与极距 $x(d)$ 及电容 C 有关。考虑到变极距型电容式传感器总是在静止时，即没有受到外界作用时开始工作，而静止时变极距型电容式传感器的极距为 d_0，此时的电容量为 $C_0 = \frac{\varepsilon S}{d_0}$，故此时变极距型电容式传感器的灵敏度应为：

$$K = \frac{dC}{dx}\bigg|_{x=d_0} = -\frac{C_0}{d_0} \qquad (5.3.5)$$

式中负号表明，dC 和 dx 是反号的。其实际的意义是，当极距变小时，电容量变大；反之，极距变大时，电容量变小。

5.3.2 差动结构变极距型电容式传感器

理论上来说，为了增大变极距型电容式传感器的灵敏度，可以采用差动结构变极距型电容式传感器。差动结构变极距型电容式传感器如图5.3.3所示。

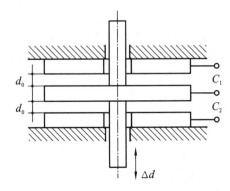

图 5.3.3 差动结构变极距型电容式传感器

设极板面积为 S，电介质的介电常数为 ε。由图5.3.3可知，由两块定极板与中间的一块动极板构成的两个电容器 C_1、C_2 的起始电容量分别为：

$$C_{10} = C_{20} = \frac{\varepsilon S}{d_0} \qquad (5.3.6)$$

当中间的动极板产生微小的上下移动时，两个电容器 C_1、C_2 的电容量一个增加，另一个则减小。为了描述方便，分别用 x_1、x_2 表示两个电容器变化的极距，于是得到：

$$C_1 = \frac{\varepsilon S}{x_1} \qquad (5.3.7)$$

$$C_2 = \frac{\varepsilon S}{x_2} \qquad (5.3.8)$$

当中间的动极板从静止产生微小的上下移动时，可得：

$$\frac{dC_1}{dx_1} = -\frac{\varepsilon S}{x_1^2} = -\frac{\varepsilon S}{d_0^2} \qquad (5.3.9)$$

$$\frac{dC_2}{dx_2} = -\frac{\varepsilon S}{x_2^2} = -\frac{\varepsilon S}{d_0^2} \qquad (5.3.10)$$

所谓差动式电容，即：

$$C = C_1 - C_2 \qquad (5.3.11)$$

当中间的动极板从静止产生微小的上下移动时，有：

$$dC = dC_1 - dC_2 \qquad (5.3.12)$$

由式(5.3.9)和式(5.3.10)分别可得：

$$dC_1 = -\frac{\varepsilon S}{d_0^2} dx_1 \qquad (5.3.13)$$

$$dC_2 = -\frac{\varepsilon S}{d_0^2} dx_2 \qquad (5.3.14)$$

且有：

$$dx_1 = -dx_2 \qquad (5.3.15)$$

将式(5.3.15)代入式(5.3.14)得：

$$dC_2 = \frac{\varepsilon S}{d_0^2} dx_1 \qquad (5.3.16)$$

再将式(5.3.16)代入式(5.3.12)即得：

$$dC = -\frac{2\varepsilon S}{d_0^2} dx_1 \qquad (5.3.17)$$

进一步化简为：

$$\frac{dC}{dx_1} = -\frac{2C_0}{d_0} = K_0 \qquad (5.3.18)$$

式(5.3.18)就是差动结构变极距型电容式传感器的灵敏度表达式。与一般的变极距型电容式传感器的灵敏度表达式(5.3.5)比较，式(5.3.18)是其2倍。式(5.3.18)中的负号表示是

以 C_1 的间距变化作为参考得到的结果。如果以 C_2 的间距变化作为参考得到的结果则是：

$$\frac{dC}{dx_2} = \frac{2C_0}{d_0} = K_0 \qquad (5.3.19)$$

最后要指出的是，以上只是理论分析的结果。在实际中如何实现式(5.3.11)所要求的差动结构的连接，是值得研究的问题。

5.3.3 固定介质与可变极距相结合的电容式传感器

由式(5.3.5)可知，减小变极距型电容式传感器的极距可提高灵敏度，但减小极距后，易发生电容器被击穿的现象。为此，可在两极板间加一层云母或塑料等介质，以改变电容器的耐压性能。由此构成如图5.3.4所示的固定介质与可变极距式电容传感器。设图中极板的面积为 S，由图可知：

$$C_0 = \frac{\varepsilon_0 S}{d_0} \qquad (5.3.20)$$

$$C_1 = \frac{\varepsilon_1 S}{d_1} \qquad (5.3.21)$$

则固定介质与可变极距式电容传感器的电容量为：

$$C = \frac{C_0 C_1}{C_0 + C_1} = \frac{\varepsilon_0 \varepsilon_1 S}{d_1 \varepsilon_0 + d_0 \varepsilon_1} \qquad (5.3.22)$$

当 d_0 变化时，引起 C 的变化，为了习惯和方便，暂时用 x 代替 d_0，这样一来，固定介质与可变极距型电容式传感器的电容量 C 的表达式就变为：

$$C = \frac{\varepsilon_0 \varepsilon_1 S}{d_1 \varepsilon_0 + \varepsilon_1 x} \qquad (5.3.23)$$

对式(5.3.23)求导，即可得固定介质与可变极距型电容式传感器的灵敏度为：

$$K = \frac{dC}{dx}\bigg|_{x=d_0} = -\frac{\varepsilon_0 \varepsilon_1^2 S}{(d_1 \varepsilon_0 + \varepsilon_1 d_0)^2} \qquad (5.3.24)$$

由式(5.3.24)可以看出，尽可能地减小 d_0，可最大限度地提高灵敏度；为了保证抗击穿能力，只能适当地减小 d_1。式中出现负号，可由读者自行解释。

5.4 变面积型电容式传感器

常见的变面积型电容式传感器，有线位移和角位移两种。下面分别进行介绍。

5.4.1 线位移变面积型电容式传感器

线位移变面积型电容式传感器如图5.4.1所示。动极板和固定极板均为 $l_0 \times b_0$ 的矩形，两极板间为介电常数为 ε 的电介质。当动极板沿 x 方向移动后，改变了两极板间的遮盖面积 S，电容量 C 也随之变化。移动前，电容量为：

$$C_0 = \frac{\varepsilon S}{d_0} = \frac{\varepsilon l_0 b_0}{d_0} \qquad (5.4.1)$$

当动极板沿 x 方向移动的长度为 x 时（图中所示 $x = \Delta l$），电容量变为：

$$C_x = \frac{\varepsilon S}{d_0} = \frac{\varepsilon (l_0 - x) b_0}{d_0} = C_0 - \frac{\varepsilon x b_0}{d_0} = C_0 \left(1 - \frac{x}{d_0 l_0}\right) \qquad (5.4.2)$$

由式(5.4.2)可知，C_x 与 x 呈线性关系，对式(5.4.2)求导，即可得灵敏度为：

$$K = \frac{dC_x}{dx} = -\frac{C_0}{d_0 l_0} \qquad (5.4.3)$$

式中负号的含义表示 dC_x 与 dx 的变化方向相反,即线位移增加时电容量减小。

5.4.2 角位移变面积型电容式传感器

角位移变面积型电容式传感器如图 5.4.2 所示。图 5.4.2(a)为结构示意图,图 5.4.2(b)为原理分析示意图。由图 5.4.2(a)可知,两块半圆形金属电极相覆盖,一根旋转轴穿过两块半圆形金属电极的圆心,一块为动极板,可与旋转轴同时旋转,另一块为定极板,保持不动。这样,当动极板旋转时,就可以改变两块半圆形金属电极相覆盖的面积,从而改变了电容量。设每块半圆形金属电极的面积为 S,极板间距为 d,极板间的电介质介电常数为 ε,则传感器的初始电容为:

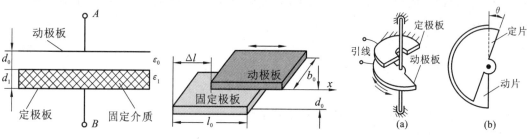

图 5.3.4 固定介质与可变极距式电容传感器

图 5.4.1 线位移变面积型电容式传感器

图 5.4.2 角位移变面积型电容式传感器

$$C_0 = \frac{\varepsilon S}{d} \tag{5.4.4}$$

当动极板旋转 θ 角时,则传感器的电容变为:

$$C_\theta = \frac{\varepsilon S(1-\theta/\pi)}{d} = C_0\left(1-\frac{\theta}{\pi}\right) \tag{5.4.5}$$

由式(5.4.5)可知,C_θ 与 θ 呈线性关系,对式(5.4.5)求导,即可得灵敏度为:

$$K = \frac{dC_\theta}{d\theta} = -\frac{C_0}{\pi} \tag{5.4.6}$$

式中负号的含义表示 dC_θ 与 $d\theta$ 的变化方向相反,即角位移增加时电容量减小。

综合以上两种变面积型电容传感器的分析可知,不论是线位移式还是角位移式,传感器的电容值都与引起遮盖面积变化的因素(线位移 x 或角位移 θ)呈线性关系。灵敏度系数 K 为常数且与初始电容 C_0 成正比。

5.4.3 圆筒形线位移变面积型电容式传感器

由两个同心圆筒做电极构成的电容器如图 5.4.3 所示,实际上也构成了一个变面积型的电容传感器。由图 5.4.3(a)可知,内圆筒的半径为 r,外圆筒的半径为 R,圆筒的高为 L,两圆筒间电介质的介电常数为 ε,由物理学相关知识可知,该电容器的电容量为:

$$C_0 = \frac{2\pi\varepsilon L}{\ln(R/r)} \tag{5.4.7}$$

如图 5.4.3(b)所示,当内圆筒沿 x 方向上升 x 距离时,电容器的电容量变为:

$$C_x = \frac{2\pi\varepsilon(L-x)}{\ln(R/r)} \tag{5.4.8}$$

由式(5.4.8)可知,C_x 与 x 成线性关系,对式(5.4.8)求导,即可得灵敏度为:

$$K = \frac{dC_x}{dx} = \frac{-2\pi\varepsilon}{\ln(R/r)} = -\frac{C_0}{L} \tag{5.4.9}$$

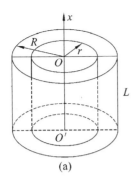 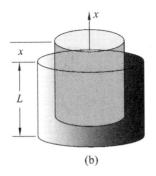 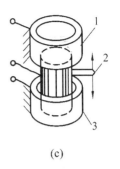

图 5.4.3 圆筒形线位移式变面积型电容传感器

由上式可知,圆筒形线位移式变面积型电容传感器的灵敏度系数 K 为常数,且与初始电容 C_0 成正比。负号的含义表示 dC_x 与 dx 变化方向相反,即内圆筒上升的位移增加时电容量减小。圆筒形线位移式变面积型电容传感器也可以做成差动式结构,如图 5.4.3(c)所示。关于其灵敏度的分析,这个工作留给读者去完成。

综合上述分析可知,变面积式电容传感器不论被测量是线位移还是角位移,位移与输出电容都为线性关系,传感器灵敏系数为常数。

5.5 变介质型电容式传感器

因为各种介质的介电常数不同,若在两电极间充以空气以外的其他介质,使介电常数变化时,电容量也随之改变。这种传感器称为变介质型电容式传感器。这种传感器可用于测量电介质的厚度、物体的位移、储液罐内液位的高度,以及根据极板间介质的介电常数随温度、湿度的改变而改变来测量温度、湿度等。在设计和使用变介质型电容式传感器时,需要了解和掌握常用电介质的介电常数,常用电介质的相对介电常数如表 5.5.1 所示。

表 5.5.1 常用电介质的相对介电常数

物质名称	相对介电常数 ε_r	物质名称	相对介电常数 ε_r
水	80	玻璃	3.7
丙三醇	47	硫黄	3.4
甲醇	37	沥青	2.7
乙二醇	35~40	苯	2.3
乙醇	20~25	松节油	3.2
白云石	8	聚四氟乙烯塑料	1.8~2.2
盐	6	液氮	2
醋酸纤维素	3.7~7.5	纸	2
瓷器	5~7	液态二氧化碳	1.59
米及谷类	3~5	液态空气	1.5
纤维素	3.9	空气及其他气体	1~1.2
砂	3~5	真空	1
砂糖	3	云母	6~8

5.5.1 测位移的变介质型电容式传感器

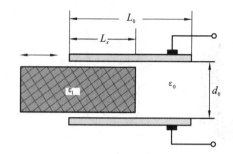

图 5.5.1 测位移的变介质型电容式传感器

测位移的变介质型电容式传感器如图 5.5.1 所示。平板电容器的面积 $S=L_0 \times b_0$。式中：b_0 为平板电极的宽；L_0 为平板电极的长。平板电容器的极距为 d_0。电介质为空气。因此，平板电容器的初始电容为：

$$C_0 = \frac{\varepsilon_0 S}{d_0} = \frac{\varepsilon_0 L_0 b_0}{d_0} \tag{5.5.1}$$

测量位移时，被测物块的宽度亦为 d_0，其电介质常数为 ε_1，当被测物块进入平板电容器的长度为 L_x 时，平板电容器的电容量变为：

$$C_x = \frac{\varepsilon_1 L_x b_0}{d_0} + \frac{\varepsilon_0 (L_0 - L_x) b_0}{d_0} = \frac{\varepsilon_0 L_0 b_0 + (\varepsilon_1 - \varepsilon_0) L_x b_0}{d_0} \tag{5.5.2}$$

平板电容器的电容量变化为：

$$\Delta C = C_x - C_0 = \frac{(\varepsilon_1 - \varepsilon_0) L_x b_0}{d_0} \tag{5.5.3}$$

由上式可知，只要测出物块进入平板电容器的长度为 L_x 时的电容量 C_x，即可求出被测物块的位移量 L_x。

由式(5.5.2)，即可求出这种测位移的变介质型电容式传感器的灵敏度为：

$$K = \frac{dC_x}{dL_x} = \frac{(\varepsilon_1 - \varepsilon_0) b_0}{d_0} \tag{5.5.4}$$

由式(5.5.4)可知，这种测位移的变介质型电容式传感器的灵敏度为常数。

5.5.2 测液位的变介质型电容式传感器

1. 由平板电容器构成的测液位的变介质型电容式传感器

利用平板电容器也可构成测液位的变介质型电容式传感器，如图 5.5.2 所示。将平板电容器垂直插入储液罐的罐底，当储液罐为空时，由于平板电容器的面积 $S=L_0 \times b_0$，式中 b_0 为平板电极的宽，L_0 为平板电极的高；平板电容器的极距为 d_0，电介质为空气。因此，平板电容器的初始电容为：

$$C_0 = \frac{\varepsilon_0 S}{d_0} = \frac{\varepsilon_0 L_0 b_0}{d_0} \tag{5.5.5}$$

当储液罐中电介质常数为 ε_1 的液体高度达到 L_x 时，平板电容器的电容量变为：

$$C_x = \frac{\varepsilon_0 L_0 b_0 + (\varepsilon_1 - \varepsilon_0) L_x b_0}{d_0} \tag{5.5.6}$$

平板电容器的电容量变化为：

$$\Delta C = C_x - C_0 = \frac{(\varepsilon_1 - \varepsilon_0) L_x b_0}{d_0} \tag{5.5.7}$$

由式(5.5.7)可知，只要测出当储液罐的液体高度达到 L_x 时的电容量 C_x，即可求出储液罐中的液体高度 L_x。由式(5.5.6)可求出这种测液位的变介质型电容式传感器的灵敏度为：

$$K = \frac{dC_x}{dL_x} = \frac{(\varepsilon_1 - \varepsilon_0) b_0}{d_0} \tag{5.5.8}$$

由式(5.5.8)可知，这种测位移的变介质型电容式传感器的灵敏度为常数。要指出的是储液罐中的液体必须是不导电的,如果是导电的,则电容器的电极需要绝缘。

2. 由圆筒形电容器构成的液位计

利用图 5.4.3(a)所示的圆筒形电容器也可构成测液位的变介质型电容式传感器,又称为液位计,如图 5.5.3 所示。将圆筒形电容器垂直插入储液罐的罐底,当储液罐为空时,圆筒形电容器的初始电容量根据图 5.5.3 所示的参数可得:

$$C_0 = \frac{2\pi L_0}{\ln(R/r)} \tag{5.5.9}$$

当储液罐中电介质常数为 ε_1 的液体高度达到 L_x 时,圆筒形电容器的电容量变为:

$$C_x = C_1 + C_2 = \frac{2\pi\varepsilon_1 L_x}{\ln(R/r)} + \frac{2\pi\varepsilon_0(L_0 - L_x)}{\ln(R/r)}$$

上式可化简为:

$$C_x = \frac{2\pi(\varepsilon_1 - \varepsilon_0)L_x}{\ln(R/r)} + \frac{2\pi\varepsilon_0 L_0}{\ln(R/r)} \tag{5.5.10}$$

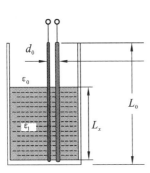

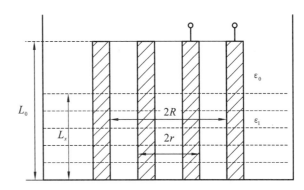

图 5.5.2 测液位的平行板电容器　　图 5.5.3 由同心圆筒构成的液位计

由式(5.5.10)可知,只要能测出 C_x 的值,即可求得储液罐中液体的高度 L_x。对式(5.5.10)求导,即可得该变介质型电容式传感器的灵敏度为:

$$K = \frac{dC_x}{dL_x} = \frac{2\pi(\varepsilon_1 - \varepsilon_0)}{\ln(R/r)} \tag{5.5.11}$$

由式(5.5.11)可知,灵敏度为常数,这说明 C_x 与 L_x 之间为线性关系,这一点也可从式(5.5.10)看出来。

5.6 电容式传感器的等效电路与测量电路

电容传感器中电容值变化都很微小,不能直接显示被测物理量的值,必须先将电容的变化转换为电流或电压的变化,这个任务是由测量电路完成的。在测量电路之后,还需进行放大与转换等一系列的信号处理,才能显示被测物理量的值。由于传感器在功能和结构上的要求,电容式传感器并不只是理想电容,其中除了有电容之外,还存在着串、并联电阻,以及串联电感等。为了研究电容式传感器与测量电路的连接,必须先讨论电容式传感器的等效电路。

5.6.1 电容式传感器的等效电路

电容传感器的等效电路如图 5.6.1(a)所示。图 5.6.1(a)中,R_p 为并联损耗电阻,它代表极板间的泄漏电阻和介质损耗,这些损耗在低频时影响较大,随着工作频率增高,容抗减小,其影响就减弱;R_s 代表串联损耗,即代表引线电阻、电容器支架和极板电阻的损耗;电感 L 由电容器本身的电感和外部引线电感组成。通过进一步的数值分析和实验表明,R_s 和 R_p 均可忽略不计,于是得到如图 5.6.1(b)所示的等效电路。由图 5.6.1(b)可得到电容传感器的等效阻抗为:

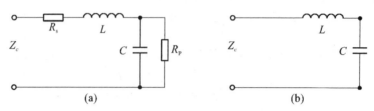

图 5.6.1 电容传感器的等效电路

$$Z_C = j\omega L + \frac{1}{j\omega C} \qquad (5.6.1)$$

式中:$\omega = 2\pi f$,为激励电源角频率。因为电感 L 由电容器本身的电感和外部引线电感组成,所以 $\omega L \ll (1/\omega C)$,故图 5.6.1(b)可等效为一个电容。对式(5.6.1)变形后可求得这个等效电容。由式(5.6.1)有:

$$Z_C = j\omega L + \frac{1}{j\omega C} = j\left(\omega L - \frac{1}{\omega C}\right) = j\left(\frac{\omega^2 LC - 1}{\omega C}\right) = \frac{1}{j\omega\left(\dfrac{C}{1-\omega^2 LC}\right)} \qquad (5.6.2)$$

将式(5.6.2)与容抗的表达式对比可知,图 5.6.1 中的等效电容为:

$$C_E = \frac{C}{1-\omega^2 LC} = \frac{C}{1-(f/f_0)^2} \qquad (5.6.3)$$

式中:$f = \omega/2\pi$ 为激励电源的频率;$f_0 = 1/2\pi\sqrt{LC}$ 为等效 LC 电路的谐振频率。

要指出的是,式(5.6.3)成立的条件是激励电源的频率 f 小于 LC 电路的谐振频率 f_0。若 $f = f_0$,则图 5.6.1(b)所示的等效电路呈纯阻性;若 $f > f_0$,则图 5.6.1(b)所示的等效电路呈感性。不过,由于 f_0 比较高,一般都满足 $f < f_0$。

下面要讨论的问题是,电容传感器中电容 C 的变化与电容传感器的等效电容 C_E 的变化有何关系。由式(5.6.3)可知:

$$C_E = \frac{C}{1-\omega^2 LC} \qquad (5.6.4)$$

对式(5.6.4)求导,根据微分法则可得:

$$\frac{dC_E}{dC} = \frac{(1-\omega^2 LC) - C(-\omega^2 L)}{(1-\omega^2 LC)^2} = \frac{1}{(1-\omega^2 LC)^2} \qquad (5.6.5)$$

将上两式两边相除,整理后可得:

$$\frac{dC_E}{C_E} = \frac{dC/C}{1-\omega^2 LC} = \frac{dC/C}{1-(f/f_0)^2} \qquad (5.6.6)$$

如果 $(f/f_0)^2 \ll 1$,则可得:

$$\frac{dC_E}{C_E} \approx \frac{dC}{C} \qquad (5.6.7)$$

因此,降低激励源的频率,可以减小测量误差,但激励源的频率是受多因素制约的。

5.6.2 电容式传感器的测量电路

电容传感器的电容值一般十分微小,仅几 pF 至几十 pF,这样微小的电容无法直接显示。为此，必须借助于测量电路检测出这一微小的电容变量，并转换为与其成正比的电压、电流或频率信号。由于测量电路种类很多，所以下面仅就目前常用的典型电路进行介绍。

1. 交流电桥构成的测量电路

电容传感器常用的交流电桥测量电路如图 5.6.2 所示。图 5.6.2(a)所示为一般电容传感器所用的交流电桥测量电路，而图 5.6.2(b)则为差动式电容传感器所用的交流电桥测量电路。图中，$\dot{E}$ 为交流电源电压的相量表示，设电源内阻为零，$\dot{V}_o$ 为电桥输出电压的相量表示。要求 $R=1/\omega C$，ω 为电源的角频率。下面通过例题来说明如何应用这两种交流电桥测量电路。

例 5.6.1 交流电桥测量电路如图 5.6.2(a)所示。已知电容传感器的初始电容 $C=100$ pF，交流电源电压有效值 $E=6$ V($\dot{E}=6$ V$\angle 0°$)，频率 $f=100$ kHz。求：(1)求两个桥臂电阻 R 的值；(2)当传感器的电容量 C 变化为 $\Delta C=10$ pF 时，求电桥的输出电压 $\dot{V}_o$。

解 (1) 根据电路设计要求 $R=1/\omega C$ 和题目所给的参数可求得：

$$R=\frac{1}{\omega C}=\frac{1}{2\pi\times 10^5 \text{ Hz}\times 100\times 10^{-12}\text{ F}}=15.9 \text{ k}\Omega$$

(2) 当传感器的电容量 C 由 100 pF 变为 110 pF 时，由图 5.6.2(a)可得电桥的输出电压为：

$$\dot{V}_o=\dot{V}_A-\dot{V}_B=\frac{\dot{E}R}{R+\frac{1}{j\omega(C+\Delta C)}}-\frac{\dot{E}R}{R+\frac{1}{j\omega C}} \quad (5.6.8)$$

根据题设参数，对式(5.6.8)进行数值计算得：$\dot{V}_A=4.44\text{V}\angle 42.4°$，$\dot{V}_B=4.24\text{V}\angle 45°$。

于是得到 $\dot{V}_o=\dot{V}_A-\dot{V}_B\approx 0.28\text{V}\angle 0°=0.28$ V

例 5.6.2 交流电桥测量电路如图 5.6.2(b)所示。已知电容传感器的初始电容 $C=100$ pF，交流电源电压有效值 $E=6$V($\dot{E}=6$V$\angle 0°$)，频率 $f=100$ kHz。求：(1)两个桥臂电阻 R 的值；(2)当差动传感器的电容量 C 变化分别为 $\Delta C=\pm 10$ pF 时，求电桥的输出电压 $\dot{V}_o$。

解 (1) 解答同例 5.6.1。根据电路设计要求 $R=1/\omega C$ 和题目所给的参数可求得：

$$R=\frac{1}{\omega C}=\frac{1}{2\pi\times 10^5 \text{ Hz}\times 100\times 10^{-12}\text{ F}}=15.9 \text{ k}\Omega \qquad ①$$

(2) 当差动传感器的电容量 C 变化分别为 $\Delta C=\pm 10$ pF 时，由图 5.6.2(b)可得电桥的输出电压为：

$$\dot{V}_o=\dot{V}_A-\dot{V}_B=\frac{\dot{E}R}{R+\frac{1}{j\omega(C+\Delta C)}}-\frac{\dot{E}R}{R+\frac{1}{j\omega(C-\Delta C)}} \qquad ②$$

根据题设参数，对②式进行数值计算得：$\dot{V}_A=4.44\text{V}\angle 42.4°$，$\dot{V}_B=4.03\text{V}\angle 48°$。

于是得到 $\dot{V}_o=\dot{V}_A-\dot{V}_B\approx 0.58\text{V}\angle 0°=0.58$ V

由上面两个例题可以看出，采用差动式电容传感器，可使输出电压增大一倍，也即可使传感器的灵敏度增大一倍，这与 5.3.2 节对差动式电容传感器的理论分析是一致的。

2. 集成运放构成的测量电路

图 5.6.3 所示为集成运放测量电路原理图。它由传感器电容 C_x 和固定电容 C_0 以及集成运算放大器 A 组成。其中，$\dot{E}$ 为信号源电压，$\dot{V}_o$ 为输出电压。

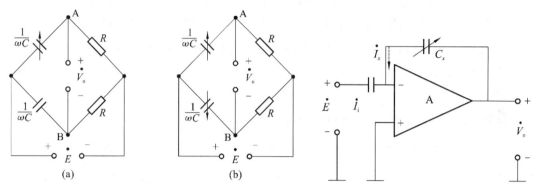

图 5.6.2　交流电桥测量电路　　　　　图 5.6.3　集成运放测量电路

由于集成运算放大器输入阻抗很高，增益很大时，则可认为运算放大器输入电流为零，且集成运算放大器两输入端为"虚短"，故由图可得：

$$\dot{I}_i = -\dot{I}_x \tag{5.6.9}$$

即有：

$$\dot{E} j\omega C_o = -\dot{V}_o j\omega C_x \tag{5.6.10}$$

于是得到：

$$\dot{V}_o = -\dot{E}\frac{C_0}{C_x} \tag{5.6.11}$$

当采用变极距型电容式传感器时，有：

$$C_x = \frac{\varepsilon S}{d} \tag{5.6.12}$$

将式(5.6.12)代入式(5.6.11)即得：　$\dot{V}_o = -\dot{E}\frac{C_0}{\varepsilon S}d$ （5.6.13）

由式(5.6.13)可知，输出电压 $\dot{V}_o$ 与动极片的位移 d 成线性关系，这就从原理上解决了使用单个变间隙型电容传感器输出特性的非线性问题。而式(5.6.13)是在假设运算放大器增益 $A \to \infty$ 和输入阻抗 $Z_i \to \infty$ 的条件下得出的结果。实际上集成运放测量电路的输出，仍具有一定的非线性误差，但是在增益和输入阻抗足够大时，这种误差是相当小的。此外由式(5.6.13)表明，输出信号电压还与信号源电压 E、固定电容 C_0 及电容式传感器其他参数 ε、S 等有关，这些参数的波动都将使输出产生误差。因此，该电路要求固定电容 C_0 必须稳定，信号源电压 E 必须采取稳压措施。

由于图 5.6.3 电路输出电压的初始值不为零，为了实现零点迁移，可采用图 5.6.4 所示的电路。图中，C_x 为传感器电容，C_0 为固定电容，输出电压从电位器动点对地引出。

由图 5.6.4 可得：

$$\dot{I}_1 = \dot{E} j\omega C_0 = 0 - \dot{V}_A j\omega C_{x0}$$

即：

$$\dot{V}_A = -\frac{C_0}{C_{x0}}\dot{E} \tag{5.6.14}$$

式中：$\dot{V}_A$ 为运放输出端 A 点的电压；C_{x0} 为传感器的起始电容。

而有：
$$\dot{V}_o = \dot{E} - R_1 \dot{I}_2 = \dot{E} - R_1 \frac{\dot{E} - \dot{V}_A}{R_1 + R_2} \tag{5.6.15}$$

说明：电位器 W 左边的阻值归于 R_1，右边的电阻归于 R_2。

将式(5.6.14)代入式(5.6.15)可得：
$$\dot{V}_o = \dot{E} - R_1 \frac{\dot{E}(1 + C_0/C_{x0})}{R_1 + R_2} \tag{5.6.16}$$

在传感器没开始工作时，调节电位器 W，使得上式等于零，即所谓调零，可得：
$$\frac{C_0}{C_{x0}} = \frac{R_2}{R_1} \tag{5.6.17}$$

当传感器工作时，传感器的电容为 $C_x \neq C_{x0}$。重复上述推导过程中，将 C_{x0} 改为 C_x 即可得：
$$\dot{V}_o = \dot{E} - R_1 \frac{\dot{E}(1 + C_0/C_x)}{R_1 + R_2} = \dot{E}\left(1 - \frac{1 + C_0/C_x}{1 + R_2/R_1}\right) \tag{5.6.18}$$

将式(5.6.17)代入式(5.6.18)后可得：
$$\dot{V}_o = \dot{E}\left(1 - \frac{1 + C_0/C_x}{1 + C_0/C_{x0}}\right) = \dot{E}\left(\frac{C_0/C_{x0} - C_0/C_x}{1 + C_0/C_{x0}}\right) \tag{5.6.19}$$

一般设计为 $C_0 = C_{x0}$，则有：
$$\dot{V} = \dot{E}\left(\frac{1 - C_0/C_x}{2}\right) \tag{5.6.20}$$

若采用变极距型电容式传感器，则 $C_x = \varepsilon S/d$，代入式(5.6.20)后，即得：
$$\dot{V}_o = \frac{1}{2}\dot{E}\left(1 - \frac{C_0 d}{\varepsilon S}\right) \tag{5.6.21}$$

上式表明，这种可实现调零的集成运放测量电路的输出电压与极距 d 成线性关系。还要指出的是，上述两种运算放大器中固定电容 C_0 在电容传感器 C_x 检测过程中还起到了参比测量的作用。因而当 C_0 和 C_{x0} 结构参数及材料完全相同时，其环境温度对测量的影响可以得到补偿。

3. 差动脉冲宽度调制电路构成的测量电路

差动脉冲宽度调制电路原理如图 5.6.5 所示，它由比较器 A_1、A_2、双稳态触发器及电容充、放电回路组成。

C_1 和 C_2 为传感器的差动电容，双稳态触发器的两个输出端 A、B 作为差动脉冲宽度调制电路的输出。设电源接通时，双稳态触发器的 A 端为高电位，B 端为低电位，因此 A 点通过 R_1 对 C_1 充电，直至 M 点的电位等于参考电压 U_F 时，比较器 A_1 产生一个脉冲，触发双稳态触发器翻转，则 A 点呈低电位，B 点呈高电位。此时 M 点电位经二极管 D_1 迅速放电至零，而同时 B 点的高电位经 R_2 向 C_2 充电，当 N 点电位等于 U_F 时，比较器 A_2 产生一个脉冲，使触发器又翻转一次，则 A 点呈高电位，B 点呈低电位，重复上述过程。如此周而复始，在双稳态触发器的两输出端各自产生一个宽度受 C_1、C_2 调制的方波脉冲。

下面讨论此方波脉冲宽度与 C_1、C_2 的关系。当 $C_1 = C_2$ 时，电路上各点电压波形如图 5.6.6(a)所示，A、B 两点间平均电压为零。当 $C_1 \neq C_2$ 时，如 $C_1 > C_2$ 则 C_1 和 C_2 充放电时间常数不同，电压波形如图 5.6.6(b)所示。A、B 两点间平均电压不再是零。输出直流电压 U_{SC} 由 A、B 两点间电压经低通滤波后获得，等于 A、B 两点间电压平均值 U_{AP} 和 U_{BP} 之差。

其中，
$$U_{AP} = \frac{T_1}{T_1 + T_2} U_1, \quad U_{BP} = \frac{T_2}{T_1 + T_2} U_1$$

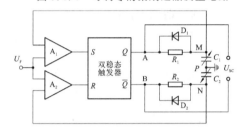

图 5.6.4 可调零的集成运放测量电路

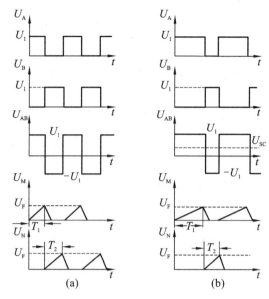

图 5.6.5 差动脉冲宽度调制电路原理图　　图 5.6.6 差动脉冲宽度调制电路中各点电压波形图

上两式中 U_1 为触发器输出高电平。于是有：

$$\overline{U}_{SC} = U_{AP} - U_{BP} = U_1 \frac{T_1 - T_2}{T_1 + T_2} \tag{5.6.22}$$

$$T_1 = R_1 C_1 \ln \frac{U_1}{U_1 - U_F} \tag{5.6.23}$$

$$T_2 = R_2 C_2 \ln \frac{U_1}{U_1 - U_F} \tag{5.6.24}$$

设充电电阻 $R_1 = R_2 = R$，则得：

$$\overline{U}_{SC} = \frac{C_1 - C_2}{C_1 + C_2} U_1 \tag{5.6.25}$$

由式(5.6.25)可知，差动电容的变化使充电时间不同，从而使双稳态触发器输出端的方波脉冲宽度不同。因此，A、B 两点间输出直流电压 U_{SC} 也不同，而且具有线性输出的特性。此外，调宽线路还具有如下特点：与二极管式线路相似，不需要附加解调器即能获得直流输出；输出信号一般为 100 kHz～1 MHz 的矩形波，所以直流输出只需经低通滤波器简单地引出。由于低通滤波器的作用，对输出波形纯度要求不高，只需要一个电压稳定度较高的直流电源，这比其他测量线路中要求高稳定度的稳频、稳幅交流电源易于做到。

5.7 电容式传感器的误差成因分析

之前对各类电容传感器结构原理的分析均在理想条件下进行，没有考虑如温度、电场边缘效应、寄生电容与分布电容等因素对传感器精度的影响。实际上由于这些因素的存在，使电容传感器的特性不稳定，严重时甚至无法工作，因此在设计和应用电容传感器时必须考虑这些因素的影响。

5.7.1 温度的影响

1. 温度对结构尺寸的影响

电容式传感器受环境温度的影响必然会引起测量误差。温度误差主要是由于构成传感器的材料不同，因此有不同的温度膨胀系数。当环境温度变化时，传感器各零件的几何形状、尺寸发生变化，从而引起电容量变化，如下式所示。

$$C = C_0 + \Delta C_P + \Delta C_t \tag{5.7.1}$$

式中：C_0 为传感器的初始电容量；ΔC_P 为在被测信号作用下电容量的增量；ΔC_t 由于环境温度变化而产生的附加电容增量。上式中，ΔC_t 决定了传感器温度误差的大小。理论分析表明，在设计电容传感器时，首先要根据合理的初始电容量决定间隙 d_0，然后根据各材料的线膨胀系数，正确选择各零件的尺寸，可以减小温度造成的测量误差。

2. 温度对介质介电常数的影响

温度对介电常数的影响因介质不同而异，空气及云母的介电常数温度系数近似为零。而某些液体介质，如硅油、蓖麻油、煤油等，其介电常数的温度系数较大。例如，煤油的介电常数的温度系数可达 0.07%/℃；若环境温度变化 ±50 ℃，则将带来 7% 的温度误差，故采用此类介质时必须注意温度变化造成的误差。

5.7.2 电场边缘效应的影响

理想条件下，平行板电容器的电场均匀分布于两极板所围成的空间，这仅是简化电容量计算的一种假定。当考虑电场的边缘效应时，情况要复杂得多，边缘效应的影响相当于传感器并联一个附加电容，引起了传感器的灵敏度下降和非线性增加。为了克服边缘效应，首先应增大初始电容量，即增大极板面积，减小极板间距。

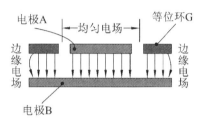

图 5.7.1 加等位环消除边缘效应

此外，加装等位环是消除边缘效应的有效方法，如图 5.7.1 所示。这里除了 A、B 两极板外，又在极板 A 的同一平面内加一个同心环面 G。A、G 在电气上相互绝缘，使用时 A 和 G 两面间始终保持等电位，于是传感器电容极板 A 与 B 间电场接近理想状态的均匀分布。

5.7.3 寄生电容与分布电容的影响

一般电容传感器的电容值很小，如果激励电源频率较低，则电容传感器的容抗很大，因此，对传感器绝缘电阻要求很高；另一方面传感器除有极板间电容外，极板与周围物体（如各种元件甚至人体）也产生电容联系，这种电容称为寄生电容。它不但改变了电容传感器的电容量，而且由于传感器本身电容量很小，寄生电容极不稳定，这就导致传感器特性不稳定，对传感器产生严重干扰。为此必须采用静电屏蔽措施，将电容器极板放置在金属壳体内，并将壳体与大地相连。同样原因，其电极引出线也必须用屏蔽线，屏蔽线外套要求接地良好。尽管如此，电容式传感器仍然存在以下问题。

(1) 屏蔽线本身电容量较大，每米最大可达几百皮法，最小有几皮法。当屏蔽线较长时，其本身电容量很大，往往大于传感器的电容量，而且分布电容与传感器电容相并联，使传感器电容相对变化量大为降低，因而导致传感器灵敏度显著下降。

(2) 电缆本身的电容量由于放置位置和形状不同而有较大变化，这将造成传感器特性不稳定。解决电缆分布电容影响的有效办法包括：采用驱动电缆技术和基于抗杂散电容的电荷转移法等。这里不再深入讨论，必要时可参阅本书第 16 章噪声和干扰的基本知识和第 18 章屏蔽接地技术。

5.8 电容式传感器的应用

由于电子技术的发展，成功地解决了电容传感器存在的技术问题，为电容式传感器的应用开辟了广阔的空间。因此,电容式传感器不但应用于位移、振动、角度、加速度、荷重等机械量的测量,也广泛应用于压力、压力差、液压、料位、成分含量等参数的测量。

电容式传感器的优点是:①输入能量小而灵敏度高;②精度高达0.01%;③动态特性好,适合测量动态参数;④能量损耗小;⑤结构简单,环境适应性好(如高温、辐射等)。下面分析几个典型的应用。

5.8.1 电容式测微仪

高灵敏度电容式测微仪采用非接触方式,可精确测量微位移和振动振幅。在最大量程为 $100\pm 5\mu m$ 时,最小检测量为 $0.01\mu m$。这样就解决了动压轴承陀螺仪的动态参数测试问题。

图5.8.1所示的是电容式测微仪原理图。电容探头与待测表面间形成的电容为 C_x,即:

$$C_x = \frac{\varepsilon S}{h} \tag{5.8.1}$$

式中:C_x 为待测电容;S 为测头端面面积;h 为待测距离。

待测电容 C_x 接在如图5.8.2所示的集成运放测量电路原理图的反馈回路中。因此由式(5.6.11)可得:

$$\dot{V}_o = -\dot{E}\frac{C_0}{C_x} \tag{5.8.2}$$

将式(5.8.1)代入式(5.8.2)得:

$$\dot{V}_o = -\dot{E}\frac{C_0 h}{\varepsilon_0 S} \tag{5.8.3}$$

式(5.8.3)说明输出电压与待测距离 h 成线性关系。

为了减小圆柱形探测头的边缘效应,一般在探测头外面加一个与电极绝缘的等位环,又称电保护套,在等位环外设有套筒,二者电气绝缘。该套筒使用时接大地,供测量时夹样用。图5.8.3是电容测微仪探头示意图。

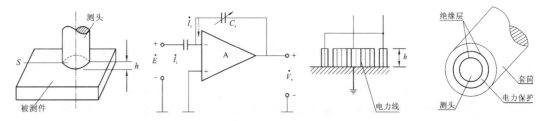

图5.8.1 电容式测微仪原理图　　图5.8.2 集成运放测量电路　　图5.8.3 电容式测微仪探测头截面示意图

电容测微仪整机方框图如图5.8.4所示。其组成部分包括正弦振荡器、前置放大器、高增益主放大器、精密整流器、测距指示器和高稳定度(±24 V)稳压电源Ⅰ、Ⅱ等。并将正弦振荡器、前置放大器、高增益主放大器放在屏蔽盒内严格屏蔽,其线路地端和屏蔽盒相连,而精密整流电路接大地。

由电容传感器探测到的微小距离信息,已通过屏蔽盒内的前置放大器、高增益主放大器的处理,送到精密整流器整流后,已变换成与被测微小距离成比例的直流信号,该信号一路送往测距指示器,显示出被测的微小距离;另一路则送往最下面一行的低通滤波器,再经测振放大器及峰-峰检波器后送到测振指示器指示振动的有关参数。

5.8.2 电容式液位计

电容式液位计是利用液体高度的变化,会导致插入液体中的电容器电容量的变化而进

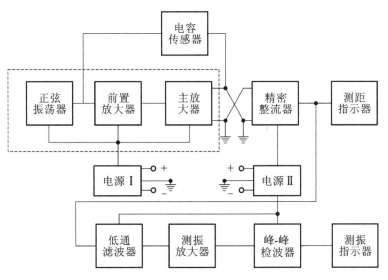

图 5.8.4 电容式测微仪整机方框图

行测量的。依此原理还可进行其他形式的物位测量。对导电介质和非导电介质都能测量，此外还能测量有倾斜晃动及高速运动的容器的液位。不仅可作为液位控制器，还能用于连续测量。在 5.5.2 节中已介绍过两种测液位的变介质型电容式传感器的工作原理，这里仅对其结构再进行简单介绍。

1. 测非导电介质液体高度的液位计

电容式液位计的安装形式因被测介质性质不同而有差别。如图 5.8.5 所示为用于测量非导电介质的同轴双层电极电容式液位计。内电极和与之绝缘的同轴金属套组成电容的两极，外电极上开有很多流通孔使液体流入极板间。

2. 测导电介质液体高度的液位计

如图 5.8.6 所示为用于测量导电介质的单电极电容液位计，它只用一根电极作为电容器的内电极，一般用紫铜或不锈钢制成，外套聚四氟乙烯塑料管或涂搪瓷作为绝缘层，而导电液体和容器壁构成电容器的外电极。

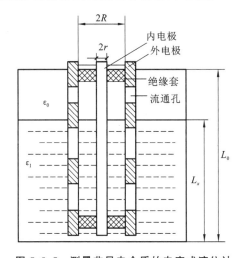

图 5.8.5 测量非导电介质的电容式液位计

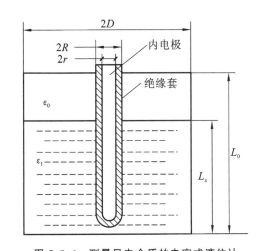

图 5.8.6 测量导电介质的电容式液位计

以上介绍的两种电容液位计是一般常用的安装方法，在有些特殊场合还有其他的特殊安装形式,如大直径容器或介电系数较小的介质,为增大测量灵敏度,通常也只用一根电极,将其靠近容器壁安装,使它与容器壁构成电容器的两极。在测量大型容器或非导电容器内装非导电介质时,可用两根不同轴的圆筒电极平行安装构成电容。

以上介绍的两种电容液位计的理论分析和公式推导,可参见本章 5.5.2 节。至于后续信号处理与显示或控制电路的设计,则需要运用电路理论,电子技术及单片机等相关的知识。

5.8.3 驻极体电容式微音器

驻极体微音器(俗称话筒)是一种常用的声电转换器件,即声音传感器。其具有体积小、电声性能好、价格便宜等优点,广泛应用于各种需要使用微音器的场合。

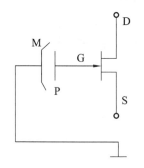

图 5.8.7 驻极体微音器结构图

驻极体微音器是由一只驻极体电容和一个结型场效应管组成,因此驻极体微音器是一种电容式传感器。其电路结构示意图如图 5.8.7 所示。图中,M、P 是驻极体电容的两个极板,M 就是蒸发在塑料薄膜上的一层金属薄膜,并且与话筒的外壳相连。电容的另一个极板 P 和结型场效应管的栅极 G 相连,因此驻极体话筒可有三根外接引线,就是场效应管的漏极 D、源极 S 以及外壳。外壳通常用接地符号表示,在电路中应该接最低电位点。驻极体电容器 MP 是声电转换元件,当声波推动塑料薄膜振动时,驻极体电容器 MP 两极板间的距离 d 会随塑料薄膜的振动而改变,因此,电容量也随两极板间距离 d 的改变而发生改变。但是,预先用高压电场在驻极体上聚集了一定的自由电荷,且此电荷恒定不变。描述电容 C 及其极板所带电荷 q 与两极板间电压 V 的关系式为:

$$V=\frac{q}{C} \tag{5.8.4}$$

当电容 C 发生变化时,便使得驻极体电容的 M、P 两极产生了变化的电压。根据微分学的相关知识可知:

$$\frac{\mathrm{d}V}{\mathrm{d}C}=q\cdot(-1)C^{-2}=-\frac{q}{C^2},\mathrm{d}V=-\frac{q}{C^2}\mathrm{d}C \tag{5.8.5}$$

电容量的变化,会产生电压的变化。这个变化的电压信号,就是由声音转化而来,因此也就实现了声电的转换过程。驻极体电容器 MP 实现了声电转换过程。下一步紧接着的是如何将驻极体电容器 MP 输出的声电信号放大的问题。

由于驻极体电容量很小,一般为几十皮法,其输出阻抗很高,可达几十兆欧以上,因此在驻极体电容之后接了一只结型场效应管,与之匹配,以便放大由声波转换而成的电压信号。因此,由以上叙述和图 5.8.7 可知,由声波转换而来的微弱的声电信号通过驻极体电容的两极板 PM,加到了场效应管的栅极 G 和地之间。至于如何将此信号经场效应管放大器放大,即场效应管工作于何种方式,可有如下两种不同的方法。

(1) 场效应管接成共源极放大器。

此时驻极体话筒将场效应管的源极 S 和外壳接通,驻极体话筒和外电路的连接电路原理图如图 5.8.8(a)所示。

图 5.8.5(a)中,虚线框代表驻极体话筒,话筒对外只有两个端子,分别为结型场效应管的漏极和源极,并且源极 S 是与外壳连通的,很容易判别。声音信号(音频信号)从漏极输出,经电容耦合到下一极放大器。这种接法的优点是增益大,话筒的灵敏度高,缺点是动态

范围小。此种接法使用较多。

（2）场效应管接成源极跟随器。

这种接法的电路原理图如图 5.8.8(b)所示。虚线框内为驻极体话筒,此时话筒对外有三个引出端,分别是场效应管的漏极 D、源极 S 以及驻极体电容的 M 极。电阻 R_s 为外接的源极电阻,图中所标的 C 为耦合电容器,通过耦合电容 C 将音频信号接到下一级继续放大。这种接法的优点是输出电阻小,电路工作稳定,动态范围大,但输出信号比漏极输出小。

5.8.4 电容式加速度传感器

电容式加速度传感器的结构如图 5.8.9 所示。其中有两个固定极板,极板中间有一个用弹簧支撑的质量块,此质量块的两个端面经过磨平抛光后作为可动极板,分别与两个固定极板构成差动式电容 C_1 和 C_2。当传感器测量垂直方向上的直线加速度时,质量块在绝对空间中相对静止,而两个固定电极将相对质量块产生位移,此位移大小正比于被测加速度,使 C_1 和 C_2 中一个增大,一个减小,通过测量电路和信号处理电路等一系列处理后可即时地显示出被测加速度的大小。

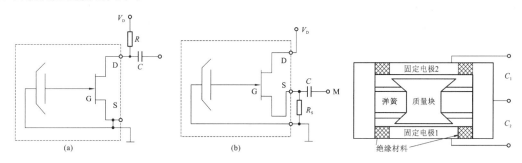

图 5.8.8 驻极体话筒的两种接法　　图 5.8.9 电容式加速度传感器

5.8.5 电容式频率计

图 5.8.10 所示为电容式频率计结构示意图。图中,1 为转动着的齿轮,它作为电容器的动极板;2 是电容器的定极板,当齿轮转动时,电容量发生周期性变化;3 为测量电路及信号处理电路,它将电容量的周期性变化转换为脉冲信号;4 是频率计,频率计将脉冲信号转换为数字输出。频率计显示的频率 f 与转速 n 齿数 z 之间的关系为:

$$n = \frac{60f}{z}(\text{r/min}) \tag{5.8.6}$$

也可以将频率计改为转速计,直接用数字显示转速 n。

5.8.6 电容式湿度计

利用具有很大吸湿性的绝缘材料作为电容传感器的介质,在其两侧面镀上多孔性电极,即可制成对湿度敏感的电容器,称为湿敏电容。当相对湿度增大时,吸湿性介质吸收空气中的水蒸气,使两块电极之间的介质相对介电常数大为增加(水的相对介电常数为80),所以电容量增大。利用湿敏电容的感湿特性所制成的电容式数字湿度计如图 5.8.11 所示。

在图 5.8.11 中,由吸湿层 Al_2O_3 作为电介质的湿敏电容和电阻 R_0 构成 RC 振荡器,当湿敏电容随湿度的变化而变化时,使得 RC 振荡器的频率和幅度都随之发生变化。RC 振荡器的输出一路经整形电路处理后,得到频率变化信息,将其送到单片机系统中进行分析处理,另一路经鉴频器处理后,得到幅度变化信息同时送到单片机系统分析处理,单片机系统分析处理这两路信息后,即可将分析结果送到显示器显示出来。

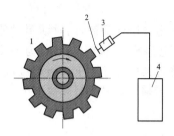 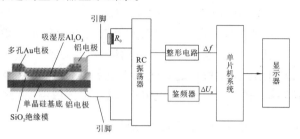

图 5.8.10　电容式频率计结构示意图　　　　图 5.8.11　电容式数字湿度计
1—齿轮；2—定极；3—电容传感器；4—频率计

随着电容式传感器应用时所遇到的各种问题的完善解决,它的优点也随之凸显出来。电容式传感器分辨率极高,能测量低达 10^{-7} 的电容值,0.01 μm 的绝对变化量和高达 $\Delta C/C=100\%\sim200\%$ 的相对变化量,因此尤适合微信息检测；电容式传感器动极质量小,可无接触测量；自身的功耗、发热和迟滞极小,可获得高的静态精度和好的动态特性；电容式传感器结构简单,不含有机材料或磁性材料,对环境(除高湿外)的适应性较强；还有过载能力强等等。以上只是介绍了很少的一部分,读者还可以通过其他途径获取更多的电容式传感器应用实例。

习　题　5

5.1　电容式传感器有哪些优点？在哪些方面得到了应用？

5.2　电容式传感器有哪几种类型？简述每种类型的工作原理,以及各类分别适用于测量哪些物理量？

5.3　给出传感器灵敏度的定义,根据定义推导变极距型电容式传感器的灵敏度公式。

5.4　画出差动结构变极距型电容式传感器的示意图,推导其灵敏度公式。

5.5　对于差动结构变极距型电容式传感器,应如何连接才能实现差动功能？

5.6　画出固定介质与变极距型电容式传感器的示意图,推导其灵敏度公式。

5.7　有几种形式的变面积型电容式传感器？分别画出它们的示意图,并推导其灵敏度公式。

5.8　列举几种常用电介质的相对介电常数。

5.9　常用的变介质型电容式传感器有几种？分别画出它们的示意图,并推导其灵敏度公式。

5.10　圆筒形电容器由两个同心圆筒组成,内圆筒的外径为 r,外圆筒的内径为 R,高为 L,如题 5.10 图所示,两圆筒之间充满介电常数为 ε 的介质,试用两种方法求该电容器的电容量 C。

5.11　已知：平板电容传感器极板间介质为空气,极板面积 $S=a\times a=2\text{ cm}\times 2\text{ cm}$,间隙 $d_0=0.1\text{ mm}$,试求传感器初始电容值；由于装配关系,两极板间不平行,一侧间隙为 $d_0=0.1\text{ mm}$,而另一侧间隙为 d_0+b ($b=0.01\text{ mm}$),如图题 5.11 图所示,求此时传感器电容值。

5.12　如题 5.12 图所示的差动式同心圆筒电容传感器,其可动极筒外径为 9.8 mm,定极筒内径为 10 mm,上下遮盖长度各为 1 mm 时,试求电容值 C_1 和 C_2。当供电电源频率为 60 kHz 时,求它们的容抗值。

5.13　画出电容传感器的等效电路,分析最终起作用的是哪些部分？

5.14　为什么说降低激励源的频率,可以减小测量误差。激励源的频率还受哪些因素的制约？

5.15　交流电桥测量电路如图 5.6.2 所示。已知电容传感器的初始电容 $C=100\text{ pF}$,交流电源电压为 ($\dot{E}=6\text{ V}\angle 0°$),频率 $f=100\text{ kHz}$。试求：(1)两个桥臂电阻 R 的值；(2)当传感器的电容量 C 变化为 $\Delta C=10\text{ pF}$ 时,求电桥的输出电压 $\dot{V}_{\circ}$。

5.16　电容传感器常用的交流电桥测量电路有哪几种电路形式？分别画出其电路原理图。

5.17　如何才能提高集成运放测量电路的输出电压？

5.18　在什么情况下可以采用没有调零的集成运放测量电路？在什么情况下必须采用调零的集成运

放测量电路?

5.19 在上述两种集成运放测量电路中的固定电容 C_0,在电容 C_x 的检测过程中有哪些作用?

5.20 画出差动脉冲宽度调制电路原理图,论述其工作原理。

5.21 形成电容式传感器测量误差的因素有哪些?如何克服?

5.22 电容式传感器得到飞速发展和广泛应用的原因是什么?

5.23 画出电容式测微仪整机原理图,论述其工作原理,并给出有关公式的推导过程。

5.24 画出测量非导电介质的同轴双层电极电容式液位计的结构图。导出测量液位高度的公式。

5.25 画出测量导电介质的单电极电容式液位计的结构图,导出测量液位高度的公式。

5.26 画出驻极体电容式微音器的结构图,论述其工作原理。

5.27 用实验比较电容式微音器的两种输出方法中哪一种输出信号大?

5.28 画出电容式加速度传感器的结构图,论述其工作原理。

5.29 画出电容式频率计的结构示意图,论述其工作原理。

5.30 画出电容式数字湿度计整机原理框图,论述其工作原理。

5.31 试根据题 5.31 图所示的一种电容式称重传感器结构示意图,简要说明其称重原理。

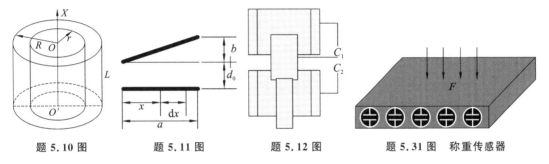

题 5.10 图 题 5.11 图 题 5.12 图 题 5.31 图 称重传感器

5.32 试根据题 5.32 图所示的一种由吸水高分子薄膜制成的湿敏电容结构图,简要说明其感湿与测湿原理。

5.33 如题 5.33 图所示为电容式测厚传感器的原理图,试根据题图 5.33 简要说明其测厚原理。

5.34 如题 5.34 图所示为电容式压力传感器的结构示意图,试根据该图简要说明其测压原理。

 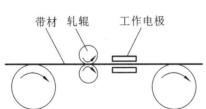 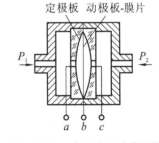

题 5.32 图 湿敏电容   题 5.33 图 电容式测厚传感器   题 5.34 图 电容式压力传感器

第6章 电感式传感器及其应用

电感式传感器是利用电磁感应原理将被测物理量转换成线圈自感系数 L 或互感系数 M 的变化,再由测量电路将自感系数 L 或互感系数 M 的变化转换为电压或电流的变化,最后由转换电路将其转换为被测物理量的数值显示出来,从而实现了对被测物理量的测量。

电感式传感器的组成结构可以用如图 6.0.1 所示的方框图来表示。

电感式传感器分类方法有很多种。根据转换原理的不同,可分为自感式和互感式两种;根据结构形式的不同,可分为气隙型和螺管型两种。

将被测物理量转换成自感系数 L 的变化的传感器,称为自感式传感器,又称为电感式传感器;将被测物理量转换成互感系数 M 的变化的传感器,称为互感式传感器,又称为差动变压器式传感器。下面分别进行介绍。

6.1 自感式传感器

自感式传感器有变气隙型、变面积型和螺管型三种结构形式,下面分别进行介绍。

6.1.1 变气隙型自感式传感器

1. 单只气隙型电感

变气隙型自感式传感器的敏感元件是带气隙的电感,单只带气隙的电感的结构原理图如图 6.1.1 所示。带气隙的电感主要由线圈、气隙、衔铁和铁芯等组成。图 6.1.1 中的点画线表示磁路,磁路中空气隙总长度为 l_δ,分为左、右两部分,各长 $0.5l_\delta$,铁芯的横截面积为 S_1,衔铁的横截面积为 S_2。工作时衔铁与被测物体接触,被测物体的位移引起气隙磁阻的变化,从而使线圈的电感发生变化。当电感线圈与测量电路连接后,可以将电感的变化转换成电压、电流或频率的变化,完成从非电量到电量的转换。

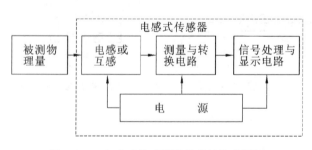

图 6.0.1 电感式传感器的组成结构方框图

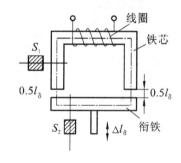

图 6.1.1 气隙型电感结构原理图

根据磁路的理论分析计算可知,图 6.1.1 所示的可变气隙型电感的电感量为:

$$L = \frac{N^2 \mu_0 S}{l_\delta + l/\mu_r} \tag{6.1.1}$$

式中:N 为线圈匝数;μ_0 为真空磁导率,$\mu_0 = 4\pi \times 10^{-7}$ H/m;S 为气隙磁通截面积;l_δ 为空气隙总长;μ_r 为导磁体相对磁导率;l 为磁路总长。

由式(6.1.1)知,电感 L 是气隙截面积 S 和长度 l_δ 的函数,如果保持 S 不变,则 L 为气

隙长度 l_δ 的单值函数,据此可构成变气隙式传感器。当保持 S 不变时,由式(6.1.1)可得:

$$L=\frac{N^2\mu_0 S}{l_\delta+l/\mu_r}=f(l_\delta) \tag{6.1.2}$$

L 和 l_δ 的关系是第一象限的双曲函数,如图 6.1.2 所示。对式(6.1.2)求导得:

$$\frac{dL}{dl_\delta}=-\frac{L}{l_\delta}\frac{1}{1+l/l_\delta\mu_r} \tag{6.1.3}$$

式(6.1.3)就是可变气隙型电感的灵敏度 K_L,即:

$$K_L=\frac{dL}{dl_\delta}=-\frac{L}{l_\delta}\frac{1}{1+l/l_\delta\mu_r} \tag{6.1.4}$$

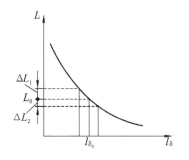

图 6.1.2 变气隙型电感的 L-l_δ 曲线

式(6.1.4)表明,变气隙型电感的灵敏度 K_L 与气隙变化时电感的大小 L 成正比,与当时气隙的大小 l_δ 近似成反比;负号表明,气隙变小则电感量变大,反之,气隙变大则电感量变小。

将式(6.1.4)中的微分符号改为增量符号,等式依然成立,于是得到:

$$K_L=\frac{\Delta L}{\Delta l_\delta}=-\frac{L}{l_\delta}\frac{1}{1+l/l_\delta\mu_r} \tag{6.1.5}$$

这是灵敏度 K_L 用增量形式定义的表达式,与用微分形式定义的表达式式(6.1.4)是一致的。由式(6.1.5)可求得变气隙型电感的线性度为:

$$\delta=\frac{\Delta L}{L}=\frac{\Delta l_\delta}{l_\delta}\frac{1}{1+l/l_\delta\mu_r} \tag{6.1.6}$$

由以上分析可以看出,变气隙型电感的输出特性是:①当气隙 l_δ 发生变化时,电感的变化与气隙变化均成非线性关系,其非线性程度随气隙相对变化 $\Delta l_\delta/l_\delta$ 的增大而增加;②气隙减少 Δl_δ 所引起的电感变化 ΔL_1 与气隙增加同样 Δl_δ 所引起的电感变化 ΔL_2 并不相等,即 $\Delta L_1>\Delta L_2$,其差值随 $\Delta l_\delta/l_\delta$ 的增加而增大。

由于转换原理的非线性和衔铁正、反方向移动时电感变化量的不对称性,因此变间隙式传感器(包括差动式传感器)为了保证一定的线性精度,只能工作在很小的区域,因而只能用于微小位移的测量。

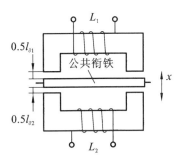

图 6.1.3 气隙型差动式电感的结构示意图

2. 差动式电感

图 6.1.3 所示为变气隙型差动式电感的结构示意图。由图可知,变气隙型差动式电感由两个电感 L_1、L_2 组成,两个电感有一个公共衔铁,除此之外,每个电感的参数与单只气隙型电感完全一致。根据式(6.1.1),有:

$$L_1=\frac{N^2\mu_0 S}{l_{\delta 1}+l/\mu_r} \tag{6.1.7}$$

$$L_2=\frac{N^2\mu_0 S}{l_{\delta 2}+l/\mu_r} \tag{6.1.8}$$

上两式中,各符号的含义与单只气隙型电感完全一致,并且静止时,$L_1=L_2$,$l_{\delta 1}=l_{\delta 2}=l_\delta$。在被测物理量的作用下,公共衔铁沿图中 x 方向有微小的移动时,两个电感的气隙一个增大一个减小,从而导致两个电感的电感量一个减小一个增大。分别对式(6.1.7)、式(6.1.8)求导可得:

$$K_{L1} = \frac{dL_1}{dl_{\delta 1}} = -\frac{L_1}{l_\delta} \frac{1}{1+l/l_\delta \mu_r} \qquad (6.1.9)$$

$$K_{L2} = \frac{dL_1}{dl_{\delta 2}} = -\frac{L_2}{l_\delta} \frac{1}{1+l/l_\delta \mu_r} \qquad (6.1.10)$$

上两式分别表示两个电感单独工作时的灵敏度。为了提高灵敏度,可让两电感实现差动式连接,即使得:

$$L = L_1 - L_2 \qquad (6.1.11)$$

对上式求导可得变气隙型差动式电感的灵敏度为:

$$K_L = \frac{dL}{dl_\delta} = \frac{dL_1}{dl_{\delta 1}} - \frac{dL_2}{dl_{\delta 2}} \qquad (6.1.12)$$

将式(6.1.9),式(6.1.10)带入上式,并考虑到 $dl_{\delta 1} = -dl_{\delta 2}$,$L_1 = L_2$,得:

$$K_L = \frac{dL}{dl_\delta} = 2\frac{L_1}{l_\delta} \frac{1}{1+l/l_\delta \mu_r} = 2\frac{L_2}{l_\delta} \frac{1}{1+l/l_\delta \mu_r} \qquad (6.1.13)$$

将式(6.1.3)与式(6.1.9),式(6.1.10)两式比较,可知变气隙型差动式电感的灵敏度是单个变气隙型电感的两倍。但是接入测量电路以后,能达到怎样的效果,还要根据测量电路进行具体分析。

6.1.2 变面积型自感式传感器

变面积型自感式传感器的敏感元件是变气隙面积型电感。由式(6.1.1)知,电感 L 是气隙截面积 S 和长度 l_δ 的二元函数,如果保持 l_δ 不变,则 L 为气隙截面积 S 单值函数,据此可构成变气隙面积型电感。变气隙面积型电感如图6.1.4所示。变气隙面积型电感主要由线圈、气隙、衔铁和铁芯等组成。图6.1.4中点画线表示磁路,磁路中空气隙总长度为 l_δ,工作时衔铁与被测物体接触。被测物体的位移 Δy 引起气隙面积的变化,从而使线圈电感变化。当电感线圈与测量电路连接后,可将电感的变化转换成电压、电流或频率的变化,完成从被测量到电量的转换。

当保持 l_δ 不变时,而式(6.1.1)中其他各量均为常数,于是式(6.1.1)可写成:

$$L = \frac{N^2 \mu_0 S}{l_\delta + l/\mu_r} = g(S) \qquad (6.1.14)$$

在式(6.1.14)中,S 为变量,其余均为常数,所以 L 和 S 之间的关系 $L=g(S)$ 为图6.1.5所示的一条直线。因此,变气隙面积型电感的灵敏度 K_L 为一常数:

$$K_L = \frac{dL}{dS} = \frac{N^2 \mu_0}{l_\delta + l/\mu_r} \qquad (6.1.15)$$

变气隙面积型电感也有差动式结构,详见本章习题。

6.1.3 螺管型自感式传感器

螺管型自感式传感器的敏感元件有单线圈和差动式两种结构。如图6.1.6所示为单线圈螺管型电感的结构图示意图,主要元件为一只螺管线圈和一根圆柱形铁芯。电感工作时,因铁芯在线圈中伸入长度的变化,引起螺管线圈电感值的变化。当用恒流源激励时,则线圈的输出电压与铁芯的位移量有关。

由电磁学的相关知识可知,一个密绕的直螺线管,长为 l,横截面积为 S,绕组总匝数为 N,螺线管中充满磁导率为 μ 的磁介质,则该直螺线管的电感量为:

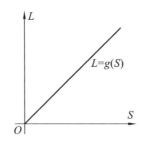
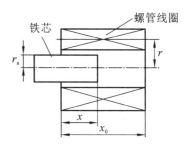

图 6.1.4 变气隙面积型电感　　图 6.1.5 L-S 直线　　图 6.1.6 螺管型电感结构示意图

$$L = \frac{N^2 \mu S}{l} \tag{6.1.16}$$

对于如图 6.1.6 所示的螺管型电感,其长度为 x_0,平均半径为 r,铁芯进入线圈的长度为 x,铁芯半径为 r_a,铁芯的相对磁导率为 μ_r,且螺管型电感线圈的匝数为 N,可将其分成两段来应用公式(6.1.16),即可求得如图 6.1.6 所示的螺管型电感的电感量为:

$$L = \frac{N^2 \mu_0 \pi r^2}{x_0} + \frac{N^2 \mu_0 \pi (\mu_r - 1) x r_a^2}{x_0^2} \tag{6.1.17}$$

对上式求导,可得如图 6.1.6 所示的螺管型电感的灵敏度:

$$K_L = \frac{dL}{dx} = \frac{N^2 \mu_0 \pi (\mu_r - 1) r_a^2}{x_0^2} \tag{6.1.18}$$

由式(6.1.7)可以看到,电感量 L 与变量 x 成线性关系,因此灵敏度 K_L 为一常数,但这只是理论分析的结果。由于在理论分析过程中,对磁场的处理作了很多的近似,因此在实际中,铁芯在开始插入($x=0$)或几乎离开线圈时的灵敏度,比铁芯插入线圈的 1/2 长度时的灵敏度小得多。只有在线圈中段才有可能获得较高的灵敏度,并且有较好的线性特性。

为了提高灵敏度与线性度,常采用差动式螺管型电感结构,如图 6.1.7 所示。运用单个螺管型电感的分析方法,可得到如下结论:差动式螺管型电感比单个螺管型电感灵敏度高一倍。具体运算过程留给读者完成。

进一步的分析和实验均表明,为了使灵敏度增大,应使线圈与铁芯尺寸比值 l/l_c 和 r/r_c 趋于 1,且选用铁芯磁导率 μ_r 较大的材料。这种差动螺管式电感传感器的测量范围为 5~50 mm,非线性误差在 ±0.5% 左右。

6.1.4 电感线圈的等效电路与测量电路

与所有传感器中的敏感元件相同,自感式传感器中的电感线圈要与相应的测量电路相连接,从而把被测物理量所引起的电感量的变化转换为电压或电流的变化,这就需要研究电感线圈的等效电路与测量电路,下面分别进行讨论。

1. 电感线圈的等效电路

前面分析自感式传感器的工作原理时,假设电感线圈为一理想纯电感,但实际的传感器中,线圈不可能是纯电感,它包括了线圈的铜损电阻、铁芯的涡流损耗电阻和线圈的并联寄生电容 C。因此,电感线圈的等效电路如图 6.1.8 所示。图中,R 即为铜损电阻与铁芯的涡流损耗电阻之和。

铜损电阻与绕制线圈的漆包线直径、电阻率、匝数等因素有关;铁芯的涡流损耗电阻与每片叠片厚度,导磁体材料的电阻率、线圈的匝数、磁路的横截面积、磁路的长度等因素有关;并联寄生电容主要由线圈的固有电容及电缆分布电容组成。由图 6.1.8 可知,电感线的等效电路就是常见的 LC 并联回路。其等效阻抗为：

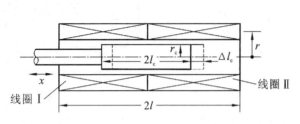

图 6.1.7 差动式螺管型电感结构示意图

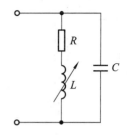

图 6.1.8 电感线圈的等效电路

$$Z=\frac{(R+j\omega L)(1/j\omega C)}{(R+j\omega L)+(1/j\omega C)} \tag{6.1.19}$$

由上式可知，电感线圈的等效阻抗与激励源的频率有关。

2. 电感线圈的测量电路

电感线圈的测量电路有交流电桥、变压器式交流电桥、集成运放测量电路、相敏检波测量电路以及谐振式测量电路等。

1) 交流电桥测量电路

交流电桥测量电路如图 6.1.9 所示。差动螺管式电感的两线圈作为电桥相邻的两桥臂 Z_1 和 Z_2，另两个相邻桥臂为纯电阻 R。设 Z 是衔铁在中间位置时单个线圈的复阻抗，静止时，$Z_1=Z_2=Z$，电桥的输出电压 $\dot{U}_o=0$；当工作时，设 ΔZ_1、ΔZ_2 分别是衔铁偏离中心位置时两线圈阻抗的变化量，则 $Z_1=Z+\Delta Z$，$Z_2=Z-\Delta Z$，此时电桥输出电压为：

$$\dot{U}_{o1}=\frac{\dot{E}Z_2}{Z_1+Z_2}-\frac{\dot{E}R}{R+R}=-\frac{\dot{E}\Delta Z}{2Z}=-\frac{\dot{E}}{2}\frac{\Delta L}{L} \tag{6.1.20}$$

由上式可以看出，电桥输出电压与电感的变化量成正比，这就为传感器后续的信号处理电路提供了所需的信号，从而完成了将被测物理量转换为电信号输出的任务。

如果是单个螺管型电感的线圈，也采用交流电桥测量电路，其结果如何，这个工作留给读者自己完成。

2) 变压器式交流电桥测量电路

变压器式交流电桥测量电路如图 6.1.10 所示。电桥两桥臂 Z_1、Z_2 分别为传感器两线圈的阻抗，另外两桥臂分别为电源变压器的两个次级线圈，其阻抗相等，均为次级线圈总阻抗的一半。设测量时被测件与变气隙型差动式电感的衔铁相连(见图 6.1.3)，当衔铁处于中间位置，即 $Z_1=Z_2=Z$ 时，电桥处于平衡状态，输出电压为零。当衔铁上下移动相同距离时，电桥输出电压大小相等而相位相反。当传感器衔铁上移时，$Z_1=Z+\Delta Z$，$Z_2=Z-\Delta Z$，若线圈的 Q 值很高，损耗电阻可忽略，则桥路输出电压为：

$$\dot{U}_{o1}=\frac{Z_2-Z_1}{Z_1+Z_2}\frac{\dot{E}}{2}=-\frac{\Delta Z}{Z}\frac{\dot{E}}{2}=-\frac{\Delta L}{L}\frac{\dot{E}}{2} \tag{6.1.21}$$

当传感器衔铁下移时，$Z_1=Z-\Delta Z$，$Z_2=Z+\Delta Z$，桥路输出电压为：

$$\dot{U}_{o2}=\frac{Z_2-Z_1}{Z_1+Z_2}\frac{\dot{E}}{2}=\frac{\Delta Z}{Z}\frac{\dot{E}}{2}=\frac{\Delta L}{L}\frac{\dot{E}}{2} \tag{6.1.22}$$

由上两式可以看出，电桥输出电压与电感的变化量成正比，这就为传感器后续的信号处理电路提供了所需的信号，从而完成了将被测物理量转换为电信号输出的任务。

3) 集成运放构成的测量电路

图 6.1.11 所示为集成运放测量电路原理图。它由传感器电感线圈 L_x 和固定电感 L_0 以及集成运算放大器 A 组成。其中,$\dot{E}$ 为信号源电压,$\dot{V}_o$ 为输出电压。

由于集成运算放大器输入阻抗很高,当增益很大时,则可认为运算放大器输入电流为零,且集成运算放大器两输入端为"虚短",故由图 6.1.11 可得:

$$\dot{I}_i = \dot{I}_x \tag{6.1.23}$$

即有:
$$\dot{E}/j\omega L_0 = -\dot{V}_o/j\omega L_x \tag{6.1.24}$$

于是得到:
$$\dot{V}_o = -\dot{E}\frac{L_x}{L_0} \tag{6.1.25}$$

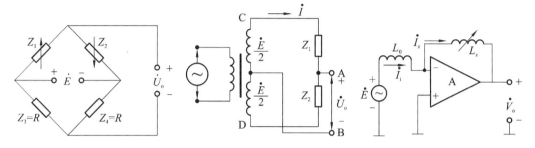

图 6.1.9 交流电桥测量电路　　图 6.1.10 变压器式交流电桥测量电路　　图 6.1.11 集成运放测量电路

由式(6.1.25)可知,输出电压 $\dot{V}_o$ 与线圈电感成线性关系,这就从原理上解决了使用单只电感将被测物理量转换成电压的问题。而式(6.1.25)是在假设运算放大器增益 $A \to \infty$ 和输入阻抗 $Z_i \to \infty$ 的条件下得出的结果。实际上集成运放测量电路的输出,仍具有一定非线性误差,但是在增益和输入阻抗足够大时,这种误差是相当小的。此外由式(6.1.25)表明,输出信号电压还与信号源电压、固定电感 L_0 有关,这些参数的波动都将使输出产生误差。因此该电路要求固定电容 L_0 必须稳定,信号源电压 E 必须采取稳压措施。式(6.1.25)右边的负号,只是表明输出电压和信号源电压反相,这并不影响输出电压与线圈电感之间的线性关系。

由于图 6.1.11 所示电路输出电压的初始值不为零,为了实现零点迁移,可采用类似于第 5 章中图 5.6.4 所示的电路。只需要将图中的相关电容,换成对应的电感即可。具体的理论分析等工作,留给读者去完成。

相敏检波测量电路以及谐振式测量电路等这里不再赘述,需要时可查阅有关参考文献。

6.2　差动变压器式传感器

差动变压器式传感器,又称互感式传感器。上节讨论的是自感式传感器,其工作原理是被测物理量的变化改变了电感线圈的自感量,从而实现了对被测物理量的测量。同理,也可以让被测物理量的变化改变变压器的初、次级线圈之间的互感量,从而实现了对被测物理量的测量。自感式传感器可分为变气隙型、变面积型和螺管型三种类型,同样,互感式传感器也可分为变气隙型、变面积型和螺管型三种类型。其中,应用最多的是螺管型。

6.2.1 螺管型差动变压器的结构

图 6.2.1 所示为螺管型差动变压器的结构示意图。螺管型差动变压器的基本元件有衔铁、初级线圈、次级线圈和线圈框架等。初级线圈作为差动变压器激励部分，相当于变压器的原边，而次级线圈由结构尺寸和参数相同的两个线圈反相串接而成，相当于变压器的副边。螺管型差动变压器根据初、次级排列不同有二节式、三节式、四节式和五节式等形式。三节式的零点电位较小，二节式比三节式灵敏度高、线性范围大，四节式和五节式都是为了改善传感器线性度采用的方法。如图 6.2.1 所示为三节式螺管型差动变压器。

差动变压器的工作原理与一般变压器基本相同。二者的不同之处是：一般变压器是闭合磁路，而差动变压器是开磁路；一般变压器原、副边间的互感是常数，有确定的磁路尺寸，而差动变压器原、副边之间的互感随衔铁移动作产生相应的变化。这一特点，正是差动变压器能作为传感器敏感元件的原因。

6.2.2 螺管型差动变压器的特性分析

1. 基本特性分析

为了分析图 6.2.1 所示螺管型差动变压器的特性，在忽略铁损、导磁体磁阻和线圈分布电容的理想条件下画出其等效电路如图 6.2.2 所示。图 6.2.2 中，各符号的意义如下：U_1——初级线圈激励电压；L_1、r_1——初级线圈的电感和电阻；M_a、M_b——分别为初级与次级线圈 a、b 间的互感；L_{2a}、L_{2b}——两个次级线圈的电感；r_{2a}、r_{2b}——两个次级线圈的电阻。

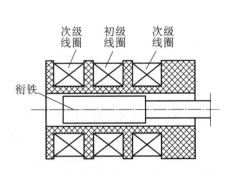
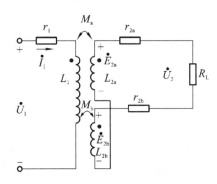

图 6.2.1　螺管型差动变压器的结构示意图　　图 6.2.2　螺管型差动变压器的等效电路

设差动变压器中初级线圈的匝数为 N_1，两个次级线圈的匝数分别为 N_{2a} 和 N_{2b}，并且与次级两线圈的匝数相同，即 $N_{2a}=N_{2b}$。

当对初级绕组加以激励电压时，根据变压器的工作原理，在两个次级绕组中便会产生感应电势。因为次级两绕组为反向串联，次级开路时差动变压器的输出电压为：

$$\dot{U}_2=\dot{E}_{2a}-\dot{E}_{2b}=\frac{\mathrm{j}\omega(M_a-M_b)\dot{U}_1}{r_1+\mathrm{j}\omega L_1} \tag{6.2.1}$$

若工艺上保证变压器结构完全对称，则当活动衔铁处于初始平衡位置时，必然会使两互感系数相等。由式(6.2.1)可得：

$$\dot{U}_2=\dot{E}_{2a}-\dot{E}_{2b}=0 \tag{6.2.2}$$

当衔铁移向次级绕组 L_{2a} 边，互感 M_a 增大，M_b 减小，因而次级绕组 L_{2a} 内的感应电动势大于次级绕组内 L_{2b} 的感应电动势，差动变压器的输出电动势不为零。在传感器的量程内，衔铁位移越大,差动变压器的输出电动势就越大。当衔铁移向次级绕组 L_{2b} 边时,差动输出电压仍不为零,但移动方向改变,输出电压反相。

由式(6.2.1)可得输出电压的有效值为:

$$U_2 = \frac{\omega(M_a - M_b)U_1}{\sqrt{r_1^2 - (\omega L_1)^2}} \quad (6.2.3)$$

由上式可知,次级绕组的差动输出电压与互感系数之差($M_a - M_b$)有关,若衔铁位于中间位置,$M_a = M_b = M, U_2 = 0$。若衔铁右移(即向上),则 $M_a = M + \Delta M, M_b = M - \Delta M, M_a - M_b = 2\Delta M$,此时,次级差动输出电压为:

$$\dot{U}_2 = 2j\omega \dot{I}_1 \Delta M = 2j\omega \frac{\dot{U}_1 \Delta M}{r_1 + j\omega L_1} \quad (6.2.4)$$

由式(6.2.4)可得衔铁右移(即向上)时输出电压的有效值为:

$$U_2 = \frac{2\omega \Delta M U_1}{\sqrt{r_1^2 - (\omega L_1)^2}} \quad (6.2.5)$$

若衔铁左移(即向下),则 $M_a = M - \Delta M, M_b = M + \Delta M, M_a - M_b = -2\Delta M$,此时,次级差动输出电压为:

$$\dot{U}_2 = 2j\omega(-\Delta M)\dot{I}_1 = -2j\omega \frac{\Delta M \dot{U}_1}{r_1 + j\omega L_1} \quad (6.2.6)$$

由式(6.2.6)可得衔铁左移(即向下)时输出电压的有效值为:

$$U_2 = -\frac{2\omega \Delta M U_1}{\sqrt{r_1^2 - (\omega L_1)^2}} \quad (6.2.7)$$

由以上分析可得出如下结论。

(1) 由差动变压器输出电动势的大小和相位可知衔铁位移的大小和方向。

(2) 当激磁电压的幅值和角频率、初级绕组的直流电阻及电感为定值时,差动变压器输出电压仅仅是初级绕组与两个次级绕组之间互感系数之差($M_a - M_b$)的函数。

(3) 只要求出互感系数之差($M_a - M_b$)对活动衔铁位移 x 的关系式,即可得到螺管型差动变压器的基本特性表达式。

2. 零点残余电压

当差动变压器的衔铁处于中间位置时,理想条件下其输出电压为零。但实际上,当使用桥式电路时,在零点仍有一个微小的电压值(从零点几毫伏到数十毫伏)存在,称为零点残余电压。图 6.2.3 所示的是扩大了的零点残余电压的输出特性。其中,虚线表示理想特性,实线表示实际特性。零点残余电压的存在造成零点附近的不灵敏区和带来测量误差。如果测量电路采用差动整流电路则可克服零点残余电压带来的不良影响。

6.2.3 螺管型差动变压器的测量电路

差动变压器输出交流电压,用交流电压表测量,只能反映衔铁位移大小,不能反映移动方向,测量值中还包含零点残余电压。为了辨别移动方向和消除零点残余电压,实际测量时,常常采用差动整流电路和相敏检波电路。

典型的差动整流电路有:半波电压输出差动整流电路、全波电压输出差动整流电路、半波电流输出差动整流电路、全波电流输出差动整流电路等四种类型。以上几种差动整流电路中,电压输出差动整流电路适用于高阻抗负载,电流输出差动整流电路适用于低阻抗负载。常用的是性能优良的全波电压输出差动整流电路,其电路原理图如图 6.2.4 所示。差动变压器的两个次级输出电压分别全波整流,整流电压的差值作为输出,适用于高阻抗负载,电阻 R_0 用于调整零点残余电压。从电路结构可知,不论两个次级线圈的输出瞬时电压极性如何,流经电容 C_1 的电流方向总是从 2 到 4,流经电容 C_2 的电流方向总是从 6 到 8,整流电路的输出电压为:

$$\dot{U}_2 = \dot{U}_{24} - \dot{U}_{68} \tag{6.2.8}$$

衔铁零位时,$U_{24}=U_{68}$,$U_2=0$;衔铁上移时,$U_{24}>U_{68}$,$U_2>0$;衔铁下移时,$U_{24}<U_{68}$,$U_2<0$。U_2 的正负表示衔铁的位移方向;U_2 的大小表示衔铁的位移大小。差动整流电路具有结构简单,不需要考虑相位调整和零点残余电压的影响,分布电容影响小和便于远距离传输等优点,因而获得了广泛应用。

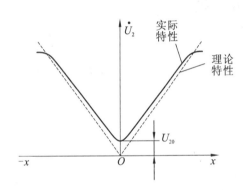

图 6.2.3 零点残余电压的输出特性

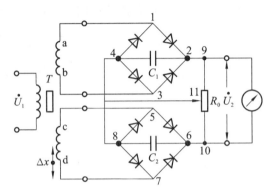

图 6.2.4 全波电压输出差动整流电路

6.3 电涡流式传感器

电涡流式传感器技术属于主动测量技术。主动测量技术是指在测试中测量仪器主动发射能量,通过检测被测对象吸收或反射能量的大小而实现对被测对象的有关参数的测量。

电涡流式传感器的测量属于非接触测量,特别适合测量运动的物体。电涡流式传感器的应用没有特定的目标,一切与涡流有关的对象,在原则上都可以用于测量目标。电涡流式传感器具有结构简单、体积小、频率响应宽、灵敏度高等特点,在测试技术中逐渐得到重视并逐步推广开来。

6.3.1 电涡流式传感器的工作原理及特性

根据电磁感应原理,块状金属导体置于变化的磁场中,导体内将产生呈涡旋状的感应电流,称之为电涡流或涡流,这种现象称为涡流效应。

电涡流传感器是利用电涡流效应,将位移、振动、温度等非电量转换为阻抗的变化或电感的变化从而进行非电量电测的。图 6.3.1 为电涡流式传感器示意图。一个通有高频(1~2 MHz)交流电流 i_1 的线圈,由于电流的变化,在线圈周围会产生一个交变磁场 H_1,当被测导体置于该磁场范围内,被测导体内便产生电涡流 i_2,电涡流也将产生一个新磁场 H_2,H_2 和 H_1 方向相反,抵消部分原磁场,从而导致线圈的电感量、阻抗和品质因素发生变化。

由图 6.3.1 可知,电涡流式传感器是以电涡流效应为基础,由一个线圈和与线圈邻近的金属体组成的。当然,这只是一种原理性的结构,随着应用场合的不同,其具体结构形式会有一定的变化。这种电涡流式传感器的工作方式为高频反射式。

下面分析图 6.3.1 所示电涡流式传感器的特性。首先画出其等效电路如图 6.3.2 所示。由图 6.3.1 可得出描述电路工作过程的方程组为：

$$\begin{cases} R_1 \dot{I}_1 + j\omega L_1 \dot{I}_1 - j\omega M \dot{I}_2 = \dot{U} \\ -j\omega M \dot{I}_1 + R_2 \dot{I}_2 + j\omega L_2 \dot{I}_2 = 0 \end{cases} \tag{6.3.1}$$

式中：R_1、L_1 为线圈原有的电阻、电感（周围无金属体）；R_2、L_2 为电涡流等效短路环的电阻和电感；ω 为励磁电流的角频率；M 为线圈与金属体之间的互感系数；$\dot{U}$ 为电源电压的相量表示；$\dot{I}_1$ 为线圈中电流的相量表示；$\dot{I}_2$ 为导体中涡流的相量表示。求解式(6.3.1)这个方程组可得线圈等效阻抗的表达式为：

$$Z = \frac{\dot{U}}{\dot{I}_1} = R_1 + \frac{\omega^2 M^2}{R_2^2 + \omega^2 L_2^2} R_2 + j\omega \left[L_1 - \frac{\omega^2 M^2}{R_2^2 + \omega^2 L_2^2} L_2 \right] \tag{6.3.2}$$
$$= R_{eq} + j\omega L_{eq}$$

为此求得线圈受涡流影响后的等效电阻为：

$$R_{eq} = R_1 + \frac{\omega^2 M^2}{R_2^2 + \omega^2 L_2^2} R_2 \tag{6.3.3}$$

线圈受涡流影响后的等效电感为：

$$L_{eq} = L_1 - \frac{\omega^2 M^2}{R_2^2 + \omega^2 L_2^2} L_2 \tag{6.3.4}$$

线圈的等效品质因数为：

$$Q_{eq} = \frac{\omega L_{eq}}{R_{eq}} = \frac{Q_0 \left(1 - \frac{L_2}{L_1} \frac{\omega^2 M^2}{R_2^2 + L_2^2} \right)}{1 + \frac{R_2}{R_1} \frac{\omega^2 M^2}{R_2^2 + L_2^2}} \tag{6.3.5}$$

式中：Q_0 为线圈未受涡流影响时的品质因数。

$$Q_0 = \frac{\omega L_1}{R_1} \tag{6.3.6}$$

从以上对电涡流式传感器等效电路的分析，可以得到如下的结论：传感器线圈的阻抗、电感和品质因素的变化与导体的几何形状、电导率、磁导率等有关，也与线圈的几何参数、电流的频率以及线圈到导体间的距离有关。如果只控制上述参数中的一个参数随被测物理量变化而其余皆不变，就可以构成测量各种物理量的传感器。

6.3.2 电涡流式传感器的测量电路

与其他传感器相同，在敏感元件和转换元件之后必须有测量电路和信号处理电路，这样才能将被测物理量的大小显示出来。电涡流式传感器的测量电路有调频式电路、调幅式电路和变频调幅式电路等。

1. 调频式测量电路

调频式测量电路的原理框图如图 6.3.3 所示。由图可知，传感器的涡流激励线圈接入 LC 振荡回路，当激励线圈与涡流导体的距离 x 改变时，在涡流影响下，激励线圈的电感变化，将导致振荡频率的变化，该变化的频率是距离 x 的函数，即 $f=L(x)$，该频率可由数字频率计直接测量，或者通过 $f\text{-}V$ 变换，用数字电压表测量对应的电压。振荡器的频率为：

$$f=\frac{1}{2\pi\sqrt{L(x)C}} \qquad (6.3.7)$$

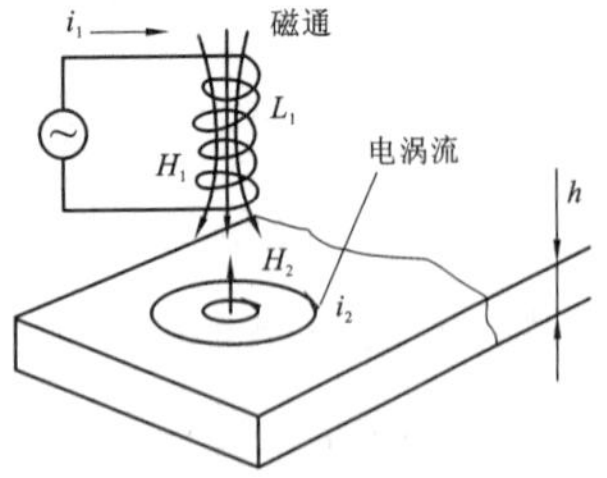

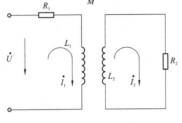

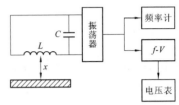

图 6.3.1 电涡流式传感器示意图

图 6.3.2 电涡流式传感器的等效电路

图 6.3.3 调频式测量电路原理框图

为了避免输出电缆的分布电容的影响,通常将 L、C 装在传感器内。此时电缆分布电容并联在大电容 C_2、C_3 上(见图 6.3.4),因而对振荡频率 f 的影响将大大减小。

一个实际的振荡器电路如图 6.3.4 所示,该电路由两大部分组成,即电容三点式振荡器和射极输出器。

电容振荡器产生的一个高频正弦波,这个高频正弦波频率是随传感器激励线圈电感量 $L(x)$ 的变化而变化的。频率和 $L(x)$ 之间关系,即由式(6.3.7)确定。

射极输出器起阻抗匹配作用,以便和下级电路相连接。频率可以直接由数字频率计记录或通过频率-电压转换电路转换为电压量输出,再由其他记录仪器记录。

使用这种调频式测量电路,传感器输出电缆的分布电容的影响是不能忽视的。它将使振荡器振荡频率发生变化,从而影响测量结果。为此可把电容 C 和激励线圈 $L(x)$ 均装于传感器内。这时电缆分布电容并联到大电容 C_2、C_3 上,因而对振荡频率的影响就大为减小。同时,要尽可能将传感器靠近测量电路,甚至放在一起,这样分布电容的影响会变得更小。

2. 调幅式测量电路

调幅式测量电路的原理框图如图 6.3.5 所示。由图可知,由石英晶体组成的石英晶体振荡电路,起恒流源的作用,可以给传感器的激励线圈 L 和电容器 C 组成的并联谐振回路提供一个稳定频率 f_0 激励电流 I_0,石英晶体振荡器 LC 回路的输出电压为:

$$\dot{U}_o=\dot{I}_o f(Z) \qquad (6.3.8)$$

式中:Z 表示 LC 并联谐振回路的阻抗。

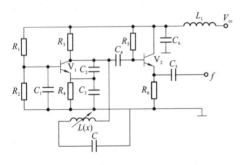

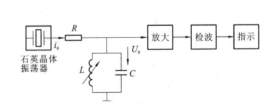

图 6.3.4 一种实用的电容三点式振荡器电路

图 6.3.5 调幅式测量电路的原理框图

当涡流导体远离或被去掉时,LC 并联谐振回路频率即为石英振荡频率 f_0,回路呈现的阻抗最大,谐振回路上的输出电压也最大;当涡流导体靠近传感器线圈时,线圈的等效电感 L 发生变化,导致回路失谐,从而使输出电压降低,L 的数值随距离 x 的变化而变化,因此,

输出电压也随 x 而变化。输出电压经过放大、检波后，由指示仪表直接显示出 x 的大小。

6.4 电感式传感器的应用

电感式传感器的优点结构简单、可靠，分辨率高，机械位移 $0.1~\mu m$，甚至更小；输出信号强，电压灵敏度可达数百 mV/mm；重复性好，线性度优良在几十微米到数百毫米的位移范围内，输出特性的线性度较好，且比较稳定。能实现远距离传输、记录、显示和控制。电感式传感器的应用包括自感式传感器、互感式传感器的应用以及电涡流式传感器的应用，下面分别进行介绍。

6.4.1 自感式传感器与互感式传感器的应用

自感式传感器工作过程中是依靠自感线圈的变化完成对被测物理量的测量，因此又称为变磁阻式传感器。互感式传感器工作过程中是依靠变压器初级次级、线圈间互感的变化完成对被测物理量的测量，因此又称为差动变压器式传感器。

1. 变气隙型自感式压力传感器

一种变气隙型自感式压力传感器结构示意图如图 6.4.1 所示。由图可知，当压力进入膜盒时，膜盒的顶端在压力 P 的作用下产生与压力 P 大小成正比的位移，于是衔铁也发生移动，使气隙 δ 发生变化，从而使得自感线圈的电感量发生变化，在外加交流电压 $\dot{U}$ 的作用下，流过线圈的电流也发生相应的变化，电流表 A 的指示值就反映了被测压力的大小。

2. 变气隙型差动变压器式压力传感器

变气隙型差动变压器式压力传感器的结构如图 6.4.2 所示。当被测压力进入 C 形弹簧管时，C 形弹簧管产生变形，其自由端发生位移，带动与自由端连接成一体的衔铁运动，使得差动变压器的次级线圈 1 和线圈 2 中的电感发生大小相等、符号相反的变化，即一个电感量增大，另一个电感量减小。电感的这种变化通过电桥电路转换成电压输出，由于输出电压与被测压力之间成比例关系，所以只要用检测仪表测量出输出电压，即可得知被测压力的大小。图中，电位器 R_P 用于差动变压器的输出调零。测试前，反复调节机械零点螺钉和电位器 R_P，使差动变压器的输出为零。

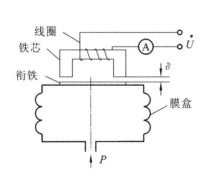
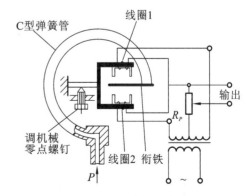

图 6.4.1 变气隙型自感式压力传感器结构示意图　　图 6.4.2 变气隙型差动变压器式压力传感器

3. 螺管型差动变压器式滚柱直径分选机

螺管型差动变压器式滚柱直径自动分选机的原理结构框图如图 6.4.3 所示。由图可知,该机器主要由落料管、电感测微仪和计算机控制系统组成。机器的全部工作过程都是在计算机的控制下自动完成。滚柱直径分选机启动后,首先由机械排序装置送来的滚柱按顺序进入电感测微仪。电感测微仪的测杆在电磁铁的控制下,先提升到一定的高度,让滚柱进入其正下方,然后电磁铁释放。衔铁向下压住滚柱,滚柱的直径决定了衔铁位置的高低。螺管型差动变压器根据衔铁位置的高低输出信号至测量电路,这里采用的测量电路是相敏检

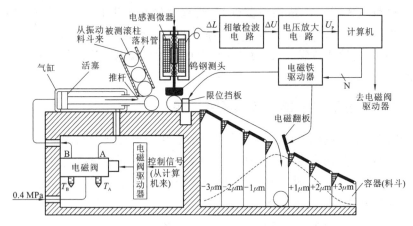

图 6.4.3　螺管型差动变压器式滚柱直径自动分选机

波电路。从相敏检波电路输出的信号再经过电压放大器放大后,进入计算机,计算出直径的偏差值。完成测量的滚柱被机械装置推出电感测微仪,这时在计算机的控制下,相应的翻板会打开,让滚柱落入与其直径偏差相对应的容器中。综上所述,可见整个测量和分选过程都是在计算机控制下进行的。螺管型差动变压器式滚柱直径自动分选机的实物照片如图6.4.4所示。

6.4.2　电涡流式传感器的应用

由于电涡流式传感器具有测量范围大、灵敏度高、结构简单、抗干扰能力强和可以非接触测量等优点,所以被广泛应用于工业生产和科学研究的各个领域中。

1. 电磁炉

电磁炉是日常生活中必备的家用电器之一,电涡流传感器是其核心器件之一,高频电流通过励磁线圈,产生交变磁场,在铁质锅底会产生无数的电涡流,根据电流的热效应,电涡流会使锅底不断地发热、升温,从而实现对锅内的食物进行热加工。其工作示意图如图6.4.5所示,电磁炉内部励磁线圈如图6.4.6所示。

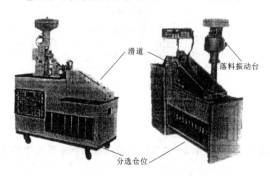

图 6.4.4　螺管型差动变压器式滚柱直径自动分选机的实物照片

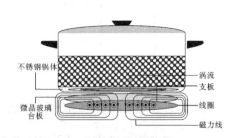

图 6.4.5　电磁炉的结构示意图

2. 电涡流式传感器液位监控系统

用电涡流式传感器构成的液位监控系统如图 6.4.7 所示。

图 6.4.6 电磁炉的励磁线圈

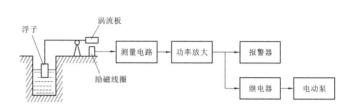

图 6.4.7 电涡流式传感器构成的液位监控系统

其工作过程为:当液位升高或降低时,通过浮子与杠杆带动涡流板下移或上移,从而改变与励磁线圈的距离,使得励磁线圈的参数发生不同的改变。可以预先设定液位的上限和下限,当达到设定的上限和下限时,通过测量电路测出后,再经处理和放大后,其中一路信号使报警器发出相应的报警信息,另一路信号则使继电器动作,让电动泵停止或开始工作。

3. 低频透射式涡流厚度传感器

透射式涡流厚度传感器的结构原理如图 6.4.8 所示。在被测金属板的上方设有发射传感器线圈 L_1,在被测金属板下方设有接收传感器线圈 L_2。当在 L_1 上加低频电压 $\dot{U}_1$ 时,L_1 上产生交变磁通 $\varPhi_1$,若两线圈间无金属板,则交变磁通直接耦合至 L_2 中,L_2 产生感应电压 $\dot{U}_2$。如果将被测金属板放入两线圈之间,则 L_1 线圈产生的磁场将导致在金属板中产生电涡流,并将贯穿金属板,此时磁场能量受到损耗,使到达 L_2 的磁通将减弱为 $\varPhi_1'$,从而使 L_2 产生的感应电压 $\dot{U}_2$ 下降。金属板越厚,涡流损耗就越大,电压 $\dot{U}_2$ 就越小。因此,可根据 $\dot{U}_2$ 电压的大小得知被测金属板的厚度。透射式涡流厚度传感器的检测范围可达 1~100 mm,分辨率为 0.1 μm,线性度为 1%。

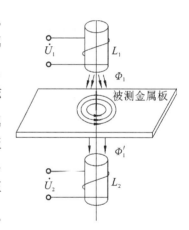

图 6.4.8 透射式涡流厚度测试仪的结构原理图

4. 电涡流式转速仪

图 6.4.9 所示为电涡流式转速仪工作原理图。在软磁材料制成的输入轴上加工一个键槽,在距输入表面 d_0 处设置电涡流传感器。输入轴与被测旋转轴相连。当被测旋转轴转动时,电涡流传感器与输出轴的距离变为 $d_0+\Delta d$。由于电涡流效应,使传感器线圈阻抗随 Δd 的变化而变化,这种变化将导致振荡谐振回路的品质因数发生变化,它们将直接影响振荡器的电压幅值和振荡频率。因此,随着输入轴的旋转,从振荡器输出的信号中包含有与转速成正比的脉冲频率信号。该信号由高频放大器放大后,经检波器检出电压幅值的变化量,然后经整形电路输出频率为 f_n 的脉冲信号,该信号经电路处理便可得到被测转速。电涡流式转速仪的特点是可实现非接触式测量,抗干扰能力强,其最高测量转速可达 6×10^5 r/min。

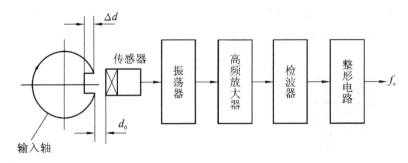

图 6.4.9 电涡流式转速仪

习 题 6

6.1 电感式传感器分为几种类型？每种类型各有什么特点？它们的共同点是什么？

6.2 自感式传感器分为几种类型？每种类型各有什么特点？它们的共同点是什么？

6.3 自感式传感器测量电路的主要任务是什么？自感式传感器测量电路有哪几种类型？

6.4 请比较自感式传感器和差动变压器式传感器的异同。

6.5 画出电感式传感器的组成结构方框图，说明各方框的作用。

6.6 互感式传感器分为哪几种类型？应用最多的哪种类型？

6.7 螺管型差动变压器的测量电路的主要任务是什么？常用的螺管型差动变压器的测量电路有哪几种？

6.8 查阅关于"相敏检波电路"的资料，叙述相敏检波电路的工作原理。

6.9 什么叫涡流效应？并简述其应用。

6.10 简述电涡流传感器的工作原理。

6.11 常用的电涡流传感器的测量电路有哪几种？各有什么特点？

6.12 列举一种自感式传感器的应用实例，详细说明其工作原理与工作过程。

6.13 列举一种螺管型差动变压器的应用实例，详细说明其工作原理与工作过程。

6.14 列举一种电涡流式传感器的应用实例，详细说明其工作原理与工作过程。

6.15 自感式传感器能实现对哪些物理量的测量？在这些测量中它有哪些优点？

6.16 螺管型差动变压器能实现对哪些物理量的测量？在这些测量中它有哪些优点？

6.17 电涡流式传感器能实现对哪些物理量的测量？在这些测量中它有哪些优点？

第7章 压电式传感器及其应用

压电式传感器是一种以电介质的压电效应为基础制作的典型的传感器。在外力作用下,电介质表面会产生电荷,并且电荷量随外力的改变而变化,从而实现非电量测量。其优点是:响应频带宽、灵敏度高、信噪比大、结构简单等。压电式传感器可以对各种动态力、机械冲击和振动进行测量,在电子线路设计及工程力学、生物医学、石油勘探、声波测井、电声学、宇航等许多技术领域都得到了广泛的应用。

7.1 电介质及其电偶极矩

电介质是指电阻率很大,导电性能很差的物质,如氢气、云母、石英等。电介质的电结构特点是:电子被原子核紧紧束缚,在静电场中电介质中性分子中的正、负电荷仅产生微观相对运动,在静电场与电介质相互作用时,电介质分子极化为电偶极子。电介质由大量微小的电偶极子组成。

电介质的分子有两种:一种是有极性分子,其正负电荷的等效电荷"中心"不重合,如图7.1.1(a)所示的水(H_2O)分子;一种是无极性分子,其正负电荷的等效电荷"中心"重合,如图7.1.1(b)所示的甲烷(CH_4)分子。

把分子中全部的正电荷,等效为一个总的正电荷,同样,把分子中全部负电荷,等效为一个总的负电荷,中性分子则被简化为电偶极子。如图7.1.1(a)所示的水(H_2O)分子就可以被简化为一个电偶极子。以q表示分子中等效正电荷(或负电荷)的电量,以$\vec{l}$表示从负电荷"中心"指向正电荷"中心"的矢径,则分子的等效电偶极矩为:

$$\vec{P} = q\vec{l} \tag{7.1.1}$$

由式(7.1.1)可知,电偶极矩为矢量。水(H_2O)分子的电偶极矩可以用图来表示,如图7.1.2(a)所示。无极性分子甲烷(CH_4)中,实际上也有4个电偶极矩,只是它们的矢量和为零,即等效电偶极矩为零,如图7.1.2(b)所示,所以甲烷(CH_4)分子成为无极性分子。

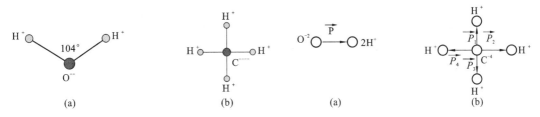

图7.1.1 有极性分子和无极性分子　　图7.1.2 极性分子和无极性分子中的等效电偶极矩

无极性分子在外场(电场或力场)的作用下正负电荷中心发生偏移而产生的极化现象称为位移极化。有极性分子在外场中发生偏转而产生的极化现象称为转向极化。在外场作用下电介质内部或表面上出现极化电荷的现象统称为电介质的极化。外场越强,电介质表面出现的极化电荷越多,如图7.1.3所示。

7.2 石英晶体及其压电效应

压电传感器是一种以电介质的压电效应为基础制成的典型的传感器。下面以石英晶体为例分析其产生压电效应的条件和机理。

7.2.1 天然石英晶体的切割与直角坐标系的建立

石英晶体的化学式为 SiO_2（二氧化硅），是单晶体结构。如图 7.2.1(a) 所示为天然石英晶体，其结构形状为一个六角形晶柱，两端为一对称棱锥。对于图 7.2.1(a) 所示的天然石英晶体，为了便于叙述，建立如图 7.2.1(a) 所示的三维直角坐标系来表示。图中，纵轴 z 称为光轴，通过六棱线而垂直于光轴的 x 轴称为电轴，而 y 轴则称为机械轴。

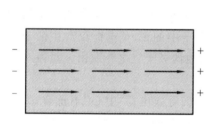

图 7.1.3 电介质表面出现的极化电荷

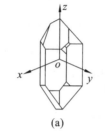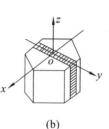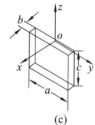

图 7.2.1 天然石英晶体的切割与直角坐标系的建立

石英晶体各个方向的特性是不同的，为了获得能产生压电效应的晶体材料，从图 7.2.1(a) 所示的天然石英晶体上先切割掉两端的一对棱锥，得到一块正平行六面体，如图 7.2.1(b) 所示；再按图 7.2.1(b) 所示的阴影进行切割，便得到长方体石英薄片，如图 7.2.1(c) 所示。

7.2.2 石英晶体的压电效应

石英晶体的压电效应与其内部结构有关，产生压电效应的机理可用图 7.2.2 来说明。石英晶体每个晶胞中有 3 个硅离子和 6 个氧离子。图 7.2.2 中，1 个硅离子用 ⊕ 表示，代表 Si^{+4}；2 个氧离子用 ⊖ 表示，代表 $2O^{-2}$；1 个硅离子和 2 个氧离子交替排列。沿 z 轴看去，可近似等效成如图 7.2.2(a) 的正六边形排列结构。

当石英晶体在无外力作用时，带正电荷的硅离子和带负电荷的氧离子正好分布在正六边形的顶角上，形成 3 个大小相等、互成 120°夹角的电偶极矩 $\vec{p}_1$、$\vec{p}_2$、$\vec{p}_3$，如图 7.2.2(a) 所示。此时由于正负电荷中心重合，电偶极矩的矢量和等于零，即 $\vec{p}_1+\vec{p}_2+\vec{p}_3=0$，故晶体表面不产生电荷，即中性。

当石英晶体受到沿 x 轴方向的压力（$F_x<0$）作用时，晶体沿 x 方向将产生收缩，正、负离子相对位置随之发生变化，如图 7.2.2(b) 所示。此时正、负电荷中心不再重合，电偶极矩之和在 x 方向的分量 $(\vec{p}_1+\vec{p}_2+\vec{p}_3)_x<0$，所以，在 x 轴的正方向的 A 面上呈负电荷，B 面上呈正电荷。而电偶极矩之和在 y 轴、z 轴方向上的分量仍为零，故在 y、z 轴方向则不呈现电荷。如果沿 x 轴方向施加拉力时，则 A、B 面上产生电荷的极性相反。如果 x 轴方向受的是交变力，则在 x 轴 A、B 两表面间产生交变电场。这种现象，就是压电效应。一般来说，某些电介质，当沿着一定方向对其施力而使它变形时，内部就产生极化现象，同时在它的一定表面上产生电荷，当外力去掉后，又重新恢复不带电状态的现象。这种现象称为压电效应。

当作用力方向改变时,电荷极性也随之改变。

当石英晶体受到沿 y 轴方向的压力时,晶格变形如图 7.2.2(c)所示。$\vec{p_1}$ 增大,$\vec{p_2}$、$\vec{p_3}$ 减小,$(\vec{p_1}+\vec{p_2}+\vec{p_3})_x>0$,所以,在 x 轴的正方向的 A 面上呈正电荷,B 面上呈负电荷。而电偶极矩之和在 y 轴、z 轴方向上的分量仍为零,故在 y、z 轴方向则不出现电荷。同理,如果沿 y 轴方向施加拉力时,则在 A、B 面上产生电荷的极性相反。如果 y 轴方向受的是交变力,则在 x 轴 A、B 两表面间产生交变电场。这种现象,也是压电效应。

为了区别沿 x 轴方向施加压力所产生压电效应和沿 y 轴方向施加压力所产生压电效应,通常把沿 x 轴方向施加作用力产生的压电效应称为纵向压电效应;把沿 y 轴方向施加作用力产生的压电效应称为横向压电效应。

当石英晶体在 z 轴方向受力作用时,由于硅离子和氧离子是对称平移的,正负电荷中心始终保持重合,电偶极矩矢量和始终为零,因此沿 z 轴方向施加作用力,石英晶体不会产生压电效应。

从上述分析可知,无论是沿 x 轴方向施加力,还是沿 y 轴方向施加力,电荷只产生在 x 轴方向的表面上。z 轴方向受力,由于晶格的变形不会引起正负电荷中心的分离,故不会产生压电效应。因此,称 x 轴为电轴,称 y 轴为机械轴,称 z 轴为光轴。

实验还表明,当在电介质的极化方向施加交变电场时,这些电介质就在一定方向上产生机械振动,当外加电场撤去时,振动也随之消失,这种现象称为逆压电效应。逆压电效应又称为电致伸缩效应。压电效应将机械能转变为电能,而逆压电效应将电能转变为机械能,如图 7.2.3 所示。

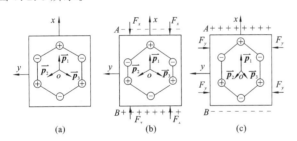

图 7.2.2 石英晶体产生压电效应的机理示意图

图 7.2.3 正压电效应与逆压电效应

7.3 压电材料及其压电效应

除了天然石英晶体具有压电效应外,还有几种人工材料也具有压电效应,可以用来制造压电传感器。常见的压电材料可分为两类,即压电单晶体和多晶体压电陶瓷。压电单晶体有石英(包括天然石英和人造石英)等;多晶体压电陶瓷有钛酸钡压电陶瓷、锆钛酸铅系列压电陶瓷、铌酸盐系列压电陶瓷和铌镁酸铅压电陶瓷等。

这些电介质,都有一个共同的特性,即当沿着一定方向对其施加外力而使它产生微变形时,内部就产生极化现象,同时在它的一定表面上产生电荷,当外力去掉后,又重新恢复不带电状态的现象。这种现象与前述的石英晶体受外力作用时一样,称为压电效应。当作用力方向改变时,电荷极性也随之改变,如图 7.3.1 所示。

当在这些电介质的极化方向施加适当频率的交变电场时,这些电介质就在一定方向上产生机械振动,当外加电场撤去时,机械振动也随之消失,这种现象也即逆压电效应,如图 7.3.2 所示。

部分常用压电材料的特性参数如表 7.3.1 所示。

表 7.3.1 部分常用压电材料的特性参数

性能参数 \ 压电材料	石英	钛酸钡	锆钛酸铅 PZT-4	锆钛酸铅 PZT-5	锆钛酸铅 PZT-8
压电系数/(pC/N)	$d_{11}=2.31$ $d_{14}=0.73$	$d_{15}=260$ $d_{31}=-78$ $d_{33}=190$	$d_{15}\approx410$ $d_{31}=-100$ $d_{32}=230$	$d_{15}\approx670$ $d_{31}=185$ $d_{33}=600$	$d_{15}=330$ $d_{31}=-90$ $d_{33}=200$
相对介电常数(ε_r)	4.5	1 200	1 050	2 100	1 000
居里点温度/℃	573	115	310	260	300
密度/(10^3 kg/m^3)	2.65	5.5	7.45	7.5	7.45
弹性模量/(10^9 N/m^2)	80	110	83.3	117	123
机械品质因数	$10^5\sim10^5$	—	≥500	80	≥800
最大安全应力/(10^5 N/m^2)	95~100	81	76	76	83
体积电阻率/(Ω·m)	>10^{12}	10^{10}(25 ℃)	>10^{10}	10^{11}(25 ℃)	—
最高允许温度/℃	550	80	250	250	—
最高允许湿度/(%)	100	100	100	100	—

7.4 压电式传感器的等效电路与测量电路

7.4.1 压电式传感器的结构

压电式传感器的核心部件是压电晶体材料的切片。在切片的相对的两面上覆上一层金属薄膜,再在金属薄膜上焊接两根导线作为电信号的输出线,如图 7.4.1 所示。覆上金属薄膜的两个表面,必须是在产生压电效应时,生成表面电荷的那两个表面。对于石英晶体来说,就是与电轴(x 轴)垂直的那两个面,如图 7.4.2 所示。根据不同的用途,将此覆上金属薄膜的核心部件装在不同的外壳内就制成了不同的压电式传感器。

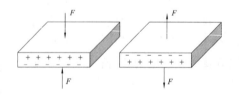

图 7.3.1 压电效应示意图

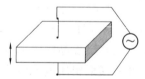

图 7.3.2 逆压电效应示意图

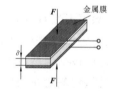

图 7.4.1 压电晶体材料覆上一层金属薄膜

图 7.4.3 所示为三种不同的压电传感器。图 7.4.3(a)所示为一种单向力压电传感器结构图,图 7.4.3(b)所示为一种压电式超声波传感器的结构图,图 7.4.3(c)所示为压电陶瓷蜂鸣器。

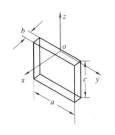

图 7.4.2 与电轴(x 轴)垂直的两个面

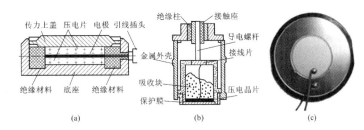

图 7.4.3 三种不同外壳的压电传感器

7.4.2 压电式传感器的等效电路

当压电式传感器受外力作用时,就会在压电晶片的两个电极上产生等量的异号电荷。由图 7.4.1 可知,压电式传感器的核心部件就是一个电容器,其电容量的大小为:

$$C_y = \frac{\varepsilon_r \varepsilon_0 S}{d} \tag{7.4.1}$$

式中:S——压电晶片上金属薄膜的面积,m^2;

d——压电片的厚度,m;

ε_r——压电材料的相对介电常数;

ε_0——真空的介电常数,$\varepsilon_0 = 8.85 \times 10^{-12}$ F/m。

当电容器的两极板带有等量的异号电荷 q 时,电容两端的电压为:

$$U_C = \frac{q}{C_y} \tag{7.4.2}$$

当外力 F 随时间变化时,则电容器的电荷 q、电容两端的电压 U_C 也随时间变化,这三者都是时间的函数,可分别记为:$F(t)$、$q(t)$ 和 $U_C(t)$。并且有:

$$U_C(t) = \frac{q(t)}{C_y} \tag{7.4.3}$$

其中,式(7.4.2)和式(7.4.3)成立的条件是假定外力作用时,所引起的电容量的改变可以忽略不计。

为了将压电传感器受外力作用时产生的电信号取出并进行放大和处理,以获取被测力学量的详细信息,必须研究压电传感器受外力作用时的等效电路。由图 7.4.1 和以上分析,可以得到压电传感器受外力作用时的两种等效电路,如图 7.4.4 所示。图 7.4.4(a)所示为电压源,图 7.4.4(b)所示为电荷源。电压源在电路理论课程中有详细的介绍,这里不再介绍。电荷源则类似于电路理论课程中详细介绍过的电流源,在与后续电路的连接中,按处理电流源的方法来处理就可以了。

由图 7.4.4 所示的等效电路可知,只有传感器内部压电晶体的信号电荷没有泄露,且外接的前置放大器的输入阻抗为无穷大时,压电传感器受力作用后产生的电压或电荷才能长期保存。实际上,压电传感器内部不可能没有泄露,外接的前置放大器的输入电阻也不可能为无穷大,只有外力以一定的频率不断作用,压电传感器的电荷才能得到补充。因此压电传感器不适用于静态测量。压力传感器在交变力的作用下,电荷可以得以不断的补充,外接的前置放大器才可能产生与输入信号成正比的输出电压。故压电传感器只适用于动态力的测量,或者能转换为动态力的其他物理量的测量。

7.4.3 压电式传感器的测量电路

这里所说的"压电式传感器的测量电路",实际上是指连接在压电元件后面的前置放大器。由于压电元件在外力的作用下,产生的电荷量很微小,输出电压也很微小,而输出阻抗却很大,故要求紧接在压电元件后面的前置放大器有很高的输入阻抗,较大的放大倍数。一般选用高输入阻抗、高增益的集成运算放大器来设计。常用的高输入阻抗、高增益的集成运算放大器有 CA3130、CA3140、OP07 等型号。用集成运算放大器设计的前置放大器的电路形式一般有两种,一是电压放大器,二是电荷放大器,下面分别进行介绍。

1. 电压放大器

由集成运算放大器构成的电压放大器有同相比例放大器和反相比例放大器两种,由于反相比例放大器的性能优于同相比例放大器,故一般情况下多采用反相比例放大器。将压电元件的两根引出线与反相比例放大器的两输入端连接后,可得到如图 7.4.5 所示的等效电路。

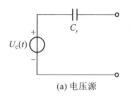
(a) 电压源

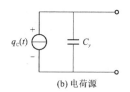
(b) 电荷源

图 7.4.4　压电传感器的两种等效电路

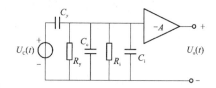

图 7.4.5　压电元件与集成运放构成的反相比例放大器连接后的等效电路

图 7.4.5 中,$-A$ 表示反相放大器,C_y 为压电晶片的电容量,$U_C(t)$ 为电容 C_y 两端的电压,R_y 为 C_y 的泄漏电阻,R_i 为反相比例放大器的输入电阻,C_i 为反相比例放大器的输入电容,C_C 为压电元件的两根引出线及连接线的分布电容,$U_o(t)$ 为输出电压。图 7.4.5 还可进一步简化为如图 7.4.6 所示的等效电路。

在图 7.4.6 中,有:

$$R=\frac{R_y \times R_i}{R_y+R_i} \tag{7.4.4}$$

$$C=C_C+C_i \tag{7.4.5}$$

设沿电轴方向作用在压电元件上的力为 $f(t)$,它是随时间变化而变化的时间函数,由"信号与系统"课程的相关知识可知,无论 $f(t)$ 是周期性作用力还是非周期性作用力,都可以将 $f(t)$ 分解为无数正弦分量的和。设角频率为 ω 的正弦分量为:

$$f_\omega(t)=F_\omega \sin\omega t \tag{7.4.6}$$

式中:F_ω 为正弦分量的幅值。在力的分量 $f_\omega(t)$ 的作用下产生的电荷为:

$$q_\omega(t)=d_{11}f_\omega(t)=d_{11}F_\omega \sin\omega t \tag{7.4.7}$$

式中:d_{11} 为压电元件的压电常数,可由实验测得。于是在压电元件上产生相应的电压值为:

$$U_{c\omega}(t)=\frac{q_\omega(t)}{C_y}=\frac{d_{11}F_\omega \sin\omega t}{C_y} \tag{7.4.8}$$

由图 7.4.6 所示的简化等效电路,运用电路的相量法,即可求得前置放大器输入电压为:

$$\dot{U}_i=\dot{U}_C \frac{R//\frac{1}{j\omega C}}{\frac{1}{j\omega C_y}+R//\frac{1}{j\omega C}}=d_{11}\dot{F}_\omega \frac{1}{C_y} \frac{R//\frac{1}{j\omega C}}{\frac{1}{j\omega C_y}+R//\frac{1}{j\omega C}}$$

$$=d_{11}\dot{F}_\omega \frac{j\omega R}{1+j\omega R(C_y+C)}=d_{11}\dot{F}_\omega \frac{j\omega R}{1+j\omega R(C_y+C_C+C_i)} \tag{7.4.9}$$

前置放大器的输出电压为:

$$\dot{U}_o=-Ad_{11}\dot{F}_\omega \frac{j\omega R}{1+j\omega R(C_y+C_C+C_i)} \tag{7.4.10}$$

由式(7.4.10)可知,前置放大器的输出电压幅值为:

$$U_{om} = \frac{Ad_{11}F_\omega \omega R}{\sqrt{1+[\omega R(C_y+C_c+C_i)]^2}} \tag{7.4.11}$$

前置放大器的输出电压与作用力之间的相位差为

$$\varphi = \arctan\left[\frac{1}{\omega R(C_y+C_c+C_i)}\right] \tag{7.4.12}$$

由式(7.4.11)可知,$\omega=0$ 时,前置放大器的输出电压也等于零,故压电传感器不能测量静态力;如果压电元件的两根引出线及连接线的分布电容 C_c 过大,也会影响前置放大器的输出,故应特别注意。

由式(7.4.11)可以看出,增大前置放大器的放大倍数 A,可以增大放大器的输出,但放大器的放大倍数 A,不是可以随意增大的。如果元件中不存在噪声,电子线路中不存在干扰,那么任何微弱的信号都可放大到希望的数值,正是因为元件中存在各种噪声,电子线路中存在各种干扰,所以传感器的电子线路设计必须遵循低噪声电子设计的原则。

2. 电荷放大器

一个实际的电荷放大器如图 7.4.7 所示。

图中,A_0 为高输入阻抗、高增益、低噪声集成运算放大器的开环放大倍数,R_f 为负反馈电阻,为了提高放大器的工作稳定性,一般在反馈电容的两端并联一个 $10^{10} \sim 10^{14}$ 的大电阻,以提供直流负反馈。C_f 为负反馈电容,R_P 为同相端平衡电阻,在此电路中若 $R_P = R_f$,则可减小测量误差。C_y 为压电晶体的等效电容,C_c 为引线或连接电缆的分布电容,C_i 为集成运算放大器的输入电容。$q_c(t)$ 为压电晶体随外力作用而产生的电荷,$U_N(t)$ 为集成运算放大器反相输入端的电压,$U_o(t)$ 为集成运算放大器的输出电压。$i(t)$ 表示由集成运放的反相输入端通过反馈电阻和反馈电容流向输出端的电流。

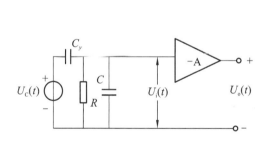

图 7.4.6 图 7.4.5 的简化等效电路

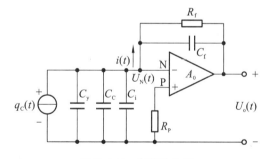

图 7.4.7 电荷放大器

在这个电路中,因为集成运算放大器的输入电阻很大,可以认为流入集成运放的电流为零。

为了求得电荷放大器的输出电压 $U_o(t)$ 与压电元件的表面电荷 $q_c(t)$ 的关系,按照电压放大器的分析方法,采用电路的相量法表示各电量。分析过程分为以下三步进行:①将反馈电容、反馈电阻等效到集成运放的输入端;②写出集成运放的反相输入端相电压$\dot{U}_N$的表达式;③写出集成运放输出端相电压$\dot{U}_o$的表达式。具体分析如下。

由图 7.4.7 可以写出:

$$\dot{I} = (\dot{U}_N - \dot{U}_o)\left(\frac{1}{R_f} + j\omega C_f\right) = [\dot{U}_N - (-A_0\dot{U}_N)]\left(\frac{1}{R_f} + j\omega C_f\right)$$
$$= \dot{U}_N(1+A_0)\left(\frac{1}{R_f} + j\omega C_f\right) = \dot{I}_1 \tag{7.4.13}$$

式(7.4.13)的第一个等号表示表示由集成运放的反相输入端通过反馈电阻和反馈电容(公式中用电导表示)流向输出端的电流,通过等效变换得到的第三个等号表示表示由集成运放的反相输入端流入地的电流,这时集成运放的反相输入端与地之间的电导是原来的$(1+A_0)$倍。此时由反相输入端流入地的电流也改用相电流$\dot{I}_1$表示。由式(7.4.13)的第四个等号可画出等效电路如图7.4.8所示。

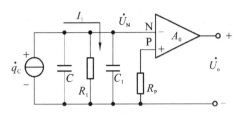

图 7.4.8 电荷放大器的等效电路

在图 7.4.8 中,电容 $C=C_y+C_C+C_i$,是图 7.4.7 中三个电容并联的和。电容 $C_1=(1+A_0)C_f$ 是反馈电容 C_f 等效到输入端的结果,而 $R_1=\dfrac{R_f}{1+A_0}$ 则是反馈电阻 R_f 等效到输入端的结果。这种反馈等效就是模拟电子技术课程中介绍过的密勒效应。

根据图 7.4.8 所示的电荷放大器的等效电路可知,当压电晶体受外部变化力作用时,晶体表面产生的极化电荷会分布在与其表面并联的电容$(C+C_1)$上,这并联电容上的电压即为集成运放反相输入端的电压,故有:

$$\dot{U}_N=\frac{\dot{q}_C}{C_y+C_C+C_i+(1+A_0)C_f} \qquad (7.4.14)$$

考虑所有频率分量的叠加求和后可得时域关系式:

$$U_N(t)=\frac{q_C(t)}{C_y+C_C+C_i+(1+A_0)C_f} \qquad (7.4.15)$$

集成运放的输出电压为:

$$U_o(t)=-A_0U_N(t)=\frac{-A_0 q_C(t)}{C_y+C_C+C_i+(1+A_0)C_f} \qquad (7.4.16)$$

若 $C=C_y+C_C+C_i\ll(1+A_0)C_f$,则可得近似公式为:

$$U_{o1}(t)=-A_0U_N(t)=\frac{-A_0 q_C(t)}{C_y+C_C+C_i+(1+A_0)C_f}\approx\frac{-q_C(t)}{C_f} \qquad (7.4.17)$$

与电容$(C+C_1)$并联的电阻 R_1,相当于泄漏电阻,只要时间常数 $R_1(C+C_1)>3T$(T 为外力的最小周期),则可不考虑并联电阻 R_1 对电路的影响。

如果用近似公式(7.4.17)计算电荷放大器的输出电压,则会产生相对误差:

$$\delta=\frac{U_{o1}-U_o}{U_o}=\frac{C+C_f}{A_0 C_f} \qquad (7.4.18)$$

取一组实际参数,$C=C_y+C_C+C_i=1000p+10^4p+100p\approx 10^4p$,$C_f=100p$,$A_0=10^7$,代入式(7.4.18)中可计算出相对误差为:$\delta=\dfrac{U_{o1}-U_o}{U_o}=\dfrac{C+C_f}{A_0 C_f}=\dfrac{10^4+100}{10^7\times 100}\approx 10^{-5}$,可见相对误差很小,故一般可采用近似公式计算。

3. 电荷放大器与电压放大器的比较

由式(7.4.17)可知,电荷放大器的输出电压只取决于输入电荷和反馈电容,与电缆电容无关。为了得到必要的测量精度,要求反馈电容具有较好的温度和时间稳定性。在实际应用中,考虑到被测量的不同量程等因素,通常将反馈电容做成可调电容,范围一般在 100~10 000 pF 之间。同时,为了提高放大器的工作稳定性,一般在反馈电容的两端并联一个 $10^{10}\sim 10^{14}$ 的大电阻,以提供直流反馈。

由式(7.4.10)可知,电压放大器的输出电压与电缆电容有关,而电荷放大器的输出电压与电缆电容无关,故目前大多采用电荷放大器。

7.4.4 压电晶体的串联与并联

为了提高压电传感器的灵敏度,在一定情况下,可以将压电晶体串联使用。串联结构是将两个压电晶体的不同极性粘贴在一起,粘贴处的正负电荷相互抵消,上下极板作为正、负极输出,如图 7.4.9(b)所示,图 7.4.9(a)为其等效电路。压电晶体串联方式的输出特性为:输出电荷与单片晶体的电荷量相等,输出电压为单片晶体的两倍,电容为单片晶体的一半。

串联接法的特点是输出电压大,本身电容小,适用于以电压作为输出信号,且测量电路输入阻抗较高的场合。当采用电压放大器转换压电元件上的输出电压时,串联方法可以提高压电传感器的灵敏度。

为了提高压电传感器的灵敏度,在一定情况下,还可以将压电晶体并联使用。并联结构是将两个压电元件的负端粘贴在一起,中间插入金属电极作为并联压电晶体的负极,正极在上下两边的电极上,如图 7.4.10(b)所示。图 7.4.10(a)为其等效电路图。

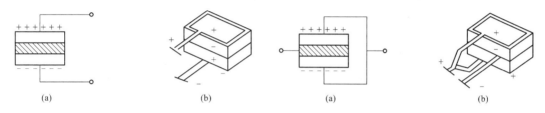

图 7.4.9 压电晶体的串联　　　　图 7.4.10 压电晶体的并联

压电晶体并联方式的输出特性为:输出电荷、电容为单片晶体的两倍,输出电压与单片晶体相同。并联接法的特点是输出电荷大,本身电容大,时间常数大,适用于压力变化缓慢,且以电荷作为输出量的场合。当采用电荷放大器转换压电元件上的输出电荷时,并联方式可以提高压电传感器的灵敏度。

7.5 压电式传感器的应用

7.5.1 压电式加速度传感器

压电式加速度传感器如图 7.5.1 所示。其中,压电陶瓷 4 和质量块 2 为环形,通过螺母 3 对质量块预先加载,使之压紧在压电陶瓷上。测量时将传感器基座 5 与被测对象牢牢地紧固在一起。输出信号由电极 1 引出。

当传感器感受到振动时,因为质量块相对被测体质量较小,因此质量块感受到与传感器基座相同的振动,并受到与加速度方向相反的惯性力,力的大小为:

$$F = ma \qquad (7.5.1)$$

同时惯性力作用在压电陶瓷片上产生电荷为:

$$q = d_{11}F \qquad (7.5.2)$$

上式表明电荷量直接反映加速度大小。其灵敏度与压电材料压电系数 d_{11} 和质量块质量有关。为了提高传感器灵敏度,一般选压电系数大的压电陶瓷片。若增加质量块的质量则会影响被测振动,同时会降低振动系统的固有频率,因此一般不用增加质量的办法来提高传感器灵敏度。此外用增加压电片数目和采用合理的连接方法,如前面介绍的串联或并联,也可提高传感器灵敏度。在输出电极后面应连接电荷放大器,在电荷放大器后面则连接信号处理和显示电路,这样才成为一台完整的加速度测量仪。因此,这里所介绍的加速度传感器只是加速度测量仪的前端传感部分,其任务是把被测量加速度转换为与之成正比的电荷量。后续的电子线路(还可能包括单片机)的任务是通过信号处理和运算,把与电荷量成正比的加速度的大小显示出来。如有需要,还可根据加速度的大小进行反馈控制。

7.5.2 压电式测压传感器

一种常用的压电式测压传感器如图 7.5.2 所示。它由引线孔、外壳、基座、电极、压电晶片、受压膜片、传力块及绝缘垫圈等组成。当膜片受到压力 F 作用后,则在压电晶片上产生电荷。在一个压电片上所产生的电荷为:

$$q = d_{11}F = d_{11}SP \tag{7.5.3}$$

式中:F 为作用于压电片上的力;d_{11} 为压电系数;P 为压强;S 为膜片的有效面积。

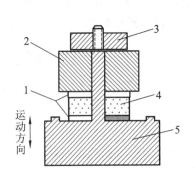

图 7.5.1　压电式加速度传感器结构示意图　　图 7.5.2　压电式测压传感器原理示意图
1—电极;2—质量块;3—螺母;4—压电陶瓷;5—基座

膜片式压力传感器具有灵敏度高,分辨率高,测量频率范围宽,结构简单,体积小,质量轻,工作可靠等优点,但不能测量频率太低的被测量,特别是不能测量静态参数。

7.5.3 压电式电声换能器

压电式电声换能器如图 7.5.3 所示,由铝头、压电陶瓷圆环、黄铜尾部和螺钉等几部分组成。当音频电压信号加在压电陶瓷片两端面时,由于压电陶瓷的逆压电效应,陶瓷片会在电极方向产生对应的音频振动,还原出产生音频电压信号的声音。反之,当声波的振动通过空气加在换能器上时,换能器上的压电陶瓷片受到外力作用而产生压缩变形,由于压电陶瓷的正压电效应,压电陶瓷上将出现充、放电现象,即将声波的振动(声能)转换成了交变电信号。这时的压电陶瓷片就是声波振动的接收器。这种压电式电声换能器和小功率(如0.25 W)的动圈式扬声器类似,既可以把音频电压信号变成声音,这时它是扬声器,又可以把声音变成交流电信号,这时它就成了拾音器(即话筒)。

压电式蜂鸣器也是一种常见的电声转换器件,如图 7.5.4 所示的是一种常见的压电式蜂鸣器。将压电材料粘贴在金属片上,当压电材料和金属片两端施加上一个电压后,因为压电效应,蜂鸣片就会产生机械变形而发出声响。压电材料有多种,用在蜂鸣片上的压电材料通常是高压极化后的压电陶瓷片。压电式蜂鸣器由于结构简单,造价低廉,被广泛地用在电子设备中,如玩具、发音电子表、电子仪器、电子钟表、定时器等。

如果换能器中压电陶瓷的振荡频率在超声波范围,则其发射或接收的声频信号即为超声波,这样的换能器称为压电超声换能器,如图 7.5.5 所示。由图可知,超声波换能器主要包括盒体、声窗(盒体上部)、喇叭形谐振器、金属片、压电陶瓷圆盘换能器、底座、引出端子等几大部分构成。其中,压电陶瓷圆盘换能器起到的作用与一般的换能器相同,主要用于发射并接受超声波。如图 7.5.6 所示为一种压电式超声波探头的外形。

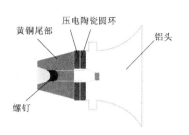
图 7.5.3 压电式电声换能器

图 7.5.4 压电式蜂鸣器

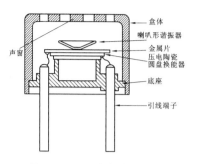
图 7.5.5 压电超声换能器

习 题 7

7.1 什么是电介质？电介质有何特性？

7.2 什么是电偶极矩？定义电偶极矩的目的是什么？

7.3 什么是压电效应？什么是逆压电效应？

7.4 试分析石英晶体的压电效应机理。

7.5 查找资料，说明压电陶瓷的压电效应机理。

7.6 为何压电传感器通常用来测量动态或瞬态参量？

7.7 试分析压电传感器的等效电路。

7.8 压电传感器的前置放大器作用是什么？压电传感器的前置放大器需要采用低噪声电子设计的原则和方法吗？

7.9 比较电压式和电荷式前置放大器各有何特点。

7.10 压电元件在应用时常采用多片串联或并联的结构形式，试述在不同接法下输出电压、电荷、电容的关系，它们分别适用于何种应用场合？

7.11 在什么情况下定义压电传感器的电压灵敏度？如何定义？在什么情况下定义压电传感器电荷灵敏度？如何定义？

7.12 如题 7.12 图所示的电荷前置放大电路。已知 $C_y = 100$ pF，$C_f = 10$ pF。若考虑引线分部电容 C_c 的影响，当 $A_0 = 10^4$ 时，要求测量的相对误差小于 1%。求使用 90 pF/m 的电缆时，其最大允许长度为多少？

图 7.5.6 一种压电式超声波探头外形

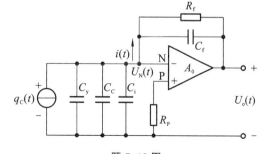
题 7.12 图

第8章 热电式温度传感器及其应用

热电式温度传感器包括热电偶、热电阻、PN结集成温度传感器、热敏电阻等几种类型。热电式温度传感器的共同特点是通过使用温度敏感的元件,将温度的变化转换为电量的变化,将电量与温度建立起一一对应的关系,再通过电量的读数获取温度的读数。先进的技术是通过对电信号的处理,将被测量的温度直接显示出来。目前,热电偶、热电阻、PN结集成温度传感器已广泛用于工农业生产、智能设备、防灾报警等领域。下面分别介绍热电偶、热电阻、PN结集成温度传感器及热敏电阻等的工作原理及其应用。

8.1 热电偶

热电偶是目前温度测量中使用最普遍的敏感元件之一。它除具有结构简单、测量范围宽、准确度高、热惯性小、输出为电信号便于远距离传输及信号转换等优点外,还能用来测量流体的温度、测量固体以及固体壁面的温度。微型热电偶还可用于快速及动态温度的测量。

8.1.1 热电偶的工作原理

热电偶的工作原理是热电效应,那什么是热电效应呢?

将两种不同的导体 A 和 B 两端紧密地结合在一起,构成如图8.1.1所示的闭合回路,若两端结合处的温度不同,设 $T > T_0$,则在此闭合回路中就有电流 i 产生,也就是说回路中有电动势存在,这种现象称为热电效应。这种能将温度转换成热电动势的结构称为热电偶,这两种导体称为热电极。

在图8.1.1所示的回路中所产生的电动势,称为热电势。热电势由两部分组成,即接触电势和温差电势。下面分析这两种电势的成因及回路中的总热电势。

1. 接触电势

接触电势是由于两种不同导体的自由电子密度不同而在紧密接触处形成的电动势。当 A 和 B 两种不同材料的导体接触时,由于 A 和 B 的电子密度(即单位体积的自由电子数目)的不同,根据扩散理论,在接触处会产生扩散运动。电子在两个方向上的扩散速率不一样,如图8.1.2所示。

设两导体接触处的温度为 T,且导体 A 的自由电子密度 N_A 大于导体 B 的自由电子密度 N_B,则导体 A 扩散到导体 B 的电子数比导体 B 扩散到导体 A 的电子数多,使得导体 A 失去电子带正电,导体 B 得到电子带负电,因此在接触面上形成一个由 A 到 B 的电场 E。该电场 E 阻碍电子由导体 A 向导体 B 扩散,当电子扩散作用与电场阻碍作用相等时便处于一种动态平衡状态。在这种状态下,在导体 A 和导体 B 的接触处便产生了电动势 $e_{AB}(T)$,称为接触电势,电场与接触电势的方向亦如图8.1.2所示。同理在两导体接触处的温度为 T_0 时,产生的接触电势即为 $e_{AB}(T_0)$。

根据统计物理学的推导,可知:

$$e_{AB}(T) = \frac{kT}{e} \ln \frac{N_{AT}}{N_{BT}} \tag{8.1.1}$$

$$e_{AB}(T_0) = \frac{kT_0}{e}\ln\frac{N_{AT_0}}{N_{BT_0}} \tag{8.1.2}$$

式中:k 为玻尔兹曼常数,$k = 1.38 \times 10^{-23}$ J/K;e 为电子电荷量,$e = 1.602 \times 10^{-19}$ C;T,T_0 为接触处的绝对温度,K;N_{AT},N_{BT} 为导体 A,B 在温度为 T 时的自由电子密度;N_{AT_0},N_{BT_0} 为导体 A,B 在温度为 T_0 时的自由电子密度。

从接触电势的上述计算公式可知,接触电势的大小仅与导体材料和接触处的温度有关,与导体的形状和几何尺寸均无关。

2. 温差电势

温差电势是由于同一导体的两端温度不同而产生的一种热电势。将导体两端分别置于不同的温度场 T 和 T_0 中,在导体内部,热端自由电子具有较大的动能,向冷端扩散移动得较多、较快,而冷端自由电子具有的动能较小,向热端扩散移动得较少、较慢,在达到热平衡后,热端失去电子带正电,冷端得到电子带负电。因此,在导体中产生一个由热端指向冷端的电场 E,该电场阻碍电子从热端向冷端扩散移动,当达到动态平衡时,在导体两端产生相应的电势差,即所谓的温差电势 $e_A(T,T_0)$,如图 8.1.3 所示。

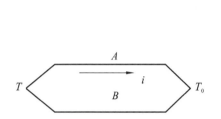
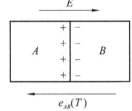
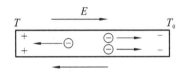

图 8.1.1 热电效应的形成　　图 8.1.2 接触电势的形成　　图 8.1.3 导体 A 的温差电势

当某导体 A 两端的绝对温度分别为 T 和 T_0 时($T > T_0$),其温差电势用符号 $e_A(T,T_0)$ 表示,理论和实验均表明:

$$e_A(T,T_0) = \int_{T_0}^{T}\sigma_A \, dT \tag{8.1.3}$$

式中:σ_A 为导体 A 的温差电势系数,又称汤姆逊系数,即温差为 1 ℃ 时所产生的温差电势值。温差电势系数的大小与导体材料的性质及两端的温度有关,而与导体的形状、几何尺寸及导体的温度分布均无关。例如,在 0 ℃ 时,铜的 $\sigma = 2$ μV/℃。

3. 热电偶回路的总热电势

两种不同材料的导体 A 和 B 组成的热电偶回路在两端的温度分别为 T 和 T_0,且 $T > T_0$ 时的等效电路如图 8.1.4 所示。

根据基尔霍夫回路电压定律及式(8.1.1)至式(8.1.3),热电偶回路的总热电势为:

$$\begin{aligned}E_{AB}(T,T_0) &= e_{AB}(T) - e_A(T,T_0) - e_{AB}(T_0) + e_B(T,T_0) \\ &= \frac{kT}{e}\ln\frac{N_{AT}}{N_{BT}} - \frac{kT_0}{e}\ln\frac{N_{AT_0}}{N_{BT_0}} + \int_{T_0}^{T}(-\sigma_A + \sigma_B)\, dT\end{aligned} \tag{8.1.4}$$

由于在金属中自由电子数目很多,温度对自由电子密度的影响很小,实验表明,温差电动势为微伏数量级,而接触电动势在毫伏数量级,故在热电偶回路的总热电势中,温差电动势可以忽略不计,起主要作用的是接触电动势。于是,图 8.1.4 可以简化为图 8.1.5。

因此,热电偶回路的总热电势变为(在后面的讨论中也不再考虑温差电动势):

$$E_{AB}(T,T_0) = e_{AB}(T) - e_{AB}(T_0) = \frac{kT}{e}\ln\frac{N_{AT}}{N_{BT}} - \frac{kT_0}{e}\ln\frac{N_{AT_0}}{N_{BT_0}} \tag{8.1.5}$$

在式(8.1.5)中,若保持T_0为常数,则式(8.1.5)可以简化为:

$$E_{AB}(T,T_0)=\frac{kT}{e}\ln\frac{N_{AT}}{N_{BT}}-\frac{kT_0}{e}\ln\frac{N_{AT_0}}{N_{BT_0}}=f(T)+C \tag{8.1.6}$$

在式(8.1.6)中,$C=-\frac{kT_0}{e}\ln\frac{N_{AT_0}}{N_{BT_0}}$为一个常数,$f(T)=\frac{kT}{e}\ln\frac{N_{AT}}{N_{BT}}$,则可知热电偶回路的总电势$E_{AB}(T,T_0)$是绝对温度$T$的单值函数。因此,只要保持热电偶冷端的温度$T_0$不变,用仪表测出热电偶的总热电势,即可求得热端温度T。进一步分析式(8.1.5),还可得出如下几条有关热电偶基本特性的结论。

(1)热电偶回路的热电动势只与组成热电偶的材料及两端接触点的温度有关;与热电偶的长度、粗细、形状无关。

(2)只有用不同性质的材料才能组合成热电偶,相同材料不会产生热电动势。因为当A、B两种导体是同一种材料时,$\ln(N_A/N_B)=0$,所以$E_{AB}(T,T_0)=0$。

(3)只有当热电偶两端温度不同时,不同材料组成的热电偶才能有热电动势产生;当热电偶两端温度相同时,不同材料组成的热电偶也不会产生热电动势,即$E_{AB}(T,T_0)=0$。

热电偶无论是在理论研究中,还是在实际应用中,均具有十分重要的意义。下节介绍热电偶的基本定律,对正确认识和使用热电偶都是非常重要的。

8.1.2 热电偶的基本定律

1. 均质导体定律

均质导体定律 如果热电偶回路中的两个热电极材料相同,无论两接触处的温度如何,则热电动势均为零;反之,如果热电动势不为零,则两个热电极的材料则一定是不同的。现证明如下。

证明 由式(8.1.5)可知,热电偶回路的总热电势为:

$$E_{AB}(T,T_0)=e_{AB}(T)-e_{AB}(T_0)=\frac{kT}{e}\ln\frac{N_{AT}}{N_{BT}}-\frac{kT_0}{e}\ln\frac{N_{AT_0}}{N_{BT_0}}$$

因为是由同一种材料构成的热电偶,所以上式中有:$N_{AT}=N_{BT}$。

于是:$\ln\frac{N_{AT}}{N_{BT}}=0$, 同理 $\ln\frac{N_{AT_0}}{N_{BT_0}}=0$。

将上述结果代回热电偶回路的总热电势的表达式,即得$E_{AB}(T,T_0)=0$。所以,如果热电偶回路中的两个热电极材料相同,无论两接触处的温度如何,则热电动势均为零。故得证。后一句话"反之,如果热电动势不为零,则两个热电极的材料则一定是不同的"是前一句话的逆反定理,故必然成立。

根据这一定律,可以检验两个热电极材料的成分是否相同,也可以检查热电极材料的均匀性。当热电极的材质不均匀时,在热电极上各处温度不同,将会产生附加热电势。

2. 中间导体定律

中间导体定律 在热电偶回路中接入第三种导体C,只要第三种导体的两接触点温度相同,则回路中总的热电动势不变。

证明 根据中间导体定律的含义,画出图8.1.6。由图可得回路中总的热电动势为:

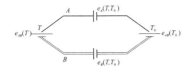  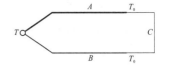

图 8.1.4　导体 A 和 B 组成的热电偶回路的等效电路　　图 8.1.5　忽略温差电动势后的热电偶回路的等效电路　　图 8.1.6　中间导体定律的证明

$$E_{ABC}(T,T_0)=e_{AB}(T)+e_{BC}(T_0)+e_{CA}(T_0) \quad ①$$

设三个接点的温度均为 T_0，则有：

$$E_{ABC}(T_0,T_0)=e_{AB}(T_0)+e_{BC}(T_0)+e_{CA}(T_0)=0 \quad ②$$

由上式可得：$-e_{AB}(T_0)=e_{BC}(T_0)+e_{CA}(T_0)$ ③

将③式代入①式即得：

$$E_{ABC}(T,T_0)=e_{AB}(T)-e_{AB}(T_0) \quad ④$$

因为　　　　$e_{AB}(T_0)=\dfrac{kT_0}{e}\ln\dfrac{N_{AT_0}}{N_{BT_0}}=-\dfrac{kT_0}{e}\ln\dfrac{N_{BT_0}}{N_{AT_0}}=-e_{BA}(T_0)$ ⑤

将⑤式代入④式即得：

$$E_{ABC}(T,T_0)=e_{AB}(T)-e_{AB}(T_0)=e_{AB}(T)+e_{BA}(T_0)=E_{AB}(T,T_0) \quad ⑥$$

上式即为中间导体定律的表达式，得证。

中间导体定律为热电偶的实际测温应用提供了理论依据。

3. 中间温度定律

■**中间温度定律**　热电偶在两接触点的温度分别为 T、T_0 时的热电动势等于该热电偶在接触点温度分别为 T、T_n 和接触点温度分别为 T_n、T_0 时的相应热电动势的代数和，如图 8.1.7 所示。

下面先将定律用公式写成已知、求证的形式，然后再给出证明。

■**已知**　A、B 两导体构成热电偶，热电偶在两接触点的温度分别为 T、T_0，T_n 为任意中间温度。

■**求证**　$E_{AB}(T,T_0)=E_{AB}(T,T_n)+E_{AB}(T_n,T_0)$

■**证明**　利用求热电偶热电势的基本公式(8.1.5)，从右边出发向左边进行恒等变形。

$$E_{AB}(T,T_n)+E_{AB}(T_n,T_0)=[e_{AB}(T)-e_{AB}(T_n)]+[e_{AB}(T_n)-e_{AB}(T_0)]$$
$$=e_{AB}(T)-e_{AB}(T_0)=E_{AB}(T,T_0)$$

得证。

前面已经指出，热电偶回路的总电势 $E_{AB}(T,T_0)$ 是绝对温度 T 的单值函数。因此，只要保持热电偶冷端的温度 T_0 不变，用仪表测出热电偶的总热电势，即可求得热端温度 T。但由于热电偶回路的总电势 $E_{AB}(T,T_0)$ 与热端温度 T 之间并不是线性关系，所以目前用热电偶测温是通过预先制定热电偶分度表的方法来进行的。

中间温度定律为热电偶分度表的制定和应用提供了理论依据。热电偶分度表是参考温度 $T_0=0\ ℃$ 时的热电偶回路电势 $E_{AB}(T,0)$ 与被测温度 T 的数值对照表。已知被测温度 T，可以从分度表中查到回路电势 $E_{AB}(T,0)$；反之，已知 $E_{AB}(T,0)$ 亦可从分度表中查到被测温度 T。

4. 标准电极定律

标准电极定律　如果两种导体A、B分别与第三种导体C组成的热电偶所产生的热电动势$E_{AC}(T,T_0)$、$E_{BC}(T,T_0)$已知，则由这两种导体组成的热电偶所产生的热电动势$E_{AB}(T,T_0)$也就可知。

下面将标准电极定律整理成已知和求证的形式，再给出证明。

已知　两种导体A、B分别与第三种导体C组成的热电偶如图8.1.8所示，且已知$E_{AC}(T,T_0)$，$E_{BC}(T,T_0)$。

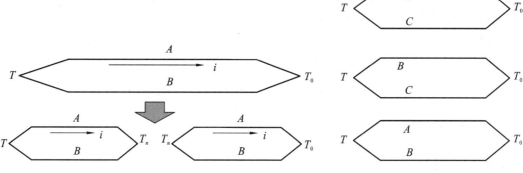

图8.1.7　中间温度定律示意图　　　图8.1.8　三种电极组成的热电偶

求　$E_{AB}(T,T_0)$

解　因为：$E_{AC}(T,T_0)=e_{AC}(T)-e_{AC}(T_0),E_{BC}(T,T_0)=e_{BC}(T)-e_{BC}(T_0)$

所以：$E_{AC}(T,T_0)-E_{BC}(T,T_0)=e_{AC}(T)-e_{AC}(T_0)-[e_{BC}(T)-e_{BC}(T_0)]$

$$=e_{AC}(T)-e_{BC}(T)-[e_{AC}(T_0)-e_{BC}(T_0)] \quad ①$$

因为：$\quad e_{AC}(T)-e_{BC}(T)=\dfrac{kT}{e}\ln\dfrac{N_{AT}}{N_{CT}}-\dfrac{kT}{e}\ln\dfrac{N_{BT}}{N_{CT}}=\dfrac{kT}{e}\ln\dfrac{N_{AT}}{N_{BT}}=e_{AB}(T) \quad ②$

同理，有：$\quad e_{AC}(T_0)-e_{BC}(T_0)=\dfrac{kT_0}{e}\ln\dfrac{N_{AT_0}}{N_{CT_0}}-\dfrac{kT_0}{e}\ln\dfrac{N_{BT_0}}{N_{CT_0}}=e_{AB}(T_0) \quad ③$

将②式和③式代入①式得：

$$E_{AC}(T,T_0)-E_{BC}(T,T_0)=e_{AB}(T)-e_{AB}(T_0)=E_{AB}(T,T_0)$$

解毕。

标准电极C一般由铂制成。通过与标准电极的比较，可以优化热电偶的两个电极的选择，以获得较大的热电势的输出。

8.1.3　常用热电偶的材料、种类及结构

1. 热电偶的材料

根据热电效应原理，任意两种不同材料的导体都可以作为热电极组成热电偶。但在实际应用中，用作热电极的材料应具备如下几方面的条件。

（1）温度测量范围广。要求在规定的温度测量范围内有较高的测量精确度，有较大的热电动势。温度与热电动势的关系是单值函数，最好是成线性关系。

（2）性能稳定。要求在规定的温度测量范围内使用时热电性能稳定，均匀性和复现性较好。

(3) 物理化学性能好。要求在规定的温度测量范围内有良好的化学稳定性、抗氧化性或抗还原性能。

满足上述条件的热电偶材料并不多。我国把性能符合专业标准或国家标准并具有统一分度表的热电偶材料称为定型热电偶材料,主要有铂铑合金、镍铬合金、镍硅合金、康铜、铁、铜等。

2. 热电偶的种类

热电偶分为标准型热电偶和非标准型热电偶。常用的标准型热电偶有以下几种。

(1) 铂铑$_{30}$-铂铑$_6$热电偶(分度号 B)。它的正极是铂铑丝(铂 70%,铑 30%),负极也是铂铑丝(铂 94%,铑 6%),俗称双铂铑。测量的最高温度长期可达 1 600 ℃,短期可达 1 800 ℃。其优点是材料性能稳定,测量精度高,测温上限高;缺点是在还原性气体中易被侵蚀,成本高。

(2) 铂铑$_{10}$-铂热电偶(分度号 S)。它的正极是铂铑丝(铂 90%,铑 10%),负极是纯铂丝。测量的最高温度长期可达 1 300 ℃,短期可达 1 600 ℃,一般用来测量 1 000 ℃以上的高温。其优点是材料性能稳定,测量准确度较高,可做成标准热电偶或基准热电偶,抗氧化性强,宜在氧化性、惰性气体中工作;缺点是在高温还原性气体中(如气体中含 CO、H_2 等)易被侵蚀,需要使用保护套管;另外其热电极材料属贵金属,成本较高,热电势也较弱。

(3) 镍铬-镍硅热电偶(分度号 K)。它的正极是镍铬合金(镍 88.4%~89.7%,铬 9%~10%,硅 0.6%,锰 0.3%,钴 0.4%~0.7%),负极为镍硅(镍 95.7%~97%,硅 2%~3%,钴 0.4%~0.7%)。测温范围为-200~+1 300 ℃。其优点是测温范围很宽、热电动势与温度关系近似线性、热电动势大、高温下抗氧化能力强、价格低,所以在工业上应用广泛;缺点是热电动势的稳定性和精度较 B 型或 S 型热电偶差,在还原性气体和含有 SO_2、H_2S 等的气体中易被侵蚀。测量温度长期可达 1 000 ℃,短期可达 1 300 ℃。

(4) 镍铬-铜镍热电偶(分度号 E)。它的正极是镍铬合金,负极是铜镍合金(铜 55%,镍 45%)。测温范围为-200~+1 000 ℃。其优点是热电动势较其他常用热电偶大,适宜在氧化性或惰性气体中工作。

(5) 铁-铜镍热电偶(分度号 J)。它的正极是铁,负极是铜镍合金。测温范围为-200~+1 300 ℃。其优点是价格低、热电动势较大(仅次于 E 型热电偶)、灵敏度高(约为 53 μV/℃)、线性度好、价格便宜、可在 800 ℃以下的还原介质中使用;主要缺点是铁极易氧化。

(6) 铜-铜镍热电偶(分度号 T)。它的正极是铜,负极是铜镍合金,测温范围为-200~+400 ℃,热电势略高于镍铬-镍硅热电偶,约为 43 μV/℃。其优点是精度高、复现性好、稳定性好、价格便宜;缺点是铜极易氧化,故在氧化性气氛中使用时,一般不能超过 300 ℃。

非标准型热电偶有如下几种。

(1) 铱和铱合金热电偶。常用的有铱$_{50}$铑-铱$_{10}$钌、铱铑$_{40}$-铱、铱铑$_{60}$-铱热电偶。它能在氧化环境中测量高达 2 100 ℃的高温,且热电动势与温度关系线性好。

(2) 钨铼热电偶。该热电偶是 20 世纪 60 年代发展起来的,是目前一种较好的高温热电偶,可使用在真空惰性气体介质或氢气介质中,但高温抗氧化能力差。国产钨铼$_3$-钨铼$_{25}$、钨铼-钨铼$_{20}$热电偶使用温度范围在 300~2 000 ℃,分度精度为 1%。主要用于钢水连续测温、反应堆测温等场合。

(3) 金铁-镍铬热电偶。其主要用于在低温测量,可在 2~273 K 范围内使用,灵敏度约为 10 μV/℃。

(4) 钯-铂铱$_{15}$热电偶。它是一种高输出性能的热电偶,在 1 398 ℃时的热电势为 47.255 mV,比铂铑$_{10}$-铂热电偶在同样温度下的热电势高出 3 倍,因而可配用灵敏度较低的指示仪表,常应用于航空工业。

3. 热电偶的结构

1) 普通工业装配式热电偶的结构

普通工业装配式热电偶通常由热电偶丝、绝缘套管、保险套管和接线盒等几个主要部分组成,如图 8.1.9 所示。

2) 铠装热电偶的结构

将热电极材料与高温绝缘材料预置于金属保护管中,运用同比例压缩延伸工艺,将这三者合为一体,制成各种直径、规格的铠装电偶体,再截取适当长度,将工作端焊接密封并配置接线盒即成为柔软、细长的铠装热电偶,如图 8.1.10 所示。

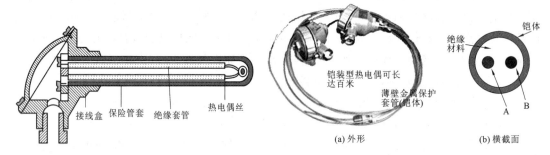

图 8.1.9　普通工业装配式热电偶的结构　　图 8.1.10　铠装热电偶的外形与横截面

铠装热电偶的特点是内部的热电偶丝与外界空气隔绝,有着良好的抗高温氧化、抗低温、抗水蒸气冷凝、抗机械外力冲击的特性。铠装热电偶可以制作得很细,能解决微小、狭窄场合的测温问题,且具有抗震、可弯曲、超长等优点。

3) 快速反应薄膜热电偶

快速反应薄膜热电偶如图 8.1.11 所示。用真空蒸镀等方法使两种热电极材料蒸镀到绝缘板上而形成薄膜状热电偶。其热接点极薄,为 $0.01\sim 0.1\ \mu m$。其特别适合用于对壁面温度的快速测量。安装时,用黏结剂将它黏结在被测物体壁面上。其尺寸为 60 mm×6 mm×0.2 mm,测温范围在 300 ℃以下,反应时间仅为几毫秒。

8.1.4　热电偶的应用及配套仪表、温度变送器

1. 热电偶的热电势分度表

根据热电偶的基本定律和热电势分度表,可以很方便地测量各种场合的温度。热电偶的基本定律在 8.1.2 节已经进行了介绍,下面介绍热电偶的热电势分度表。对于按国家标准生产的不同型号的热电偶,都有与之对应的热电势分度表。表 8.1.1 为铂铑$_{10}$-铂热电偶(S 型)$E(t)$(mV)分度表。所有标准化热电偶的热电势分度表都是在冷端 $T_0=0$ ℃时测定的。下面举例说明热电偶的基本定律和热电势分度表在测温中的应用。

例 8.1.1　用铂铑$_{10}$-铂热电偶测炉温,冷端温度为室温 21 ℃,测得 $E_{AB}(T,21)=16.664$ mV,则实际炉温是多少?

解　查分度表 $E_{AB}(21,0)=0.119$ mV,根据中间温度定律有:

$$E_{AB}(T,0)=E_{AB}(T,21)+E_{AB}(21,0)=(0.119+16.664) \text{ mV}=16.783 \text{ mV}$$

再查分度表得 $T=1\ 604$ ℃。

表 8.1.1 铂铑$_{10}$-铂热电偶(S型)$E(t)$(mV)分度表(冷端 $T_0=0$ ℃)

T/℃	0	10	20	30	40	50	60	70	80	90
−100						−0.236	−0.194	−0.150	−0.103	−0.053
0	0.000	0.055	0.113	0.173	0.235	0.299	0.365	0.433	0.502	0.573
100	0.646	0.720	0.795	0.872	0.950	1.029	1.110	1.191	1.273	1.357
200	1.441	1.526	1.612	1.698	1.786	1.874	1.962	2.052	2.141	2.232
300	2.323	2.415	2.507	2.599	2.692	2.786	2.880	2.974	3.096	3.164
400	3.259	3.355	3.451	3.548	3.645	3.742	3.840	3.938	4.036	4.134
500	4.233	4.332	4.432	4.532	4.632	4.732	4.833	4.934	5.035	5.137
600	5.239	5.341	5.443	5.546	5.649	5.753	5.857	5.961	6.065	6.170
700	6.275	6.381	6.486	6.593	6.699	6.806	6.913	7.020	7.128	7.236
800	7.345	7.454	7.563	7.673	7.783	7.893	8.003	8.114	8.226	8.337
900	8.449	8.562	8.674	8.787	8.900	9.014	9.128	9.242	9.357	9.472
1 000	9.587	9.703	9.819	9.935	10.051	10.168	10.285	10.403	10.520	10.638
1 100	10.757	10.875	10.994	11.113	11.232	11.351	11.471	11.590	11.710	11.830
1 200	11.951	12.071	12.191	12.312	12.433	12.554	12.675	12.796	12.917	13.038
1 300	13.159	13.280	13.402	13.523	13.644	13.766	13.887	14.009	14.130	14.251
1 400	14.373	14.494	14.615	14.736	14.857	14.978	15.099	15.220	15.341	15.461
1 500	15.582	15.702	15.822	15.942	16.062	16.182	16.301	16.420	16.539	16.658
1 600	16.777	16.895	17.013	17.131	17.249	17.366	17.600	17.717	17.832	17.947
1 700	17.947	18.061	18.174	18.285	18.395	18.503	18.609			

2. 配套仪表

在实际的工业生产中,不可能等待花费时间去临时计算被测温度,必须立即给出准确的温度读数。为此,出现了与热电偶的应用相配套的仪表。

由于我国生产的热电偶均符合 ITS—90 国际温标所规定的标准,其一致性非常好,所以国家又规定了与每一种标准热电偶配套的仪表,它们的显示值为温度,而且均已线性化。国家标准的动圈式显示仪表命名为 XC 系列,有指示型(XCZ)和指示调节型(XCT)等系列品种。与 K 型热电偶配套的动圈仪表型号为 XCZ-101 或 XCT-101 等。数字式仪表也有指示型(XMZ)和指示调节型(XMT)等几个系列的品种。

1) XCT 系列指针式显示仪表

XCT 系列动圈式仪表测量机构的核心部件是一个磁电式毫伏计。动圈式仪表与热电偶配套测温时,热电偶、连接导线(补偿导线)、调整电阻和显示仪表组成了一个闭合回路。一种 XCT 系列动圈式热电偶测温仪如图 8.1.12 所示。

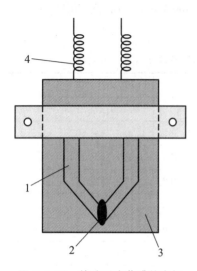
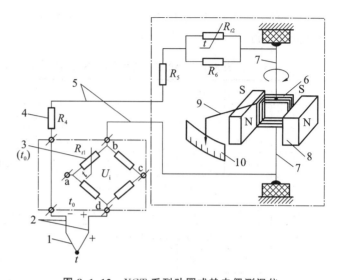

图 8.1.11　快速反应薄膜热电偶
1—薄膜热电极；2—工作端；
3—绝缘基板；4—冷端

图 8.1.12　XCT 系列动圈式热电偶测温仪
1—热电偶；2—补偿导线；3—冷端补偿器；4—外接调整电阻；5—铜导线；
6—动圈；7—张丝；8—磁钢（极靴）；9—指针；10—刻度面板

2) XMZ 系列智能数字显示仪表

一种典型的 XMZ 系列智能热电偶测温数字显示仪如图 8.1.13 所示。该显示仪具有如下特点：①带冷端温度自动补偿；②单片机智能化设计，仪表零点、量程等全部参数可通过按键设定；③具有软件校验功能，可通过按键对仪表进行校准；④具有超量程指示、断线指示等故障自诊断功能；⑤采用开关电源，电压适应范围宽，仪表体积小、重量轻。⑥220V AC 或 24V DC 供电电源。

3) XMT 系列热电偶智能数字显示控制仪

一台典型的 XMT 系列智能热电偶数字显示控制仪如图 8.1.14 所示。该智能数字显示控制仪有如下特点：①带冷端温度自动补偿；②具有超量程指示、断线指示等故障自诊断功能；③双屏显示，副屏显示内容可设定；④最多可带 4 路报警控制继电器输出；⑤每个报警控制点的回差可设定；⑥每个报警控制点的报警方式（上限报警或下限报警）可分别设定。

3. 温度变送器

在热电偶的测温应用中，除了上述的各种智能数字显示仪表外，还有各种热电偶温度变送器。热电偶温度变送器能将热电偶（或热电阻）的输入信号线性转换成与温度成比例的电流（电压）信号，提供给显示、控制仪表及计算机集散控制系统，已广泛用于冶金、石油化工、热电站、纺织、造纸等行业的测温控制系统中。如图 8.1.15 所示的是一款国产热电偶温度变送器的外形图。

8.1.5　热电偶的冷端温度误差及补偿

在应用热电偶测温时，还必须注意热电偶的冷端温度可能给测量带来的误差及其补偿问题。因为热电偶回路热电势的大小不仅与热端温度有关，而且与冷端温度有关。只有当冷端温度保持恒定，热电势才是热端温度的单值函数。实际测量中，热电偶的冷端温度受环境温度或热源温度的影响很难保持为 0 ℃。为了使用标准热电偶分度表对热电偶进行标定,实现对温度的精确测量,则需要采取一定的措施进行冷端补偿,消除冷端温度变化和不为 0 ℃时所引起的温度误差。常用的补偿或修正措施有补偿导线法、0 ℃恒温法、电桥补偿法、冷端温度校正法等。

图 8.1.13　XMZ 系列智能热电偶测温数字显示仪　　图 8.1.14　XMT 系列智能热电偶数字显示控制仪　　图 8.1.15　国产 DDZ-Ⅲ型温度变送器

1. 补偿导线法

为了使热电偶冷端温度保持恒定(最好为 0 ℃),可将热电偶电极做得很长,将冷端移到恒温或变化平缓的环境中。该方法的缺点是:一方面是安装使用不便,另一方面耗费许多贵重的金属材料,因此通常采用廉价的补偿导线将热电偶冷端延伸出来,如图 8.1.16 所示。

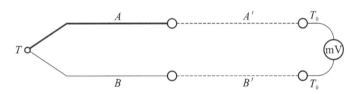

图 8.1.16　补偿导线法

图 8.1.16 中虚线即为补偿导线。增加补偿导线而不会影响测量精度的理论依据就是中间导体定律。常用的热电偶延伸补偿导线如表 8.1.2 所示。

表 8.1.2　常用的热电偶延伸补偿导线

热电偶(正极-负极)	补偿导线(正极-负极)	导线外皮颜色		$T=100$ ℃,$T_0=0$ ℃时标准热电势/mV
		正极	负极	
铂铑$_{10}$-铂	铜-铜镍	红	绿	0.643 ± 0.023
镍铬-镍硅	铜-康铜	红	蓝	4.096 ± 0.063
镍铬-考铜	镍铬-考铜	红	黄	6.95 ± 0.30
铜-康铜	铜-康铜	红	蓝	4.26 ± 0.15
钨铼$_5$-钨铼$_{26}$	铜-铜镍	红	橙	1.451 ± 0.051

2. 冰点槽法

冰点槽法如图 8.1.17 所示。将热电偶的冷端置于冰水混合物容器里,使 $T_0=0$ ℃恒定不变。这种办法易于实现和保持。为了避免冰水导电引起两个连接点短路,必须把连接点分别置于两个玻璃试管里,浸入同一冰点槽中,使其相互绝缘。

3. 冷端补偿器法

冷端补偿器法如图 8.1.18 所示,其原理是利用不平衡电桥产生热电势补偿热电偶因冷端温度变化而引起热电势的变化值。不平衡电桥由 R_1、R_2、R_3(锰铜丝绕制)、R_{Cu}(铜丝绕制)四个桥臂和桥路电源组成。设计时,在 0 ℃下使电桥平衡($R_1 = R_2 = R_3 = R_{Cu}$),此时 $U_{ab}=0$,电桥对仪表读数无影响。当桥路电源供电为直流 4 V 时,电桥在 0~40 ℃或 -20~20 ℃的范围起补偿作用。其补偿相当于负反馈控制,其过程可表示为 $T_0 \uparrow \Rightarrow U_a \uparrow \Rightarrow U_{ab} \uparrow \Rightarrow E_{AB}(T,T_0) \downarrow$。冷端补偿器,除了图 8.1.18 所示的电路外,也还有其他形式的电路,如图 8.1.12 所示的 XCT 系列动圈式热电偶测温仪中的冷端补偿器。

> 注意:不同材质的热电偶所配的冷端补偿器,其中的限流电阻 R 不一样,互换时必须重新调整。并且,桥臂 R_{Cu} 必须和热电偶的冷端靠近,使处于同一温度之下,只有这样,才能实现冷端补偿。

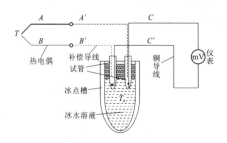

图 8.1.17 冰点槽法示意图

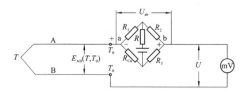

图 8.1.18 冷端补偿器法

4. 软件处理法

对于运用单片机或嵌入式系统设计的热电偶测温仪,可不必全靠硬件进行热电偶冷端处理,而采用软件处理,更为方便。例如,冷端温度恒定但不为 0 ℃ 的情况下,只需在软件中,于采样后加一个与冷端温度对应的常数即可。

对于 T_0 经常波动的情况,可利用热敏电阻或其他传感器把 T_0 信号输入单片机,按照运算公式设计一些程序,便能自动修正。因此,对于 T_0 经常波动的情况,必须考虑输入的采样通道中除了热电动势之外还应该有冷端温度信号。

如果多个热电偶的冷端温度不相同,还应分别采样,若占用的通道数太多,宜利用补偿导线把所有的冷端接到同一温度处,只用一个冷端温度传感器和一个修正 T_0 的输入通道就可以了。冷端集中,对于提高多点巡检的速度也很有利。

除了上述几种方法外,冷端补偿的方法还有零点迁移法、补正系数法、计算修正法等,这里不再赘述。需要时,读者可参阅其他文献。

8.2 热电阻

在工业应用中,热电偶一般适用于测量 500 ℃ 以上的较高温度。对于 500 ℃ 以下的中、低温度,热电偶输出的热电势很小,这对二次仪表的放大器、抗干扰措施等的要求就很高,否则难以实现精确测量;而且在较低温区域,冷端温度的变化所引起的相对误差也非常突出。所以测量 500 ℃ 以下的中、低温度时,一般使用热电阻温度测量仪表较为合适。

8.2.1 热电阻的测温原理

与热电偶的测温原理不同,热电阻是基于电阻的热效应进行温度测量的,即电阻的阻值随温度的变化而变化的特性。因此,只要测量出感温热电阻的阻值,就可以知道与该热电阻的阻值相对应的温度。热电阻测温的主要特点是测量精度高,性能稳定。其中,铂热电阻的测量精确度是最高的,它不仅广泛应用于工业测温,而且还被制成测温标准的基准仪。热电阻目前主要有金属热电阻和半导体热敏电阻两类。

金属热电阻的测温原理是:随着温度的升高,金属内部原子晶格的振动加剧,从而使金属内部的自由电子通过金属导体时的阻力增大,宏观上表现出电阻率变大,电阻值增加,即电阻值与温度的变化趋势相同。

8.2.2 工业上常用的金属热电阻

从电阻随温度的变化来看,大部分金属导体都是随温度的升高电阻值增加,但并不是都能用作测温热电阻。用于热电阻的金属材料一般要求包括:①有尽可能大而且稳定的温度系数;②电阻率要大,这样在同样灵敏度下可减小传感器的尺寸;③在使用的温度范围内具有稳定的化学性能和物理性能;④应有良好的可加工性,且价格便宜;⑤电阻值随温度变化呈单值函数关系,最好呈线性关系。目前应用最广泛的热电阻材料是铂和铜。

1. 铂电阻

铂电阻精度高,适用于中性和氧化性介质,稳定性好。铂电阻的电阻率较大,电阻-温度关系呈非线性关系,但测温范围广,且材料易提纯,复现性好。在氧化性介质中,甚至高温下,其物理、化学性质都很稳定。

ITS—90 规定,在 1 234.93~13.803 3 K 温度范围内,以铂电阻温度计作为基准温度仪器。

铂的纯度用百度电阻比 W_{100} 表示,即铂电阻在 100 ℃ 的电阻值 R_{100} 与 0 ℃ 时电阻值 R_0 之比,也即 $W_{100}=R_{100}/R_0$。W_{100} 越大,表示其纯度越高。目前技术已达到 $W_{100}=1.393\,0$,其相应的铂纯度为 99.999 5%。ITS—90 中规定,作为标准仪器的铂电阻 W_{100} 应大于 1.392 5。一般工业用铂电阻的 W_{100} 应大于 1.385 0。

目前工业用铂电阻分度号为 Pt_{100} 和 Pt_{10},其中 Pt_{100} 更为常用。而 Pt_{10} 是用较粗的铂丝制作的,主要用于 600 ℃ 以上温度的测温。温度为 0 ℃ 时,Pt_{100} 的电阻值为 100 Ω,Pt_{10} 的电阻值为 10 Ω。

铂电阻测温的最大范围为 −200~850 ℃。在 550 ℃ 以上的高温只适合在氧化气氛中使用。真空和还原气氛将导致电阻值迅速漂移。

铂电阻与温度的关系为:

$$R_t = R_0(1 + At + Bt^2 + Ct^3) \tag{8.2.1}$$

式中:R_0、R_t 为温度为 0 及 t ℃ 时的铂电阻的电阻值;A、B、C 为常数值,其中,$A=3.968\,47\times10^{-3}\,℃^{-1}$,$B=-5.847\times10^{-7}\,℃^{-2}$,$C=-4.22\times10^{-12}\,℃^{-3}$。

2. 铜电阻

在 −50~150 ℃ 的范围内,铜电阻的化学、物理性能稳定,输出-输入特性接近线性,价格低廉。铜电阻的缺点是电阻率低,体积大,热惯性大,在 100 ℃ 以上时易氧化。

铜电阻阻值与温度变化之间的关系可近似表示为：

$$R_t = R_0(1 + \alpha t) \tag{8.2.2}$$

式中：$\alpha = 4.288\ 99 \times 10^{-3}\ ℃^{-1}$。

铜电阻的分度号为：Cu_{50} 表示 0 ℃时电阻为 50 Ω，Cu_{100} 表示 0 ℃时电阻为 100 Ω。

8.2.3 热电阻的结构

热电阻的结构与热电偶的结构类似，有工业装配式热电阻和铠装式热电阻等几种不同的外装形式。

1. 工业装配式热电阻的结构

工业装配式热电阻的结构如图 8.2.1(a)所示。热电阻主要由电阻体、瓷绝缘套管、不锈钢套管、安装固定件、接线盒等五部分组成。通常还具有与外部测量及控制装置、机械装置连接的部件。电阻体是用来感受温度的感温元件，是热电阻的核心部分，由电阻丝绕在云母等绝缘骨架上(无感绕制)，装入保护套膜内，接出引线构成，如图 8.2.1(b)所示。工业装配式热电阻的外形图如图 8.2.2 所示。

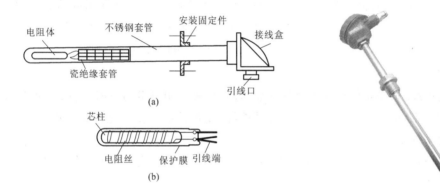

图 8.2.1　工业装配式热电阻的基本结构　　图 8.2.2　工业装配式热电阻外形

2. 铠装式热电阻的结构

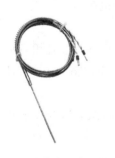

铠装式热电阻的结构和铠装式热电偶的结构类似，内部的热电阻丝与外界空气隔绝，有着良好的抗高温氧化、抗低温、抗水蒸气冷凝、抗机械外力冲击的特性。铠装式热电阻可以制作得很细，能解决微小、狭窄场合的测温问题，且具有抗震、可弯曲、超长等优点。其外形如图 8.2.3 所示。

热电阻的主要结构和外形除了上述两种外，根据不同的应用场合，还有隔爆式热电阻、微型高温铂热电阻、薄膜热电阻等多个品种可供选用。

图 8.2.3　铠装式热电阻的外形

8.2.4 热电阻的分度表

目前国内统一设计的一般工业用标准铂电阻 R_0 值有 10 Ω 和 100 Ω 两种，并将电阻值 R_t 与温度 t 的相应关系系统一列成表格，称其为铂电阻的分度表，分度号分别用 Pt_{10} 和 Pt_{100} 表示。在实际测量中，只要测得热电阻的电阻值 R_t，便可以从分度表上查出对应的温度值。表 8.2.1 是分度号为 Pt_{100} 的铂电阻分度表节选。

表 8.2.1　分度号为 Pt_{100} 的铂电阻分度表节选

分度号：Pt_{100}　　　　　　　　　　　　　　　　　　　　　　　　　　　$R_0 = 100\ \Omega$

温度/℃	0	10	20	30	40	50	60	70	80	90
	电阻/Ω									
−200	18.49									
−100	60.25	56.19	52.11	48.00	43.87	39.71	35.53	31.32	27.08	22.80
0	100.00	96.09	92.16	88.22	84.27	80.31	76.33	72.33	68.33	64.30
0	100.00	103.90	107.79	111.67	115.54	119.40	123.24	127.07	130.89	134.70
100	138.50	142.29	146.06	149.82	153.58	157.31	161.04	164.76	168.46	172.16
200	175.84	179.51	183.17	186.84	190.45	194.07	197.69	201.29	204.88	208.45
300	212.02	215.57	219.12	222.65	226.17	229.67	233.17	236.65	240.13	243.59
400	247.04	250.48	253.90	257.32	260.72	264.11	267.49	270.86	274.22	277.56
500	280.90	284.22	287.53	290.83	294.11	297.39	300.65	303.91	307.15	310.38
600	313.59	316.80	319.99	323.18	326.35	329.51	332.66	335.79	338.92	342.03
700	345.13	348.22	351.30	354.37	357.37	360.47	363.50	366.52	369.53	372.52
800	375.51	378.48	381.45	384.40	387.34	390.26				

8.2.5　热电阻的温度检测系统

要利用热电阻设计一套温度检测系统，首先要选择与热电阻配套的显示仪表或变送器，且显示仪表或变送器需具备非线性补偿功能；配套热电阻的显示仪表或变送器必有一个测量电桥，热电阻作为测量电桥的一个桥臂。将热电阻接入电桥的方法有：① 一般的普通接法称为两线制，即把热电阻的两端直接接到电桥的一个桥臂上，这种接法会产生较大测量误差，以铂电阻为例，引线电阻每增加 1 Ω，就会产生 2 ℃ 的误差，由此可见，热电阻外引线电阻的大小对测量结果有较大影响；② 为了减小测量误差，热电阻外引线的连接方式可采用三线制或四线制。

1. 三线制

三线制是在热电阻感温元件的一端连接两根引线，另一端连接一根引线，其测量电桥如图 8.2.4 所示。测量精度适于一般工业测量，因此目前三线制在工业检测中应用最广泛。而且在测温范围窄、导线长或导线途中温度易发生变化的场合必须考虑采用三线制。

在图 8.2.4 中，r 表示连接导线的电阻。使 $R_1 = R_2$，调节 R_3，当电桥平衡时，有：

$$(R_t + r)R_2 = (R_3 + r)R_1 \tag{8.2.3}$$

由上式可解得：
$$R_t = \frac{R_3 R_1}{R_2} + \left(\frac{R_1}{R_2} - 1\right)r = \frac{R_3 R_1}{R_2} \tag{8.2.4}$$

由式（8.2.4）可知，在这种条件下，连接导线的电阻对感温元件热电阻完全没有影响。

2. 四线制

四线制是在热电阻的两端各连接两根引线，分别接到恒流源 I 和高输入阻抗电压表 V 的两端，如图 8.2.5 所示。图中，r_1 至 r_4 即为四根连接引线的电阻。在高精度测量时，应尽量采用四线制。

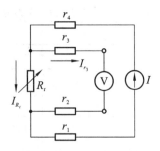

图 8.2.4　三线制原理图　　　图 8.2.5　四线制原理图

应选择恒流源 I 的恒定电流小于 10 mA,以提高测量精度。提高电压表 V 的输入阻抗也可以提高测量精度,一般应选择输入电阻大于 20 MΩ 的电压表。

由图 8.2.5 可知,在电压表和热电阻的回路中,有:

$$V = -r_3 I_{r_3} + R_t I_{R_t} + r_2 I_{r_3} = R_t I_{R_t} = R_t(I - I_{r_3}) \approx R_t I$$

于是有:

$$R_t = \frac{V}{I} \tag{8.2.5}$$

由以上分析过程可以看出,流过 r_1、r_4 电流所形成的压降不在测量之列,而流过 r_2、r_3 的电流所形成的压降相互抵消。唯一的影响就是 I_{r_3} 对 I 的分流,而当电压表的输入阻抗很大时,I_{r_3} 和 I 相比,就可以忽略。综上所述,四根连接导线 r_1 至 r_4 的电阻对热电阻的测量没有影响。

3. 与热电阻配套的显示仪表和变送器

在使用热电阻设计温度检测控制系统时,与热电偶一样有很多国产的显示仪表和变送器可供选用。而有的温度变送器是热电偶和热电阻通用的,即既可接入热电偶又可接入热电阻,只是输入端子不同而已,如图 8.1.15 所示的 DDZ-Ⅲ型温度变送器即是此种类型。

热电阻温度变送器一般由基准单元、R/V 转换单元、线性电路、反接保护、限流保护、V/I 转换单元等组成。测温热电阻信号经转换放大后,再由线性电路对温度与电阻的非线性关系进行补偿,经 V/I 转换电路后输出一个与被测温度呈线性关系的 4~20 mA 的恒流信号。

有的温度变送器模块还可直接安装在传感器接线盒内、信号准确、可远传(最长 1 000 m)、精度高、抗干扰、长期稳定性好、免维护。这类产品已广泛应用于工业控制各领域中。

8.2.6　热电阻与热电偶的比较

下面对热电阻设计的温度检测控制系统与热电偶设计的温度检测控制系统进行比较,可供设计者根据工程设计的需要进行选择。

在同样温度下,热电阻的输出信号比热电偶的大,易于测量;热电阻需要外接电源,热电偶属温差发电式传感器,不需要外接电源;热电阻感温部分尺寸较大,测温反应速度相对较慢;同类材料制成的热电阻不如热电偶测温上限高。

8.3　PN 结集成温度传感器

PN 结集成温度传感器将温度敏感元件和放大、运算和补偿电路等采用微电子技术和集成工艺集成在一片芯片上,从而构成集测量、放大、电源供电回路于一体的高性能的测温传感器。其优点是输出线性好、测量精度高,体积非常小,使用方便,价格便宜,故在测温技术中得到越来越广泛的应用。

PN 结集成温度传感器按其信号输出形式的不同分类,可分为模拟式集成温度传感器和数字式集成温度传感器。模拟式集成温度传感器的输出信号形式有电压型和电流型两种。电压型的灵敏度多为 10 mV/℃(以摄氏温度 0 ℃作为电压的零点),电流型的灵敏度多为 1 μA/K(以绝对温度 0 K 作为电流的零点)。数字式集成温度传感器又可以分为开关输出型、并行输出型、串行输出型等几种不同的形式。下面先介绍 PN 结的感温原理。

8.3.1 PN 结的感温原理

半导体的最大特点,是其电阻率随温度的升高而迅速地减小。这是因为温度的升高导致共价键中电子的动能增大,使得挣脱共价键束缚的电子增多,结果半导体中的自由电子大为增加,从而使半导体的导电能力大为增强,即表现为电阻率随温度的升高而迅速地减小。

图 8.3.1 所示的是由 PN 结构成的半导体二极管,由半导体物理学的相关知识可知,PN 结二极管的伏安特性为:

$$I = I_S(e^{\frac{V}{V_T}} - 1) = I_S(e^{\frac{qV}{kT}} - 1) \tag{8.3.1}$$

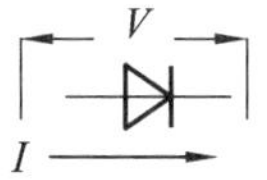

图 8.3.1　PN 结二极管 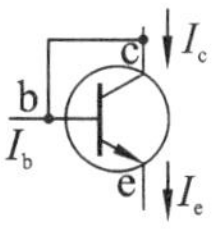　　图 8.3.2　半导体三极管

式(8.3.1)中,I 为二极管的正向电流,I_S 为反向饱和电流;V 为二极管的正向管压降,一般为 0.6～0.7 V;e 为自然对数的底。$V_T = \frac{KT}{q} \approx 26$ mV,为温度的电压当量,分子中的 K 为玻尔兹曼常量,且 $k = 1.38 \times 10^{-23}$ J/K;T 为绝对温度,计算 V_T 时,取 $T = 300$ K;q 为电子所带的电荷量,且 $q = 1.602 \times 10^{-19}$ C(库仑)。

> **注意**:玻尔兹曼常量用字母 k 表示,它的单位是 J/K,即焦耳/K,单位分母中的 K 是绝对温度的单位,不要混淆了。

在常温下,因为 $e^{\frac{V}{V_T}} \gg 1$,故式(8.3.1)中的 1 可以忽略不计,于是可以写成:

$$I = I_S e^{\frac{V}{V_T}} = I_S e^{\frac{qV}{kT}} \tag{8.3.2}$$

由上式可以解得:

$$V = \frac{kT}{q} \ln\left(\frac{I}{I_S}\right) \tag{8.3.3}$$

由上式可知,在通过 PN 结的正向电流 I 恒定的情况下,PN 结的正向压降 V 与绝对温度成正比,而且是线性关系。这就是 PN 结感温的基本原理。其灵敏度为:

$$\frac{dV}{dT} = \frac{k}{q} \ln\left(\frac{I}{I_S}\right) = 常数 \tag{8.3.4}$$

在实际的 PN 结传感器中并不是直接利用二极管的管压降与温度成正比的线性关系,而是利用晶体三极管的发射结的正向压降与温度成正比的线性关系。将晶体三极管的集电极与基极短路,如图 8.3.2 所示。这时,流过三极管的发射极电流为:

$$I_e = I_c + I_b = \beta I_b + I_b = (\beta + 1) I_b \tag{8.3.5}$$

式(8.3.5)中的 I_b,是三极管的基极电流,即三极管发射结的正向电流,相当于式(8.3.2)中的 I,式引用(8.3.2),可得:

$$I_e = (\beta+1)I_b = (\beta+1)I_s e^{\frac{V_{be}q}{kT}} \qquad (8.3.6)$$

式(8.3.6)中, V_{be} 即为式(8.3.2)中的 V,即用发射结的正向压降代替了原公式中 PN 结的正向压降,这也是理所当然的。由式(8.3.6)可以解得:

$$V_{be} = \frac{kT}{q}\ln\left[\frac{I_e}{(\beta+1)I_s}\right] \qquad (8.3.7)$$

由上式可知,三极管的射极电流 I_e 恒定的情况下,发射结的正向压降 V_{be} 与绝对温度成正比,而且是线性关系,这就是集成温度传感器测温的基本原理。下面介绍几种常用的 PN 结集成温度传感器。

8.3.2　AD590 集成式温度传感器

AD590 是利用 PN 结正向电流与温度的关系制成的电流输出型两端温度传感器,它在被测温度一定时相当于一个恒流源。该器件具有良好的线性和互换性,测量精度高,并具有供电电源宽的特性。即使电源电压在 4~30 V 变化,其电流只是在 1 μA 以下作微小变化。

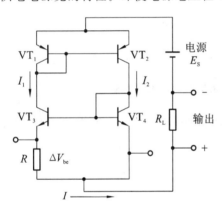

图 8.3.3　AD590 的原理性等效电路

其原理的等效电路如图 8.3.3 所示。其中 VT_1、VT_2 起恒流作用,可用于使左右两支路的集电极电流 I_1 和 I_2 相等。VT_3、VT_4 是感温用的晶体管。两个管子的制作过程和工艺完全相同,但 VT_3 是由 x 个晶体管并联而成,因而其每个晶体管的基极电流是 I_{b4} 的 $(1/x)$,于是由图可以求得:

$$I = \frac{\Delta U_{be}}{R} = \frac{kT}{Rq}\ln x \qquad (8.3.8)$$

适当选择 x 和 R 的值,可以使得在一定感温范围内,温度每升高 1 ℃,I 便增加 1 μA,并且 $T=273$ K 时,$I=273$ μA。如果在它的输出端接一个负载电阻 R_L,这样就把电流输出信号转换成了电压信号。

AD590 的主特性参数是:工作电压为 4~30 V;测温范围是 -55~+150 ℃;灵敏度为 1 μA/K。AD590 共有 I、J、K、L、M 5 挡,其中 M 挡精度最高,在 -55~+150 ℃ 范围内非线性误差为 ±0.3 ℃。

AD590 的管脚结构与外形分别如图 8.3.4(a)、(b)所示。

例 8.3.1　在如图 8.3.5 所示的测温电路中,当运放 4558 的输出电压为 3.83 V 时,AD590 测得的温度是多少?

解　根据 AD590 的恒流特性,温度每升高 1 ℃,其输出电流 I 便增加 1 μA,并且 $T=273$ K 时,$I=273$ μA。又由图 8.3.5 可知,当温度为 0 ℃时,运放 4558 的输出电压为:
$$V_o = 273\ \mu A \times 10\ k\Omega = 2\ 730\ mV = 2.73\ V$$

由温度每升高 1 ℃,其输出电流 I 便增加 1 μA,可知运放 4558 的输出电压便增加 1 μA × 10 kΩ = 10 mV。设当运放 4558 的输出电压为 3.83 V 时,AD590 测得的温度是 x ℃,则应有:

$$x \times 1\ \mu A \times 10\ k\Omega + 2.73\ V = 3.83\ V$$

解得：
$$x = \frac{3.83\ V - 2.73\ V}{10\ mV} = 110\ ℃$$

故当运放 4558 的输出电压为 3.83 V 时，AD590 测得的温度是 110 ℃。

由上例分析求解过程，可得出用图 8.3.5 所示的电路测温时，若已知运放的输出电压，则待测温度的计算公式为：

$$x = \frac{V_o - 2.73\ V}{10\ mV} = \frac{V_o - 2.73\ V}{0.01\ V} \tag{8.3.9}$$

例 8.3.2 在如图 8.3.5 所示的测温电路中，当运放 4558 的输出电压为 2.53 V 时，AD590 测得的温度是多少？

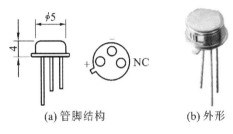

图 8.3.4 AD590 的管脚结构与外形　　图 8.3.5 例 8.3.1 的电路图

解 可直接利用公式(8.3.9)得：

$$x = \frac{V_o - 2.73\ V}{0.01\ V} = \frac{2.53\ V - 2.73\ V}{0.01\ V} = -20(℃)$$

故当运放 4558 的输出电压为 2.53 V 时，AD590 测得的温度是 -20 ℃。

例 8.3.3 假设在如图 8.3.5 所示的测温电路中，当运放 4558 的输出电压为 4.53 V 时，AD590 测得的温度是多少？

解 可直接利用公式(8.3.9)得：$x = \dfrac{V_o - 2.73\ V}{0.01\ V} = \dfrac{4.53\ V - 2.73\ V}{0.01\ V} = 180(℃)$。

因为 AD590 的测温范围是 -50～150 ℃，而 180 ℃ 已超出了 AD590 的测温范围，故题设的情况是不可能的。

例 8.3.4 在图 8.3.5 的基础上，设计后续的信号处理与显示电路，当 AD590 工作在测温范围内时，能正确地用数字显示出所测温度。

分析 首先确定大的设计方向。可以采用单片机，也可以采用数字电路，还可以采用已有的数字万用表电路。本例准备采用已有的数字万用表电路。

当 AD590 工作在测温范围内时，应该显示的数字范围是 -50～150 ℃。运放 4558 的输出电压范围相应的为 2.23～4.23 V。为了使输出电压的数字范围相应地变成 -50～150，应在运放 4558 后面加一个减法器，减去 2.73 V 后，变为 -0.50～1.50 V；再取此电压的 1/10，便成了 -50～150 mV，这正好是在数字万用表直流 200 mV 挡的显示范围之内，只是此时的单位应由 mV 改为 ℃ 而已。

解 根据上述分析，设计出后续的信号处理与显示电路如图 8.3.6 所示。

下面通过测温实例来说明电路的工作原理和过程。设被测温度为 150 ℃，则由 AD590

的特性可知,集成运放 4558 的输出电压为:

$$V_1 = (273+150)\mu A \times 10\ k\Omega = 4\ 230\ mV = 4.23\ V \qquad ①$$

R_{P1} 为 10 kΩ 精密电位器,其上端加有 9 V 电压,调节其中心抽头位置,使 $V_2 = 2.73$ V。这样一来,V_1、V_2 便分别加到了由集成运放 741 构成的减法器上,于是得到减法器的输出为:

$$V_3 = V_1 - V_2 = 4.23\ V - 2.73\ V = 1.50\ V = 1\ 500\ mV \qquad ②$$

V_3 加到了 10 kΩ 精密电位器 R_{P2} 上,调节其中心抽头位置,使得:

$$V_4 = V_3/10 = 150\ mV \qquad ③$$

V_4 加到了数字万用表(如 DT830B)直流 200 mV 挡的输入端,由万用表的性质可知,它就会显示出 150.0 的数字,这表示所测温度就是 150.0 ℃。这就从理论上证明了设计是正确的。图中组成减法器的 4 个电阻 $R_2 = R_3 = R_4 = R_5 = 10$ kΩ。

> **注意**:应给集成运放 741 提供对称的正负电源,否则,不能测量零下的温度。

8.3.3 数字输出型集成温度传感器 DS1820

1. DS1820 的特性与封装

DS1820 是美国达拉斯半导体公司(2011 年已被美信半导体公司收购)生产的单总线数字集成温度传感器,可将温度信号直接转换成串行数字信号供计算机处理。由于每片 DS1820 含有唯一的串行序列号,所以在一条总线上可以挂接任意多个 DS1820 芯片。从 DS1820 读出的信息或写入 DS1820 的信息,仅需要一根口线(单总线接口)。读/写及温度变换功率来源于数据总线,总线本身也可以向所挂接的 DS1820 供电,而无须额外电源。DS1820 提供九位温度读数,构成多点温度检测系统而无须任何外围硬件。

DS1820 有如下的特点:①单线接口,仅需一根口线与 MCU 连接;②无须外围元件;③由总线提供电源;④测温范围为 -55 ℃ ~ 125 ℃,精度为 0.5 ℃;⑤九位温度读数;⑥A/D 变换时间为 200 ms;⑦用户可以任意设置温度上、下限报警值,且能够识别具体报警传感器。DS1820 有两种封装形式,如图 8.3.7 所示。

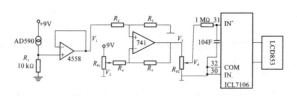

图 8.3.6 带信号处理和数字显示的 AD590 测温电路原理图

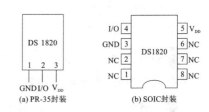

图 8.3.7 DS1820 的两种封装形式

2. DS1820 的内部结构与测温原理

DS1820 的内部结构框图如图 8.3.8 所示,它主要包括寄生电源、温度传感器、64 位激光 ROM 单线接口、存放中间数据的高速暂存器(内含便笺式 RAM)、用于存储用户设定的温度上下限值的 TH 和 TL 触发器、存储器控制逻辑、8 位循环冗余校验码(CRC)发生器等七部分。各部分的作用简单介绍如下。

1) 寄生电源

寄生电源由两个二极管和寄生电容组成。电源检测电路用于判定供电方式。寄生电源供电时,电源端接地,器件从总线上获取电源。在 I/O 线呈低电平时,改由寄生电容上的电压继续向器件供电。

寄生电源有两方面的优点:①检测远程温度时无须本地电源;②缺少正常电源时也能读 ROM。若采用外部电源,则通过二极管向器件供电。

2) 温度测量原理

DS1820 测量温度时使用特有的温度测量技术,如图 8.3.9 所示。

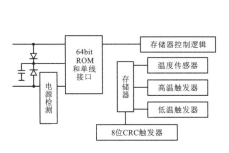
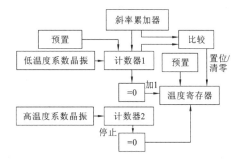

图 8.3.8　DS1820 的内部结构框图　　图 8.3.9　DS1820 温度测量原理及测量技术示意方框图

DS1820 内部的低温度系数振荡器能产生稳定的频率信号 f_0,高温度系数振荡器则将被测温度转换成频率为 f 的信号。当计数门打开时,DS1820 对 f_0 计数,计数门开通时间由高温度系数振荡器决定。芯片内部还有斜率累加器,可对频率的非线性进行补偿。测量结果存入温度寄存器中。一般情况下的温度值应为 9 位(符号点 1 位),但因符号位扩展成高 8 位,故以 16 位补码形式读出,表 8.3.1 给出了 DS1820 温度和数字量的对应关系。

表 8.3.1　DS1820 温度和数字量的对应关系

温度/℃	输出的二进制码	对应的十六进制码
+125	0000000011111010	00FAH
+25	0000000000110010	0032H
+1/2	0000000000000001	0001H
0	0000000000000000	0000H
−1/2	1111111111111111	FFFFH
−25	1111111111001110	FFCEH
−55	1111111110010010	FF92H

3) 64 位 ROM 的结构

64 位 ROM 的结构如图 8.3.10 所示。

8-BIT CRC 码	48-BIT 序列号	8-BIT 家族码(28 h)
MSB　　　　LSB	MSB　　　　LSB	MSB　　　　LSB

图 8.3.10　64 位 ROM 的结构

开始 8 位是产品类型的编号(DS1820 为 10H),接着是每个器件的唯一的序号,共有 48 位,最后 8 位是前 56 位的 CRC 校验码,这也是多个 DS1820 可以采用单线进行通信的原因。主机操作 ROM 的命令有五种,如表 8.3.2 所列。

表 8.3.2 主机操作 ROM 的命令

指　令	说　明
读 ROM(33H)	读 DS1820 的序列号
匹配 ROM(55H)	继读完 64 位序列号的一个命令,用于多个 DS1820 时定位
跳过 ROM(CCH)	此命令执行后的存储器操作将针对在线的所有 DS1820
搜 ROM(F0H)	识别总线上各器件的编码,为操作各器件做好准备
报警搜索(ECH)	仅温度越限的器件对此命令做出响应

4) 高速暂存器

高速暂存器由便笺式 RAM 和非易失性电擦写 EERAM 组成,后者用于存储 TH、TL 值。数据先写入 RAM,经校验后再传给 EERAM。便笺式 RAM 占 9 个字节,包括温度信息(第 1、2 字节)、TH 和 TL 值(3、4 字节)、计数寄存器(7、8 字节)、CRC(第 9 字节)等,第 5、6 字节不用。暂存器的命令共 6 条,见表 8.3.3。

表 8.3.3 暂存控制命令

指　令	说　明
温度转换(44H)	启动在线 DS1820 进行温度 A/D 转换
读数据(BEH)	从高速暂存器读 9 bits 温度值和 CRC 值
写数据(4EH)	将数据写入高速暂存器的第 0 字节和第 1 字节中
复制(48H)	将高速暂存器中第 2 字节和第 3 字节复制到 EERAM
读 EERAM(B8H)	将 EERAM 内容写入高速暂存器中第 2 字节和第 3 字节
读电源供电方式(B4H)	了解 DS1820 的供电方式

在正常测温情况下,DS1820 的测温分辨率为 0.5 ℃,可采用下述方法获得高分辨率的温度测量结果:首先用 DS1820 提供的读暂存器指令(BEH)读出以 0.5 ℃ 为分辨率的温度测量结果,然后删去测量结果中的最低有效位(LSB),得到所测实际温度的整数部分 T_z,然后再用 BEH 指令取计数器 1 的计数剩余值 C_s 和每度计数值 C_D。考虑到 DS1820 测量温度的整数部分以 0.25 ℃、0.75 ℃ 为进位界限的关系,实际温度 T_s 可用下式计算:

$$T_s = (T_z - 0.25\ ℃) + (C_D - C_s)/C_D \tag{8.3.10}$$

DS1820 单线通信功能是分时完成的,它有严格的时隙概念。因此系统对 DS1820 的各种操作必须按协议进行。DS1820 工作过程中的协议有:初始化、ROM 操作命令、存储器操作命令、处理数据等。

3. 由 DS1820 构成的多点温度检测系统

由于 DS1820 能在一条总线上同时挂接多片,可同时测量多点温度,而且其连接线可以很长,抗干扰能力强,便于远距离测量,因而得到了广泛应用。由 DS1820 构成的多点温度检测系统的原理图如图 8.3.11 所示,图中采用寄生电源供电方式。

为了保证在有效的 DS1820 时钟周期内,提供足够的电流,用一个 MOSFET 管和 89C51 的一个 I/O 口(P1.0)来完成对 DS1820 总线的上拉。当 DS1820 处于写存储器操作和温度 A/D 变换操作时,总线上必须有强力的上拉,上拉开启时间最大为 10μs。采用寄生电源供电方式时 V_{DD} 必须接地。由于单线制只有一根线,因此发送接收口必须是三态的,为了操作方便使用 89C51 的 P1.1 作为发送口 T_x,P1.2 作为接收口 R_x。试验表明,此种方法可挂接 DS1820 数十片,距离可达到 50 米,而一个接口时仅能挂接 10 片 DS1820,距离仅为

20 米。同时，由于读/写在操作上是分开的，故不存在信号竞争问题。

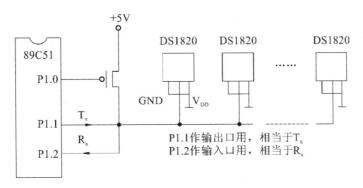

图 8.3.11 由 DS1820 构成的多点温度检测系统的原理图

DS1820 采用单总线系统，即可用一根线连接主从器件，DS1820 作为从属器件，主控器件一般为微处理器。单总线仅由一根线组成，与总线相连的器件应具有漏极开路或三态输出，以保证有足够负载能力驱动该总线。DS1820 的 I/O 端是开漏输出的，单总线要求加一只 5 kΩ 左右的上拉电阻。

注意：当总线上 DS1820 挂接得比较多时，就要减小上拉电阻的阻值，否则总线不是高电平，读出的数据全是 0。在测试时，上拉电阻可以换成一个电位器，通过调整电位器可以使读出的数据正确，当总线上有 8 片 DS1820 时，电位器调到阻值为 1.25 kΩ 时就能读出正确数据，在实际应用时可根据具体的传感器数量来选择合适的上拉电阻。

8.4 热敏电阻

8.4.1 热敏电阻的材料、结构与外形

热敏电阻是利用半导体的电阻值随温度的变化而显著变化的特性来实现测温的。半导体热敏电阻有很高的电阻温度系数，其灵敏度比热电阻高得多。而且体积可以做得很小，故动态特性好，特别适于在 $-100℃ \sim 300℃$ 之间感温。热敏电阻的缺点是互换性较差，另外其热电特性是非线性的。

热敏电阻是由一些金属氧化物，如钴(Co)、锰(Mn)、镍(Ni)等的氧化物采用不同比例配方，高温烧结而成。其形状有珠状、片状、杆状、垫圈状等，如图 8.4.1 所示。

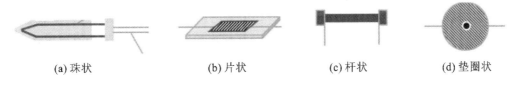

(a) 珠状　　　　　(b) 片状　　　　　(c) 杆状　　　　　(d) 垫圈状

图 8.4.1 烧结成各种形状的热敏电阻

热敏电阻可根据用途和使用场合的不同，而做成各种不同的外形，如图 8.4.2 所示为常见的四种不同的外形。

 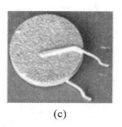 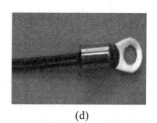

(a)　　　　　　(b)　　　　　　(c)　　　　　　(d)

图 8.4.2　常见的 4 种不同外形的热敏电阻

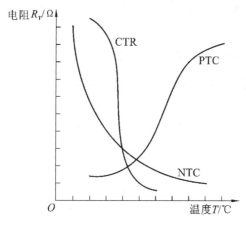

图 8.4.3　三类热敏电阻的电阻-温度关系曲线

8.4.2　热敏电阻的种类

按照热敏电阻的阻值随温度的变化而变化的规律来分类,热敏电阻主要有三种类型,即正温度系数型(PTC)、负温度系数型(NTC)、和临界温度系数型(CTR)。它们的电阻-温度关系曲线如图 8.4.3 所示。

由图可见,具有负温度系数(NTC)的热敏电阻,温度越高,阻值越小,且有明显的非线性。NTC 热敏电阻具有很高的负电阻温度系数,特别适用于-100～+300 ℃之间测温。

具有正温度系数(PTC)的热敏电阻,其阻值随温度升高而增大,且有斜率最大的区域,当温度超过某一数值时,其电阻值朝正的方向快速变化。其用途主要是彩电消磁、各种电器设备的过热保护等。具有临界温度系数(CTR)的热敏电阻,也具有负温度系数,但在某个温度范围内电阻值急剧下降,曲线斜率在此区段特别陡,灵敏度极高,其主要用作温度开关。各种热敏电阻的阻值在常温下很大,可不必采用三线制或四线制接法,给使用带来方便。

8.4.3　热敏电阻的应用

由于热敏电阻的线性不好,现在已基本不再用来进行温度测量了。但是由于成本低,使用方便而简单,在定点温度控制等场合中还有较多的应用。

1. 负载过电流、过热保护电路

负载过电流、过热保护电路如图 8.4.4 所示。

图 8.4.4 中,交流 220 V 市电经降压整流后,由三端稳压块 7812 输出 12 V 直流稳定电压供负载过电流、过热保护电路使用。当设备正常工作时,调节电位器 R_W 使三极管 T_1 处于截止状态,继电器 K 不动作,设备照常运行。当设备出现过流过热情况时,三个串联的热敏电阻阻值迅速减小,使三极管 T_1 基极电流增大,从而饱和导通,继电器 K 中有电流通过,其常闭触点断开,设备断电,停止运行,起到了保护作用。同时,继电器 K 的常开触点 S 闭合报警灯亮,发出报警信号。与继电器 K 并联的二极管 D_2 是续流二极管,起保护作用。当故障排除,三极管由导通转向截止时,继电器 K 的线圈会产生下正上负的高反压,续流二极管 D_2 为其提供了泄放的通路,使得线圈中的电流可以维持而慢慢减小。如果没有续流二极管,三极管将会被击穿而损坏。

2. 温度超限提醒电路

温度超限提醒电路如图 8.4.5 所示。集成运放 7611 作为比较器，调节电位器 R_P 的中心抽头的位置，可设定比较器的同向输入端电压，也就是设定了比较器的翻转温度。R_1 和 R_t 的连接点与比较器的反向输入端相连。若 R_t 为负温度系数热敏电阻，设在正常温度区间时，比较器的反向输入端电位高于的反向输入端的电位，比较器输出低电平，发光二极管不亮。这可以通过调节电位器 R_P 的中心抽头的位置来实现。当温度升高到设定的提醒温度时，由于负温度系数热敏电阻阻值降低，所以比较器的反向输入端电位也降低，使得比较器翻转，发光二极管点亮，提示温度已经达到上限。

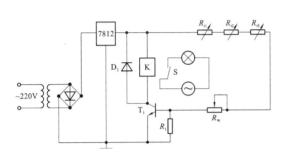

图 8.4.4　负载过电流、过热保护电路　　　图 8.4.5　温度超限提醒电路

如果将 R_t 改为正温度系数热敏电阻，则上述电路便可以在温度降到设定的提醒温度时，使得比较器翻转，发光二极管点亮，提示温度已经达到下限。

若将上、下限提醒电路联合运用，再在后面设计驱动电路则可成为恒温控制系统，可以实现对某一空间实现恒温控制，如对恒温箱的温度控制。具体电路设计留给读者作为课后作业。

习　题　8

8.1　什么是热电效应？什么是接触电势？什么是温差电势？

8.2　热电偶的工作原理是什么？

8.3　关于热电偶有哪些基本定律？试简述其内容，分别给予证明。

8.4　在热电偶回路中接入测量仪表时，会不会影响热电偶回路的热电势值？为什么？

8.5　热电偶测温时为何要进行冷端温度补偿？常用的冷端温度补偿方法有哪些？

8.6　将一支镍铬-镍硅热电偶与电压表相连，电压表接线端温度是 50 ℃，若电压表上读数为 60 mV，试求热电偶热端温度是多少？

8.7　镍铬-镍硅热电偶的灵敏度为 0.04 mV/℃，把它放在 1 200 ℃处，若以指示表作为冷端，此处温度为 50 ℃，试求热电势的大小。

8.8　已知铂铑$_{10}$-铂热电偶(S 型)，工作时自由端温度 $t_0 = 30$ ℃，现测得热电势为 16.84 mV，求工作端的温度。

8.9　在热电偶的热电势中，为什么可以不考虑温差电势？

8.10　画图说明标准电极定律，标准电极定律有何应用？

8.11　选作热电偶的电极材料，应具备哪些特性？常用的热电偶有哪几种？

8.12　从热电偶的结构来划分，可分为哪几种类型？

8.13　什么是热电偶的分度表，它有何用途？

8.14 用铂铑₁₀-铂热电偶测炉温,冷端温度为室温 20 ℃,测得 $E_{AB}(T,20)=16.543$ mV,则实际炉温是多少?

8.15 与热电偶的应用相配套的国产仪表有哪些?

8.16 什么是热电偶温度变送器?与热电偶应用相配套的国产温度变送器有哪几种?

8.17 用热电偶进行测温时,会产生何种误差?如何进行补偿?

8.18 热电阻的测温原理是什么?

8.19 测量 500 ℃ 以下的中、低温度时,是选用热电偶好还是热电阻好,为什么?

8.20 作为热电阻的金属材料一般要求应具备哪些优点?目前常用的测温热电阻有哪几种?

8.21 按热电阻结构的不同来分类,热电阻可分为哪几种类型?

8.22 什么是热电阻分度表,它有何用途?

8.23 如何利用热电阻设计一套温度检测系统,设计时应注意哪些问题?

8.24 何谓热电阻的三线制接法?何谓热电阻的四线制接法?各有何特点?

8.25 与热电阻配套的国产显示仪表和变送器有哪几种品牌?各有何特点?

8.26 比较热电阻与热电偶的测温系统,各有哪些优缺点?

8.27 PN 结集成温度传感器的感温原理是什么?

8.28 PN 结集成温度传感器按其信号输出形式分类,可分为哪几类?AD590 集成式温度传感器属于哪一类?DS1820 又属于哪一类?

8.29 在如图 8.3.5 所示的测温电路中,当运放 4558 的输出电压为 3.03V 时,AD590 测得的温度是多少?

8.30 用 AD590 设计一个数字式温度计,要求当 AD590 工作在测温范围内时,能正确用数字显示出所测温度。给出电路原理图,说明设计原理。

8.31 数字输出型集成温度传感器 DS1820 有何特点?它有几种封装形式?市场售价如何?

8.32 画出 DS1820 的内部结构框图,简述其测温原理。

8.33 由 DS1820 构成的多点温度检测系统,为什么可以只用一根单总线?

8.34 制作热敏电阻的常用材料有哪些?制作工艺如何?

8.35 按照热敏电阻的阻值随温度的变化而变化的规律来分类,热敏电阻分为哪几类?

8.36 画出各类热敏电阻的电阻-温度关系曲线,它们各有何特点?

8.37 为什么现在已基本不用热敏电阻来进行温度测量?现在热敏电阻的主要用途是什么?

8.38 试利用热敏电阻设计一个恒温箱的温度控制电路,要求恒温箱的温度恒定在 85~90 ℃ 之间。

第9章 光纤传感器及其应用

9.1 概述

光纤传感器(fiber optical sensor,FOS)是一种新型传感器,它是光纤和光通信技术迅速发展的产物,它与以电为基础的传感器相比有本质的区别。光纤传感器用光而不用电来作为敏感信息的载体,用光纤而不用导线来作为传递敏感信息的媒质。因此,它同时具有光纤及光学测量的一些极其宝贵的特点,具体如下。

(1) 电绝缘。因为光纤本身是电介质,而且敏感元件也可用电介质材料制作,因此光纤传感器具有良好的电绝缘性,特别适用于高压供电系统及大容量电机的测试。

(2) 抗电磁干扰。这是光纤测量及光纤传感器的极其独特的性能特征,因此光纤传感器特别适用于高压大电流、强磁场噪声、强辐射等恶劣环境中,能解决许多传统传感器无法解决的问题。

(3) 非侵入性。由于传感头可做成电绝缘的,而且其体积可以做得很小,因此,它不仅对电磁场是非侵入式的,而且对速度场也是非侵入式的,故对被测场不产生干扰。这对于弱电磁场及小管道内流速、流量等的监测特别具有实用价值。

(4) 高灵敏度。高灵敏度是光学测量的优点之一。利用光作为信息载体的光纤传感器的灵敏度很高,它是某些精密测量与控制的必不可少的工具。

(5) 容易实现对被测信号的远距离监控。由于光纤的传输损耗很小(目前石英玻璃系光纤的最小光损耗,可低至 0.16 dB/km),因此光纤传感器技术与遥测技术相结合,很容易实现对被测场的远距离监控。这对于工业生产过程的自动控制以及对核辐射、易燃、易爆气体和大气污染等进行监测尤为重要。

光纤传感器可测量位移、速度、加速度、液位、应变、压力、流量、振动、温度、电流、电压、磁场等物理量。

9.2 光纤的结构与种类

9.2.1 光纤的结构

光纤是光导纤维的简称,形状一般为圆柱形。制作光纤的材料是以高纯度的石英玻璃为主,掺少量杂质如锗、硼、磷等。光纤的结构包括纤芯、包层、护套和涂覆层等四个部分,如图9.2.1所示。护套起着保护光纤的作用,一般用尼龙材料制成。

纤芯的折射率 n_1 比包层的折射率 n_2 稍大,如图9.2.2所示。当光的入射角满足一定条

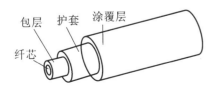

图9.2.1 光纤的结构

 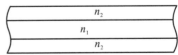

图9.2.2 纤芯的折射率与包层的折射率

件时,光就被"束缚"在光纤里面传播,这样就可以实现光通信了。

9.2.2 光纤的种类

可以根据不同的用途和需要,对光纤进行不同的分类。

1. 按制作材料分类

1) 高纯度石英(SiO_2)玻璃纤维

用这种材料制作的光纤,光在其中传输时损耗比较小,最低损耗约为 0.47 dB/km。若是锗硅光纤,包层用硼硅材料,其损耗约为 0.5 dB/km。

2) 多组分玻璃光纤

这种光纤用常规玻璃制成,损耗也很低。例如,硼硅酸钠玻璃光纤,最低损耗为 3.4 dB/km。

3) 塑料光纤

这种光纤用人工合成的导光塑料制成,其损耗较大,可达到 100～200 dB/km。但其重量轻,成本低,柔软性好,适用于短距离使用。

2. 按纤芯折射率的变化分类

按纤芯折射率变化的不同,可分为阶跃型光纤和渐变型光纤,如图 9.2.3 所示。

1) 阶跃型光纤

光线的折射率在纤芯内为 n_1 不变,光线的折射率在包层内为 n_2 不变,在纤芯和包层的界面处光线的折射率发生阶跃变化,由 n_1 跳变为 n_2,如图 9.2.3(a)所示。

2) 渐变型光纤

光线的折射率沿纤芯径向呈抛物线型分布,在纤芯中心轴处的折射率最大为 n_1,沿径向按一定的梯度(dn/dr)逐渐减小到 n_2,如图 9.2.3(b)所示。渐变型光纤又称自聚焦型光纤。

3. 按光纤的工作波长分类

按光纤的工作波长的不同,可分为短波长光纤、长波长光纤和超长波长光纤,其工作波长范围分别是 0.8～0.9 μm、1.0～1.7 μm 和大于 2 μm。

4. 按光纤所能传输的光的模式个数分类

光学上把具有一定频率、一定的偏振状态和传播方向的光波称为光波的一种模式。在复合波中有多少个不同的模式就有多少个模式数。

在对光纤进行分类时,严格地来说应该从构成光纤的材料成分、光纤的制造方法、光纤的传输点模数、光纤横截面上的折射率分布和工作波长等方面来分类。现在最常采用的分类方法是按光纤所能传输的光的模式个数分类。

按光纤所能传输的光的模式个数的不同,可将光纤分为多模光纤和单模光纤两种。

(1) 多模光纤是指能传输多种光波模式的光纤,多模光纤的纤芯直径为 50～62.5 μm,包层外直径 125 μm,其传输性能较差,带宽较窄。

(2) 单模光纤是指只能传输一种光波模式的光纤,单模光纤的纤芯直径为 4～10 μm,包层外直径 125 μm 其传输性能较好,频带较宽。

多模光纤是光纤通信最开始所使用的光纤,使用光纤技术是人类首次实现通过光纤来进行通信的一项革命性的突破。随着光纤通信技术的发展,特别是激光器技术的发展以及对长距离、大信息量通信的迫切需求,又寻找到了更好的光纤通信技术,即单模光纤通信。

单模光纤采用固体激光器做光源,多模光纤则采用发光二极管做光源。多模光纤允许多束光在光纤中同时传播,从而形成模分散。因为每一种模式的光进入光纤的角度不同,它们到达另一端点的时间也不同,这种特征称为模分散。模分散限制了多模光纤的带宽和距离,因此,多模光纤的芯线粗,传输速度低、距离短,整体的传输性能差,但其成本比较低,一般用于建筑物内或地理位置相邻的环境下。单模光纤只能允许一种模式的光传播,所以单模光纤没有模分散特性,因而单模光纤的纤芯相应较细,传输频带宽、容量大,传输距离长,但因其需要激光源,成本较高,通常在建筑物之间或地域分散时使用。单模光纤也是光纤通信与光波技术发展的必然趋势。

9.3 光纤的传光原理

根据光的波粒二象性,可以用光的粒子性来解释光纤的传光原理。将光在光纤中的传输看成是一束连续不断的光的粒子流形成的光线在光纤中的传输,从而可以用几何光学中的有关知识来分析光在光纤中的传输规律。下面以阶跃型光纤为例来说明光纤的传光原理。

9.3.1 阶跃型光纤的传光原理

如图 9.3.1 所示为阶跃型光纤的传光原理分析图。通过对传光原理的分析,希望能找到入射光线能全部进入该光纤中传输的条件。如图 9.3.1 所示,设入射光线 AB 从折射率为 n_0 的空气中射入光纤的端面,并与光纤的轴线 OO' 相交,相交角即为入射角 φ_i;入射后经纤芯折射,折射光线为 BC,折射角为 φ_j;光线 BC 经纤芯传输后以入射角 φ_k 入射到纤芯与包层的交界面 C 处,由界面折射到包层,折射光线为 CF,其折射角为 φ_r。设纤芯的折射率为 n_1,包层的折射率为 n_2。且 n_1 略大于 n_2。下面通过折射定律和光线构成的几何图形来建立 φ_i 和 φ_r 之间的数学关系式,从而寻找光线 BC 在纤芯与包层的交界面 C 处产生全反射的条件。

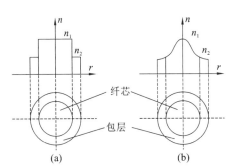

图 9.2.3 阶跃型光纤和渐变型光纤

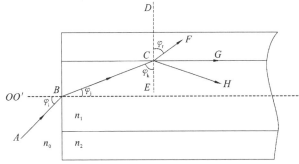

图 9.3.1 阶跃型光纤的传光原理分析

根据几何光学中的折射定律有:

$$n_0 \sin\varphi_i = n_1 \sin\varphi_j \tag{9.3.1}$$

$$n_1 \sin\varphi_k = n_2 \sin\varphi_r \tag{9.3.2}$$

由(9.3.1)式可得:

$$\sin\varphi_i = \frac{n_1}{n_0}\sin\varphi_j \tag{9.3.3}$$

由图可知:

$$\varphi_j = 90° - \varphi_k \tag{9.3.4}$$

将式(9.3.4)代入式(9.3.3)可得:

$$\sin\varphi_i = \frac{n_1}{n_0}\sin(90°-\varphi_k) = \frac{n_1}{n_0}\cos\varphi_k = \frac{n_1}{n_0}\sqrt{1-\sin^2\varphi_k} \qquad (9.3.5)$$

由式(9.3.2)可得:

$$\sin\varphi_k = \frac{n_2}{n_1}\sin\varphi_r \qquad (9.3.6)$$

将式(9.3.6)代入式(9.3.5)可得: $\sin\varphi_i = \frac{n_1}{n_0}\sqrt{1-\left(\frac{n_2}{n_1}\sin\varphi_r\right)^2}$ (9.3.7)

因为空气的折射率 $n_0 \approx 1$,所以由式(9.3.7)得到:

$$\sin\varphi_i = n_1\sqrt{1-\left(\frac{n_2}{n_1}\sin\varphi_r\right)^2} = \sqrt{n_1^2-(n_2\sin\varphi_r)^2} \qquad (9.3.8)$$

以上,由式(9.3.1)到式(9.3.8)的推导过程,就是根据折射定律以及 φ_j 和 φ_k 之间的几何关系,找到 φ_i 和 φ_r 之间关系的过程。下面根据式(9.3.8)作进一步的分析。由几何光学中的全反射条件可得出如下几条结论。

(1) 当 $\varphi_r > 90°$ 时,由图 9.3.1 可知,纤芯中的光线 BC 就不再产生折射而会产生全反射。满足这一条件时,入射光线 AB 将会全部在纤芯中传输,而不会有一部分通过折射传输到包层中去。

(2) 当 $\varphi_r < 90°$ 时,由图 9.3.1 可知,纤芯中的光线 BC 有一部分会产生折射而进入包层,另一部分虽可产生反射而在纤芯中继续传输,但经多次折射后很快会在光纤中消失。

(3) 当 $\varphi_r = 90°$ 时,由图 9.3.1 可知,纤芯中的光线 BC 就不再产生折射而会沿着纤芯和包层的交界面传输,这一种情况介于上两种情况之间,称为临界状态。在临界状态时光线 AB 的入射角 φ_i 称为临界入射角,并以专用符号 φ_{i0} 表示。

(4) 由折射定律可知,在图 9.3.1 中,只有当 $n_1 > n_2$ 时才可能产生全反射现象,也即是只有光线从光密媒质射入光疏媒质时,才可能产生全反射现象。

(5) 根据在图 9.3.1 中上述 4 个角的几何关系和折射定理,可知有如下变化的因果关系:

$$\varphi_i \downarrow \Rightarrow \varphi_j \downarrow \Rightarrow \varphi_k \uparrow \Rightarrow \varphi_r \uparrow$$

由上述角度变化的因果关系可知,要想使入射光线能完全在光纤中传输,不在包层中产生折射,则必要条件是光线进入光纤的入射角 φ_i 应当小于临界入射角 φ_{i0}。

在图 9.3.1 中,因为 $\varphi_r = 90°$ 时所对应的入射角 φ_i 为临界入射角 φ_{i0}。所以由式(9.3.8)可得:

$$\sin\varphi_{i0} = \sqrt{n_1^2-(n_2\sin 90°)^2} = \sqrt{n_1^2-n_2^2} \qquad (9.3.9)$$

令

$$NA = \sin\varphi_{i0} = \sqrt{n_1^2-(n_2\sin 90°)^2} = \sqrt{n_1^2-n_2^2} \qquad (9.3.10)$$

NA 称为该光纤的数值孔径,反之,$\varphi_{i0} = \arcsin(NA)$。

9.3.2 数值孔径 NA 的几何含义

数值孔径 NA 是临界入射角 φ_{i0} 的正弦值,它以数值的大小形象地表示了一个锥体孔径的大小,如图 9.3.2 所示。图中,光线 AB 的入射角为 φ_{i0}。将 AB 射线绕光纤的轴线 OO' 旋转一周,旋转过程中保持入射角 φ_{i0} 不变,即得到一个以 B 为顶点的圆锥体,过 A 点作一垂直于 OO' 轴的平面,与锥体相交即可得圆锥体的底面。令线段 AB=1,则圆锥体底面的半径即等于数值孔径 NA。这就是数值孔径 NA 的几何含义。

只要光线是从圆锥体底面内部射入光纤的,其入射角 φ_i 均能满足 $\sin\varphi_i < NA$,也即 $\varphi_i < \arcsin(NA) = \varphi_{i0}$ 的条件,因此可以进入光纤后,会产生全反射而得以传输。反之,当光线进

入光纤的入射角 $\varphi_i > \arcsin(NA) = \varphi_{i0}$ 时,则会在光纤中消失,而不能在光纤中传输。

9.4 光纤传感器的结构原理及分类

9.4.1 光纤传感器结构原理

以电为基础的传感器是一种将被测物理量转变为电量的装置,主要敏感元件、转换元件、信号接收和处理系统以及辅助设备等组成。传输信息均用金属导线完成。光纤传感器则是一种把被测量的状态转变为可测的光信号的装置。一般由光发送器、敏感元件(光纤或非光纤)、光接收器(或光探测器)、信号处理系统以及光纤、光无源器件等构成,如图 9.4.1 所示。

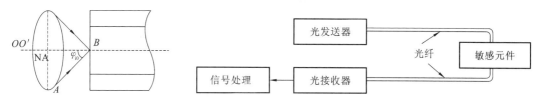

图 9.3.2　数值孔径 NA 的几何含义　　　　图 9.4.1　光纤传感器的一般结构

图 9.4.1 表明,由光发送器发出的光经光纤传导至敏感元件,光的某一性质受到同时作用于敏感元件的被测量的调制,已调光经接收光纤耦合到光接收器,使光信号变为电信号,最后经信号处理系统处理得到所需要的被测量。

要指出的是,光无源器件是一种不必借助外部的任何光或电的能量,由自身能够完成某种光学功能的光学元器件,光无源器件按其功能可分为光连接器件、光衰减器件、光功率分配器件、光波长分配器件、光隔离器件、光开关器件、光调制器件等。如图 9.4.1 所示的光纤和其他器件的连接,必须要用到光连接器件或光隔离器件等,为了突出重点,在图中都省略了。

从本质上分析,光就是一种电磁波,其波长范围从极远红外的 1 mm 到极远紫外线的 10 nm。电磁波的物理作用和生物化学作用主要因其中的电场而引起。因此,在研究讨论光的测量时必须考虑光的电矢量 $\vec{E}$ 的振动。电矢量通常用下式表示:

$$\vec{E} = \vec{A}\sin(\omega t + \varphi) \tag{9.4.1}$$

式中:$\vec{A}$——电场 $\vec{E}$ 的振幅矢量;

ω——光波的振动频率;

φ——光相位;

t——光的传播时间。

由式(9.4.1)可知,只要使光的强度、偏振态(矢量 $\vec{A}$ 的方向)、频率和相位等参量之一随被测物理量状态的变化而变化,或者说受被测量调制,那么,就可通过对光的强度调制、偏振调制、频率调制或相位调制等进行解调,获得所需要的被测物理量的信息。

9.4.2　光纤传感器的分类

根据不同的需要和目的,光纤传感器可以有不同的分类方法,常用的有如下几种不同的分类。

1. 根据光纤在传感器中的作用分类

根据光纤在传感器中的作用的不同,光纤传感器可分为功能型、非功能型和拾光型三大类。下面分别进行简单介绍。

1) 功能型(全光纤型)光纤传感器

光纤在其中不仅是导光媒质,而且也是敏感元件,光在光纤内受被测量调制,即利用被测量直接或间接对光纤中传送光的光强、偏振态、相位、波长等进行调制而制成的传感器,如图 9.4.2 所示。

功能型光纤传感器的优点是结构紧凑、灵敏度高;缺点是制作技术难度高,结构复杂,调整困难。功能型光纤传感器只能采用单模光纤,因此成本较高,其典型例子如光纤陀螺、光纤水听器等。

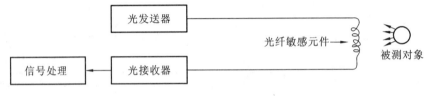

图 9.4.2　功能型光纤传感器

2) 非功能型光纤传感器

非功能型光纤传感器又称传光型光纤传感器。在非功能型光纤传感器中,光纤不是敏感元件,只是起着传输光波的作用。一般来说,在光纤的端面放置光学材料及敏感元件来感受被测物理量的变化,从而使透射光或反射光的强度随之发生变化来进行检测,如图 9.4.3 所示。

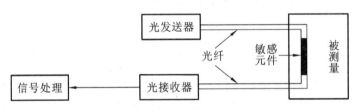

图 9.4.3　非功能型光纤传感器

非功能型光纤传感器的特点是结构简单、工作可靠、技术上简单,但灵敏度、测量精度一般低于功能型光纤传感器,可用于对灵敏度要求不太高的场合。非功能型光纤传感器主要采用多模光纤,且要求光纤具有足够大的受光量和传输的光功率。

3) 拾光型光纤传感器

拾光型光纤传感器又称探针型光纤传感器。在拾光型光纤传感器中,用光纤作为探头,接收由被测对象辐射的光或被其反射、散射的光,如图 9.4.4 所示。其典型例子如光纤激光多普勒速度计、辐射式光纤温度传感器等。

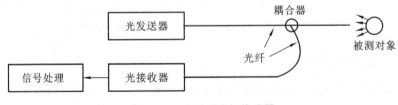

图 9.4.4　拾光型光纤传感器

2. 根据光受被测对象的调制形式来分类

首先介绍光调制技术的基本概念,"光调制"与"电调制"有许多相似之处。

光调制技术是指在时域上用被测信号对一个高频信号(如光纤传感器中的光信号)的某特征参量(如幅值、频率或相位等)进行控制,使该特征参量随着被测信号的变化而变化,这样原来的被测信号就被这个受控制的高频振荡信号所携带。一般将控制高频信号的被测信号称为调制信号;载送被测信号的高频信号称为载波;经过调制后的高频振荡信号称为已调制波。

按照调制方式分类,光调制可以分为强度调制、相位调制、频率调制、偏振调制和波长调制等。所有这些调制过程都可以归结为将一个携带信息的信号叠加到载波——光波上,而能完成这一过程的器件称为调制器。调制器能使载波光波参数随外信号的变化而改变,这些参数包括光波的强度(幅值)、相位、频率、偏振、波长等。被信息调制的光波在光纤中传输,然后再由光探测系统解调,将原信号恢复。

根据光受被测对象的调制形式来分类,光纤传感器可分为强度调制型光纤传感器、偏振调制型光纤传感器、频率调制型光纤传感器、相位调制型传感器等四种。下面分别进行介绍。

1) 强度调制型光纤传感器

这是一种利用被测对象的变化引起敏感元件的折射、吸收或反射等参数的变化,而导致光强度变化来实现敏感测量的传感器。常见的有利用光纤的微弯损耗,各物质的吸收特性,振动膜或液晶的反射光强度的变化,物质因各种粒子射线或化学、机械的激励而发光的现象以及物质的荧光辐射或光路的遮断等构成压力、振动、温度、位移、气体等各种强度调制型光纤传感器。这类光纤传感器的优点是结构简单、容易实现、成本低;其缺点是受光源强度的波动和连接器损耗变化等的影响较大。

强度调制型光纤传感器的工作原理如图 9.4.5 所示。当光源发出光强 I_i 恒定的光波射入调制区,在被测量场强 I_S 的作用下,输出光波强度被 I_S 调制,载有被测量信息的出射光 I_o 的包络线线与 I_S 形状相同,再通过光接收器进行解调,输出有用信号 I_S。

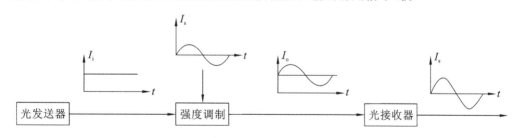

图 9.4.5 强度调制工作原理

2) 频率调制型光纤传感器

这是一种利用由被测对象引起的光频率的变化进行监测的传感器。常见的有:利用运动物体反射光和散射光的多普勒效应的光纤速度、流速、振动、压力、加速度传感器;利用物质受强光照射时的拉曼散射构成的测量气体浓度或监测大气污染的气体传感器;利用光致发光的温度传感器等。

3) 相位调制型光纤传感器

相位调制型光纤传感器的基本原理是利用被测对象对敏感元件的作用,使敏感元件的折射率或传播系数发生变化,而导致光的相位变化,然后用干涉仪把相位变化变换为振幅变化,从而还原所检测的物理量。因此,相位调制与干涉测量技术并用,构成相位调制的干涉型光纤传感器。

常见的有:利用光弹效应的声、压力或振动传感器;利用磁致伸缩效应的电流、磁场传感器;利用电致伸缩的电场、电压传感器以及利用 Sagnac 效应的旋转角速度传感器(光纤陀螺)等。这类传感器的灵敏度很高,但由于需用特殊光纤及高精度检测系统,因此成本较高。

4) 偏振调制型光纤传感器

这是一种利用光的偏振态的变化传递被测对象信息的传感器。常见的有:利用光在磁场中媒质内传播的法拉第效应做成的电流、磁场传感器;利用光在电场中的压电晶体内传播的泡克耳斯效应做成的电场、电压传感器;利用物质的光弹效应构成的压力、振动或声传感器;利用光纤的双折射性构成的温度、压力、振动等传感器。这类传感器可以避免光源强度变化的影响,因此灵敏度较高。

9.5 光纤传感器的主要元器件及选择

9.5.1 光纤

光纤是制造光纤传感器必不可少的元件。目前市场上常见的有阶跃型、渐变型型多模光纤和单模光纤,它们的结构及折射率如图 9.5.1 所示。选用光纤时需考虑以下几方面的因素。

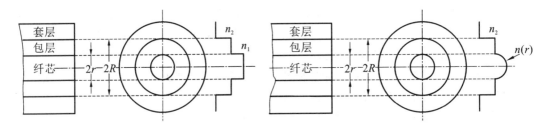

图 9.5.1 常用阶跃型和渐变型光纤的结构及其折射率分布的剖面图

1. 光纤的数值孔径 NA

数值孔径 NA 是衡量光纤聚光能力的参量,数值孔径 NA 越大,光纤的聚光能力越强。从提高光源与光纤之间耦合效率的角度分析,要求使用大数值孔径 NA 的光纤。虽然 NA 越大,光纤的模色散越严重,传输信息的容量就越小,然而对大多数光纤传感器的应用来说,不存在信息容量的问题。因此,传感器所用光纤以具有最大数值孔径 NA 为宜。一般要求为:

$$0.2 \leqslant NA < 0.4 \tag{9.5.1}$$

2. 光纤传输损耗

对于光纤通信来说,光纤传输损耗是光纤的最重要的光学特征,它在很大程度上决定了远距离光纤通信中继站的跨距。但是,光纤传感系统中,除了远距离监测用传感器系统外,其他绝大部分传感器所用的光纤,特别是作为敏感元件作用的光纤,长者不足 4 m,短者只有数毫米。为此,传感器用光纤,尤其是作为敏感元件用特殊光纤,可放宽其传输损耗的要求。一般传输损耗小于 10 dB/km 的光纤均可采用,这样的光纤价格也相对较低。

3. 色散

色散是影响光纤信息容量的重要参量。但正如前面指出的,对于大多数传感器来说,不存在信息容量的问题,因而可以放宽对光纤色散的要求。

4. 光纤的强度

对于通信或传感器来说,都毫无例外地要求光纤有较高的强度。

9.5.2 光源

由于光纤传感器工作环境的特殊性,因此对光源要求比较高,概括起来对光源的要求有:①体积小,便于和光纤耦合;②辐射波长适当,以减少在光纤中传输的损耗;③有足够的亮度,稳定性好;④噪声小,连续工作寿命长等。

此外,许多光纤传感器中,还要求光源的相干性好。光纤传感器使用的光源有很多种,按照光的相干性可分为相干光源和非相干光源。常用的非相干光源有白炽光源和发光二极管光源。相干光源有各种激光器,如半导体激光二极管(LD)和氦氖激光器等。

9.5.3 光探测器

由于光纤中的损耗,经过长距离传输后的光信号一般十分微弱,因此要求光探测器必须具有较好的性能。

(1) 在工作波长上应该有较高的响应度或灵敏度,对较小的入射光功率应能产生较大的光电流。

(2) 响应速度要快,频带要宽,噪声应该尽可能小,对温度变化应该不敏感,同时线性度要好,具有高保真性。

(3) 在外观上其体积与光纤尺寸匹配,使用寿命长,价格合理等。

能够满足这些要求,适合于光纤通信实际需要的光探测器主要是光电型探测器。其中,最基本的光电探测器有 PIN 光电二极管和雪崩光电二极管。

雪崩光电二极管(APD)的优点是其本身具有增益,从而提高了系统的灵敏度,其增益一般为 10~100,最大可达数千。但由于这种增益特性严重地依赖于温度,因此它的偏置电路需要有适当的热漂移补偿。而且增益对电场也极为敏感,因此即使在恒温下,其偏压也必须保持恒定,一般要求稳定到几十毫伏数量级。此外,雪崩增益是一个随机过程,增益的均方值 $\overline{m^2}$ 大于其平均值的平方 M^2。于是就产生了过剩噪声通常用噪声因子 $F(m)=\overline{m^2}/M^2$ 来描述。其中,穿透型雪崩光电二极管(RAPD)的过剩噪声十分小,增益为 100 时,过剩噪声因子仅为 5;Si-APD 的量子效率几乎高达 100%,响应时间约为 1 ns,暗电流为 10^{-13} μA,过剩噪声相当小;Ge-APD 可工作在 1.2~1.6 μm 波段,但噪声较大,增益为 10 时,过剩噪声因子可达到 7。常用的光探测器的主要性能见表 9.5.1。

表 9.5.1 常用光探测器的主要性能

光探测器	功率范围	波 段	量子效率	响应频率	暗 电 流
光电二极管 (PIN)	受闪烁噪声限制,一般 $P>100$ nW	0.4~1.6 μm 视材料而定	60%~90%,视材料而定	>16 Hz	Si-PIN 100 pA~1 μA Ge-PIN 1μA~10 μA
微型组件 (PIN-FET)	受热噪声限制,一般 $P<100$ nW	0.8~0.9 μm 最好在 1.3~1.5 μm	超过 50%	>1 GHz	

续表

光探测器	功率范围	波段	量子效率	响应频率	暗电流
雪崩光电二极管（APD）	增益为 $10\sim10$ 时，$P<100$ nW	$0.8\sim0.9$ μm 也可用于 $1.3\sim1.5$ μm	90%以上	>1 GHz	si-APD 500 pA$\sim$5 A Ge-APD 5 nA$\sim$5 μA
光电倍增管（PMT）	能检测 10^{19} W，通常用于<1 nW功率，过高会损坏阴极	$0.1\sim1.0$ μm	<50%	$\sim$100 MHz	

9.6 光纤传感器的应用

9.6.1 光纤温度传感器

光纤温度传感器的种类很多，有功能型的，也有传光型的。下面介绍几种典型的已实用化的光纤温度传感器的原理、性能及特征。

1. 双金属热变形遮光式光纤温度计

如图 9.6.1 所示为利用双金属热变形的遮光式光纤温度计。当温度变化时，双金属的变形量也随之变化，带动遮光板在垂直方向产生位移的变化，从而使输出光线被遮挡的量发生变化，光接收器接收到的光强随之发生变化，从而使显示出的温度也发生相应的变化。这种形式的光纤温度计能测量 $10\sim50$ ℃的温度，检测精度约为 0.5 ℃。其缺点是输出光强受壳体振动的影响，且响应时间较长，一般需几分钟。

2. 半导体吸收式光纤温度传感器

利用半导体吸收光子的原理制成的光纤温度计的基本结构如图 9.6.2 所示，该温度计由光源、固定外套、加强管、光纤、半导体薄片、光接收器等几部分组成。这种光纤温度计的结构简单，制作简单。

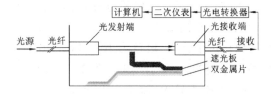

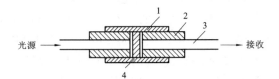

图 9.6.1 双金属热变形遮光式光纤温度计

图 9.6.2 半导体吸收式光纤温度计
1—固定外套；2—加强管；3—光纤；4—半导体薄片

根据半导体物理学的相关知识可知，透过半导体的透射光强度随温度的升高而减弱，其原因是半导体材料的禁带宽度随温度的升高几乎线性地变窄，使得材料的光吸收能力增强。光波经过半导体材料时，被吸收的光功率增加，则透过半导体的光功率减小。

3. 消耗型光纤辐射高温测量系统

消耗型光纤辐射高温测量系统结构框图如图 9.6.3 所示。

测量时，测量光纤插入钢水内部约 40 cm深。光纤可采用金属套层光纤，光纤插入钢水瞬间，光纤被烧蚀，端面形成半圆形凹面，这时，在金属套层被烧蚀前，光纤最前端可近似视为黑体。在测量段光纤被烧蚀前，钢水测量点处的温度可传出。钢水内部温度通过对光纤端面的辐射由光纤传输到光电转换及单片机处理系统。

9.6.2 光纤压力传感器

光纤压力传感器有强度调制型、相位调制型和偏振调制型三类。强度调制型光纤压力传感器大多是基于弹性元件受压变形,将压力信号转换成位移信号检测,故常使用位移的光纤检测技术;相位调制型光纤压力传感器则是利用光纤本身作为敏感元件;偏振调制型光纤压力传感器主要是利用晶体的光弹性效应。其中,强度调制型光纤压力传感器应用较广。

1. 膜片反射式光纤压力传感器

膜片反射式光纤压力传感器的结构示意图如图 9.6.4 所示。在 Y 形光纤束的前端放置一感压膜片。当膜片受压力 p 变形时,使光纤束与膜片间的距离发生变化,从而使输出光强受到调制。

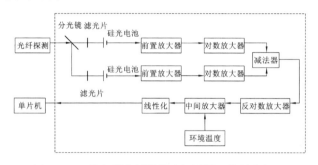

图 9.6.3 消耗型光纤辐射高温测量系统结构框图

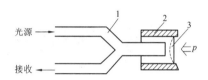

图 9.6.4 膜片反射式光纤压力传感器的结构示意图

1—光纤束;2—壳体;3—感压膜片

弹性膜片的材料可以是恒弹性金属,如殷钢、铍青铜等。但金属材料的弹性模量有一定的温度系数,因此要考虑温度补偿。若选用石英膜片,则可以减小温度变化带来的影响。膜片的安装采用周边固定,焊接到外壳上。对于不同的测量范围,可选择不同的膜片尺寸。一般来说,膜片的厚度在 0.05~0.2 mm 之间为宜。

在一定范围内,膜片中心挠度与所加的压力成线性关系。若利用 Y 形光纤束位移特性的线性区,则传感器的输出光功率亦与待测压力成线性关系。这种光纤压力传感器结构简单、体积小、使用方便,但如果光源不够稳定或长期使用后膜片的反射率有所下降,其精度将受到影响。

2. 微弯光纤压力传感器

微弯光纤压力传感器的结构如图 9.6.5 所示。由图可知,微弯光纤压力传感器由一对锯齿板构成的变形器和夹在变形器中间的光纤组成,两锯齿间距为 d,F 表示压力,S 代表光源,D 代表光探测器。

当光纤不受力时,光线从光纤中穿过,没有能量损失。当锯齿板受外力作用而产生位移时,光纤会发生许多微弯,原来光束以小于临界入射角的角度入射,能在纤芯内产生全反射而传输。但在微弯处,不满足产生全反射的条件,一部分光将逸出,散射入包层中。当受力增加时,光纤微弯的程度也增大,泄漏到包层的散射光随之增加,纤芯输出的光强度相应减小。因此,通过检测纤芯的输出光功率,就能测得引起微弯的压力、声压,或检测由压力引起的位移等物理量。

9.6.3 光纤液位、电流传感器

液位、流量、流速的检测广泛地应用于化工、机械、水利、石油、医疗、污染监测及控制等领域。传统的传感技术很难解决在易燃、易爆、空间狭窄及具有强腐性气体、液体以及射线污染环境下的检测。例如,炼油厂储油罐的液位及流量的检测,不允许传感器带电,以做到严格的安全防爆。又如,对大型电解槽的液位检测,传感器必须耐腐蚀和抗电磁干扰。在这些场合下,光纤传感器具有其独特的特点。

1. 球面光纤液位传感器

球面光纤液位传感器的结构如图 9.6.6(a)所示,其中,LED 为光源,PD 为光探测器;图 9.6.6(b)所示为测量原理示意图。将光纤用高温火焰烧软后对折,并将端部烧结成球状。光源的光由光纤的一端导入。在球状对折端部一部分光透射出去,而另一部分光反射回来,由光纤的另一端导向探测器。反射光强的大小取决于被测介质的折射率。被测介质的折射率与光纤折射率越接近,反射光强度越小。显然,探头处于空气中时比处于液体中时的反射光强要大。因此,该探头可用于液位报警。若以探头在空气中时的反射光强度为基准,则当探头接触水时反射光强变化为 $-7 \sim -6$ dB,接触油时反射光强变化为 $-30 \sim -25$ dB。

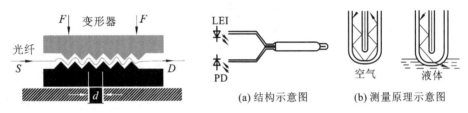

图 9.6.5 微弯光纤压力传感器　　　图 9.6.6 球面光纤液位传感器

这种液位报警探头体积小、响应快、成本低,可用于液位监视、报警,也可用于两种液体分界面的监测。

图 9.6.7 所示为反射式斜端面光纤液位探头的两种结构。图 9.6.7(a)所示是将两根光纤前端削成斜端面;图 9.6.7(b)所示为在两根光纤前端装一块三角形棱镜。同样,当探头接触液面时,将引起反射回另一根光纤的光强减小。这种形式的探头在空气中和水中时的反射光强度差约在 20 dB 以上。

2. 光纤电流传感器

光纤电流传感器的测量原理是基于线偏振光的法拉第磁光效应,即线偏振光在传播过程中,当受到沿光传播方向的磁场作用时,线偏振光的偏振面将发生偏转,其偏转角度与磁场强度有关。若被测电流正比于磁场强度,则可以实现电流的非接触式检测。此方法可用于高压输电电线中电流的测量。

图 9.6.8 所示为偏振调制光纤电流传感器工作原理图。单模光纤绕制在高压输电电线上,感受电线电流磁场的影响。检测线偏振光偏转角的大小,即可获得相应的电流值。

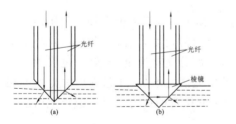
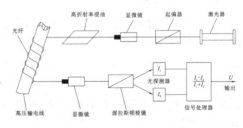

图 9.6.7 反射式斜端面光纤液位探头　　　图 9.6.8 偏振调制光纤电流传感器原理示意图

激光器发出的激光束经起偏器变成线偏振光,再经过 10 倍的显微镜聚焦耦合到单模光纤中,为了消除光纤中的包层的影响,把光纤浸泡在高折射率的油盒中。绕在高压输电线上的光纤,在电流磁场的作用下产生磁光效应,使通过光纤的线偏振光的偏振面发生偏转。光纤输出的偏振光经显微镜耦合到渥拉斯顿棱镜,将出射的偏振光束分成振动方向相互垂直的两束偏振光。调整渥拉斯顿棱镜主轴与入射光偏振方向成45°夹角,两相互垂直的偏振光经过光接收器解调出的电流信号为 I_1 和 I_2,两路电流信号同时送入信号处理器,经过处理后输出电压信号,根据信号处理器输出电压的大小即可测得高压输电线中的电流。

最后要指出的是,以上介绍的所有光纤传感器的应用,只是进行了定性的原理分析,若要做到实用化的准确的数字显示,还需进行基本原理公式的推导、电路设计与试验工作等。

习 题 9

9.1 简述光纤的结构和传光原理。

9.2 光导纤维可以分成哪几类?

9.3 光导纤维的主要参数有哪些?

9.4 光纤的数值孔径 NA 的几何含义是什么?对 NA 的取值有何要求?

9.5 已知:光纤纤芯的折射率 $n_1 = 1.46$,包层的折射率 $n_2 = 1.45$,空气的折射率 $n_0 = 1$。求:(1)数值孔径 NA;(2)光纤的临界入射角 φ_{i0}。

9.6 光导纤维的传输特性有哪些?

9.7 简述光纤传感器的结构和工作原理。

9.8 光纤传感器的分类方法有几种?

9.9 根据光纤在传感器中的作用来分类,光纤传感器可以分成哪几种?

9.10 简述功能型光纤传感器中光纤的作用,并举例说明。

9.11 简述非功能型光纤传感器中光纤的作用,并举例说明。

9.12 简述拾光型光纤传感器中光纤的作用,并举例说明。

9.13 根据光受被测对象的调制形式来分类,光纤传感器可以分成哪几种?

9.14 简述强度调制型光纤传感器的工作原理,并举例说明。

9.15 简述频率调制型光纤传感器的工作原理,并举例说明。

9.16 简述相位调制型光纤传感器的工作原理,并举例说明。

9.17 简述偏振调制型光纤传感器的工作原理,并举例说明。

9.18 光纤传感器中有哪些主要元器件?

9.19 如何选择光纤传感器中的光纤?依据是什么?

9.20 如何选择光纤传感器中的光源?依据是什么?

9.21 光纤传感器中常用的光源有哪些?

9.22 如何选择光纤传感器中的光探测器?依据是什么?

9.23 光纤传感器中常用的光探测器有哪些?

9.24 光纤传感器可以测量的物理量有哪些?

9.25 画出双金属热变形遮光式光纤温度计的结构框图,简述其工作原理。

9.26 画出半导体吸收式光纤温度计的结构图,简述其工作原理。

9.27 画出消耗型光纤辐射高温测量系统的结构框图,说明其工作原理和工作过程,分析其中硅光电池的作用。

9.28 常用的光纤压力传感器有哪几种类型?哪种类型应用较广?

9.29 画出膜片反射式光纤压力传感器的结构示意图,说明其工作原理和优缺点。

9.30 画出微弯光纤压力传感器的结构图,简述其工作原理和优缺点。

9.31 画出球面光纤液位传感器的结构图,简述其工作原理和优缺点。

9.32 画出反射式斜端面光纤液位探头的两种结构图,分别简述其工作原理和优缺点。

9.33 画出光纤电流传感器的原理示意图,简述其测量原理。假定图中 I_1、I_2 为已知,设计信号处理电路。

第10章 光电探测器及其应用

10.1 光的基本性质与度量

10.1.1 光的波粒二象性

光电探测器的工作原理是基于光和物质的相互作用。光实质上是以电磁波的方式辐射的物质，它具有波粒二象性。自 19 世纪证实了光是一种电磁波后，科学家们又经过大量的实验，进一步证实了 X 射线、γ 射线也都是电磁波。它们的电磁特性相同，只是频率（或波长）不同而已。如果按波长（或频率）的次序排列成谱，则构成了电磁波谱。可见光在电磁波谱中的位置如图 10.1.1 所示。整个电磁波谱按波长排列可细分为 22 个不同的波段，各波段电磁波的产生、传输及检测等技术均不相同，研究方法和应用领域也不相同，自然地形成了不同的科学技术领域。红外线、可见光、紫外线所用的研究方法大体相同，因而统称为"光学波段"。由于光的频率极高（$10^{12} \sim 10^{16}$ Hz），数值很大，使用起来很不方便，所以图 10.1.1 中采用波长来表征。光学波段光的波长范围约从 1 mm 到 10 nm。在图 10.1.1 中从红外线向左边数过去，波长越来越长，依次为微米波、毫米波（图中未标出）、无线电波。甚低频的无线电波的波长可达 10^5 m。从红外线向右边数过去，波长越来越短，依次为可见光、紫外线、X 射线、γ 射线。习惯上将红外线、可见光和紫外线又进行细分，如图 10.1.2 所示。

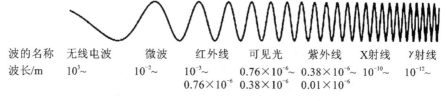

图 10.1.1 光在电磁波谱中的位置

红外线 {远红外 1 mm~20 μm
(1 mm~0.76 μm) {中红外 20 μm~1.5 μm
{近红外 1.5 μm~0.76 μm

可见光 {红色 760 nm~650 nm
(760 nm~380 nm) {橙色 650 nm~590 nm
{黄色 590 nm~570 nm
{绿色 570 nm~490 nm
{青色 490 nm~460 nm
{蓝色 460 nm~430 nm
{紫色 430 nm~380 nm

紫外线 {近紫外 380 nm~300 nm
(380 nm~10 nm) {中紫外 300 nm~200 nm
{真空紫外 200 nm~10 nm

图 10.1.2 红外线、可见光和紫外线按波长的细分结构

380~760 nm（或 0.38~0.76 μm）范围内的电磁波可被人眼感受到，该波段内的电磁波称为可见光。在可见光范围内，不同频率的光波引起人眼不同的颜色感觉，可见光对应的频率范围是：

$$\nu = (7.889 \sim 3.945) \times 10^{14} \text{ Hz}$$

真空中电磁波的传播速度是一个重要的物理量，最初通过测量可见光的传播速度得到它的数值，因此称为光速。目前，国际公认的真空中光速 c 的数值为：$c = 299\ 792\ 458$ m/s。一般取 $c = 3 \times 10^8$ m/s。光在大气中的传播速度和真空中光速近似相等。光速 c、光的

频率 ν 与波长 λ 之间的关系为：

$$c = \nu\lambda \tag{10.1.1}$$

光不仅具有电磁波的特性，光本身就是由一个个不可分割的光子组成的，频率为 ν 的光波，其光子的能量 E 为 $h\nu$，即：

$$E = h\nu = h\frac{c}{\lambda} \tag{10.1.2}$$

式中：h 为普朗克常数，$h = 6.626 \times 10^{-34}$ J·s；ν 为光波频率，Hz。

由式(10.1.2)可知，光波的频率越高（或波长越短），其光子的能量就越大。

10.1.2 电磁辐射的度量

在图 10.1.1 所示的电磁波谱中，各谱段的电磁波都有各自的特性和用途，在研究和应用过程中需要知道电磁波辐射能的大小、辐射强度、辐射功率以及探测器接收到的电磁波辐射能的大小、辐射功率、辐射源的性质等，这里当然包括"光学波段"在内。为避免和光度量混淆，辐射度量都加下标"e"(emission)。下面分别进行介绍。

1. 辐射能 Q_e

辐射能是指物体以辐射形式发射、传播或接收的能量，是辐射度量的基本量，其他辐射量均可由此量导出，其单位是焦耳(J)。

2. 辐射能密度 W_e

辐射能密度是指辐射体辐射过程中辐射空间单位体积 $\mathrm{d}V$ 内的辐射能，其表达式为：

$$W_e = \frac{\mathrm{d}Q_e}{\mathrm{d}V} \tag{10.1.3}$$

其单位是焦耳/米³(J·m⁻³)。

3. 辐射通量 Φ_e

辐射通量是指单位时间内辐射源发出的所有波长的辐射能，又称为辐射功率，其表达式为：

$$\Phi_e = \frac{\mathrm{d}Q_e}{\mathrm{d}t} \tag{10.1.4}$$

其单位是瓦(W 或者 J/s)，辐射通量 Φ_e 有时可用 P 表示。

4. 辐射强度 I_e

辐射强度是指辐射源在给定方向上的单位立体角内所辐射出的辐射通量，其表达式为：

$$I_e = \frac{\mathrm{d}\Phi_e}{\mathrm{d}\Omega} \tag{10.1.5}$$

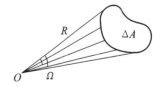

图 10.1.3 立体角的图示

其单位是瓦/球面度(W/sr)。式(10.1.5)中，立体角的定义为：一个任意形状锥面所包含的空间称为立体角。立体角的符号为 Ω，单位是 sr(球面度)。如图 10.1.3 所示，ΔA 是半径为 R 的球面的一部分，ΔA 的边缘各点对球心 O 连线所包围的那部分空间称为立体角。立体角的数值为部分球面面积 ΔA 与球半径平方之比，即：

$$\Omega = \frac{\Delta A}{R^2} \tag{10.1.6}$$

以 O 为球心、R 为半径作球，若立体角 Ω 截出的球面部分的面积为 R^2，则此球面部分所对应的立体角称为一个单位立体角,或一球面度,用符号 sr 表示。例如,半径为 R 的球,其整个球面所对应的立体角,根据定义式(10.1.6)为:

$$\varOmega = \frac{\Delta A}{R^2} = \frac{4\pi R^2}{R^2} = 4\pi (\text{sr})$$

整个球面所对应的立体角是整个空间,故又称为 4π 空间,同理可得半个球面所对应的立体角为 2π 空间。

辐射强度 I_e 的定义既适用于点辐射源,也适用于面辐射源,如图 10.1.4 所示。

5. 辐射出射度 M_e

辐射出射度是指面辐射体在单位面积内所辐射出的辐射通量,是用来反映面辐射源单位面积辐射能力的物理量。其定义式为:

$$M_e = \frac{\mathrm{d}\varPhi_e}{\mathrm{d}A} \tag{10.1.7}$$

式中:$\mathrm{d}\varPhi_e$ 是辐射体面积元 $\mathrm{d}A$(面积元有时也用 $\mathrm{d}S$ 表示)向半球空间(2π 立体角)内所发出的辐射通量。M_e 的单位是瓦/平方米($\mathrm{W\cdot m^{-2}}$)。

6. 辐射亮度(又称辐射率)L_e

对于面辐射源而言,辐射源在给定方向上的辐射亮度,是辐射面在该方向上的辐射强度与辐射面在垂直于该方向的投影面积之比,如图 10.1.4 所示。

按上述定义,由图 10.1.4 可得:

$$L_e = \lim_{\substack{\Delta A_\theta \to 0 \\ \Delta \varOmega \to 0}} \left(\frac{\Delta^2 \varPhi_e}{\Delta A_\theta \Delta \varOmega} \right) = \frac{\partial^2 \varPhi_e}{\partial A_\theta \partial \varOmega} = \frac{\partial^2 \varPhi_e}{\partial A \partial \varOmega \cos\theta} \tag{10.1.8a}$$

辐射亮度的单位是:瓦/平方米·球面度($\mathrm{W/m^2 \cdot sr}$)。

根据式(10.1.5),辐射亮度又可写成:

$$L_e = \frac{\mathrm{d}}{\mathrm{d}A_\theta} \left(\frac{\mathrm{d}\varPhi_e}{\mathrm{d}\varOmega} \right) = \frac{\mathrm{d}I_e}{\mathrm{d}A_\theta} = \frac{\mathrm{d}I_e}{\mathrm{d}A\cos\theta} \tag{10.1.8b}$$

7. 辐照度 E_e

辐照度表示接收光辐射的物体(如探测器)单位面积接收到的辐射通量,其表达式为:

$$E_e = \frac{\mathrm{d}\varPhi_e}{\mathrm{d}A} \tag{10.1.9}$$

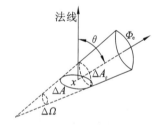

图 10.1.4 解释辐射亮度的原理图

辐照度 E_e 的单位是:瓦/平方米($\mathrm{W/m^2}$)。应注意辐照度 E_e 和辐射出射度 M_e 的异同点。

要指出的是,以上定义的各辐射量是在整个电磁波谱内的。如果要考虑各辐射量按波长的分布,则需要另外给出定义,分别得到的是各辐射量按波长分布的谱密度函数。这里不作详细介绍,需要使用时再讨论。

10.1.3 可见光的度量

以上介绍的各物理量适用于电磁波的全波段,因此也包括可见光波段。可见光的波长范围是 380~760 nm(或 0.380~0.760 μm),由于能被人眼感知,因此称为可见光。但是人眼对不同波长的可见光具有不同的敏感性,这是因为人的视神经对各种不同波长的光的感光灵敏度是不一样的,其中对绿光(波长 555 nm)最灵敏,其中对红光的灵敏度则要低得多。另外,由于不同的人的视觉生理和心理作用不一样,不同的人对各种波长的光的灵敏度也有差别。

国际照明委员会根据对人的大量观察结果,用平均值的方法,确定了人眼对各种波长的光的相对灵敏度,称为"标准光度观察者"的光谱光视效率 $V(\lambda)$,或称为视见函数。

$V(\lambda)$ 的最大值在 555 nm 处,此时,$V(\lambda)=1$,其他波长的 $V(\lambda)$ 都小于 1。视见函数 $V(\lambda)$ 的波形如图 10.1.5 所示。波长在 380~760 nm 区间以外的电磁辐射,人眼是感觉不到的,因此 $V(\lambda)=0$,只能用仪器测量或专用的接收机接收。图 10.1.5 中实线为在视场较亮时测得的曲线,$V(\lambda)$ 称为明视觉曲线;虚线为在视场较暗时测得的曲

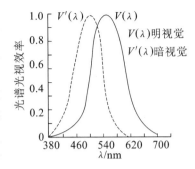

图 10.1.5 视见函数 $V(\lambda)$

线,$V'(\lambda)$ 称为暗视觉曲线。由图可知,暗视觉曲线 $V'(\lambda)$ 的最大值相对于明视觉曲线 $V(\lambda)$ 向短波长方向移动了约 50 nm。本章中将要介绍的所有光度计量均以明视觉曲线为基础。

除了特殊用途的光源外,大量的光源是用于照明光源的,照明光源的特性只用前面所叙述的一些辐射量参数来描述是不够的。因为辐射量参数并没有考虑到人眼的作用,由于照明的效果最终是由人眼来评定的,因此,照明光源的光学特性必须用基于人眼视觉的光学参量即"光度量"来描述。

因为光度量是描述光辐射能为人眼接受后所引起的视觉刺激大小的强度,即光度量是"标准光度观察者"的眼睛所接收到的光辐射量的度量,为主观量,故光度量都加下标"v"(visual)以区别于辐射度量。并且光度量的适用波长范围是 0.38~0.78 μm,在此波长范围外,视觉曲线 $V(\lambda)=0$,人眼是感觉不到的。下面分别介绍光度量的各个参数,并将它们与相对应的辐射度量进行比较。

1. 光通量 Φ_v

光通量 Φ_v 是光源的光辐射通量 Φ_e 对人眼所引起的视觉强度值,其单位为流明(lm)。

因为光辐射通量 Φ_e 的定义是:单位时间内辐射源发出的所有波长的辐射能,又称为辐射功率,单位是瓦(W 或者 J/s)。其表达式由式(10.1.4)给出,为:

$$\Phi_e = \frac{dQ_e}{dt} \tag{10.1.10}$$

所以光通量与辐射通量的关系是:

$$\Phi_v = \int_{380}^{780} \Phi_e(\lambda) V(\lambda) d\lambda \tag{10.1.11}$$

式中:$\Phi_e(\lambda)$ 即为上文提及的辐射通量的谱密度函数;$V(\lambda)$ 为视见函数;积分区间为可见光的波长区间,波长的单位为 nm。

这里对辐射通量的谱密度函数 $\Phi_e(\lambda)$ 解释如下。

由式(10.1.11)可知光通量 Φ_v 的单位和光辐射通量 Φ_e 的单位应该相同,都是功率的单位瓦(W 或者 J/s)。而辐射通量的谱密度函数 $\Phi_e(\lambda)$ 是表示单位波长内的光辐射通量 Φ_e 的大小,其单位是 W/nm。

还要指出的是,在光度学中光通量 Φ_v 的单位是流明(lm),并且不能确定地计算出流明与瓦之间的关系。因为光通量与人的主观感觉有关,不是一个客观的物理量,所以光通量 Φ_v 不仅与辐射通量 Φ_e 有关,还与光源的性质,即光源的效率、光谱特性等有关。例如,LED 是半导体发光器件,能使很小的通过电流几乎全部转化成可见光。LED 光效可达 50~

200 lm/W。而220 V的白炽灯泡瓦数与流明的换算关系是:15 W对应101 lm、25 W对应198 lm、40 W对应340 lm、60 W对应540 lm。由以上分析可知,两种不同的光源,若具有相同的输入功率,其光通量 Φ_v 是不一样的。即使是同一种光源,在不同的输入功率时,因转换效率的不同,故每瓦的输入功率所产生的光通量 Φ_v 是不同的。

2. 发光强度 I_v

光源在给定方向上单位立体角内所发出的光通量,称为光源在该方向上发光强度。发光强度是描述光源发光能力大小的参数,其定义式为:

$$I_v = \frac{\mathrm{d}\Phi_v}{\mathrm{d}\Omega} \tag{10.1.12a}$$

发光强度 I_v 的单位是"流明/球面度"或写成"lm/sr",也可用坎德拉(cd)表示,并且 1 cd = 1 lm/sr。与发光强度 I_v 对应的辐射量是辐射强度 I_e。发光强度在光度量中是基本量,由发光强度 I_v 出发可得到其他的光度量。例如,由式(10.1.12)可得出光通量和发光强度之间的积分关系式为:

$$\Phi_v = \int I_v \mathrm{d}\Omega \tag{10.1.12b}$$

发光强度和其他光度量的关系,详见表10.1.1。

3. 光出射度 M_v

光源表面给定点处单位面积向半空间内所发出的光通量,称为光源在该点的光出射度。光出射度是描述光源表面给定点发光能力大小的参数,其定义式为:

$$M_v = \frac{\mathrm{d}\Phi_v}{\mathrm{d}A} \tag{10.1.13}$$

其单位为流明/米^2(lm/m^2)。

4. 光照度 E_v

被照明物体在给定点处单位面积上的入射光通量称为该点的光照度。其表达式为:

$$E_v = \frac{\mathrm{d}\Phi_v}{\mathrm{d}A} \tag{10.1.14}$$

其单位是靳克斯(lx),1 lx = 1 m/m^2。

5. 光亮度 L_v

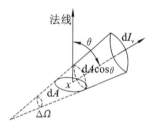

图 10.1.6 光亮度定义示意图

光源表面某点处的面元 dA 在给定方向上的发光强度 dI_v 与该面元在垂直于给定方向的平面上的投影面积 d$A\cos\theta$ 之比(见图10.1.6),称为光源在该方向上的亮度。其表达式为:

$$L_v = \frac{\mathrm{d}I_v}{\mathrm{d}A\cos\theta} \tag{10.1.15}$$

式中:θ 为给定方向与面元法线方向的夹角。

光亮度 L_v 的单位是坎德拉/米^2(cd/m^2)。

6. 光量 Q_v

光通量 Φ_v 对时间的积分,称为光量。其表达式为:

$$Q_v = \int_0^t \Phi_v(\tau)\mathrm{d}\tau \tag{10.1.16}$$

其单位为流明·秒(lm·s)。

为便于学习和对比,将常用辐射度量和光度量之间的对应关系,列于表10.1.1中。

表 10.1.1 常用辐射度量和光度量之间的对应关系

辐射度物理量				对应的光度量			
物理量名称	符号	定义式	单位	物理量名称	符号	定义式	单位
辐射能	Q_s	基本量	J	光量	Q_v	$Q_v = \int \Phi_v dt$	lm·s
辐射通量	Φ_s	$\Phi_s = dQ_s/dt$	W	光通量	Φ_v	$\Phi_v = \int I_v d\Omega$	lm
辐射出射度	M_s	$M_s = d\Phi_s/ds$	W/m²	光出射度	M_v	$M_v = d\Phi_v/dS$	lm/m²
辐射强度	I_s	$I_s = d\Phi_s/d\Omega$	W/sr	发光强度	I_v	基本量	cd
辐射亮度	L_s	$L_s = dI_s/(dS\cos\theta)$	W/m²·sr	（光）亮度	L_v	$L_v = dI_v/(dS\cos\theta)$	cd/m²
辐射照度	E_s	$E_s = d\Phi_s/dA$	W/m²	（光）照度	E_v	$M_v = d\Phi_v/dA$	lx

> **注意**：辐射度物理量，是用能量单位描述光辐射能的客观物理量；而光度量(0.38～0.78 μm)，是描述光辐射能为"标准光度观察者"所引起的视觉刺激大小的强度，即光度量是"标准光度观察者"的人眼所接收到辐射量的度量，为主观量。
>
> 辐射度量和光度量二者在研究方法和概念上非常类似，它们的物理量也是一一对应的。只是，光度量只在光谱的可见光波段(380～780 nm)才有意义。为避免混淆，辐射度量加下标"e"(emission)，光度量加下标"v"(visual)。

10.2 光子探测器及其应用

光子探测器可以探测一个一个的光子，故光子探测器又称为光子计数器。光电倍增管是光子计数器的核心部件，它将接收到的一个一个光子转变为电脉冲信号，这种电脉冲信号是通过光子转换而来，因此称为光电信号。要使光电倍增管正常工作，必须配备制冷器和高压电源。

光电倍增管虽然是光子计数器的核心部件，但并不是所有的光电倍增管都适于制作光子计数器。实际工作中对用于光子计数器的光电倍增管有一些特殊的要求。

10.2.1 光电倍增管的工作原理

对于光电倍增管的工作原理，已有许多文献进行了详细的阐述，这里仅为了说明光子计数器对光电倍增管的特殊要求，对光电倍增管的工作原理进行简要介绍，不作深入讨论。

1. 光电倍增管的结构

光电倍增管是利用外光电效应把入射光子转变为光电信号的探测器。光电倍增管的结构示意图如图 10.2.1 所示。图中，K 是光电阴极，D 是聚焦极，$D_1 \sim D_{10}$ 为倍增极（又称打拿极），a 为阳极。

入射光子的能量如果大于光电阴极材料的逸出功，那么一个入射光子便能激发出一个电子,这个电子在聚焦极 D 和第一倍增极 D_1 电压的作用下,高速射向第一倍增极 D_1,D_1 会产生二次电子发射。这些二次电子又在电场的作用下,高速射向 D_2,D_2 又产生二次电子发射,这样二次电子发射一直持续下去,直到 D_{10}。D_{10} 产生的二次电子被阳极 a 收集形成阳极电流 I_a,阳极电流在阳极负载 R_L 上形成光电倍增管的输出电压。

2. 渡越时间和渡越时间离散

设在时刻 $t=0$ 时,光电阴极 K 接受了一个能量大于光电阴极材料逸出功的入射光子,发出一个电子,按前述倍增原理,在各倍增极的不断倍增作用下,会有 $n(n=10^5 \sim 10^8)$ 个电子到达阳极,形成阳极电流。由于在倍增过程中,各极二次电子飞越的轨道不可能完全一致,因此,到达阳极的 n 个电子不可能是同一时刻到达的。设这 n 个电子中第一个到达阳极的时刻是 $t=t_1$,而最后一个到达阳极的时刻是 $t=t_n$,可以简单地定义渡越时间为 $\tau=\dfrac{t_1+t_n}{2}$,定义渡越时间离散为 $\Delta\tau=t_n-t_1$。

渡越时间离散 $\Delta\tau$ 和渡越时间 τ 都与光电倍增管的结构有关。光电倍增管的结构分为聚焦型和非聚焦型两类,聚焦型又分为直列聚焦式和圆形鼠笼聚焦式两种。

直列聚焦式光电倍增管的结构如图 10.2.2 所示。它的倍增极的形状具有特定的弧形,这种弧形结构可形成一个聚焦电场,使前级的二次发射电子能准确地射到本倍增极的中央。另外,还采取了一些附加措施来抑制空间电荷效应,因此这种结构的光电倍增管的渡越时间离散 $\Delta\tau$ 很小,渡越时间 τ 也较小。若将其光阴极也制成曲面形状,如图 10.2.3 所示,则这种光电倍增管最适宜作为光子计数器使用。

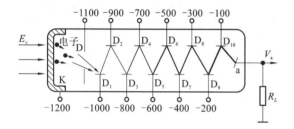

图 10.2.1 光电倍增管的结构示意图

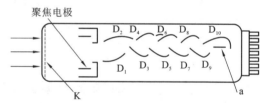

图 10.2.2 直列聚焦式光电倍增管的结构

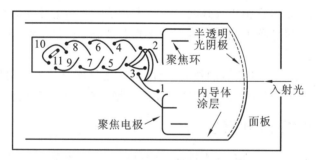

图 10.2.3 光阴极为曲面形状的光电倍增管;
1~10—倍增极;11—阳极

3. 光电倍增管的增益与二次电子发射系数

由光阴极与第一倍增极 D_1 之间形成的电流称为阴极电流 I_k,由最后一个倍增极与阳极之间形成的电流称为阳极电流 I_a,则倍增管的增益 G 定义为:

$$G = \frac{I_a}{I_k} \tag{10.2.1}$$

设某一倍增极的入射电子数为 N_1，在 N_1 的激发下，产生的二次电子数为 N_2，则定义该倍增极的倍增系数为：

$$m = \frac{N_2}{N_1} \tag{10.2.2}$$

倍增系数又称为二次电子发射系数，其值一般为 3～6，视倍增极的材料和工作偏压而定。如果采用新的倍增极材料，m 值可达 50，甚至更高。

在理想情况下，设阴极和倍增极发射的电子都被阳极所收集，则光电倍增管的增益 G 和倍增极的二次电子发射系数 m 之间的关系为

$$G = m^n \tag{10.2.3}$$

这里 n 为倍增极的个数，一般为 9～14，为了简单，设每个倍增极的倍增系数是相等的。若 m 的取值范围按 3～6 计，n 按 9～14 计，则光电倍增管的增益 G 可高达 7.8×10^{10}，一般为 $10^5 \sim 10^8$ 之间。

4. 光电倍增管的阳极电流脉冲与输出电压脉冲

一个光子被光电倍增管的光阴极吸收后，如果能在阳极形成一个电流脉冲，则其曲线如图 10.2.4(b) 所示。其中，图 10.2.4(a) 所示为电荷累积的时间宽度，定义 t_w 为电流的脉冲宽度，其典型值为 10～20 ns。取光电倍增管的增益 $G = 10^6$，$t_w = 20$ ns，则可计算出阳极电流脉冲的高度为：

$$I_a = \frac{10^6 q}{t_w} = \frac{10^6 \times 1.6 \times 10^{-19} \, C}{20 \times 10^{-9} \, s} = 8 \, \mu A$$

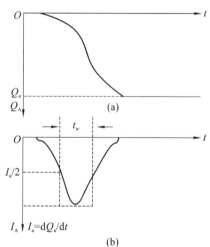

阳极输出压脉冲 V_a 的形状与大小，则与阳极负载 R_a 和分布电容 C_a 有很大的关系。对于设计得好的光电子计数器，$C_a \leqslant 20$ pF，取阳极负载 $R_a = 50 \, \Omega$，则阳极时间常数 $R_a C_a = 1$ ns。在这种情况下，电压脉冲与电流脉冲形状相同，如图 10.2.4(c) 所示。加大电容将使脉冲变小变宽，加大电阻则将使脉冲变大变宽，均不符合光学计数的要求。在正常的 $R_a C_a$ 情况下，阳极电压的幅度为：

$$V_a = I_a \cdot R_a = 8 \, \mu A \times 50 \, \Omega = 0.4 \, mV$$

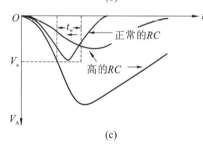

图 10.2.4 阳极电流脉冲

注意：这个数据是以光电倍增管的增益 $G = 10^6$ 为例计算得出的，不同的光电倍增管，其增益 G 是不同的，且 G 与偏置电压有关。

10.2.2 光电倍增管的偏置电路与接地方式

为了使光电倍增管正常工作，获得稳定的增益 G 并使阳极输出电压有最大的信噪比和较窄的脉冲高度，必须设计合理的偏置电路。

光电倍增管的偏置电路都是用电阻分压器组成的,如图 10.2.5 所示。一般总电压 V_{ak} 在 900～2 000 V 之间,由实验确定。各倍增极电压在 80～150 V 之间。理论分析表明各倍增极电压的稳定与否将严重地影响光电倍增管的增益 G 的稳定性。

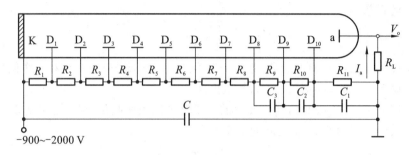

图 10.2.5　光电倍增管的偏置电路-电阻分压器

在图 10.2.5 所示的分压电路中,随着倍增极电流的增大,对分压电阻电流的分流愈大,因而会造成倍增极电压的不稳定,尤其是靠近阳极的最后几个倍增极。为了减小倍增极电流变化带来的倍增极电压不稳,要求各分压电阻取得适当值以保证流过电阻链的电流 I_R 比最大阳极电流 I_{amax} 大得多。通常要求:

$$I_R \geqslant 20 I_{amax} \tag{10.2.4}$$

但是 I_R 值也不能取得太大,否则分压电阻的功耗增大,分压电阻的功耗过大会使光电倍增管的管壳内温度明显升高,从而增加热电子发射,即增加了噪声。分压电阻值通常在 20 kΩ～1 MΩ 范围内为宜。

由于最后几级倍增极的瞬时电流很大,在图 10.2.5 中会使 $R_9 \sim R_{11}$ 上的压降产生明显的跳变,导致倍增极电压不稳。为此,常在最后三级电阻上并联稳压电容 C_1、C_2 和 C_3,使电阻链上的分压基本不变。电容值的大小,可根据稳压的要求决定。设阳极电流峰值为 I_{am},脉冲宽度为 t_w,假定最后一级倍增极发射的电子束全部被阳极吸收,则电子电荷量为:

$$Q_n = \int_0^{t_w} I_{am} dt = I_{am} t_w \tag{10.2.5}$$

此电量由稳压电容 C_1 提供,并引起电容 C_1 两端电压减小,因此有: $\Delta V_{C1} = \dfrac{Q_n}{C_1}$。如果在工作过程中,要求 ΔV_{C1} 小于某个值,即可据此求得 C_1 之大小。通常并联电容值在 0.002～0.05 μF 之间即足够。

光电倍增管的阳极和阴极间的直流高压可采用 DC-DC 变换器产生,而 DC-DC 变换器的电源供给则是普通的低压直流稳压电源,光电倍增管的一种供电方框图如图 10.2.6 所示。

一个带有前置串联开关稳压器的 DC-DC 变换器稳压电路如图 10.2.7 所示。

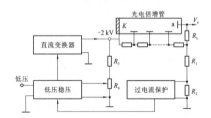 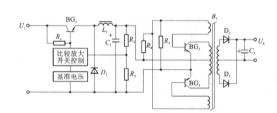

图 10.2.6　光电倍增管的供电方框图　　图 10.2.7　带有前置串联开关稳压器的 DC-DC 变换器稳压电路

光电倍增管工作时,阳极电压总是高于阴极电压的,但其接地方式有两种。一种是阴极接地,此时阳极为正高压;另一种是阳极接地,此时阴极为负高压,分别如图 10.2.8(a)、(b)所示。这两种接地方式各有其优缺点。

(1) 阴地接地时,阳极输出必须接一个耐高压的电容器,以便将阳极高压与前置前大器隔离,这个电容器的接入使得输出端 $R_a C_a$ 时间常数变大,破坏了输出的高频特性。

(2) 阳极接地的优点是可直接与前置放大器耦合。这种接法的缺点是噪声比较大。因为这种接法的阴极为负高压,光电倍增管工作时为了安全一般外罩必须接地,这就意味着外罩的壁和光电倍增管内部电极之间有很大的负压,特别是对阳极和靠近阳极的倍增极,由于这个高压,可能在阴极和倍增极与外罩间形成漏电流,这个漏电流流经玻璃时会产生荧光。如果管壁有荧光,荧光发射的光子将会到达光阴极,产生误计数。为了克服这个缺点,必须在外罩里面加一层屏蔽,置于光电倍增管的管壁和外罩内壁之间,此屏蔽经一个电阻连接到阳极,这样就不会再有漏电流流经光电倍增管的管壁,从而消除了荧光,也消除了荧光带来的误计数。

10.2.3 光子计数器中的放大器

光子计数器中的光电倍增管一般采用阳极接地方式工作,这种阳极输出电流脉冲可直接耦合到一个低输入阻抗的宽频带放大器的输入端。按前面的相关计算可知,如果阳极脉冲电流幅度为 8 μA,宽度为 20 ns,前置放大器(后面简称为前放)的输入阻抗为 50 Ω,则前放输入端电压脉冲幅度为 0.4 mV,脉冲宽度亦为 20 ns。假定该脉冲近似为矩形方波,由信号分析可知,该信号的带宽 $B_f = \dfrac{1}{t_w} = 50$ MHz,如果 $t_w = 10$ ns,则 $B_f = 100$ MHz。因此前置放大器的通频带必须大于 100 MHz。一个由三极管构成的共基极宽带放大器如图 10.2.9 所示。由于鉴别器的输入电平在 0~5 V 之间,为了提高检测性能,正常的光子产生的电脉冲幅度应在 2.5 V 左右,故放大器的总放大倍数应为 2.5 V/0.4 mV,即 6 000 倍左右。因此,仅用一级前放是不够的,还必须有一到二极主放大器,这些主放大器也必须是宽频带放大器。当放大器的级数增多时,其通频带会变窄,为了避免过多增加放大器的级数,常将鉴别器的输入电平降低到几十毫伏或几百毫伏。

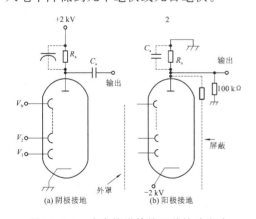

图 10.2.8 光电倍增管的两种接地方式

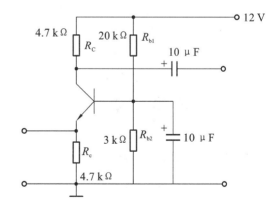

图 10.2.9 共基极宽带放大器

10.2.4 光子计数器测量弱光的上限

光子计数器是测量弱光的仪器,如果被检测光束光子的速率过大,则光电倍增管不能分辨,无法计数。因此,光子计数器只能对光子速率在 $R_{max} = 10^8$ 个光子/秒以下的光子束进行计数测量,这是由光电倍增管的渡越时间离散 $\Delta \tau$ 决定的。前面已指出,光电倍增管的渡越时间离散 $\Delta \tau$ 为 10~20 ns,因此输出电流脉冲的半宽度 t_w 亦为 10~20 ns。假定光电倍增管后续的放大器有足够的带宽,鉴别器和脉冲计数器都有足够高的速率的理想情况下,为了分

辨每个光电脉冲,光子速率最大值只能为:

$$R_{max} = \frac{1}{t_w} = \frac{1}{10 \text{ ns}} = 10^8 \text{ 个光子/秒}$$

以发光二极管发射的 560 nm 波长的黄绿光计算,其光功率为:

$$P_m = h\nu \cdot R_m = h \cdot \frac{c}{\lambda} R_m \tag{10.2.6}$$

式中:h 为普朗克常数,$h = 6.626 \times 10^{-34}$ J·s;c 为光速,$c = 3.0 \times 10^8$ m/s;λ 为黄绿光波长,$\lambda = 560 \times 10^{-9}$ m。

将数据代入后可求得:

$$P_m = 3.55 \times 10^{-11} \text{ W}$$

实际上光子计数器可以测量计数的弱光的光强要远低于这个数值,约在 10^{-14} W 以下。

研究人员用光子计数器对这种波长为 560 nm 的弱光进行探测时,在示波器上显示的光电倍增管输出电流波形如图 10.2.10 所示。

图 10.2.10(d)说明当光功率为 10^{-16} W 时,在 1 ms 时间内出现几个高脉冲,其数值不断变化,有时甚至等于零。图 10.2.10(b)说明光功率为 10^{-14} W 时,则在 1 ms 内可出现几十到几百个幅度较大的脉冲及大量的小脉冲,也会夹杂着由几个电流脉冲堆积而成的高脉冲,它是多个光子同时到达光阴极造成的。如果光功率再增大,如图 10.2.10(a)所示,光功率为 10^{-13} W 时,已看不到清晰的脉冲,说明光电管倍增管已来不及分辨单个光子了。

10.2.5 光子计数器中的鉴别器

光子计数器中的鉴别器位于放大器的后面,鉴别器的任务是将由光子产生的脉冲电压选择出来进行计数而将倍增极热电子发射产生的小脉冲去掉。但是由光阴极的热电子发射产生的暗计数脉冲,由于其与光子产生的脉冲幅度一样,因此鉴别器是无法将它去掉的,这种暗计数只有通过两次测量进行扣除。在进行高计数率的测量时,存在双光子峰,因此鉴别器还必须对这种脉冲幅度是正常单光子脉冲 2 倍的双光子脉冲输出 2 个脉冲供计数器计数。符合上述要求的双阈值鉴别器方框图如图 10.2.11 所示。这种鉴别器由于有两个阈值电平,故可设有三种工作方式,如表 10.2.1 所示。现将各种工作方式的原理介绍如下。

(a) 光强 10^{-13} W 光电速率脉冲及噪声

(b) 光强 10^{-14} W 光电速率脉冲及噪声

(c) 光强 10^{-15} W 光电速率脉冲及噪声

(d) 光强 10^{-16} W 光电速率脉冲及噪声

图 10.2.10 不同光强下,光电管倍增管的输出电流波形

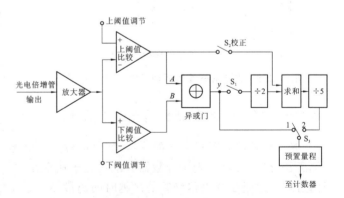

图 10.2.11 双阈值鉴别器

表 10.2.1　双阈值电平鉴别器的工作方式

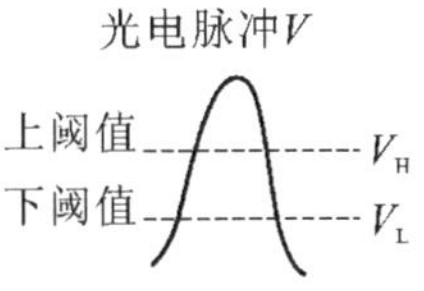

脉冲幅度	输出计数脉冲个数		
	单电平方式	窗口工作方式	校正工作方式
$V<V_L$	0	0	0
$V_L<V<V_H$	1	1	1
$V_H<V$	1	0	2

1. 单电平工作方式

此时将上阈值调节到最高电平，实际上只有下阈值比较器工作，将下阈值调节到第一鉴别电平处，如图 10.2.12 所示。开关 S_3 置于"1"，计数器直接对异或门的输出计数。异或门的表达式为 $Y=\overline{Y}B+A\overline{B}$，其真值表见表 10.2.2。

表 10.2.2　异或门真值表

A	B	Y
0	0	0
0	1	1
1	0	1
1	1	0

在光子速率较高时，可用置"×10"方式工作。此时 S_1 合上，S_3 置于 2，鉴别器的输出脉冲个数已被除 10，故计数器的显示应"×10"才是实际读数。

2. 窗口工作方式

此时将上阈值调节到第二鉴别电平(见图 10.2.12)，只有当放大器的输出在第一、二鉴别电平之间时，鉴别器才有输出脉冲供计数器计数。读数方式同单电平工作方式，也可分为×10 和×1。处于这种工作方式时，默认高脉冲是由干扰引起的，故不予计数。

3. 校正工作方式

如果实际情况表明，放大器输出的高脉冲不是由干扰引起的，而是由双光子引起的，则应置于此种工作方式，此时 S_1、S_2 合上，S_3 置于"2"端。当放大器输出的脉冲在两鉴别电平之间时，异或门有输出，将其除以 10 后供计数器计数，此时工作方式和上述两种方式相同。当放大器的输出高于第二鉴别电平时，异或门无输出，但是上阈值比较器输出的脉冲经 S_2 和除 5 电路之后供计数器计数。这样它输出 5 个脉冲就等效于异或门输出 10 个脉冲，因为它少除了 2，其结果是一个高脉冲等于两个窗口内的脉冲，从而实现了校正的工作方式。

第一鉴别电平值和第二鉴别电平值，由光电倍增管的 PHD 曲线决定，如图 10.2.12 所示。关于 PHD 曲线的分析详见 10.2.6 节。

10.2.6　光子计数器中的单光子响应峰

光子计数器中使用的光电倍增管除了要达到前述的有关特性和要求之外，还应该有明显的单光子响应峰。可以通过实验来获得光电倍增管的脉冲高度分布曲线。如图 10.2.13 所示为测量光电倍增管的脉冲高度分布曲线的原理框图。

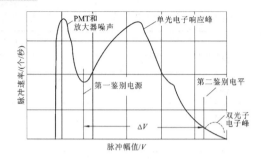

图 10.2.12 光电倍增管的 PHD 曲线与鉴别电平值

图 10.2.13 测量光电倍增管 PHD 曲线的原理框图

窗口比较器有两个比较电平 V_H 和 V_L。其中,V_H 为上限电平,V_L 为下限电平。当输入脉冲高度 V_i 在 V_H 和 V_L 之间,即 $V_H > V_i > V_L$ 时,窗口比较器输出一个计数脉冲,供计数器计数。选定不同的窄窗口,对确定的时间间隔进行计数,即可画出光电倍增管的 PHD 曲线。图 10.2.14 所示为几种光电倍增管的 PHD 曲线。典型的 PHD 曲线如图 10.2.15 所示,为了分析和比较的需要,给出峰谷比和分辨率的定义如下:

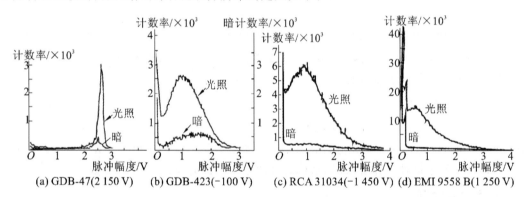

图 10.2.14 几种 PMT 的 PHD 曲线比较(测试窗宽:50 mV)

$$峰谷比 = \frac{单光子峰的输出脉冲幅度}{谷点输出脉冲幅度} = \frac{E_P}{E_V}$$

$$分辨率 = \frac{单光子峰的半宽度}{单光子峰的输入脉冲幅度} = \frac{\Delta E}{E_P}$$

峰谷比越大或分辨率越小的光电倍增管越适合于光子计数器使用。单光子峰的宽度 ΔE 与倍增极的二次电子发射系数的不均匀性有关。对于一个好的光电倍增管,配以高的计数率时,可以看到第二个双光子峰,这是两个光子形成的脉冲电流堆积所造成的。在低计数率的弱光下不存在明显的双光子峰。

10.2.7 光子计数器的计数坪区——最佳偏压的选择

对同一个光电倍增管测量它的计数率与阳极对阴极高压之间的关系时,发现当高压增加时,计数率增加。但是随着高压的增加,计数率逐渐出现一个变化缓慢的坪区。将光电倍增管置于完全黑暗状态测量其暗计数,则发现暗计数与高压的关系不存在坪区,暗计数是随高压增加而不断增加,这一现象如图10.2.16所示。图中横坐标V_h表示高压。

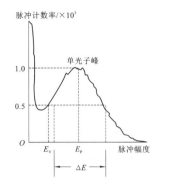
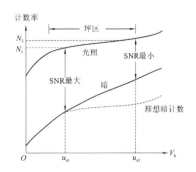

图 10.2.15 典型的 PHD 曲线　　图 10.2.16 光电倍增管的计数坪区

为了获得最大信噪比,阳极对阴极的高压应选择为u_{a1},即计数率开始进入坪区时的高压,这是最佳偏置电压。

表10.2.3列出了几种常用的光电倍增管的比较,小的暗计数适合于光子计数器使用。

表 10.2.3　较好的几种光子计数用光电倍增管的性能

管　型	生产厂商	阴极材料	阴极面积/mm²	0.1%QE 截止波长/nm	20 ℃暗计数
1P28	RCA	S5	200(侧)	650	300
8850	RCA	Bialkali	1500	700	200
C31034	RCA	CaAs	4×10	920	50(−25 ℃)
C31034A	RCA	CaAs(高 QE)	4×10	920	50(−25 ℃)
FW-130-1	ITT	S20	D=0.014″	860	5
FW-130-2	ITT	S20	0.4″×0.04″	860	500
9789QA	EMI	Bialkali	80	650	20

10.2.8　光子计数器的测量误差分析

提高光子计数器测量的准确率是光子计数器应用的一个主要课题,为了提高光子计数器测量的准确率,下面对影响准确率的各种因素进行分析。

假定光电倍增管的偏压设计调节合理,光电倍增管的增益$G=10^6$保持恒定,且放大器的带宽大于100 MHz,总放大倍数为6 000。根据前面的计算,在这些条件下,光阴极接收一个光子后,就会在放大器输出一个2.5 V的电压脉冲,该电压脉冲的形状与光电倍增管输出的电流脉冲形状相似。实际用示波器观察的结果是,除了2.5 V的脉冲外,还有很多远低于2.5 V的脉冲,还有高于2.5 V的脉冲,甚至还有接近5 V和高于5 V的脉冲。这是什么原因呢?那些低于2.5 V的脉冲是由各倍增极的热电子发射形成的,它们会造成错误计数。将光电倍增管制冷可以减小热电子的发射。在放大器之后设置鉴别器,将这些幅度低于2.5 V的脉冲去掉,就可以减少和消除这类错误计数。接近5 V甚至高于5 V的脉冲,称为双光子峰,它是由光阴极发射两个电子形成的。光阴极发射两个电子有可能是接收到了两个光子,也有可能是光阴极的热电子发射所致。还有可能是其他干扰造成(如玻璃发射、离子反馈等),因此在实际测量时应根据具体情况,将这种高脉冲去掉或者计数为2,这个任务也将由鉴别器来完成。同样,通过制冷,可以降低光阴极的热电子发射。由光阴极的热电子发射所引起的计数称为暗计数。暗计数可以通过去掉光源或遮挡光电倍增管的入射窗来进行测量。

实际上光电倍增管的增益 $G=10^6$ 不可能恒定不变,这是因为各倍增极的二次电子发射系数不可能恒定不变,有研究报道,倍增极的二次电子发射系数服从泊松分布。光电倍增管增益的波动,导致输出脉冲幅值的波动。在实际测量时,必须根据实验,合理调节鉴别器的阈值大小。

还有一个值得注意的问题是辐射源的波动。我们说某辐射源发射光子的速率 $R=10^5$ 个光子/秒,这只是一个平均值。实际上辐射源发射光子的速率是服从泊松分布的。更重要的是当 $R=10^5$ 个光子/秒时,并不意味着辐射源每隔 $\Delta t=10$ μs 就发射一个光子,有可能在某一瞬间发射了两个光子,而在另一瞬间则没有发射光子,只是平均意义上每隔 10 μs 发射一个光子。辐射源发射光子速率的涨落现象是双光子峰的成因。当然,光阴极的热电子发射也可能造成双光子峰。但是光阴极的热电子发射是可以通过制冷来消除的,而辐射源的涨落则不是对光子计数器采取改进措施就能消除的。辐射源的涨落只有对源进行分析研究之后才能得以改进。由辐射源本身的涨落所产生的噪声,称为光子噪声。作为测量仪器的光子计数器,能反应辐射源的涨落,则是测量仪精确度的表现,不能视为仪器的误差。

10.2.9 光子计数器的测量方法与应用

光子计数器是一种检测弱光的优良仪器,它在许多前沿学科的研究中得到了应用,下面就其测量方法与应用进行简单介绍。

1. 弱光光子速率的直接测量

弱光光子速率的直接测量法方框图如图 10.2.17 所示。

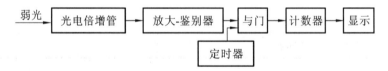

图 10.2.17 弱光光子速率的直接测量法方框图

弱光光子流射向光电倍增管的阴极,由光电倍增管转换并放大,送到放大鉴别器,鉴别器输出 TTL 电平的脉冲送到与门,与门的另一输入端由定时器控制,定时器工作时输出高电平,与门打开,鉴别器输出的脉冲通过与门被计数器计数并显示出来。定时器停止工作时输出低电平,与门关闭,计数器停止计数。计数结果 N 除以定时器的定时时间 T,即得计数数率 R。设光电倍增管光阴极的量子效率为 η,则弱光光子速率 r 与上述各量的关系为:

$$\eta \cdot r = R = \frac{N}{T}$$

于是可得:

$$r = \frac{R}{\eta} = \frac{N}{\eta T} \tag{10.2.7}$$

2. 恒定背景扣除测量法

在光子计数器中光电倍增管虽然工作在制冷条件下,但仍然会有少量的热电子发射。光电倍增管的热电子发射会产生暗计数,而且无法由鉴别器消除。另外,背景的杂散光进入光电倍增管,也会产生错误计数。在背景条件变化不显著的情况下,进行两次测量,可消除背景和光电阴极热电子发射的影响。

第一次测量按图 10.2.17 所示的方法进行,这时得到的光子速率记为 r_1;第二次测量仍按图 10.2.17 所示的方法进行,只是将弱光光源移去,其他条件不变,这时得到的光子速率记为 r_2。r_2 是背景及光电阴极热电子发射共同作用的结果。实际的弱光光子速率是二者之差 $r_1 - r_2$。

3. 背景计数自动扣除测量法

在背景杂散光变化较大的情况下,可采用背景计数自动扣除测量法。该方法原理框图如图 10.2.18 所示。

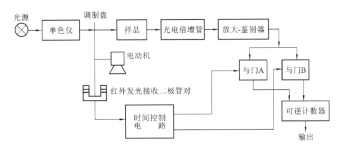

图 10.2.18 背景计数自动扣除测量法原理框图

其工作过程具体如下:从单色仪输出的单色光经调制盘斩光后,被样品吸收,透射光十分微弱。由于被斩光,故该弱光是断续的,将调制盘做成占空比为 1∶1,从而使断续时间也是 1∶1。该断续弱光光束由光电倍增管吸收后,经放大-鉴别器输出计数脉冲。该计数脉冲分为两路加到与门 A 和与门 B。同样,由红外发光接收二极管对从调制盘获取单色光被斩光的同步信息,通过时间控制电路产生两个控制信号使 A 和 B 轮流开通。当光通过调制盘时,A 门开通,计数脉冲送到可逆计数器的递增计数输入端。当光被调制盘遮挡时,A 门关闭,B 门开通,鉴别器输出的是背景计数脉冲,通过 B 门送到可逆计数器的递减计数输入端,这样便自动从总计数中减去了背景计数,当 A 门与 B 门每开通一次后,可逆计数器自动输出的便是弱光的光子计数。

10.2.10 模拟光子计数器

在弱光测量中,有时还需要得到信号光强随时间变化的关系,或者波长与光强分布的谱图时,就需把光子计数器输出的数字信号转换成模拟信号,具有这种功能的光子计数器称为模拟光子计数器。一种模拟光子计数器的原理框图如图 10.2.19 所示。

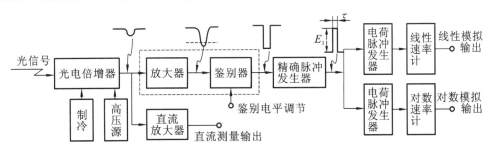

图 10.2.19 一种模拟光子计数器的原理框图

比较数字和模拟两种光子计数器的框图可知,模拟光子计数器比数字光子计数器多了一个直流测量输出端,另外还具有线性模拟输出端和对数模拟输出端。

在弱光功率较强时,可直接采用直流测量输出端直接进行光电流测试,这种功能是数字光子计数器所不具有的。

在正常弱光的情况下,线性速率计针对来自鉴别器的计数脉冲进行处理,输出对应于计数速率的模拟电压。

线性速率计原理图如图 10.2.20 所示。输入速率为 R_i 的光子经电荷脉冲发生器处理后,输出幅度恒为 E_i 和脉宽为 τ 的标准脉冲电压,并以电荷方式存储在电容 C 上。此电荷脉冲经过运放 A 组成的比例积分器积分后,得到与电荷脉冲速率平均值成正比的输出电压,即正比于计数速率的输出电压。对上述结论证明如下。

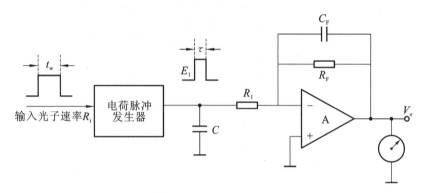

图 10.2.20 线性速率计原理图

设电容 C 上的电压为 $V_i(t)$,则用拉普拉斯变换可解得:

$$V_0(s) = -\frac{R_f}{R_1} \cdot \frac{1}{1+R_f C_f S} V_i(s) \qquad (10.2.8)$$

为了简单,现在用电容 C 上的平均电压 $\overline{V_i}$ 代替 $V_i(t)$。信号在 τ 期间对电容 C 充电,使电压升为 E_i,则电容中存储的电荷 $q=CE_i$,在两个脉冲间隔时间 T_i 期间,电容 C 放电,放电平均电流 $\overline{I_i}=\frac{q}{T_i}=\frac{CE_i}{T_i}$。因此平均输入电压 $\overline{V_i}=\overline{I_i} \cdot R_1=\frac{R_1 CE_i}{T_i}$,则 $V_i(s)=\frac{R_1 CE_i}{T_i} \cdot \frac{1}{S}$,将此式代入式(10.2.8)有:

$$V_0(s) = -\frac{CE_i}{C_f} \frac{1}{T_i} \cdot \frac{1}{S+\frac{1}{R_f C_f}} \qquad (10.2.9)$$

分解为分部分式后,取反拉氏变换得:

$$V_0(t) = \frac{R_f CE_i}{T_i}(1-e^{-\frac{t}{\tau_f}}) \qquad (10.2.10)$$

式中:$\tau_f = R_f C_f$。

由式(10.2.10)可以看出,线性速率计的输出电压 V_0 与脉冲间隔 T_i 成反比,而 T_i 又是与光脉冲速率 R_i 有关的,因而 V_0 反映了 R_i 的大小。

如果光子速率 R_i 过高时,线性速率计指令会产生过载,此时可采用对数速率计。对数速率计原理框图如图 10.2.21 所示。与线性速率计相比较,只是用对数放大器代替了比例积分器。同样,在两个脉冲间隔时间 T_i 期间,电容 C 放电的平均电流为:

$$\overline{I_i} = \frac{q}{T_i} = \frac{CE_i}{T_i}$$

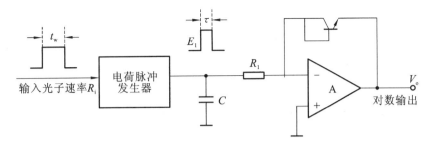

图 10.2.21 对数速率计原理框图

电容 C 上的平均电压为：

$$\overline{V_i} = \overline{I_i} \cdot R = \frac{RCE_i}{T_i}$$

设运放 A 为理想运放，则通过三极管的集电极电流为：

$$I_c = I_s(e^{\frac{V_{BE}}{V_T}} - 1)$$

式中：I_s 为发射结反向饱和电流；$V_T = \frac{kT}{q}$，为温度的电压当量，$T=300$ K 时，$V_T = 26$ mV；V_{BE} 为发射结的开启电压。在室温下，$e^{\frac{V_{BE}}{V_T}} \gg 1$。则有：

$$I_c = I_s e^{\frac{V_{BE}}{V_T}}$$

于是有：

$$V_{BE} = V_T \ln \frac{I_C}{I_S}$$

I_c 即为 $\overline{I_i}$，即 $I_c = \overline{I_i} = \frac{CE_i}{T_i}$，故得到：

$V_{BE} = V_T \ln \frac{CE_i}{I_s T_i}$，而 $V_0 = -V_{BE}$，则有：

$$V_0 = -V_{BE} = -V_T \ln \frac{CE_i}{I_s T_i} \tag{10.2.11}$$

由式(10.2.11)可以看出，输出电压 V_0 与 $1/T_i$ 成对数关系。而当光子速率 R_i 较高时，$1/T_i$ 也就较大；当 R_i 较小时，$1/T_i$ 较小。故输出电压 V_0 与光子速率成对数变换关系。

线性速率计和对数速率计的输入信号都是来自鉴别器的输出，它是高度恒定、宽度随光电倍增管的输出信号变化而变化的脉冲。为了使每一个计数脉冲变为同样大小的模拟量输出，必须将它们整形为宽度也一致的脉冲。这个任务即由电荷脉冲发生器完成。它实际上是一个单稳电路。如果给出有关参数，读者可自行设计这种电路。

10.3 光电导探测器及其应用

10.3.1 光电导探测器的工作原理

光电导探测器的工作原理是基于半导体材料的光电导效应。在光线(包括红外线和紫外线)的照射下，半导体材料内共价键上的电子吸收光子能量后从键合状态过渡到自由状态，从而引起材料电导率的增大，这种效应称为光电导效应。

根据半导体物理学的能带理论，当光线照射到本征半导体上，且入射光光子的能量 E 必须大于半导体材料的禁带宽度 E_g，即：

$$E = h\nu = \frac{hc}{\lambda} > E_g \tag{10.3.1}$$

时,才能将价带上的电子激发到导带上去。式(10.3.1)中,ν,λ分别为入射光的频率和波长。对于某种半导体材料,总存在一个入射光的波长限制λ_h,只有波长小于λ_h的光照射在半导体上,才能产生电子能级间的跃迁,光电材料价带上的电子才能被激发到导带上,从而使导带的电子和价带的空穴增加,致使光导体的电导率增大,如图10.3.1所示。λ_h就称为这种半导体材料的红波限。

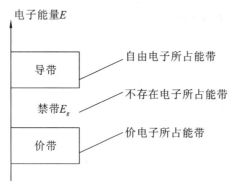

图 10.3.1　半导体材料的能带

尽管具有光电导效应的材料很多,但能用来制作有实用价值的光电导探测器的材料只有硅、锗、Ⅱ-Ⅵ族和Ⅲ-Ⅴ族化合物及少数有机材料。常用的单晶型光电导探测器制作材料有碲镉汞(HgCdTe)、锑化铟(InSb)、碲锡铅(PbSnTe)。这三种材料按不同配比,可制得不同响应波段及不同性能的光电导探测器。常用的多晶型光电导探测器制作材料主要有硫化铅(PbS)、硒化铅(PbSe)、锑化铅(PbTe)等。这三种铅盐材料可按不同配比制作出多种不同性能的薄膜型光电导探测器。

10.3.2　光敏电阻的结构、测试与命名法

光敏电阻是一种常用的价格低廉的光电导探测器。光敏电阻是薄膜元件,它是在陶瓷或玻璃衬底上覆盖一层光电半导体材料制成,如图10.3.2(a)所示。常用的半导体材料有硫化镉、硫化铝、硫化铅和硒化银等,半导体的两端装有金属电极,并从金属电极上引出导线。为了提高光敏电阻的灵敏度,其电极一般做成梳状电极,如图10.3.2(b)所示。同时,为了防止周围介质的污染,在半导体光敏层上覆盖一层漆膜,漆膜的成分应使它在光敏层最敏感的波长范围内透射率最大。

光敏电阻没有极性,纯粹是电阻器件,当无光照时光敏电阻的阻值很大。工作时既可以加直流电压,也可以加交流电压。光线照射光敏电阻时,半导体材料价带上的电子将被激发到导带上去,从而使导带的电子和价带的空穴增加,其电导率变大,电阻值会急剧减小,电路中电流增加;光照消失时,电阻会恢复原来的高阻值,电路中电流急剧减小。利用光敏电阻的这一特性,可在电路中作为光敏开关。

在使用前或检修过程中,可对光敏电阻的好坏进行检测,具体方法如下。

(1) 将光敏电阻的透光窗口用黑布地遮住,或将光敏电阻放入密闭的黑盒子里,此时用万用表测得的光敏电阻的阻值,称为暗电阻,阻值应为无穷大或接近无穷大。暗电阻越大说明光敏电阻性能越好。若暗电阻很小或接近为零,说明光敏电阻已烧穿损坏,不能再继续使用。

(2) 将一光源对准光敏电阻的透光窗口,此时用万用表测得的光敏电阻的阻值,称为亮电阻,应接近为零或小于200 Ω,亮电阻越小说明光敏电阻性能越好。若亮电阻很大甚至无穷大,表明光敏电阻内部电路损坏,也不能再继续使用。光敏电阻的实际产品如图10.3.3所示,其电路符号如图10.3.4所示。光敏电阻器的命名方法及型号的含义见表10.3.1。

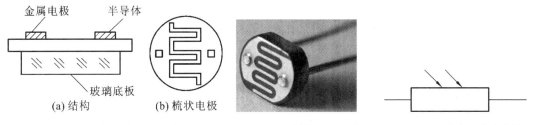

图 10.3.2　光敏电阻的结构和梳状电极　图10.3.3　光敏电阻实际产品　图 10.3.4　光敏电阻的电路符号

表 10.3.1　光敏电阻器的命名方法及型号的含义

第一部分:主称		第二部分:用途或特征		第三部分:序号
字母	含义	数字	含义	
MG	光敏电阻器	0	特殊	用数字表示序号,以区别该电阻器的外形尺寸及性能指标
		1	紫外光	
		2	紫外光	
		3	紫外光	
		4	可见光	
		5	可见光	
		6	可见光	
		7	红外光	
		8	红外光	
		9	红外光	

例如:MG45-14 表示可见光光敏电阻,5-14 为序号。

10.3.3　光敏电阻的特性

在使用光敏电阻设计控制电路时,除了要对其进行简单的测试以判断其好坏之外,还应对光敏电阻的特性有一个全面的了解,最重要的是其光谱特性。下面进行简单介绍。

1. 光敏电阻的暗电阻、亮电阻、光电流

- 暗电阻:光敏电阻在室温条件下,全暗(无光照射)后经过一定时间测量的电阻值,称为暗电阻。
- 暗电流:光敏电阻在室温条件下,全暗(无光照射)后经过一定时间,此时在给定电压下流过的电流,称为暗电流。
- 亮电流:光敏电阻在某一光照下的阻值,称为该光照下的亮电阻。此时流过的电流称为亮电流。
- 光电流:亮电流与暗电流之差,即为光电流。

光敏电阻的暗电阻越大,而亮电阻越小则性能越好。也就是说,暗电流越小,光电流越大,这样的光敏电阻的灵敏度越高。

实用的光敏电阻的暗电阻往往超过 1 MΩ,甚至高达 100 MΩ,而亮电阻则在几千欧以下,甚至 200 欧以下。暗电阻与亮电阻之比在 10²～10⁶ 之间,可见光敏电阻的灵敏度很高。

2. 光敏电阻的光照特性

图 10.3.5 表示 CdS 光敏电阻的光照特性,即在一定外加电压下,流过光敏电阻的光电流和光通量之间的关系。不同类型的光敏电阻,其光照特性不同,但光照特性曲线均呈非线性。因此光敏电阻不宜用作定量检测元件,这是其的不足之处。光敏电阻一般在自动控制系统中作为光电开关使用。

3. 光敏电阻的光谱特性

图 10.3.6 所示为硫化镉、硒化镉、硫化铅三种不同材料的光敏电阻的光谱特性。从图中可以看出,硫化铅光敏电阻在较宽的光谱范围内均有较高的灵敏度,峰值在红外区域,故硫化铅常用来制作红外探测器;硫化镉、硒化镉的峰值在可见光区域。因此,在选用光敏电阻时,应把光敏电阻的材料和光源的种类结合起来考虑,才能获得满意的效果。

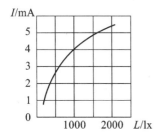
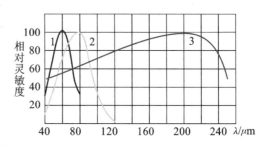

图 10.3.5　CdS 光敏电阻的光照特性　　图 10.3.6　三种不同材料的光敏电阻的光谱特性

1—硫化镉;2—硒化镉;3—硫化铅

根据光敏电阻的光谱特性,可将其分为三种类型,具体如下。

(1) 紫外光敏电阻器:对紫外线较灵敏,包括硫化镉、硒化镉光敏电阻器等,用于探测紫外线。

(2) 红外光敏电阻器:主要有硫化铅、碲化铅、硒化铅、锑化铟等光敏电阻器,广泛用于导弹制导、天文探测、非接触测量、人体病变探测、红外光谱、红外通信等国防、科学研究和工农业生产中。

(3) 可见光光敏电阻器:包括硒、硫化镉、硒化镉、碲化镉、砷化镓、硅、锗、硫化锌等光敏电阻器。主要用于各种光电控制系统,如光电自动开关门,航标灯、路灯和其他照明系统的自动亮灭,自动给水和自动停水装置,机械上的自动保护装置和"位置检测器",极薄零件的厚度检测器,照相机的自动曝光装置等。

4. 光敏电阻的伏安特性

如图 10.3.7 所示为光敏电阻的伏安特性。在一定照度下,加在光敏电阻两端的电压与电流之间的关系称为伏安特性。图中曲线 1、2 分别表示照度为零及照度为某值时的伏安特性。由曲线可知,在给定偏压下,光照度越大,光电流也越大。在一定的光照度下,所加的电压越大,光电流越大,而且无饱和现象。但是电压不能无限增大,因为任何光敏电阻都受额定功率、最高工作电压和额定电流的限制。超过最高工作电压和最大额定电流,可能导致光敏电阻永久性损坏。

5. 光敏电阻的频率特性

当光敏电阻受到脉冲光照射时,光电流要经过一段时间才能达到稳定值,而在停止光照后,光电流也不会立刻为零,这就是光敏电阻的时延特性的。由于不同材料的光敏电阻时延特性不同,所以它们的频率特性也不同,如图 10.3.8 所示,硫化铅的使用频率比硫化镉高得多,但多数光敏电阻的时延都比较大,所以,多数光敏电阻不能用于要求快速响应的场合。而硫化铅的工作频率可以达到 1 kHz。

6. 光敏电阻的温度特性

光敏电阻的性能(如灵敏度、暗电阻等)受温度的影响较大。随着温度的升高,其暗电阻和灵敏度下降,光谱特性曲线的峰值向波长短的方向移动,如图 10.3.9 所示。有时为了提高灵敏度,或者为了能够接收较长波段的辐射,将元件降温使用。例如,可利用制冷器使光敏电阻的温度降低。硫化镉的光电流 I 和温度 T 的关系如图 10.3.10 所示。由图 10.3.10 可以看出,随着温度的升高,光电流 I 迅速减小。

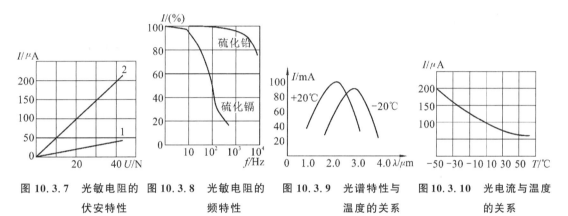

图 10.3.7 光敏电阻的伏安特性   图 10.3.8 光敏电阻的频特性   图 10.3.9 光谱特性与温度的关系   图 10.3.10 光电流与温度的关系

10.3.4 光敏电阻的应用

因为光敏电阻的光照特性均呈非线性,故光敏电阻不宜用作定量检测元件,一般在自动控制系统中作为光电开关使用。下面举例说明。

1. 声光双控延时开关

如图 10.3.11 所示的电路,由桥式整流电路、灯泡主回路、灯泡主回路的控制电路(包括声控电路、光控电路和延时电路等)以及控制电路的低压供电电路四部分组成。下面对电路各部分的作用和工作过程进行简要说明。

被控制的对象是普通灯泡(适合 100 W 以下的灯泡)。220 V 交流电与灯泡串联后连接整流桥,与跨接在整流桥的+、-两端的晶闸管(又称可控硅)VS 组成灯泡主回路。若可控硅导通,则灯泡点亮;若可控硅关断,则则灯泡熄灭,所以灯泡的亮与熄是受可控硅的通断控制的。

可控硅的通断又是受灯泡主回路的控制电路(包括声控电路、光控电路和延时电路)控制的。灯泡主回路的控制电路是低压弱电电路,必须要有合适的低压稳压电源,作为控制电路的低压供电电路。

经灯泡 L 和电阻 R_1 降压后又全桥整流得到的脉动直流电压,再经串联的发光二极管 VD_1、VD_2 稳压,以及电容 C_1 滤波后得到的约 3 V 左右(由 VD_1、VD_2 的导通电压决定)的稳

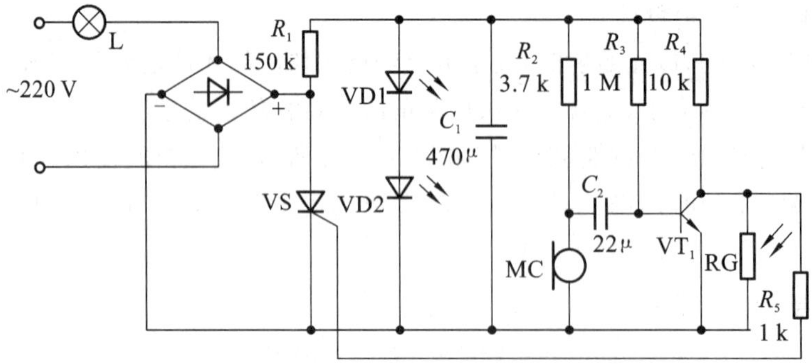

图 10.3.11　声光双控延时开关电路原理图

定电压提供给晶闸管 VS 和控制电路使用。VD_1、VD_2 在此具有双重作用，一是利用它的正向特性稳压，二是利用其工作时会发光而作为电源指示灯用。

控制电路由 R_2、驻极体话筒 MC、C_2、R_3、R_4、VT_1（9014 三极管）组成。白天或周围环境光线较强时，光敏电阻 RG 的阻值约 1 kΩ 左右。由电路原理图可知，光敏电阻与 VT_1 的 c、e 两极并联，因此 VT_1 的集电极电压始终处于低电位，此时即便有声响，电路也无反应，正好符合了白天不工作的要求。而到了夜晚，光敏电阻的阻值上升到 1 MΩ 左右，对 VT_1 解除了钳位作用，此时 VT_1 处于放大状态，如果无声响，VT_1 的集电极仍为保持低电位，晶闸管因无触发电压而关断。当拍手时声音信号被 MC 接受，驻极体话筒两端电压变小，通过 C_2 影响 VT_1 基极电位下降，使集电极电位上升，触发晶闸管导通（灯亮）。因为 VT_1 基极电位的下降，导致 C_2 通过 R_3 缓慢的充电，使 VT_1 的基极电位复原使 VT_1 处于正常放大的状态，晶闸管关断，电灯熄灭。C_2 通过 R_3 缓慢的充电过程，即获得延时功能。

对元器件的要求：整流全桥采用 4 只 1N4007；单向晶闸管 VS 采用 1A600V；VT_1 采用 9013 或 9014 均可；VD_1 为发光二极管（型号不限）；RG 为光敏电阻，其亮阻为 1 kΩ 左右、暗阻为 1 MΩ 左右。

注意：当电路第一次接通电源时，会自动点亮，属正常现象，这是电源接通瞬间产生脉冲电压造成的误触发。另外需要说明的是 R_4 的阻值越小灵敏度越高，如果灯泡无法延时熄灭，一般是由于 R_4 阻值选取过小所至，经实验取 10 kΩ 可以满足一般环境的要求。

2. 光敏电阻调光电路

光敏电阻调光电路如图 10.3.12 所示。其工作原理是：当周围光线变弱时引起光敏电阻 RG 的阻值增加，使加在电容 C 上的分压上升，进而使可控硅的导通角增大，达到增大照明灯两端电压的目的。反之，若周围的光线变亮，则 RG 的阻值下降，导致可控硅的导通角变小，照明灯两端电压也同时下降，使灯光变暗，从而实现对灯光照度的控制。

3. 光控路灯电路

如图 10.3.13 所示的是一个用光敏电阻制作的光控路灯电路。白天，光敏电阻器 R_L 因受自然光线照射，呈现低电阻，它与 R_1 分压后，获得的电压低于双向触发二极管 VDH 的折转电压，故双向晶闸管 VTH 阻断，电灯 E 不亮。夜幕来临后，光敏电阻 R_L 的阻值逐渐增大，因而分得的电压逐渐升高，当高于 VDH 的折转电压时，VTH 开通，路灯 E 点亮。该电路具有软启动过程,有利于延长灯泡的使用寿命。增减 R_1 的阻值可以改变电路的光控灵敏度,但一般情况下可不必调整。VDH 可用转折电压为 20～40 V 的双向触发二极管,如 2CTS、DB3 等。

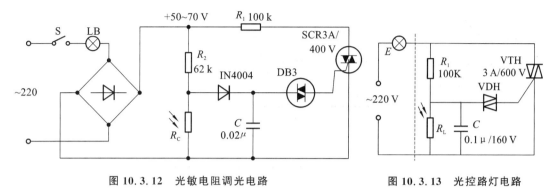

图 10.3.12 光敏电阻调光电路　　　　　　图 10.3.13 光控路灯电路

10.4　光伏探测器及其应用

10.4.1　光生伏特效应

光伏探测器,又称光伏器件。常用的光伏器件有:光电二极管、光电三极管、光电池、PIN 光电二极管、雪崩光电二极管、光伏组合器件等。

光伏器件的工作原理是基于光线照射在半导体 PN 结上时所产生的光生伏特效应。如图 10.4.1 所示为 PN 结的内建电场 E(又称接触电势),内建电场 E 是由于 P 型半导体和 N 型半导体接触时,两边的电子和空穴浓度差造成的扩散运动形成的。

当光线照射到 PN 结时,设光子的能量大于半导体材料的禁带宽度,则使价带中的电子跃迁到导带,从而产生电子空穴对,在内建电场的作用下,被光激发出的空穴移向 P 区外侧,被光激发出的电子移向 N 区外侧,从而使 P 区带正电,N 区带负电,形成光生电动势 U,如图 10.4.2 所示。

如果此时用导线在外部将 PN 结连通并保持光线的不断照射,在导线中就会有电流通过,这个电流就称为光生电流,如图 10.4.3 所示。

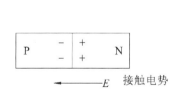　　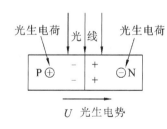　　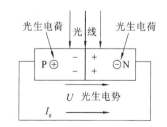

图 10.4.1 P-N 结的内建电场　　图 10.4.2 光生电动势　　图 10.4.3 光生电流的形成

10.4.2　光电二极管的结构与特性

制造光电二极管的半导体材料有硅、锗、砷化镓、锑化铟等多种。在可见光区域,用得最多的是硅光电二极管。国产硅光电二极管按衬底材料的导电类型不同,分为 2CU 和 2DU

两种系列。2CU 系列以 N-Si 为衬底,2DU 系列以 P-Si 为衬底。2CU 系列光电二极管只有两个引出线,而 2DU 系列光电二极管有三条引出线,除了前极、后极外,还设了一个环极。硅光电二极管结构示意图如图 10.4.4 所示。

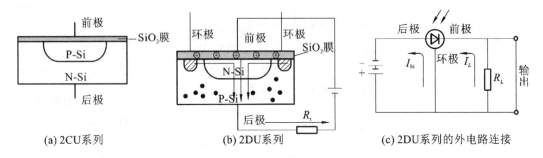

图 10.4.4 硅光电二极管有两种典型结构

2DU 光电二极管加环极的目的是为了减少暗电流和噪声。光电二极管的受光面一般都涂有 SiO_2 防反射膜,而 SiO_2 中又常含有少量的钠、钾、氢等正离子。SiO_2 是电介质,这些正离子在 SiO_2 中是不能移动的,但是它们的静电感应却可以使 P-Si 表面产生一个感应电子层。这个电子层与 N-Si 的导电类型相同,可以使 P-Si 表面与 N-Si 连通起来。

当光电二极管加反偏压时,从前极流出的暗电子流,除了有 PN 结的反向漏电子流外,还有通过表面感应电子层产生的漏电子流,从而使从前极流出的暗电子流增大。为了减小暗电流,设置一个 N^+-Si 的环把受光面(N^--Si)包围起来,并从 N^+-Si 环上引出一条引线(环极),使它接到比前极电位更高的电位上,为表面漏电子流提供一条不经过负载即可达到电源的通路。这样,即可达到减小流过负载的暗电流、减小噪声的目的。如果使用时环极悬空,除了暗电流、噪声大一些外,其他性能均不受影响。

2CU 光电二极管,因为是以 N-Si 为衬底,虽然受光面的 SiO_2 防反射膜中也含有少量的正离子,而它的静电感应不会使 N-Si 表面产生一个和 P-Si 导电类型相同的导电层,从而也就不可能出现表面漏电流,所以不需要加环极。

用于可见光波段的光电二极管也常称为光敏二极管。

硅光电二极管的封装如图 10.4.5 所示。在管壳的顶部,有一个玻璃透镜,入射光可通过透镜聚焦在 PN 结上,管脚从管座的下部引出。

光电二极管在电路中一般处于反偏工作状态,如图 10.4.6 所示。在没有光照射时,光电二极管与普通二极管一样,反向电流很小,称为暗电流。光照射在 PN 结上时,PN 结附近产生光生电子-空穴对,在 PN 结处内电场和外加电压的共同作用下定向运动,形成光电流。光的照度越大,光电流越大。因此,光电二极管在不受光照射时处于截止状态,受光照射时处于导通状态。

掌握光电二极管的特性,能帮助应用电路设计者正确地选用光电二极管,下面进行简要介绍。

1. 光谱响应特性

几种典型材料的光电二极管的光谱响应特性如图 10.4.7 所示。通常将峰值响应波长的电流灵敏度作为标准,纵坐标为光电二极管对应各波长的电流相对灵敏度。由图可知硅光电二极管的光谱响应范围为 0.4~1.1 μm,峰值响应波长约为 0.9 μm。

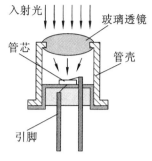
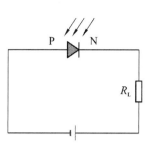
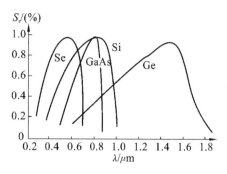

图 10.4.5 光电二极管的封装　　图 10.4.6 光电二极管的偏置　　图 10.4.7 几种典型材料的光电二极管的光谱响应特性

2. 伏安特性

光电二极管的伏安特性是指在给定光照强度下,光电二极管反向电压与光电流之间的关系。如图 10.4.8 所示为不同光照强度情况下的硅光电二极管的伏安特性。

由图可知,在低反压下光电流对光照变化非常敏感。这是由于反向偏压增加使耗尽层加宽、结电场增强,它对于结区光的吸收率及光生载流子的收集效率影响很大。当反向偏压进一步增加时,光生载流子的收集已达极限,光电流就趋于饱和。这时,光电流与外加反向偏压几乎无关,而仅取决于入射光功率。还可以看出,在一定的光照强度下,光电二极管的光电流随着所加反向电压增大而增大。

3. 光照特性

光电二极管的光照特性是指在所加反向工作电压一定时,光电流与光照度之间的关系。如图 10.4.9 所示为硅光电二极管在一定的负偏压下,光电流 I_p 的输出特性。由曲线可知,光电二极管在较小的负载电阻下,入射光功率与光电流之间呈现较好的线性关系。

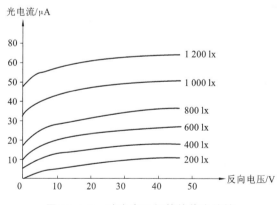

图 10.4.8 硅光电二极管的伏安特性

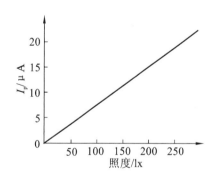

图 10.4.9 硅光电二极管在一定的负偏压下,光电流 I_p 的输出特性

4. 频率响应特性

光电二极管的频率特性响应主要由三个因素决定:①光生载流子在耗尽层附近的扩散时间;②光生载流子在耗尽层内的漂移时间;③与负载电阻 R_L 并联的结电容 C_j 所决定的电路时间常数。光电二极管频率特性优于光电导探测器,适宜于快速变化的光信号探测。

表 10.4.1 中为国产 2CU 系列光电二极管的特性参数,供读者参考。

表 10.4.1 国产 2CU 系列光电二极管的特性参数

参数 测试条件 型号	光谱响应范围/nm	光谱峰值波长/nm	最高工作电压 U_{max}/V $I_d<0.1\ \mu A$ $E<0.1\ \mu W/cm^2$	暗电流 I_d/μA $U=U_{max}$	光电流/μA $U=U_{max}$	灵敏度/(μA/μW) $U=U_{max}$ 入射光波长 900 nm	响应时间/s $U=U_{max}$ 负载电阻为 1 000 Ω	结电容/pF $U=U_{max}$
2CU1C	400~1 100	860~900	30	<0.2	>80	≥0.5	10^{-7}	<5
2CU1D	400~1 100	860~900	40	<0.2	>80	≥0.5	10^{-7}	<5
2CU1E	400~1 100	860~900	50	<0.2	>80	≥0.5	10^{-7}	<5
2CU2A	400~1 100	860~900	10	<0.1	≥30	≥0.5	10^{-7}	<5
2CU2B	400~1 100	860~900	20	<0.1	≥30	≥0.5	10^{-7}	<5
2CU2C	400~1 100	860~900	30	<0.1	≥30	≥0.5	10^{-7}	<5
2CU2D	400~1 100	860~900	40	<0.1	≥30	≥0.5	10^{-7}	<5
2CU2E	400~1 100	860~900	50	<0.1	≥30	≥0.5	10^{-7}	<5
2CU5A	400~1 100	860~900	10	<0.1	≥10	≥0.5	10^{-7}	<2
2CU5B	400~1 100	860~900	20	<0.1	≥10	≥0.5	10^{-7}	<2
2CU5C	400~1 100	860~900	30	<0.1	≥10	≥0.5	10^{-7}	<2

表 10.4.2 中为了国产 2DU 系列光电二极管的特性参数,供读者参考。

表 10.4.2 国产 2DU 系列光电二极管的特性参数

参数名称 单位 测试条件 型号	最高工作电压 U_{max}/V	中心暗电流/μA $U_{max}=-50\ V$	环电流/μA $U_{min}=-50\ V$	光电流/μA $U=-50\ V$ 在 10^3 lx 照度下	电流灵敏度/(A·W^{-1}) $U=-50\ V$ $\lambda=0.9\ \mu m$	响应时间/μs $U=-50\ V$ $R_z=100\ \Omega$	结电容/pF $U=-50\ V$ $f=1\ kHz$	正向压降/V 正向电流 10 mA
2DUAG	50	≤0.05	≤3	>6	>0.4	<0.1	2~3	≤3
$2DU_1A$	50	≤0.1	≤5	>6	>0.4	<0.1	2~3	≤5
$2DU_2A$	50	0.1~0.8	5~10	>6	0.4	<0.1	2~3	≤5
$2DU_3A$	50	0.3~1.0	10~30	>6	>0.4	<0.1	2~3	≤5
2DUBG	50	≤0.05	≤3	>20	>0.4	<0.1	3~8	≤3
$2DU_1B$	50	≤0.1	≤5	>20	>0.4	<0.1	3~8	≤5
$2DU_2B$	50	0.1~0.3	6~10	>20	>0.4	<0.1	3~8	≤5
$2DU_3B$	50	0.3~1.0	10~30	>20	>0.4	<0.1	3~8	≤5

10.4.3 PIN光电二极管

普通光电二极管,由于PN结耗尽层只有几微米,大部分入射光被中性区吸收,因而光电转换效率低,响应速度慢。为了改善器件的特性,在PN结中间设置一层本征半导体(简称为I),这种结构便是常用的PIN光电二极管,如图10.4.10所示。因为本征层相对于P区和N区是高阻区,这样,PN结的内电场就基本上全集中于I层中。I层很厚,吸收系数很小,入射光很容易进入材料内部被充分吸收而产生大量电子-空穴对,因而大幅度提高了光电转换效率,从而使灵敏度得以提高。两侧P层和N层很薄,吸收入射光的比例很小,I层几乎占据整个耗尽层,因而光生电流中漂移分量占支配地位,从而大大提高了响应速度。本征层的引入,明显增大了P区的耗尽层的厚度,这有利于缩短载流子的扩散过程。耗尽层的加宽,也可以明显减少结电容C_j,从而使电路常数减小。同时耗尽加宽还有利于对长波区的吸收。性能良好的PIN光电二极管,扩散和漂移时间一般在10^{-10} s数量级,频率响应在千兆赫兹。在实际应用中,决定光电二极管的频率响应的主要因素是电路的时间常数,因此,合理选择负载电阻是一个很重要的问题。

综上所叙,PIN光电二极管特点是频带宽,可达10 GHz;另一个特点是线性输出范围宽。由耗尽层宽度与外加电压的关系可知,增加反向偏压会使耗尽层宽度增加,从而使结电容进一步减小,使频带宽度变宽。不足之处是I层电阻很大,管子的输出电流小,一般多为零点几微安至数微安。PIN光电二极管多用于光通信、光雷达、快速光自动控制领域。

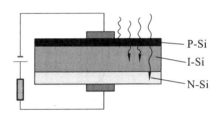

图 10.4.10 PIN光电二极管的结构

表10.4.3给出了两种PIN光电二极管的部分性能参数,供读者选用时参考。

表 10.4.3 PIN光电二极管的部分性能参数

	Si-PIN	InGaAs-PIN
波长响应 $\lambda/\mu m$	0.4~1.0	1.0~1.6
响应度 $\rho/(A \cdot W^{-1})$	0.4(0.85 μm)	0.6(1.3 μm)
暗电流 I_d/nA	0.1~1	2~5
响应时间 τ/ns	2~10	0.2~1
结电容 C_j/pF	0.5~1	1~2
工作电压/V	-5~-15	-5~-15

10.4.4 雪崩光电二极管(APD)

PIN型光电二极管提高了PN结光电二极管的响应频率,但对器件的灵敏度没有多少改善。为了提高光电二极管的灵敏度,产生了雪崩光电二极管,使光电二极管的光电灵敏度提高到了需要的程度。雪崩光电二极管是利用PN结在高反向电压下产生的雪崩效应来工作的一种二极管。雪崩光电二极管的结构和内部场强分布示意图如图10.4.11所示。

在图10.4.11中,P^+与N^+分别为重掺杂的P型材料与N型材料,π为近似本征型的材料。当外加高反向偏压时(如 100 V 以上),APD 光二极管内部会形成两个电场区:高电场区与漂移区。当外反向偏压较低时,它与 PIN 光二极管相似,即入射光仅能产生较小的光电流。

然而随着反向偏压的增大,其耗尽层的宽度也逐渐增加,当反向偏压增加到一定数值(如 100 V 以上)时,耗尽层会穿过 P 区而进入 π 区形成了高电场区与漂移区。在高电场区,由入射光产生的空穴-电子对在高电场作用下高速运动。由于其速度很快而具有很大的动能,所以在运动过程中会出现"碰撞电离"现象,通过"碰撞电离"可以产生新的几个或几十个二次空穴-电子对。同样,二次空穴-电子对在高电场区又可以通过"碰撞电离"效应产生三次、四次空穴-电子对。这样一来,由入射光产生的一个首次空穴-电子对,可能会产生几十个或几百个新的空穴-电子对,即倍增效应,如图 10.4.12 所示。

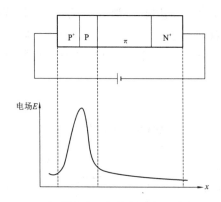

图 10.4.11 雪崩光电二极管的结构和内部场强分布　　图 10.4.12 雪崩光电二极管中的倍增效应

在漂移区,虽然不具有像高电场区那样的高电场,但对于维持一定的载流子速度来说,该电场是足够的。于是,由入射光产生的首次空穴-电子对以及在内部高电场区通过碰撞电离产生的二次、三次空穴-电子对,通过漂移区而形成光电流。雪崩光二极管的倍增效应,能使在同样大小光的作用下产生比 PIN 光二极管大几十倍甚至几百倍的光电流,相当于起了一种光放大作用(实际上不是真正的光放大),因此能大大提高光接收灵敏度(比 PIN 光接收灵敏度提高了 10 dB 以上)。

雪崩光电二极管的输出电流 I 和反偏电压 U 的关系如图 10.4.13 所示。随着反向偏压的增加,开始时光电流基本保持不变。当反向偏压增加到一定数值时,光电流急剧增加,最后器件被击穿,这个电压称为击穿电压 U_B。

雪崩光电二极管的电流增益用倍增系数或雪崩增益 M 表示,它定义为:

$$M = \frac{i}{i_0} \tag{10.4.1}$$

式中:i 为输出电流,i_0 为倍增前的电流。倍增系数 M 与 PN 结所加的反向偏压有关,反向偏压一般在 100~200 V。也有的管子工作电压更高。倍增系数 M 与 PN 结反向偏压的关系如图 10.4.14 所示。

综上所述,雪崩光电二极管有如下特点:电流增益大,灵敏度高,频率响应快,带宽可达 100 GHz,是目前响应最快的一种光敏二极管。

雪崩光二极管的最大优点就是具有放大效应,由它制成的光接收机具有很高的灵敏度,一般可比 PIN 光接收机的灵敏度高 10~20 dB,因此可以大大增加系统的传输距离。故它在大容量、长距离的光纤通信中得到了十分广泛的应用,成为光纤通信中最重要的光接收器件。它在微弱辐射信号的探测方向也被广泛地应用。

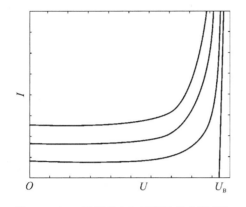

图 10.4.13　雪崩光电二极管输出电流 I 和反偏电压 U 的关系

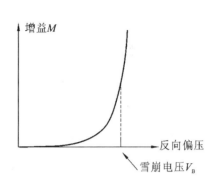

图 10.4.14　倍增系数 M 与 PN 结反向偏压的关系

雪崩光二极管的缺点是产生了一种新噪声即雪崩噪声。当然如果使用得当,可以把雪崩噪声影响降低到最低程度,即使之处于最佳增益状态,可获得十分满意的效果。此外,其需要很高的工作电压(100 V 以上),使用起来比较麻烦。

在设计制造雪崩光敏二极管时,为了保证载流子在整个光敏区的均匀倍增,就需要选择无缺陷的材料,必须保持更高的工艺水平和保证结面的平整。其缺点是工艺要求高,受温度影响大。

表 10.4.4 列出了两种材料的雪崩光敏二极管的一般性能,供读者使用雪崩光敏二极管时参考。

表 10.4.4　雪崩光敏二极管的一般性能

	Si-APD	InGaAs-APD
波长响应 $\lambda/\mu m$	0.4～1.0	1～1.65
响应度 $\rho/(A \cdot W^{-1})$	0.5	0.5～0.7
暗电流 I_d/nA	0.1～1	10～20
响应时间 τ/ns	0.2～0.5	0.1～0.3
结电容 C_j/pF	1～2	<0.5
工作电压/V	50～100	40～60
倍增因子 g	30～100	20～30
附加噪声指数 x	0.3～0.4	0.5～0.7

10.4.5　光电三极管

1. 光电三极管的结构及工作原理

光电三极管的工作原理与光电二极管相同,是基于 PN 结的光伏效应。光电三极管与普通半导体三极管一样,是采用半导体制作工艺制成的具有 NPN 或 PNP 结构的半导体管。

它在结构上与半导体三极管相似,它的引出电极通常只有两个,即 c 极和 e 极。因为光电三极管是由入射光激发基极电流,故一般没有基极引脚。

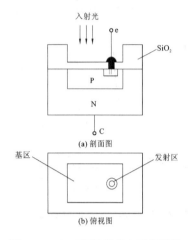

图 10.4.15 NPN 型光电三极管的结构示意图

NPN 型光电三极管的结构如图 10.4.15 所示。与普通半导体三极管不同的是,为了适应光电转换的要求,它的基区面积做得较大,发射区面积做得较小,入射光主要被基区吸收。与光电二极管一样,管子的芯片被装在带有玻璃透镜的金属管壳内,当光照射时,光线通过透镜集中照射在芯片上。

将 NPN 型光电三极管接在电路中时,应将其集电极接电源正极,发射极接电源负极,如图 10.4.16 所示。当无光照射时,流过光电三极管的电流,就是正常情况下光电三极管集电极与发射极之间的穿透电流 I_{ceo},它也是光电三极管的暗电流,其大小为:

$$I_{ceo} = (1 + h_{FE}) I_{cbo} \quad (10.4.2)$$

式中:I_{cbo}——集电极与基极间的饱和电流;

h_{FE}——共发射极直流放大系数。

当有光照射在基区时,激发产生的电子-空穴对增加了少数载流子的浓度,使集电结反向饱和电流大大增加,这就是光电三极管集电结的光生电流。该电流注入发射结进行放大,成为光电三极管集电极与发射极间电流,它就是光电三极管的光电流。可以看出,光敏三极管利用普通半导体三极管的放大作用,将光电二极管的光电流放大了 $(1 + h_{FE})$ 倍。所以,光电三极管比光电二极管具有更高的灵敏度。综上所述,光电三极管的等效电路如图 10.4.17 所示。

2. 光电三极管的主要特性

了解掌握光电三极管的主要特性,有利于在工作中正确使用光电三极管,下面具体介绍其主要特性。

1) 光谱特性

光电器件的光谱特性是指相对灵敏度与入射光波波长之间的关系,又称光谱响应。在入射光照度一定时,光电三极管的相对灵敏度随光波波长的变化而变化,一种光电三极管只对一定波长范围的入射光敏感,这就是光电三极管的光谱特性。

硅、锗光电三极管的光谱特性如图 10.4.18 所示。光电三极管的光谱特性存在一个最佳灵敏度的峰值波长,当入射光波长增加时,相对灵敏度下降,这是因为光子能量太小,不足

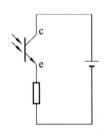

图 10.4.16 光电三极管在电路中的接法

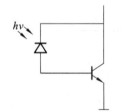

图 10.4.17 光电三极管的等效电路

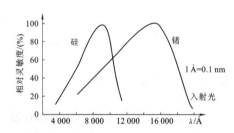

图 10.4.18 硅、锗光电三极管的光谱特性

以激发电子-空穴对。当入射光波长太短时,光波穿透能力下降,光子只在半导体表面附近激发电子-空穴对,却不能达到PN结,因此相对灵敏度也下降。

由图可知,硅的长波限为$1.1\ \mu m$,锗为$1.8\ \mu m$,其大小取决于它们的禁带宽度,短波限一般在$0.4\sim0.5\ \mu m$附近。硅器件灵敏度的极大值出现在波长$0.8\sim0.9\ \mu m$处,而锗器件灵敏度的极大值则出现在$1.4\sim1.5\ \mu m$处,都处于近红外光波段。因此,在可见光或探测炽热状态物体时,一般选用硅管;但对红外线进行探测时,则采用锗管较合适。最佳灵敏度的峰值波长在可见光区域的光电三极管又可称为光敏三极管;最佳灵敏度的峰值波长在红外区域的光电三极管则称为红外光电三极管。

硅的峰值波长为$9\ 000\ Å(0.9\ \mu m)$,锗的峰值波长为$15\ 000\ Å(1.5\ \mu m)$。由于锗管的暗电流比硅管大,因此锗管的性能较差。故在可见光或探测炽热状态物体时,一般选用硅管;但对红外辐射进行探测时,则采用锗管较合适。

2) 伏安特性

光电三极管的伏安特性曲线如图10.4.19所示。光电三极管在不同的照度下的伏安特性,就像一般晶体管在不同的基极电流时的输出特性一样。因此,在不同的照度下,就可得到不同的伏安特性曲线,形成一个曲线族。

3) 光照特性

光照特性是指当光电三极管外加电压恒定时,光电流与光照度之间的关系。如图10.4.20所示为硅光电三极管的光照特性,由曲线可知,光照度较小时,光电流随光照强度增大而缓慢增加,它们之间呈现了近似线性关系;当光照足够大(几千勒克斯时),会出现饱和现象。从而使光电三极管既可作为线性转换元件,也可作为开关元件。

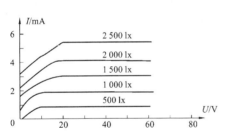
图10.4.19 光电三极管的伏安特性

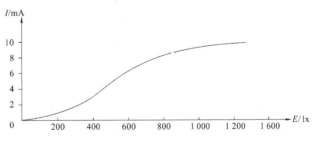
图10.4.20 光电三极管的光照特性

4) 频率特性

光电三极管的频率特性曲线如图10.4.21所示。光电三极管的频率特性受负载电阻的影响,减小负载电阻可以提高频率响应。一般来说,光电三极管的频率响应比光电二极管差。这是因为光电三极管的基区面积较大,载流子穿越基区所需时间较长,故其频率特性比光电二极管差。对于锗管,入射光的调制频率要求在$5\ kHz$以下。硅管的频率响应要比锗管好。

5) 温度特性

光电三极管的温度特性曲线反映的是光电三极管的暗电流及光电流与温度的关系,如图10.4.22所示。从两特性曲线可以看出,温度变化对光电流的影响较小,而对暗电流的影响很大,所以电子线路设计中应该对暗电流进行温度补偿,否则将会导致输出误差。

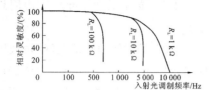

图 10.4.21 光电三极管的频率特性

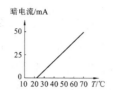

图 10.4.22 光电三极管的温度特性

10.4.6 光电池

光电池是一种能将光能转换为电能输出的光电元件。当光照射在光电池上时,自身能产生一定方向的电动势,在不加电源的情况下,只要接通外电路,就可以直接输出电动势及光电流,这就是在 10.4.1 节详细介绍过的光生伏特效应。

光电池的种类很多,有硅、砷化镓、锗、硒、氧化亚铜、硫化铊、硫化镉光电池等。光电池结构简单、轻便,不会产生任何污染,能适应各种环境,还可用作宇宙飞行器中的各种仪表电源。其中,应用最广泛的是硅光电池,它用可见光作为光源,具有性能稳定、光谱范围宽、频率特性好、转换效率高、耐高温辐射、价格便宜等一系列优点。另外,由于硒光电池的光谱峰值位于人眼的视觉范围,所以很多分析仪器、测量仪表也常用到它。下面着重介绍硅光电池的工作原理及其基本特性。

硅光电池的工作原理基于光生伏特效应,它是在一块 N 型硅片上用扩散的方法制造一个薄层 P 型层作为光照敏感面,形成的一个大面积 PN 结,从而构成最简单的光电池,如图 10.4.23 所示。

当光照射在 P 区表面时,若光子能量大于硅的禁带宽度,则在 P 区内每吸收一个光子便产生一个电子-空穴对,P 区表面吸收的光子越多,激发的电子-空穴对就越多,越向内部越少。这种浓度差便形成从表面向体内扩散的自然趋势。由于 PN 结内电场的方向是由 N 区指向 P 区的,它使扩散到 PN 结附近的电子-空穴对分离,光生电子被拉到 N 区,光生空穴被留在 P 区。从而使 N 区带负电,P 区带正电,形成光生电动势。如果光照是连续的,只需经短暂的时间,PN 结两侧就有一个稳定的光生电动势产生。若用导线连接 P 区和 N 区,电路中就会有光电流流过。光电池的表示符号、基本电路及等效电路如图 10.4.24 所示。光电池的基本特性主要有以下几个方面。

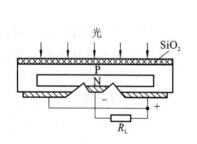

图 10.4.23 硅光电池的结构

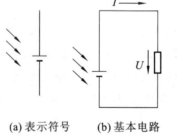

(a) 表示符号 (b) 基本电路 (c) 等效电路

图 10.2.24 光电池的表示符号、基本电路和等效电路

1. 光电池的光谱特性

光电池对不同波长的光,其灵敏度是不同的。不同材料的光电池适用的入射光波长范

围也不相同。一定照度下,光波波长与光电池灵敏度之间的关系称为光电池的光谱特性。

硒光电池和硅光电池的光谱特性如图 10.4.25 所示。硅光电池的适用范围宽,对应的入射光波长可在 $0.45\sim1.1\ \mu m$ 范围内,而硒光电池只能在 $0.34\sim0.57\ \mu m$ 波长范围,它适用于可见光检测。在实际使用中应根据光源的性质来选择光电池,当然也可根据现有的光电池来选择光源,但是要注意光电池的光谱峰值位置不仅与制造光电池的材料有关,同时也与制造工艺有关,而且随着使用温度的不同会有所移动。

2. 频率特性

光电池的频率特性是指输出光电流与入射光调制频率的关系。当入射光照度变化时,由于光生电子-空穴对的产生和复合都需要一定时间,因此入射光调制频率太高时,光电池输出电流的变化幅度将下降。如图 10.4.26 所示为硒、硅光电池的频率特性。硅光电池的频率特性较好,工作频率的上限约为几万赫兹,而硒光电池的频率特性较差。在调制频率较高的场合,应采用硅光电池,并选择面积较小的硅光电池和较小的负载电阻进一步减小响应时间,改善频率特性。

3. 光照特性

光电池在不同的光照度下,光生电动势和光电流是不相同的。光照度与输出电动势、输出电流之间的关系称为光电池的光照特性,如图 10.4.27 所示。图中上面的曲线是负载电阻无穷大时的开路电压特性曲线,下面的曲线是负载电阻相对于光电池内阻很小时的短路电流特性曲线(实际为一条直线)。开路电压与光照度的关系成非线性关系,而且在光照度为 2 000 lx 时就趋于饱和,但其灵敏度高,宜用作开关元件。而短路电流在很大范围内与光照度成线性关系,负载电阻越小,这种线性关系越好,而且线性范围越宽。光电池作为线性检测元件使用时,应工作在短路电流输出状态,所用负载电阻的大小应根据光照的具体情况而定。在检测连续变化的光照度时,应尽量减小负载电阻,使光电池在接近短路的状态工作,也就是把光电池作为电流源来使用。在光信号断续变化的场合,也可以把光电池作为电压源使用。对于不同的负载电阻,可以在不同的照度范围内使光电流与光照度保持线性关系。

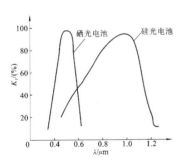

图 10.4.25 硒、硅光电池的光谱特性图

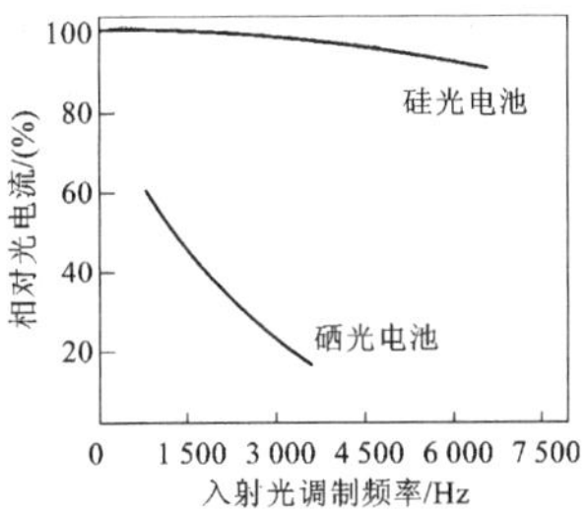

图 10.4.26 硒、硅光电池的频率特性

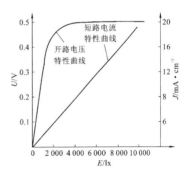

图 10.4.27 光电池的光照特性

4. 温度特性

光电池的温度特性是指开路电压和短路电流随温度变化的情况。由于它关系到应用光电池的仪器设备的温度漂移,影响测量精度或控制精度等重要指标,因此温度特性是光电池的重要特性之一。如图 10.4.28 所示的是硅光电池的温度特性。硅光电池开路电压随温度

上升而明显下降,温度上升1 ℃,开路电压约降低3 mV,而短路电流随温度上升却是缓慢增加的。因此,光电池作为检测元件时,应考虑温度漂移的影响,并采用相应的措施进行补偿。

10.4.7 光伏探测器的应用

1. 太阳能供电系统

因为光电池可以把太阳能转换成电能输出供给负载使用,所以光电池又称为太阳能电池。由光电池组成的太阳能供电系统如图10.4.29所示。由单体太阳能电池组成的庞大的太阳能电池阵列,就相当于发电装置。由调节控制器进行充放电自动控制,当太阳能充足时,调节控制器可使太阳能电池阵列向负载供电并同时向蓄电池充电;当太阳能不充足或在夜晚时,调节控制器可使蓄电池向负载供电,而太阳能电池阵列则停止工作。阻塞二极管的作用是只允许太阳能电池阵列向负载供电,而避免蓄电池对太阳电池放电。逆变器的作用是能把太阳能电池输出的直流电转换成交流电供交流负载使用或向交流电网输送电力。

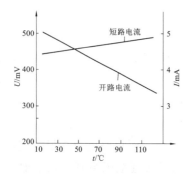

图10.4.28 硅光电池的温度特性

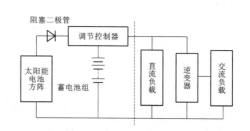

图10.4.29 由光电池组成的太阳能供电系统

2. 光电式太阳能自动跟踪收集器

光电式太阳能自动跟踪收集器的结构示意图如10.4.30所示,其控制电路如图10.4.31所示。控制电路装在一个正方体的盒子里面,4个光敏电阻B_1至B_4分成2组安放在正方体相邻的两个侧面上。太阳能自动跟踪收集器工作时,要保证正方体相邻两个侧面的公共棱和收集器一致同时对准太阳。

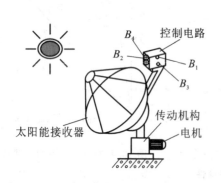

图10.4.30 太阳能自动跟踪收集器示意图

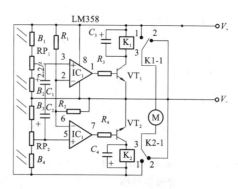

图10.4.31 太阳能自动跟踪收集器的控制电路

如图10.4.30所示,B_1、B_3安装在正方体外壳的同一侧,B_2、B_4安装在相邻的另一侧。若B_1、B_3受光照,则集成电路IC_1的3脚电位升高,使得图中上面的运放构成的比较器输出高电平,驱动三极管VT_1导通,从而使得继电器K_1工作,其常开触点3、1闭合;同时集成电

路 IC_1 的 5 脚电位降低,使得图中下面的运放构成的比较器输出低电平,使三极管 VT_2 截止,从而使得继电器 K_2 不动作,其常闭触点 3、2 保持闭合,电动机 M 中的电流是从电源正极出发,经 K_{1-1} 的触点 3、1,流过电动机 M,再经 K_{2-1} 的触点 3、2,流入电源负极,形成回路,电动机 M 正转。电机转动的结果,会使得正方体相邻两个侧面的公共棱和收集器一致同时对准太阳。这时,实现了收集器对太阳的自动跟踪,电动机会停止转动。那此时为什么电动机会停止转动呢?

因为当正方体相邻两个侧面的公共棱和收集器一致同时对准太阳时,两侧光照相同,调试太阳能自动跟踪收集器时,调节图中两个电位器 RP_1 和 RP_2,使两个比较器均输出低电平,继电器 K_1、K_2 都不工作,如图 10.4.31 所示,电动机 M 停止转动。

若 B_2、B_4 受光照,则集成电路 IC_1 的 5 脚电位升高,使得图中下面的运放构成的比较器输出高电平,驱动三极管 VT_2 导通,从而使得继电器 K_2 工作,其常开触点 3、1 闭合;同时集成电路 IC_1 的 3 脚电位降低,使得图中上面的运放构成的比较器输出低电平,使三极管 VT_1 截止,从而使得继电器 K_1 不动作,其常闭触点 3、2 保持闭合,电动机 M 中的电流是从电源正极出发,经 K_{2-1} 的触点 3、1,流过电动机 M,再经 K_{1-1} 的触点 3、2,流入电源负极,形成回路,与上次流过电机的电流方向相反,故电动机 M 反转,直到收集器对准太阳时停止。

3. 光电式浊度计

光电传感器在气体、液体的混浊度监测中通常采用透射式测量方式。透射式光电浊度计是将发光管和光敏三极管等,以相对的方向装在中间带槽的支架上。当槽内无物体时,发光管发出的光直接照在光敏三极管的窗口上,从而产生输出电流,当有物体经过槽内挡住光线时,光敏三极管无输出,以此可判断物体的有无。其适用于光电控制、光电计量等电路中,可检测物体的有无、运动方向、转速等。

防止工业烟尘污染是环保的重要任务之一。为了消除工业烟尘污染,首先要知道烟尘排放量,因此必须对烟尘源进行监测、自动显示和超标报警。烟道里的烟尘混浊度是通过光在烟道传输过程中的变化大小来检测的。如果烟道混浊度增加,光源发出的光被烟尘颗粒的吸收和折射增加,到达光检测器的光就减少。因此光检测器输出信号的强弱便可反映烟道混浊度的变化。

如图 10.4.32 所示为吸收式烟尘浊度监测系统的组成原理框图。为了检测出烟尘中对人体危害性最大的亚微米颗粒的浊度和避免水蒸气与二氧化碳对光源衰减的影响,选取可见光作为光源(波长为 400～700 nm 的白炽光)。光检测器可选用光谱响应范围为 400～600 nm 的光电管或光敏三极管,获取随浊度变化的相应电信号。为了提高检测灵敏度,可采用具有高增益、高输入阻抗、低零点漂移、高共模抑制比的运算放大器,对信号进行放大。显示器可显示混浊度的瞬时值。报警电路由多谐振荡器组成,当运算放大器输出混浊度信号超过规定时,多谐振荡器工作,输出信号经放大后驱动喇叭发出报警信号。

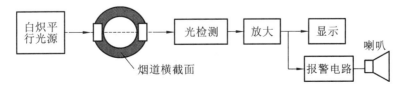

图 10.4.32 吸收式烟尘浊度监测系统的组成原理框图

10.5 光电耦合器件

10.5.1 普通光电耦合器

光电耦合器件又称为光电隔离器,由发光元件和接收元件集成在一起,同时封装在一个外壳内组合而成的转换元件。发光元件辐射可见光或红外光,接收器件在光辐射作用下控制输出电流大小。通过电-光、光-电两次转换进行输入/输出耦合。为了保证高灵敏度,发光元件和接收元件的波长应匹配。所谓普通光电耦合器,是相对线性光电耦合器而言的。普通的光电耦合器只能传输数字信号,不适合传输模拟信号,而线性光电耦合器能够传输连续变化的模拟信号。

光电隔离器的两种封装和结构如图10.5.1所示。图10.5.1(a)采用金属外壳和玻璃绝缘的结构,在其中部对接,采用环焊以保证发光二极管和光敏二极管对准,以此来提高灵敏度。图10.5.1(b)采用双列直插式用塑料封装的结构。管芯先装于管脚上,中间再用透明树脂固定,具有集光作用,故此种结构灵敏度较高。

光电耦合器的组合形式有多种,常见形式如图10.5.2所示。图10.5.2(a)所示的形式结构简单、成本低,通常用于50 kHz以下工作频率的装置内;图10.5.2(b)所示的形式是采用高速开关管构成的高速光电耦合器,适用于较高频率的装置中;图10.5.2(c)所示的形式采用了放大三极管构成的高传输效率的光电耦合器,适用于直接驱动和较低频率的装置中;图10.5.2(d)所示的形式采用功能器件构成的高速、高传输效率的光电耦合器。

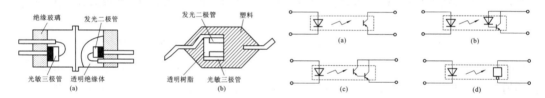

图10.5.1 光电隔离器的两种封装和结构　　图10.5.2 常见的普通光电耦合器的组合形式

光电耦合器实现以光为媒介的传输,输入端和输出端的电阻很高;输入/输出完全隔离,有独立的输入/输出阻抗;具有传输单向性,即从发光光源至受光器件不会反馈;有很强的抗干扰能力和隔离性能,可避免振动、噪声干扰。光电耦合器结构简单,体积小,寿命长。特别适宜作为数字电路开关信号传输、逻辑电路隔离器、计算机测量、控制系统中的无触点开关等。

若发光光源为砷化镓发光二极管的光电耦合器,则具有低阻抗的特点,且响应速度快,可用于高频电路。

10.5.2 线性光电耦合器

普通的光电耦合器只能传输数字信号,不适合传输模拟信号,由于技术的进步,近年来研究出的线性光电耦合器能够传输连续变化的模拟信号,这使得光电耦合器的应用领域大为拓宽。

光电耦合器有双列直插式、管式、光导纤维式等多种封装形式,其种类多达数十种,使用前要仔细阅读产品说明或查阅相关资料。

常用的几类线性光电耦合器如图 10.5.3 所示。

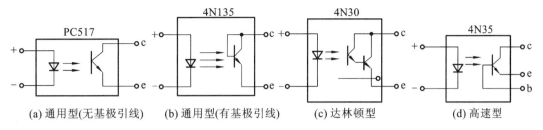

图 10.5.3 常用的线性光电耦合器

光电耦合器的特点是单向传输信号,输入与输出完全实现了电气隔离,抗干扰能力强,寿命长,传输效率高。在开关电源中,常利用线性光电耦合器构成反馈回路,实现反馈控制,达到稳定输出电压的目的。

描述光电耦合器特性和品质的技术参数,主要关注输入端发射二极管的正向压降 U_F 和正向电流 I_F,输出端的接收三极管 C-E 极反向击穿电压 $U_{(BR)CEO}$ 和饱和管压降 $U_{CE(SET)}$。另外,输出端对输入端的响应,电流传输比 CTR(current transfer rate)是光电耦合器的重要性能参数,其定义为直流输出电流 I_C 与直流输入电流 I_F 之比,即:

$$CTR = \frac{I_C}{I_F} \tag{10.5.1}$$

通用型光电耦合器的 CTR 的范围大多为 0.2~0.3,而达林顿型的光电耦合器的 CTR 可达 1.0~50.0。目前,世界上生产线性光电耦合器的厂商和产品型号如表 10.5.1 所示。

在设计光电耦合器反馈式电路来控制开关电源的输出电压时,必须选择线性光电耦合器,并且其 CTR 的允许范围应是 0.50~2.00。这是因为当 CTR<0.5 时,光耦中的红外二极管需要较大的工作电流,即 I_F>5.0 mA 时才能正常控制开关电源的占空比,这样会增大光电耦合器的功耗。若 CTR>2.00,在启动电路或者当负载发生突变时,有可能将开关电源误触发,影响正常工作。

表 10.5.1 常用线性光电耦合器产品型号及主要参数

产品型号	CTR	U_{RRCCO}/V	生产厂	封装形式
PC816A	0.8~1.6	70	夏普	DIP-4 基极未引出
PC817A	0.8~1.6	35		
SFH610A2	0.63~1.25	70	西门子	
NEC250I-H	0.8~1.6	40	NEC	
CNy17-2	0.63~1.25	70	摩托罗拉	DIP-6 基极引出
CNy17-3	1.00~2.00	70	西门子	
SFH600-1	0.63~2.25	70	西门子	
SFM600-2	1.00~2.00	70		
CNy75GA	0.63~1.25	90	TEMIC	DIP-6
CNy75GB	1.00~2.00	90		
MOC8101	0.50~0.80	30	摩托罗拉	基极未引出
MOC8102	0.73~1.17	30		

习 题 10

10.1 电磁辐射的度量和光的度量有哪些异同点？各有哪些基本量？

10.2 什么是外光电效应、内光电效应、光电导效应、光生伏特效应？

10.3 简述光电探测器的分类及各类的工作原理。常见的光电探测器有哪些？并试述其工作原理和基本特性。

10.4 光子计数系统必须满足的两个要求是什么？

10.5 名词解释：渡越时间、渡越时间离散、亮计数、暗计数。

10.6 试分析光电倍增管(PMT)的偏置电路中适当提高第一倍增极和阴极间的电压有哪些好处？

10.7 PMT 的偏置电路中电阻确定原则是什么？取值范围为多大？

10.8 PMT 的偏置电路中为什么只在最后三级的分压电阻上并联电容。

10.9 PMT 的接地方式有几种？各有哪些优缺点？如何确定 PMT 的最佳偏置电压？

10.10 光子计数器中，紧接在 PMT 后的前置放大器的放大倍数应在多大范围之内，为什么？

10.11 在检测光子速率很小，产生多光子的概率很低的弱光时，鉴别器应工作在哪一种方式，试详细说明？

10.12 如何通过实验来设置鉴别器的阈值？

10.13 已知被检测弱光的光子速率很小，产生多光子的概率很低，试设计此种情况下鉴别器的方框图及工作方式，并进行简单说明。

10.14 光电导探测器和光敏电阻有何区别？

10.15 试用光敏电阻设计一个应用电路。

10.16 光电二极管和光敏二极管有何区别？光电三极管和光敏三极管有何区别？

10.17 分别试用光敏二极管和光敏三极管设计一个应用电路。

10.18 光电池的工作原理是什么？常用的光电池是哪一种？其有何特点？

10.19 题 10.19 图所示为用光电池设计的光电转矩测量仪，试根据图示要点定性地说明其工作原理。

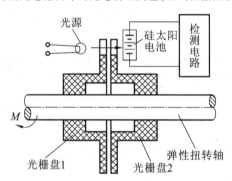

题 10.19 图　光电转矩测量仪

10.20 光电耦合器是一种什么器件？普通光电耦合器和线性光电耦合器有何区别？

10.21 试举一例说明普通光电耦合器的应用。

10.22 试举一例说明线性光电耦合器的应用。

第11章 红外传感器及其应用

红外传感器又称为红外探测系统,是以红外线为介质的测量系统。红外线传感技术已经在现代科技、国防和工农业生产等领域获得了广泛应用。

11.1 红外辐射的基本知识

11.1.1 红外辐射与可见光在电磁波谱中的位置

红外线是一种不可见的光线,其波长在电磁波谱中的介于可见光红光与微波之间,又因为其不可见性,所以称其为红外辐射。红外线在电磁波谱中的位置如图11.1.1所示。科研工作者对红外辐射进行了详尽的研究,根据其特性和波长,将其划分为4个波段,即波长从 0.76 μm 到 1.5 μm 为近红外波段,波长从 1.5 μm 到 15 μm 为中红外波段,波长从 15 μm 到 750 μm 为远红外波段,波长从 750 μm 到 1 000 μm 为极远红外波段,如图11.1.1所示。不同的文献,对各波段的划法有所不同,并不统一。

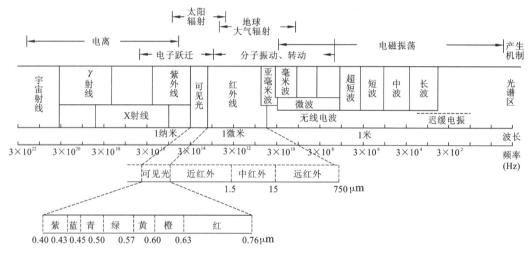

图 11.1.1 红外线与可见光在电磁波谱中的位置

国际照明委员会的划分方法是将红外线分为 A、B、C 三个波段,其中 C 波段又细分为三个子波段,这样实际上分为了五个波段,具体如下。

(1) 近红外波段(near-infrared,NIR(IR-A)):0.7 μm~1.4 μm。
该波段为水吸收窗口,常用于光纤通信(fiber optics telecommunication)。
(2) 短波长红外波段(short wavelength infrared,SWIR(IR-B)):1.4 μm~3 μm。
(3) 中波长红外波段(mid-wavelength infrared,MWIR(IR-C)):3 μm~8 μm。
该波段为大气窗口,被动式热寻导弹的工作窗口。
(4) 长波长红外波段(long wavelength infrared,LWIR(IR-C)):8 μm~15 μm。
该波段为热成像的工作区域(人体热辐射波长 10 μm)。
(5) 远红外(far infrared,FIR(IR-C)):15 μm~1 000 μm。

要顺便提及的是,与红外线相对应的,还有紫外线存在。紫外线也是一种不可见的光线,也称为紫外辐射,其波长在电磁波谱中的位置介于可见光紫光与短波之间。

11.1.2 红外辐射的特性

理论和实验均表明,宇宙间的任何物体只要其温度超过绝对零度($0\ K = -273.16\ ℃$)就能产生红外辐射。只是常温物体的辐射波长不处在人眼视觉范围内,而处于红外波段,因而人眼不能看到常温物体的自身辐射。因为红外辐射和可见光一样都是电磁波,所以也具有可见光的一般性质,如遵从反射定律和折射定律,以及存在着干涉、衍射和偏振及介质中的吸收和散射现象。由于电磁波具有波粒二象性,所以红外辐射还以光子的形式存在。光的能量是以光量子为单位的,一个光子所具有的能量为:

$$E = h\nu = h\frac{c}{\lambda} \tag{11.1.1}$$

式中:h 为普朗克(Planck)常数,$h = 6.623 \times 10^{-27}$ 尔格;ν 为频率;c 为光速;λ 为波长。

由(11.1.1)式可知,红外波长越长能量越小,波长越短能量越大、温度越高。

红外辐射和可见光一样具有直线传播特性,并服从可见光的反射、吸收、透射规律。

红外辐射又有与其他电磁波的不同之处,其具有如下特殊性质。

(1) 需要红外探测器才能显示。由于人眼看不见红外辐射,所以在研究与应用时,就必须使用对红外辐射敏感的探测器。例如,利用其敏感效应而制造的各类热敏感探测器,利用其电效应而制成的各类红外光电探测器等。

(2) 光化学作用较差。红外辐射光子能量小,如波长为 $100\ \mu m$ 的红外光子,其能量仅为可见光光子能量的 $1/200$。由于其光化学作用比可见光差,不能使普通相片底片上的溴化银分子分解,所以普通照相胶片不易感受红外光线。红外摄影底片是在感光乳剂中加入一定的特种材料,才能对红外线感光。

(3) 热效应显著。与可见光相比热效应显著,如当手靠近白炽电灯时,皮肤有强烈的灼热感,因白炽电灯光线中含有大量红外辐射;当手靠近日光灯时,则几乎感觉不到热的刺激,因其不含有红外辐射。太阳光中约 70% 是红外辐射,故太阳光比较温暖。

(4) 红外辐射易被一般物质所吸收,穿透力也较弱。

(5) 产生红外辐射的机理与其他波长的电磁波也不相同。

11.1.3 关于红外辐射的基本定律

红外辐射不但具有上述特性,研究表明,红外辐射还遵循下列基本定律。

1. 基尔霍夫辐射定律

在给定温度 T 下,对某一波长 λ 来说,物体对辐射的吸收本领 $M_\lambda(T)$ 和发射本领 $E_\lambda(T)$ 的比值 $\alpha(\lambda, T)$ 与物体本身的性质无关,对于一切物体都是恒量。因此,基尔霍夫辐射定律(Kirchhoff's radiation law)的表达式为:

$$\frac{M_\lambda(T)}{E_\lambda(T)} = \alpha(\lambda, T) \tag{11.1.2}$$

式中:$\alpha(\lambda, T)$ 称为物体的吸收率。

为了研究物体的辐射特性,提出了黑体的概念。若物体在任何温度下,对任何波长的辐射能的吸收比都等于1,则称该物体为绝对黑体,简称黑体。即对于绝对黑体,有:$\alpha(\lambda,T)=\alpha=1$。用不透明的材料制成带小孔的空腔,可近似看成黑体,如图11.1.2所示。研究黑体辐射的规律是了解一般物体热辐射性质的基础。

2. 斯蒂芬-玻尔兹曼定律

1879年,Stefan得出经验公式,1884年由他的学生Boltzmann用热力学理论推导出斯蒂芬-玻尔兹曼定律(Stefan-Boltzmann Law)。该定律表明,黑体的辐射度M_b与温度T的四次方成正比,即:

$$M_b = \sigma T^4 \qquad (11.1.3)$$

式中:$\sigma=5.6697\times10^{-8}$ W/m²·K⁴,为斯蒂芬-玻尔兹曼常数;T为绝对温度(K)。而对于实际的物体来说,其辐射度M_e为:

$$M_e = \varepsilon \sigma T^4 = \varepsilon M_b \qquad (11.1.4)$$

式中:ε为比辐射率,即实际物体表面辐射本领与黑体辐射本领的比值。因此斯蒂芬-玻尔兹曼定律也说明了,绝对温度为T的物体,在单位面积内的辐射功率为:

$$M_e = \frac{d\Phi_e}{dA} = \varepsilon \sigma T^4 = \varepsilon M_b \qquad (11.1.5)$$

上式中的前一等号,就是第10章的式(10.1.7),$d\Phi_e$是辐射体面积元dA(面积元有时也用dS表示)向半球空间(2π立体角)内所发出的辐射通量。M_e的单位是瓦/平方米(W·m⁻²)。由式(11.1.5)可知,斯蒂芬-玻尔兹曼定律给出了物体辐射出射度M_e的具体计算方法,物体温度越高,其表面单位面积的辐射功率就越大。

3. 维恩位移定律

维恩位移定律(Wien's displacement Law)又称维恩定律,1893年由Wilhelm Wien提出,物体最大光谱辐射度的波长λ_{max}与物体自身绝对温度T成反比关系,即:

$$\lambda_{max} T = C_x \qquad (11.1.6)$$

式中:$C_x=2897.8$ μmK为物体的吸收率。由式(11.1.6)可知,物体的温度越高,辐射波长的峰值越短。

11.2 红外探测系统的组成

红外探测系统是以红外辐射为介质的测量系统,按照功能可分为如下五类:①辐射计,用于物体辐射和光谱测量;②搜索和跟踪系统,用于搜索和跟踪红外目标,确定其空间位置并对它的运动进行跟踪;③热成像系统,可产生整个目标红外辐射的分布图像;④红外测距和通信系统;⑤混合系统,是指以上各类系统中的两个或者多个的组合。

按探测工作方式来划分,红外探测系统可分为主动探测系统和被动探测系统。主动探测系统是系统向目标发出红外辐射,通过接收从目标反射回的红外辐射信息,经过处理后,得到被测目标的有关信息,如搜索和跟踪系统、红外测距和通信系统等都是属于主动探测系统。被动探测系统是系统本身不发射红外辐射,仅靠接收目标发出的红外辐射经过系统分析处理后,得到目标的有关信息,如辐射计、热成像系统等,都属于被动探测系统。搜索和跟踪系统也可以工作在被动方式。红外探测系统已经在现代科技、国防和工农业等领域获得了广泛的应用。

红外探测系统的一般组成框图如图11.2.1所示。由图可知,红外探测系统一般由五大部分组成。

(1) 红外辐射源。红外辐射源表示被测目标,只要被测目标的温度高于绝对温标的 0 K,被测目标就会不断向外发出红外辐射。

(2) 红外光学系统。红外光学系统的作用是将红外辐射聚焦到红外探测器上。因为红外辐射的波长比可见光的波长要长,频率要低,所以红外辐射光子的能量低,为了提高红外探测器的响应率,必须采用红外光学系统将目标的红外辐射聚焦到红外探测器上。要指出的是,这里必须采用红外光学系统,而不是普通的光学系统,因为红外光学系统中的透镜一般是用锗制作的,必要时还要镀上一层增透膜,这样,其对红外辐射的透过率就比较高。当然,其价格也要高得多。

(3) 红外探测器。红外探测器是红外探测系统的核心部件,它将接收到的红外辐射,在其偏置电路和电源的协助下转换成电信号,它相当于一般传感器中的敏感元件。

(4) 信号处理与显示电路。信号处理与显示电路的作用是把红外探测器输出的电信号处理成人们所需要的形式,以便于直观的观察或对下一级的控制。

(5) 电源。电源是供给红外探测器的偏置电路和后续信号处理与显示电路使用的。因为红外探测器的输出信号十分微弱,极易受到噪声和干扰的影响,因此,对电源的要求比较高。要求电源是高精度的稳压电源,而且纹波要小于 1 mV。因此一般不能使用开关式稳压电源。

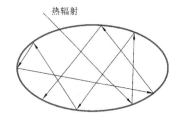

图 11.1.2 不透明材料制成的带小孔的空腔

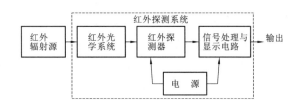

图 11.2.1 红外探测系统的一般组成框图

在红外探测系统中,红外探测器是其核心部件,红外探测器的优劣决定了红外探测系统的性能。

11.3 红外探测器

11.3.1 红外探测器分类

红外探测器是一种辐射能转换器,主要用于将接收到的红外辐射能转换为便于测量或观察的电能、热能等其他形式的能量。根据能量转换方式,红外探测器可分为热探测器和光子探测器两大类。

热探测器的工作机理是基于入射辐射的热效应引起探测器某一电特性的变化,而光子探测器是基于入射光子流与探测器材料相互作用而产生的光电效应,具体表现为探测器响应元自由载流子(即电子和/或空穴)数目的变化。由于这种变化是由入射光子数的变化引起的,光子探测器的响应正比于吸收的光子数。而热探测器的响应正比与所吸收的能量。

热探测器的换能过程包括:热阻效应、热伏效应、热气动效应和热释电效应等。光子探测器的换能过程包括:光生伏特效应、光电导效应、光电磁效应和光发射效应等。

光子探测器有光电导探测器、光伏探测器、光电磁探测器、光电倍增管、量子阱红外光子探测器等多种不同类型的红外光子探测器；热探测器有热敏电阻、热电偶和热电堆、热释电探测器等。

上面所列举的光子探测器中，有的已在第10章介绍过，如光电倍增管、光电导探测器、光伏探测器。这些探测器，当它们的制作材料不同时，就可以工作在不同的波段，其结构和工作原理都是类似的，不再介绍，下面仅重点介绍红外光电导探测器。

同样的情况，上面所列举的热探测器中，热电偶也在第8章介绍过，下面仅重点介绍热释电探测器。

11.3.2 红外探测器的主要特性参数

各种光子探测器、热探测器的作用机理虽然各有不同，但其基本特性都可用等效噪声功率或探测率、响应率、光谱响应、响应时间等几个主要特性参数来描述。

1. 等效噪声功率

当探测器输出信号等于探测器噪声时，将入射到探测器上的辐射功率定义为等效噪声功率，用 NEP(noise equivalent power) 表示，单位为瓦。由于信噪比为1时功率测量不太方便，可以在高信号电平下测量，再根据下式计算：

$$\text{NEP} = \frac{E_v A_d}{V_s/V_n} = \frac{P}{V_s/V_n} \tag{11.3.1}$$

式中：E_v 为辐照度，单位 W/cm^2；A_d 为探测器光敏面面积，单位 cm^2；V_s 为信号电压基波的均方根值，单位 V；V_n 为噪声电压均方根值，单位 V；P 为入射到探测器表面上的辐射功率。

由于探测器的响应与辐射的调制频率有关，测量等效噪声功率时，黑体辐射源发出的辐射经调制盘调制后，照射到探测器光敏面上，辐射强度按固定频率作正弦变化。探测器的输出信号滤除高次谐波后，用均方根电压表测量基波的有效值。

> **必须指出**：等效噪声功率可以反映探测器的探测能力，但不等于系统无法探测到强度弱于等效噪声功率的辐射信号。如果采取相关接收技术，即使入射功率小于等效噪声功率，由于信号是相关的，噪声是不相关的，也是可以将信号检测出来的，但是这种检测是以增加检测时间为代价的。另外，强度等于等效噪声功率的辐射信号，系统并不能可靠地探测到。在设计系统时通常要求最小可探测功率数倍于等效噪声功率，以保证探测系统有较高的探测概率和较低的虚警率。辐射测量系统由于有较高的测量精度要求，对弱信号也要求有一定的信噪比。

2. 探测率

等效噪声功率被用来度量探测器的探测能力，但是等效噪声功率最小的探测器的探测能力却是最好的，很多人不习惯这样的表示方法。因此，常用等效噪声功率的倒数表示探测器的探测能力，称为探测率。这样较好的探测器有较高的探测率。因此，探测率的定义式为：

$$D = \frac{1}{\text{NEP}} \tag{11.3.2}$$

探测器的探测率与测量条件有关，包括：入射辐射波长、探测器温度、调制频率、探测器偏流、探测器面积、测量探测器噪声电路的带宽、光学视场外热背景等。

为了对不同测试条件下测得的探测率进行比较，应尽量将测试条件标准化，具体可采取如下几种方法。

(1) 对于辐射波长、探测器温度的处理。由于探测率和波长之间，探测率和探测器温度之间，在理论上无明显关系，波长和制冷温度只能在测量条件中进行说明。

(2) 对于辐射调制频率的处理。解决探测率随调制频率变化的最简单的方法是将频率选得足够低，以避开探测器时间常数带来的限制，或注明调制频率。

(3) 对探测器偏流的处理。一般调节偏流到使探测率最大为止。

(4) 对探测器面积和测量电路带宽的处理。广泛的理论和实验研究表明，有理由假定探测器输出的信噪比与探测器面积的平方根成正比，即认为探测率与探测器面积的平方根成反比。探测器输出噪声包含各种频率成分，显然，噪声电压是测量电路带宽的函数。由于探测器总噪声功率谱在中频段较为平坦，可认为测得的噪声电压只与测量电路带宽的平方根成正比，即探测率与测量电路带宽的平方根成反比。

3. 响应率

响应率等于单位辐射功率入射到探测器上产生的信号输出。响应率一般以电压的形式表示。对以电流方式输出的探测器，如输出短路电流的光伏探测器，也可用电流的形式表示。

电压响应率 $$R_v = \frac{V_s}{E_v A_d} = \frac{V_s}{P} \tag{11.3.3}$$

电流响应率 $$R_i = \frac{I_s}{E_v A_d} = \frac{I_s}{P} \tag{11.3.4}$$

式中：E_v 为辐照度，单位 W/cm^2；A_d 为探测器光敏面面积，单位 cm^2；V_s 为信号电压基波的有效值，单位 V；I_s 为信号电流基波的有效值，单位 A；P 为入射到探测器表面的辐射功率。

因为测量响应率时是不管噪声大小的，可不注明只与噪声有关的电路带宽。响应率与探测器的响应速度有关，光子探测器的频率响应特性如同一个低通滤波器。在低频段响应较为平坦，超过转折频率后响应明显下降。一般均在低频下测量响应率，以消除调制频率的影响。

表面上看，只要探测率足够高，探测器输出有足够的信噪比，信号较弱是可以用电路放大的方法弥补的。实际上响应率过低，就必须提高前置放大器的放大倍数，高放大倍数的前置放大器会引入更多噪声。如果选用探测率较低但响应率高的探测器，系统的探测性能可能会更好一些。因此，对系统设计者来说，探测器的响应率和探测率是同样值得关注的。

4. 光谱响应

探测器的光谱响应是指探测器受不同波长的光照射时，其响应率 R、探测率 D 随波长变化的情况。设照射光是波长为 λ 的单色光，测得的 R、D 可用 R_λ、D_λ 表示，称为单色响应率和单色探测率，或称为光谱响应率和光谱探测率。

如果在某一波长 λ_p 处，响应率、探测率达到峰值，则 λ_p 称为峰值波长，而对应的 $R_{\lambda p}$、$D_{\lambda p}$ 分别称为峰值响应率和峰值探测率。此时的 $D_{\lambda p}$ 可记为 $D(\lambda_p, f)$，注明的是峰值波长和调制频率，而黑体探测率 $D(T_{bb}, f)$ 注明的则是黑体的温度和调制频率。

如果以横坐标表示波长 λ，纵坐标为光谱电压响应率 $R_v(\lambda)$，则可得到如图 11.3.1 所示的光子探测器和热探测器的光谱响应曲线。由图可知，光子探测器和热探测器的光谱响应曲线是不同的，理想情况下，热探测器的响应只与吸收的辐射功率有关，而与波长无关，因为其温度的变化只取决于吸收的能量。对于光子探测器，仅当入射光子的能量大于某一极小值 $h\nu_c$ 时才能产生光电效应。也就是说，探测器仅对波长小于 λ_c，或者频率大于 ν_c 的光子才有响应。光子探测器的光谱响应正比于入射的光子数,由于光子能量与波长 λ 成反比,在单位波长间隔内辐射功率不变的前提下,则入射光子数与波长成正比。因此,光子探测器的响应率随波长 λ 线性上升,然后到截止波长 λ_c 时突然快速下降为零,如图中 M 点所示。

理想情况下,截止波长 λ_c 即峰值波长 λ_p,实际曲线稍有偏离。例如,光子探测器实际光谱响应在峰值波长附近迅速下降,一般将响应下降到峰值响应的 50% 处的波长称为截止波长 λ_c。

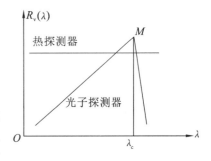

图 11.3.1 光子探测器和热探测器的光谱响应曲线

系统的工作波段通常是根据目标辐射光谱特性和应用需求而设定的,因此,选用的探测器就应该在此波段中有较高的光谱响应。因为光子探测器响应截止的斜率很陡,不少探测器的窗口并不镀成带通滤光片,而是镀成前截止滤光片,可起到抑制背景干扰的效果。

5. 响应时间

当一定功率的辐射突然照射到探测器上时,探测器输出信号应经过一定时间才能上升到与这一辐射功率相对应的稳定值。当辐射突然去除时,输出信号也要经过一定时间才能下降到辐照之前的值。这种上升或下降所需的时间称为探测器的响应时间,或时间常数。

响应时间直接反映探测器的频率响应特性,其低通频响特性可表示为:

$$R_f = \frac{R_0}{(1+4\pi^2 f^2 \tau^2)^{1/2}} \tag{11.3.5}$$

式中:R_f 为调制频率为 f 时的响应率;R_0 为调制频率为零时的响应率;τ 是探测器响应时间。由式(11.3.5)可知,当 f 远小于 $1/2\pi\tau$ 时,$R_f \approx R_0$,响应率与频率无关;f 远大于 $1/2\pi\tau$ 时,$R_f = \frac{R_0}{2\pi f \tau}$,响应率和频率成反比。

系统设计时,应保证探测器在系统带宽范围内响应率与频率无关。由于光子探测器的时间常数可达数十纳秒至微秒,所以在一个很宽的频率范围内,频率响应是平坦的。热探测器的时间常数较大,如热敏电阻为数毫秒至数十毫秒,因此频率响应平坦的范围仅几十赫兹而已。

在设计光机扫描型系统时,探测器的时间常数应当选择得比探测器在瞬时视场上的驻留时间更短,否则探测器的响应速度将跟不上扫描速度。当对突发的辐射信号进行检测时,则应根据入射辐射的时频特性,选择响应速度较快的探测器。例如,激光功率计在检测连续波激光时,探头的探测器可以用响应较慢的热电堆;检测脉冲激光时则必须用响应速度较快的热释电探测器;如果激光脉宽很窄,则需要用光子探测器检测。

11.4 典型的红外探测器及其构成的红外探测系统

根据能量转换方式的不同,红外探测器可分为热探测器和光子探测器两大类。前面所列举的光子探测器中,有的已在第 10 章介绍过,如光电倍增管、光电导探测器、光伏探测器。这些探测器,当它们的制作材料不同时,就可以工作在不同的波段,其结构和工作原理都是类似的,后面不再介绍,下面仅重点介绍硫化铅(PbS)红外光电导探测器及其构成的红外探测系统。同时,前面所列举的热探测器中,热电偶也在第 8 章介绍过,下面仅重点介绍热释电探测器及其构成的红外探测系统。

11.4.1 硫化铅(PbS)红外光电导探测器及其构成的红外焊缝检测仪

光电导探测器的工作原理已在10.3.1节进行了介绍,这里不再赘述。硫化铅红外光电导探测器工作在红外波段(0.8~3.2 μm),它接受了红外辐射后,其电导率极大地提高,因而其电阻迅速降低,其响应时间很短(<200 μs),更可贵的是硫化铅红外光电导探测器能在常温下工作而无须制冷,这使得它在军事和工业生产方面都得到了广泛的应用。下面介绍硫化铅红外光电导探测器在"红外焊缝检测仪"中的应用。

电阻焊是食品罐筒制造业中最常用的高速焊接生产方法。生产中的焊接质量,通常是通过定时随机抽样观察和进行剪拉等破坏性试验来检查的。在这样的测试中,样本被周期地、间断地从生产线上取下来进行检查。一般来说,在焊接工艺比较稳定的情况下,这些测试样本的结果也能代表未测试部分的质量,这种方法是可以接受的,但当焊接工艺发生偶然变化时,这种方法便不能保证反映产品的焊接质量了。因此,需要一种实时在线的焊缝检测仪,对每一个罐筒的焊缝进行实时在线检测并进行判决。其原理框图如图11.4.1所示。

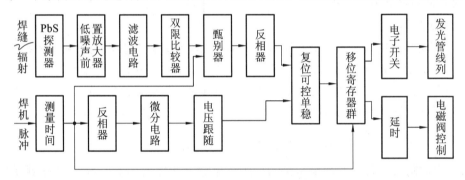

图 11.4.1 红外焊缝检测仪原理框图

由图可知,该检测仪的前端是 PbS 探测器和低噪声前置放大器,只有对 PbS 探测器进行合理的偏置,并采用高质量的、适宜的低噪声前置放大器,红外焊缝检测仪才能有效地工作。在红外焊缝检测仪工作的现场,存在大量的电磁干扰,只有排除或屏蔽了这些干扰,检测仪才能正常工作。低噪声前置放大器的设计和对电磁干扰的排除、屏蔽是现代科学仪器设计中不可缺少的两项重要技术。关于本例中 PbS 探测器的偏置以及低噪声前置放大器的设计,可参见本书第17章17.12节,这里不再重复。

要重点介绍的是,在众多的光电探测器和无数的传感器中,红外焊缝检测仪为什么选择 PbS 红外探测器? 主要有三个方面的原因:①硫化铅红外光电导探测器的工作波段为(0.8~3.2 μm),而罐筒焊缝在观测处的正常温度为 800 ℃,根据维恩位移定律可计算出焊缝在此处的辐射波长峰值为 2.7 μm,正好处于硫化铅红外光电导探测器的工作波段范围内,最后的实验也证明了这一点,用硫化铅探测器可以获得足够大的焊缝温度信号;②硫化铅红外光电导探测器的响应时间小于 200 μs,而全自动高速罐筒电阻焊机的最高焊接速度是每分钟 80 罐,那么其焊缝温度信号的周期是 0.75 s,因此,硫化铅红外光电导探测器完全可以对罐筒焊缝实现全检测,没有无法检测到的死区;③硫化铅探测器可以在常温下工作,不用制冷,这可以使检测仪结构简单,从而降低成本。

11.4.2 热释电探测器及其构成的红外探测系统

1. 热释电效应

在具有非中心对称结构的极性晶体中,即使在外电场和应力均为零的情况下,本身也会产生自发极化现象,如图 11.4.2 所示。设自发极化强度为 P_s,实验表明 P_s 是温度的函数。温度升高时,P_s 减小,当温度高于居里温度 T_c 时,$P_s=0$,P_s 随温度变化的曲线如图 11.4.3 所示。具有这种性质的晶体称为热电晶体,如硫酸三甘肽、铌酸锶钡、钽酸锂、铌酸铌等。

热电晶体产生自发极化现象后,其表面会出现面束缚电荷,而这些面束缚电荷平时被晶体内部和外部来的自由电荷所中和,净电荷为零,因此在常态下呈中性,如图 11.4.4(a)所示。如果有辐射照射在光敏元上,则光敏元的温度会上升,从而引起晶片的自发极化强度下降以及由此引起热电晶体的表面束缚电荷和自由电荷均减少,如图 11.4.4(b)所示。

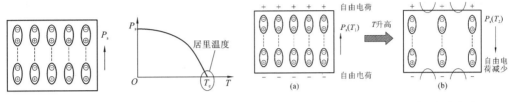

图 11.4.2 自发极化现象　　图 11.4.3 P_s 随温度变化的曲线　　图 11.4.4 热电晶体温度升高,束缚电荷和自由电荷均减少

如果交变的辐射照射在光敏元上,则光敏元件的温度、晶片的自发极化强度以及由此引起的面束缚电荷的密度均以同样频率发生周期性变化。如果面束缚电荷变化较快,而自由电荷变化慢,来不及中和,在垂直于自发极化矢量的两个端面间会出现交变的端电压,这种现象就是"热释电效应"。

2. 热释电探测器的结构

热电晶体不能直接作为热探测器使用,虽然交变的辐射照射在其光敏面上,在其垂直于自发极化矢量的两个端面间会出现交变的端电压,但是这种信号源的内阻极大,完全没有带负载的能力。另外,作为热辐射探测器,还必须配备光学系统,使热辐射有效地聚焦在光敏面上。根据上述要求,一种常见的热释电探测器的结构如图 11.4.5(a)所示,图 11.4.5(b)为其实物外形图。热释电红外探测器由双探测元、干涉滤光片和场效应管放大器三部分组成。

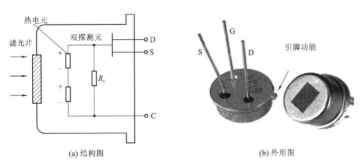

图 11.4.5 热释电探测器的结构和外形

探测器内部的双探测元由高热电系数的铁钛酸铅汞陶瓷以及钽酸锂、硫酸三甘铁等热电晶体组成,其极化产生正、负电荷,随温度的变化而变化。滤光片窗口起滤光作用,由一块薄玻璃片镀上多层滤光层薄膜而成的,能有效地滤除 7.0～14 μm 波长以外的红外线。人体正常体温时,辐射的最强的红外线的中心波长为 9.65 μm,正好处于滤光窗的响应波长(7～14 μm)中心。故滤光窗能有效地让人体辐射的红外线通过,而最大限度地阻止阳光、灯光等可见光中的红外线的通过,以免引起干扰。探测器只对移动或运动的人体、体温近似人体

的物体起作用。R_L为双探测元的负载电阻。

热释电红外探测器在结构上引入场效应管的目的在于完成阻抗变换。由于热电晶体输出的是电荷信号,这相当于内阻极高的电压源,为了将这类信号放大,必须配以输入电阻也极高的放大器,故引入 N 沟道结型场效应管,并连接成共漏形式即源极跟随器来完成阻抗变换,可将热电晶体输出的电荷信号成功转换成电压信号输出。

3. 聚光系统

若想仅仅只用上述的热释电红外探测器组成一个性能优良的红外探测系统,是远远不够的,还必须在热释电红外探测器前面安装必要的光学系统,以便把目标的红外辐射聚焦到探测器的光敏面上。根据热电晶体的工作原理和需要,在热释电红外探测器的前面通常安装的是菲涅尔透镜。

菲涅尔透镜(Fresnel lens),又名螺纹透镜,多是由聚烯烃材料注压而成的薄片,也有用玻璃制作的,镜片表面一面为光面,另一面刻录了由小到大的同心圆,如图 11.4.6 所示。它的纹理是根据光的干涉及扰射以及相对灵敏度和接收角度等要求来设计的。

菲涅尔透镜,简单来说就是在透镜的一侧有等距的齿纹,通过这些齿纹,可以达到对指定光谱范围的光具有带通(反射或者折射)作用。传统的打磨光学器材的带通光学滤镜造价昂贵,菲涅尔透镜可极大降低成本。

菲涅尔透镜的制作要求很高,一片优质的透镜必须表面光洁,纹理清晰,其厚度随用途而变,多在 1 mm 左右,特性为面积大、厚度薄及探测距离远。实验表明,不使用菲涅尔透镜时热释电红外探测系统的探测半径不足 2 m,只有配合菲涅尔透镜使用才能发挥热释电红外探测器的最大作用,配上菲涅尔透镜时热释电红外探测系统的探测半径可达到 10 m。

菲涅尔透镜的工作原理为:假设一个透镜的折射能量仅仅发生在光学表面(如透镜表面),拿掉尽可能多的光学材料,而保留表面的弯曲度。这种解释可以通过菲涅尔透镜和普通透镜的对比来理解,如图 11.4.7 所示。

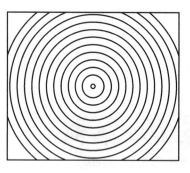

图 11.4.6 菲涅尔透镜背面的同心圆

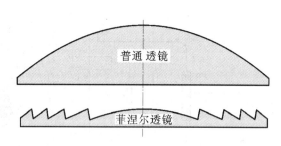

图 11.4.7 菲涅尔透镜与普通透镜的对比

菲涅尔透镜的工作原理还可以解释为:透镜连续表面部分"坍陷"到一个平面上,如图 11.4.8 的剖面图所示。从剖面看,菲涅尔透镜表面由一系列锯齿型凹槽组成,中心部分是椭圆形弧线。每个凹槽都与相邻凹槽之间角度不同,但都将光线集中于一处,形成中心焦点,也就是透镜的焦点。每个凹槽都可以看成一个独立的小透镜,把光线调整成平行光或聚光。这种透镜还能够消除部分球形像差。

菲涅尔透镜相当于红外线及可见光的凸透镜,且效果较好,同时成本比普通的凸透镜低很多。菲涅尔透镜可按照光学设计或结构进行分类。综上分析可知,菲涅尔透镜的作用有两方面:①聚焦作用;②将探测区域内分为若干个明区和暗区,使进入探测区域的移动物体能以温度变化的形式在热释电红外探测器上产生变化的热释红外信号。

菲涅尔透镜利用透镜的特殊光学原理,在探测器前方产生一个交替变化的"盲区"和"高灵敏区",以提高它的探测接收灵敏度。当有人从透镜前走过时,人体发出的红外线就不断地交替从"盲区"进入"高灵敏区",这样就使接收到的红外信号以忽强忽弱的脉冲形式输入,从而加强了其能量幅度。

菲涅尔透镜典型的应用是在热释电红外探测系统中的应用。热释电红外探测系统广泛地用在警报器上。在每个热释电红外探测系统上都有个塑料的小帽子。这就是菲涅尔透镜。小帽子的内部都刻上了齿纹。这种菲涅尔透镜可以将入射光的频率峰值限制在人体红外线辐射的峰值 10 μm 左右。带菲涅尔透镜的热释电红外探测系统如图 11.4.9 所示。

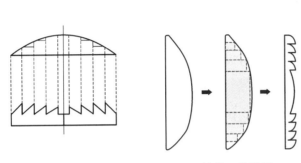

图 11.4.8 菲涅尔透镜工作原理的第二种解释

图 11.4.9 带菲涅尔透镜的热释电红外探测系统

注意:菲涅尔透镜不能用任何有机溶液(如酒精等)擦拭,除尘时可先用蒸馏水或普通净水冲洗,再用脱脂棉擦拭。

4. 热释电红外探测器构成的人体感应开关

由热释电红外探测器构成的人体感应开关电路原理图如图 11.4.10 所示。其电路工作原理和工作过程如下所述。

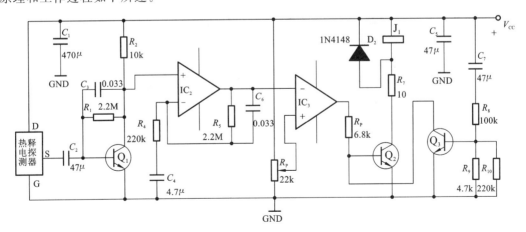

图 11.4.10 热释电红外人体感应开关电路原理图

热释电探测器的输出信号,经 Q_1 放大后,送入 IC_2 进行第 2 次放大。IC_2 的输出信号送入电压比较器 IC_3,与由电位器 R_P 设定的参考电压进行比较,调节电位器的中心抽头,可调节电路灵敏度,也就是探测范围。当没有人或物体进入热释电探测器的监测范围时,参考电压,即 IC_3 的同相输入端电压高于 IC_2 的输出电压,IC_3 输出低电平,Q_2 截止,继电器 J_1 不动作,电路处于安静状态。

当有人进入探测范围时,热释电探测器输出交变信号电压,经 Q_1 放大后,送入 IC_2 进行第 2 次放大,这时 IC_2 放大后的信号,输出电压高于参考电压,使比较器 IC_3 翻转,输出高电平,三极管 Q_2 导通,继电器 J_1 通电吸合,接通开关,产生预先设计好的动作,如自动门开启或发出声光报警等。

电路中与继电器 J_1 并联的二极管 D_2(1N4148)称为续流二极管,起保护作用。当继电器 J_1 由导通转向截止时,会产生很高的反向电动势,D_2 为其提供了泄放通路,起到续流的作用。如果没有 D_2,则会将三极管 Q_2 击穿而损坏。

电路中 Q_3、C_7、R_8、R_9、R_{10} 组成开机延时电路。当开机时,开机人的感应会使 IC_3 输出高电平,造成误触发。开机延时电路在开机的瞬间,由电容 C_7 的充电作用而使 Q_3 导通,这样就使 IC_3 输出的高电平经 Q_3 通地,从而使 Q_2 可以保持截止状态,防止了开机误触发。开机延时时间由 C_7 与 R_8 的时间常数决定,约 20 秒。

IC_2、IC_3 可选用高输入阻抗的运算放大器 CA3140,很适合于作为微弱信号的放大级。电路的调试工作主要是调节电位器 R_P,选择合适的参考电压,以达到最佳灵敏度。

上述的热释电红外探测系统,称为被动探测系统。所谓"被动"是指探测器本身不发出任何形式的能量,只是靠接收外界的能量或能量变化来完成探测目的。被动红外报警器的特点是,能够响应入侵者在所防范区域内移动时所引起的红外辐射变化,并能使监控报警器产生报警信号,从而完成报警功能。

要指出的是,上述的热释电红外探测系统还有一个特点,就是对径向移动的目标反应不敏感,而对于横切方向(即与半径垂直的方向)移动的目标则最为敏感,如图 11.4.11 所示。因此,在现场选择合适的安装位置是避免热释电红外探测系统误报,获得最佳检测灵敏度极为重要的一环。

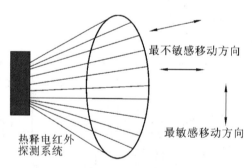

图 11.4.11　热释电红外探测系统的敏感方向

习　题　11

11.1　"红外传感器"与"红外探测系统"有何区别?

11.2　"红外辐射"与"红外线"有何区别?

11.3　红外辐射波长的范围是怎样的?

11.4　红外辐射一般划分为几个波段,每个波段的起止范围是多少?

11.5　红外辐射与其他电磁波的不同之处在哪些方面?红外辐射有哪些特殊性质?

11.6 关于红外辐射的基本定律有哪几条,分别给予简要论述。

11.7 画出红外探测系统的一般组成框图,说明各部分的作用。

11.8 比较"红外探测系统的一般组成框图"与"传感器的一般组成框图"的异同点。

11.9 红外探测器是如何分类的,试设计一个红外探测器的分类表格,并填好。

11.10 红外探测器的主要特性参数有哪几个,分别予以介绍。

11.11 给出等效噪声功率 NEP 的定义和测试计算方法,说明为什么要这样定义和计算。

11.12 给出探测率 D 的定义式,说明为什么要这样定义。

11.13 探测器的探测率与哪些测量条件有关?为了尽量做到测试条件标准化,应采取哪些措施?

11.14 为什么说"探测率与测量电路带宽的平方根成反比"?谈谈你对这个论断的理解,能给出定性的证明吗?

11.15 给出响应率的定义式,说明为什么要这样定义。探测器的响应率与哪些因素有关?对系统设计者来说,应选用探测率较高探测器,还是响应率较高的探测器,为什么?

11.16 分别说明"探测器的光谱响应"、"峰值波长"的含义。说明光子探测器和热探测器的光谱响应曲线不同的原因。

11.17 给出探测器的响应时间的定义,研究探测器的响应时间有何实际意义?探测器的响应时间取决于什么因素?

11.18 简要论述光电导探测器的工作原理,说明硫化铅(PbS)为什么可以作为制作红外光电导探测器的原材料?

11.19 硫化铅红外光电导探测器的光谱响应特性如何?其最长的响应时间是多少?其最高工作频率又是多少?

11.20 画出红外焊缝检测仪的原理框图,画出每个方框输出端的波形,设计硫化铅(PbS)探测器的偏置电路和低噪声前置放大器。

11.21 什么是"热释电效应"?产生"热释电效应"的必要条件是怎样的?

11.22 画出一种常见的热释电探测器的结构图,它由哪几部分组成?各起什么作用?

11.23 热释电探测器的前面为什么要安装菲涅尔透镜?不安装会如何?

11.24 简要介绍菲涅尔透镜的结构和作用。

11.25 画出热释电红外探测器构成的人体感应开关电路原理图,定性描述电路的工作原理。

11.26 自行设计一个由热释电红外探测器构成的人体感应开关电路,并进行试验,达到设计指标为止。

11.27 为什么热释电红外探测系统对径向移动的目标反应不敏感,而对于横切方向(即与半径垂直的方向)移动的目标则最为敏感?

11.28 红外探测器和光电探测器有何联系与区别?

第12章 磁敏传感器及其应用

根据电磁感应定律,在切割磁力线的闭合回路里,会产生与磁通变化速率成正比的感应电动势。因此,最简单的一种将磁场转换成电信号的磁敏传感器就是线圈。随着科学技术的发展,现代的磁敏传感器已向固体化发展。它是利用磁场的作用使物质的电性能发生变化的各种物理效应制成的,从而将磁场强度转换为电信号。磁敏传感器的种类较多,制作磁敏传感器的核心部件是磁敏元件。制作磁敏元件的材料有半导体、磁性体、超导体等,不同材料制成的磁敏元件其工作原理和特性也不相同。

磁敏传感器是利用半导体材料中的自由电子或空穴随磁场的变化而改变其运动方向这一特性而制成的传感器件,按其结构可分为体型磁敏元件和结型磁敏元件两大类。体型磁敏传感器有霍尔元件和磁敏电阻等,结型磁敏元件有磁敏二极管和磁敏三极管等。

12.1 霍尔效应与霍尔元件

12.1.1 洛伦兹力

随着半导体技术的发展,磁敏元件得到了快速发展,已广泛用于自动控制、信息传递、电磁场、生物医学等方面的电磁、压力、加速度、振动等物理量的测量。磁敏元件的特点有:结构简单、体积小、动态特性好、寿命长等。

霍尔元件,又称霍尔传感器。霍尔传感器属于磁敏元件,磁敏元件是基于磁电转换原理制成的。霍尔元件的工作原理是基于霍尔效应,而要理解霍尔效应,必须先掌握洛伦兹力的概念。

洛伦兹力是指运动电荷在磁场中受到的力。当带正电荷 q 的粒子射入匀强磁场 B 时,初速度 v 的方向与磁场方向垂直,该粒子将受到的作用力为 F,如图12.1.1所示,这个力就是洛伦兹力。图中,磁感应强度 B 的方向是垂直于纸面而向内的。洛伦兹力的方向,可用如下的左手定则来确定:伸开左手,使大拇指跟其余四个手指垂直,并且都跟手掌在同一个平面内,让磁力线穿过手掌心,四指指向正电荷运动的方向,则与四指垂直的大拇指所指方向即为洛伦兹力的方向。

 注意:运动电荷是正的,大拇指的指向即为洛伦兹力的方向。反之,如果运动电荷是负的,仍用四指表示电荷运动方向,那么与大拇指指向的反方向则为洛伦兹力方向,如图12.1.2所示。

由电磁学的相关知识可知,洛伦兹力的大小为:

$$F = qvB \tag{12.1.1}$$

式中:磁感应强度 B 的单位是特斯拉,简称特,符号是 T;电荷 q 的单位是库仑;速度 v 的单位是米/秒;洛伦兹力 F 的单位是牛顿。

12.1.2 霍尔效应

一块金属薄片或半导体薄片,当在它的两端通过稳定的直流电流 I,并且同时在薄片的垂直方向上加上磁感应强度为 B 的磁场时,在垂直于电流和磁场的方向上就会产生电动势 U_H,如图 12.1.3 所示。这种现象称为霍尔效应,U_H 称为霍尔电动势或霍尔电压。

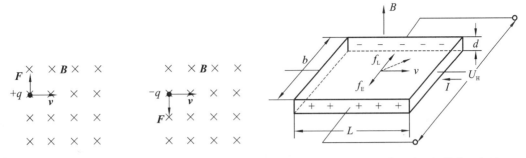

图 12.1.1　正电荷洛伦兹力示意图　　图 12.1.2　负电荷洛伦兹力示意图　　图 12.1.3　半导体薄片的霍尔效应示意图

在图 12.1.3 中,N 型半导体薄片的长度为 L,宽度为 b,厚度为 d。沿长度 L 方向通过电流 I 时,则电子将以均匀的速度 v 运动,方向如图所示。若在垂直方向施加如图所示的磁感应强度 B,则在磁场的作用下,运动的电子将受到洛伦兹力 F_L 的作用,向半导体薄片的一侧集聚,结果使半导体薄片的一边带负电,另一边带正电,这就形成了霍尔电动势或霍尔电压 U_H。一旦建立了霍尔电动势,运动电子除了要受到洛伦兹力 F_L 的作用外,还会受到新建的霍尔电场的作用力 f_E 的作用,只不过 f_E 的方向和 f_L 的方向相反。开始时,洛伦兹力 f_L 大于霍尔电场的作用力 f_E,随着霍尔电场的不断增强,霍尔电场的作用力 f_E 也不断增大,直到二者相等,达到平衡状态。达到平衡状态后,霍尔电压 U_H 也就保持恒定。

可以利用两力相等的平衡条件,来求出霍尔电压 U_H 的大小。由式(12.1.1)和图 12.1.3 可得:

$$f_L = qvB \tag{12.1.2}$$

式中:q 为电子电量(1.62×10^{-19} C);v 为电子运动速度;B 为磁感应强度。而作用于电子的电场力:

$$f_E = qE_H = qU_H/b \tag{12.1.3}$$

由二力相等的平衡条件可求得:
$$U_H = bvB \tag{12.1.4}$$

由上式可知,因为 b 是 N 型半导体薄片的宽度,为已知,磁感应强度 B 是可以测得的,若再测出霍尔电压 U_H 的大小,就可以求得半导体薄片中电子的运动速度 v。

还可以通过直流电流 I 的大小求得半导体薄片中电子的运动速度 v,从而进一步求得霍尔电压 U_H 的大小。设半导体薄片中的电流密度为 j,N 型半导体中的电子浓度为 n,则有:

$$j = nqv \tag{12.1.5}$$

而
$$I = jbd = nqvbd \tag{12.1.6}$$

所以
$$v = I/nqbd \tag{12.1.7}$$

将式(12.1.7)代入式(12.1.4)即可求得:

$$U_H = IB/nqd \tag{12.1.8}$$

如果图 12.1.3 中为 P 型半导体薄片,且设 p 为半导体中薄片中的空穴浓度,则可推导出霍尔电压 U_H 的大小为:

$$U_H = IB/pqd \tag{12.1.9}$$

这种在磁场中通过一定的直流电流后,能在垂直于电流和磁场的方向上产生霍尔电压 U_H 的半导体薄片,就称为霍尔元件。

由式(12.1.8)和式(12.1.9)可知,霍耳电势 U_H 与 I、B 的乘积成正比,而与 d 成反比。于是可改写成:

$$U_H = IB/nqd = \frac{1}{nq}\frac{IB}{d} = R_H \frac{IB}{d} \tag{12.1.10}$$

和

$$U_H = IB/pqd = \frac{1}{pq}\frac{IB}{d} = R_H \frac{IB}{d} \tag{12.1.11}$$

对于 N 型半导体薄片,有:

$$R_H = \frac{1}{nq} \tag{12.1.12}$$

而对于 P 型半导体薄片,有:

$$R_H = \frac{1}{pq} \tag{12.1.13}$$

R_H 称为霍耳系数,由元件的材料物理性质决定,它反映材料霍尔效应的强弱。在式(12.1.10)和式(12.1.11)中,令:

$$K_H = \frac{R_H}{d} \tag{12.1.14}$$

则式(12.1.10)和式(12.1.11)变为:

$$U_H = K_H IB \tag{12.1.15}$$

式中: K_H 为霍尔元件的灵敏度,它表示一个霍尔元件在单位控制电流和单位磁感应强度时产生的霍尔电压的大小,与薄片尺寸及材料的载流子浓度有关。其单位是 mV/(mA·T) 或 V/(A·T)。

若磁感应强度 B 的方向与霍尔元件的平面法线夹角为 θ 时,如图 12.1.4 所示,实际上作用于霍尔元件上的有效磁感应强度是其法线方向的分量,即 $B\cos\theta$,霍尔电势应为:

$$U_H = K_H IB\cos\theta \tag{12.1.16}$$

为了获得较强的霍尔效应,霍尔元件全部采用半导体材料制成,且多用 N 型半导体材料。霍尔元件越薄,灵敏度系数越大。当半导体材料和几何尺寸确定后,霍尔电势的大小正比于控制电流和磁感应强度,因此霍尔元件可用于测量磁场或电流。

根据霍尔效应的原理,显然,霍尔元件不可用金属材料或绝缘材料制作。

例 12.1.1 如图 12.1.3 所示的 N 型半导体薄片的长度 $L=5.4$ mm,宽度 $b=2.7$ mm,厚度 $d=0.2$ mm。沿长度 L 方向通以电流 $I=1.2$ mA,在垂直方向施加如图所示的均匀磁场 $B=0.2$ T,测得霍尔电压 $U_H=8.2$ mV。求该霍尔元件的灵敏度 K_H 和电子浓度 n。

解 根据式(12.1.15),可得:

$$K_H = U_H/IB = 8.2 \text{ mV}/1.2 \text{ mA} \times 0.2 \text{ T} = 34.17 \text{ mV/mAT}$$

又根据式(12.1.14)和式(12.1.12),可得电子浓度为:

$$n = \frac{1}{K_H qd} = \frac{1}{34.17 \times 6.2 \times 10^{-19} \times 0.2 \times 10^{-3}} = 9.03 \times 10^{20} (1/\text{m}^3)$$

例 12.1.2 如图 12.1.3 所示的 N 型半导体薄片的长度 $L=5.4$ mm,宽度 $b=2.7$ mm,厚度 $d=0.2$ mm。沿长度 L 方向通以电流 $I=1.2$ mA,在垂直方向施加如图所示的均匀磁场 $B=0.2$ T,测得霍尔电压 $U_H=8.2$ mV。求该霍尔元件中电子的运动速度 v。

解 根据式(12.1.4),可得:

$$v = \frac{U_H}{bB} = \frac{8.2 \text{ mV}}{2.7 \text{ mm} \times 0.2 \text{ T}} = 15.19 \text{ m/s}$$

12.1.3 霍尔元件

霍尔元件是将一种半导体薄片做成正方形(称为霍尔片),在薄片上焊接两对电极引出线,然后采用非导磁金属或陶瓷、环氧树脂等封装而成。霍尔片多采用 N 型半导体材料。霍尔片越薄(d 越小),灵敏度 K_H 就越大。一种霍尔片的结构如图 12.1.5 所示,也有的霍尔片做成十字形结构。霍尔元件是由霍尔片、四根电极引线和磁性体盖组成,如图 12.1.6 所示。图 12.1.6 中,1、3 端为电流输入端,又称为激励电极;2、4 端为霍尔电压输出端,又称为霍尔电极。在电路中霍尔元件可用两种符号表示,如图 12.1.7 所示。国产霍尔元件型号的命名方法如图 12.1.8 所示。国产器件用 H 代表霍尔元件,后面的字母代表元件的材料,数字代表产品的序号。例如,HZ-1 表示是用锗材料制成的霍尔元件,HT-1 表示是用锑化铟材料制成的元件。

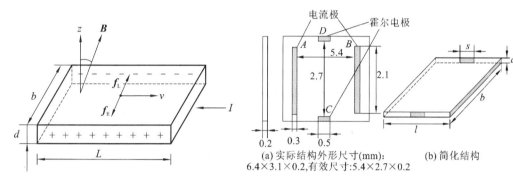

图 12.1.4 B 的方向与霍耳元件的平面法线夹角为 θ 时情况

图 12.1.5 霍耳片的结构

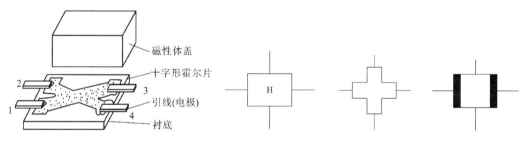

图 12.1.6 霍尔元件的组成

图 12.1.7 霍尔元件的符号

如果将霍尔片及后续的信号处理电路集成在同一块晶片上,则构成霍尔组件,或称为霍尔集成电路,如图 12.1.9 所示。按输出信号的类型来区分,霍尔集成电路可分为线性型和开关型两大类。

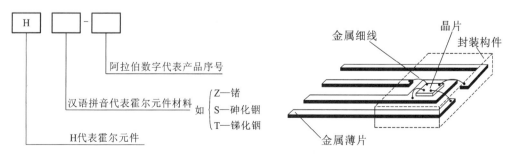

图 12.1.8 霍尔元件型号命名法

图 12.1.9 霍尔组件的结构

12.1.4 霍尔元件的主要特性参数

了解霍尔元件的主要特性参数,对于正确使用霍尔元件是有极大帮助的,下面分别介绍。

1. 灵敏度 K_H

霍尔元件的灵敏度 K_H 是霍尔元件的一个重要特性参数,它表示一个霍尔元件在单位控制电流和单位磁感应强度时产生的霍尔电压的大小。由式(12.1.14)可知:

$$K_H = \frac{R_H}{d}$$

即灵敏度 K_H 与霍尔系数 R_H 成正比,与霍尔片的厚度 d 成反比。

2. 额定功耗 P_0

额定功耗 P_0 是指在环境温度 25 ℃时,允许通过霍尔元件的电流和其两端激励电压的乘积。霍尔元件工作时,其实际功耗不得超过额定功耗,否则将可能损坏霍尔元件。

3. 输入电阻 R_i 和输出电阻 R_0

输入电阻 R_i 是指流过控制电流的两电极之间的电阻值,输出电阻 R_0 指输出霍尔电压的两电极间的电阻。R_i、R_0 均可在无磁场时用欧姆表测量。知道输入电阻值,便于选择激励电源;知道输出电阻值,便于选择后续电子线路。

4. 不平衡电势 U_0

当霍尔元件通以额定控制电流而不加外磁场时,它的霍尔输出端之间仍有空载电势存在,该电势就称为不平衡电势或不等位电势。不等电势的产生有以下三方面的原因:①霍尔电极安装位置不对称或不在同一等电位面上;②半导体材料不均匀造成了电阻率不均匀或几何尺寸不均匀;③激励电极接触不良造成激励电流不均匀分布等。

5. 霍尔温度系数 α

霍尔温度系数 α 是指在一定的磁感应强度和控制电流下,温度变化 1 ℃时,霍尔电势变化的百分率。即:

$$\alpha = \frac{U_{t_1} - U_{t_0}}{(t_1 - t_0)U_{t_0}} \tag{12.1.17}$$

式中:U_{t_0} 表示在一定的磁感应强度和控制电流下,温度为 t_0 时的霍尔电势;U_{t_1} 表示在相同的磁感应强度和控制电流下,温度变为 t_1 时的霍尔电势。

6. 最大激励电流 I_M

由于霍尔电势随激励电流增大而增大,故在应用中总希望选用较大的激励电流。但激励电流增大,霍尔元件的功耗增大,元件的温度升高,从而引起霍尔电势的温漂增大,因此每种型号的元件均规定了相应的最大激励电流,它的数值从几毫安至十几毫安。激励电流有时又称为控制电流。

7. 电磁特性

电磁特性包括 U_H-I 特性和 U_H-B 特性,下面分别说明。

1) U_H-I 特性

当磁场恒定时,在一定温度下测定控制电流 I 与霍尔电势 U_H,可以得到如图 12.1.10 所示的关系曲线。由图可以看出,U_H-I 特性曲线为直线,具有良好的线性关系。定义直线的斜率为：
$$K_I = (U_H/I)_{B=\text{const}} \quad (12.1.18)$$
为控制电流灵敏度。由式(12.1.15)，可以得到：
$$K_I = K_H B \quad (12.1.19)$$
由上式可知，灵敏度 K_H 大的元件，其控制电流灵敏度也大。

2) U_H-B 特性

当控制电流保持不变时，元件的开路输出霍尔电压 U_H 与磁感应强度 B 之间的对应关系，即为霍尔元件的 U_H-B 特性。图 12.1.11 中给出了四种不同半导体材料制作的霍尔元件的 U_H-B 特性曲线。要注意的是，该图中纵坐标的单位是归一化的。由图可知，元件的开路输出霍尔电压 U_H 随磁场的增加不完全呈线性关系，而有非线性偏离。

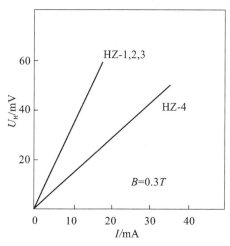

图 12.1.10 霍尔元件的 U_H-I 特性曲线

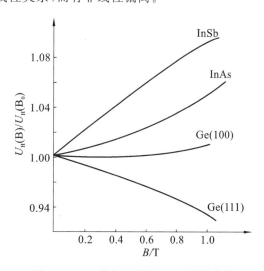

图 12.1.11 霍尔元件的 U_H-B 特性曲线

8. 频率特性

霍尔元件的频率特性分为以下两种情况。

(1) 当磁场恒定时，设通过霍尔元件的电流是交变的，器件的频率特性很好，到 10 kHz 时交流输出还与直流情况相同。因此，霍尔器件可用于微波范围，其输出不受频率影响。

(2) 当磁场为交变磁场时，霍尔输出不仅与频率有关，而且还与器件的电导率、周围介质的磁导率及磁路参数(特别是气隙宽度)等有关。这是由于在交变磁场作用下，元件与导体一样会在其内部产生涡流。在交变磁场下，当频率为数十千赫兹时，可以不考虑频率对器件输出的影响，即使在数兆赫兹时，如果能仔细设计气隙宽度，选用合适的元件和导磁材料，仍然可以保证器件有良好的频率特性的。

常用霍尔元件型号及其主要参数如表 12.1.1 所示。

表 12.1.1 常用霍尔元件型号及其主要参数

参数 型号	额定控制 电流 I/mA	灵敏度 /(mV/mA·T)	使用温度 /℃	霍尔电势温度 系数/(1/℃)	尺寸 /m³
HZ-1	18	≥1.2	-20~45	0.04%	8×4×0.2
HZ-2	15	≥1.2	-20~45	0.04%	8×4×0.2

续表

参数型号	额定控制电流 I/mA	灵敏度 /(mV/mA·T)	使用温度 /℃	霍尔电势温度系数/(1/℃)	尺寸 /m³
HZ-3	22	≥1.2	−20～45	0.04%	8×4×0.2
HZ-4	50	≥0.4	−30～75	0.04%	8×4×0.2

12.2 霍尔元件的激励电源与后置电压放大器

霍尔元件是一种磁敏感元件，可以利用霍尔元件的磁敏感性质来设计、制造用于测量各种有关物理量的霍尔传感器。霍尔元件正常工作时，需要控制电流，因此要选择合适的激励电源，以保证获得所需的稳定的控制电流。由于霍尔元件的输出信号是霍尔电压，所以霍尔元件的后面只需要连接与之匹配的电压放大器，以及根据不同用途所需要的信号处理与显示电路或控制电路。下面分别介绍霍尔元件的激励电源和连接在霍尔元件后面的常用的基本放大电路(或称为后置放大器)。

12.2.1 霍尔元件的激励电源

使霍尔元件中流过控制电流的电源，称为霍尔元件的激励电源。霍尔元件的激励电源分为恒流源和恒压源，下面分别介绍。

1. 激励电源为恒流源

因为温度变化时，会引起霍尔元件输入电阻的变化，从而使控制电流发生变化，这种变化会给测量带来误差，为了减少这种误差，常采用恒流源供电。在恒流源工作条件下，没有霍尔元件输入电阻和磁阻效应的影响。一种常用的恒流源电路如图12.2.1所示。

图中，A为集成运算放大器，H为霍尔元件，U_H为其输出的霍尔电压，E为稳压电源，如果控制电流选用直流，则E可选用78系列的三端稳压块，R的作用是与电源电压共同决定通过霍尔元件控制电流的大小。由图可知，通过霍尔元件的控制电流恒定为：

$$I = \frac{E}{R} \tag{12.2.1}$$

该电路可以确保当霍尔元件的输入电阻变化时，通霍尔元件的控制电流不会改变。该电路对电阻R的选取要求较高，应选用温度系数小的材料制作的电阻。

2. 激励电源为恒压源

一种常用的恒压源电路如图12.2.2所示。图中，A为集成运算放大器，H为霍尔元件，U_H为其输出的霍尔电压，E为稳压电源，如果控制电流选用直流，则E可选用78系列的三端稳压块。由图可知，通过霍尔元件控制电流恒定为：

$$I = E/R_i \tag{12.2.2}$$

式中：R_i为霍尔元件的输入电阻。由上式可知，该电路不能确保当霍尔元件的输入电阻变化时，通过霍尔元件的控制电流不会改变。该电路只能保证当温度改变或负载变化时，其供电电压基本稳定不变。综上分析可知，恒压源电路比恒流源电路的工作性能要差一些，只适用于精度要求不太高的场合。

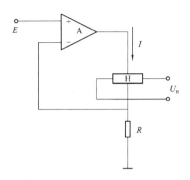
图 12.2.1 恒流源电路

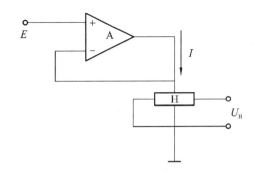
图 12.2.2 恒压源电路

12.2.2 霍尔元件的后置放大器

霍尔元件是一种四端器件,本身不带放大器,且霍尔电势一般在毫伏量级。因此,在实际使用时必须连接放大器。霍尔电压的基本放大电路,可称为后置放大器,常用的霍尔元件后置放大器如图 12.2.3 所示。图中,A 为集成运算放大器,A 与四个电阻构成减法运算电路;H 为霍尔元件。由图可知,其输出电压为:

$$U_H = U_2 - U_1 \tag{12.2.3}$$

图中,V_i 仅表示霍尔元件两端的电压降,其激励电源的供电方式可根据实际情况采取恒压源电路或恒流源电路。下面推导 U_o 和 U_H 之间的关系式。

设 A 为理想运放,其同相端和反相端电位分别记为 U_P、U_N,且有 $U_P = U_N$,由图可得:

$$\frac{U_1 - U_N}{R_1} = \frac{U_N - U_o}{R_f} \tag{12.2.4}$$

及

$$\frac{U_2 - U_P}{R_1} = \frac{U_P}{R_3} \tag{12.2.5}$$

由式(12.2.4)解出 U_N,并注意到 $U_P = U_N$,然后代入式(12.2.5),即得:

$$U_o = \left(\frac{R_1 + R_f}{R_1}\right)\left(\frac{R_3}{R_2 + R_3}\right)U_2 - \frac{R_f}{R_1}U_1 \tag{12.2.6}$$

如果选取电阻值满足 $R_f/R_1 = R_3/R_2$,则式(12.2.6)可简化为:

$$U_o = \frac{R_f}{R_1}(U_2 - U_1) \tag{12.2.7}$$

这就是图 12.1.3 所示电路称为减法电路的原因。再将(12.2.3)式代入,即得:

$$U_o = \frac{R_f}{R_1}U_H \tag{12.2.8}$$

由上式可以看出,利用图 12.2.3 所示的减法运算电路作为霍尔元件的后置放大器可以将霍尔元件的输出电压 U_H 按要求的比例进行放大,只需按要求合理地选择各电阻阻值即可。这样一来,图 12.2.3 所示的减法运算电路,实际是一个霍尔电压的比例放大器。应注意的是,图12.2.3中的集成运放 A 必须选用低噪声集成运放。

12.3 霍尔集成电路

随着集成电路制造技术的发展,将霍尔片和后置放大器及相关的信号处理电路集成在一块半导体基片上,就制成了单片霍尔集成电路。按输出信号的类型,霍尔集成电路可分为线性型和开关型两种。

12.3.1 霍尔线性型集成电路

霍尔线性型集成电路的输出电压与外加磁场强度呈线性比例关系。这类集成电路一般由霍尔片、恒流源和后置比例放大器组成,当外加磁场时,霍尔片产生与磁场成线性比例变化关系的霍尔电压,经放大器放大后输出。

霍尔线性型集成电路有单端输出和双端输出两种。单端输出的霍尔线性型集成电路是一种塑料扁平封装的三端元件,它有 T、U 两种型号,T 型与 U 型的区别仅是厚度的不同,T 型厚度为 2.03 mm,U 型厚度为 1.54 mm。如图 12.3.1 所示的是单端输出的霍尔线性型集成电路 UGN3501T 的内部的结构框图。图中,U 为稳压单元,I 恒流源,H 为霍尔片,A 为霍尔电压放大器。图 12.3.2 所示为 UGN3501T 的外形结构。

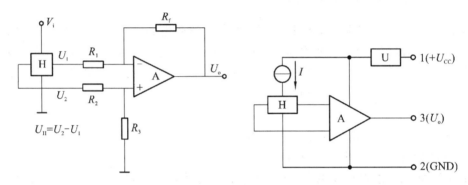

图 12.2.3 减法电路　　图 12.3.1 UGN3501T 的内部的结构框图

双端输出线性集成电路 UGN3501M 的内部结构框图如图 12.3.3 所示。图中,外部电源经稳压后,给霍尔片提供控制电流,霍尔片的输出电压经放大器 A 放大后输出。

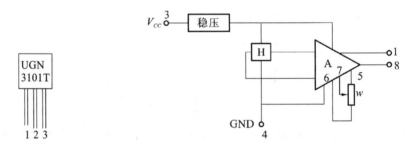

图 12.3.2 UGN3501T 外形结构　　图 12.3.3 双端输出的 UGN3501M 内部结构框图

UGN3501M 采用 8 脚封装。1、8 脚为输出端,5、6、7 三脚之间接一个电位器,对不等位电动势进行补偿。

12.3.2 霍尔开关型集成电路

霍尔开关型集成电路是将霍尔片、稳压电路、放大器、施密特触发器、OC 门等电路集成在同一个芯片上。例如,霍尔开关型集成电路 UGN3020 的内部结构框图如图 12.3.4 所示,图 12.3.5 为其外形结构。在图 12.3.4 中,外部电源经稳压后,给霍尔片 H 提供控制电流,霍尔片的输出电压 U_H 经放大器 A 放大后为 U_1,送到施米特触发器 ST 的输入端。施米特触发器 ST 的输出电压 V_{OUT} 加到三极管的基极。三极管的集电极处于悬空的开路状态,这就构成 OC 门,它也是霍尔开关型集成电路 UGN3020 的第 3 脚,它可通过外接负载 R_L 与 1 脚相连接,也就接到了外加电源的正极。外接负载 R_L 一般情况下是继电器,也可以是下一级放大器或反相器的输入电阻。下面分析施米特触发器 ST 随磁感应强度 B 变化时的工作特性。

根据施米特触发器触发器的传输特性,当外加磁感应强度 B 处于零时,霍尔元件输出的 U_H 也为零,经放大器放大后 U_1 仍然为零,随着外加磁感应强度 B 的不断增大,直到 U_1 小于施米特触发器触发器的翻转电压之前,也就是与此对应的 $B<B_2$(见图 12.3.6)之前,施米特触发器 ST 的输出电平都是高电平,三极管处于导通状态,继电器工作。当磁感应强度 $B=B_2$ 时,施米特触发器发生翻转,输出电平为低电平,三极管也由导通状态转变为截止状态,继电器停止工作。

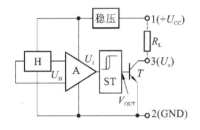

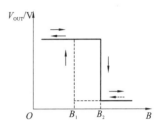

图 12.3.4　UGN3020 内部结构框图　　图 12.3.5　UGN3020 外形结构图　　图 12.3.6　施密特触发器的工作曲线

当磁场由强减弱,回到 $B=B_2$ 时,施米特触发器并不立刻发生翻转,而是要等到 $B=B_1$ 时,施米特触发器的输出才重回高电平,三极管也由截止状态转变为导通状态,继电器又开始工作。综上所述,随着磁感应强度 B 的变化,施米特触发器的工作曲线如图 12.3.6 所示。部分常用的霍尔组件如表 12.3.1 所示。

表 12.3.1　部分常用霍尔组件的型号与用途

名称/型号	性能指标	应用
H-300B 型高灵敏度霍尔元件	电流:200 mA;电压/电阻温度系数:$-2(\%℃^{-1})$; 电压:2 V;不平衡电压:7 mV; 工作温度:$-20\sim100$ ℃;储存温度:$-40\sim110$ ℃; 输入电阻:$240\sim550$ Ω;输出电阻:$240\sim550$ Ω	其敏感材料是 InSb,密封材料是环氧树脂,引线是磷青铜镀锡。用于磁带录像机用电动机、磁盘用电动机和其他小型电动机
0H 型砷化镓霍尔元件	控制电压:12 V;容许功耗:150 mW; 工作温度:$-55\sim125$ ℃;储存温度:$-55\sim125$ ℃	
THS103A/105A 型霍尔传感器	电流:<15 mA;输出电压:$50\sim120$ mV; 输出电阻:1 100 Ω;输入电流:10 mA; 输入电阻:$450\sim900$ Ω;线性度:$<2\%$; 不平衡电压:12 mV;工作温度:$-55\sim125$ ℃	磁带录像机电动机的定位等
霍尔电子接近开关	最高工作频率:>20 kHz;最大作用距离:4.8 m; 重复定位精度:<0.02 mm; 工作电压:$5\sim15$ V,$7\sim30$ V; 输出电流:20,100,200,400 mA	各种机械、自动线、数控装置、计算机或 PLC 所需的位置控制、加工尺寸控制、自动计数等各种功能

续表

名称/型号	性能指标	应用
DN834 开关式霍尔集成电路	电源电压:4.5~5.5 V;环境温度:-20~75 ℃; 一次输出电流:15 mA;输出形式:DTL; 工作磁通密度:100~750 Gs	计数、转速测量等
DN835 线性式霍尔集成电路	电源电压:4.5~5.5 V;环境温度:-20~75 ℃; 一次输出电流:-15~4.5 mA; 输出形式:发射极输出器; 工作磁通密度:-350~350 Gs	位移、力、压力、加速度、液位和压差等的测量

12.4 霍尔传感器的应用

霍尔传感器是利用霍尔元件或霍尔集成电路外加少量的附属单元制作而成的传感器,是基于霍尔效应的一种传感器,属半导体磁敏传感器。霍尔传感器是将被测物理量,如电流、磁场、位移、压力、转速等转换成信号电压输出。霍尔传感器可用图12.4.1所示的组成框图来表示。霍尔式传感器的应用主要分为以下三个方面。

(1) 当通过霍尔片的控制电流恒定不变时,传感器的输出正比于磁感应强度 B,因此,凡是能转换为磁感应强度 B 变化的物理量均可以进行测量,如位移、角度、转速和加速度等。

(2) 当磁感应强度 B 保持恒定时,传感器的输出正比于控制电流 I 的变化,因此,凡是能转换为电流变化的物理量均可进行测量。

(3) 由于霍尔电压正比于控制电流 I 和磁感应强度 B,所以凡是可以转换为电流 I 和 B 乘法的物理量(如功率)都可以进行测量。

下面介绍霍尔传感器几种常见的应用实例。

12.4.1 霍尔传感器在大电流测量中的应用

在现代工程技术中,经常要测量大直流电流,有时直流电流值高达 10 kA 以上。过去,多采用电阻器分流的方法来测量这样大的电流。这种方法有许多缺点,如分流器结构复杂、笨重、耗电、耗铜等。

利用霍尔效应原理测量大电流可以克服上述的一些缺点。霍尔效应大电流计结构简单、成本低、准确度高,在很大程度上与频率无关,便于远距离测量,测量时不需要断开回路。用霍尔传感器测量电流,都是通过霍尔元件检测通电导线周围的磁场来实现的。根据实现的方式不同可分为导线旁测法、导线贯串磁芯法、磁芯绕线法等三种不同的测量方式,下面分别介绍。

1. 导线旁测法

导线旁测法原理图如图12.4.2所示。这是一种比较简单的方法,将霍尔元件放在通电导线的附近,给霍尔元件通以恒定电流 I,用霍尔元件测量被测电流产生的磁场,就可以通过霍尔元件输出的霍尔电压来确定被测电流值。这种方法虽然结构简单,但测量精度较差,受外界干扰也大,只适用一些不重要的场合。

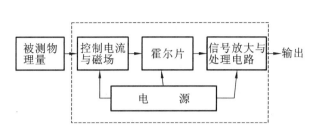

图 12.4.1 霍尔传感器的组成框图

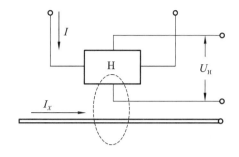

图 12.4.2 导线旁测法原理图

2. 导线贯串磁芯法

导线贯串磁芯法原理图如图 12.4.3 所示。用铁磁材料做成圆环状带气隙的导磁铁芯,使被测通电导线贯串其中央,将霍尔元件或霍尔集成电路放在导磁铁芯的气隙中,这样,可以通过环形铁芯集中磁力线。当导线中有电流流通时,导线周围产生磁场,使导磁体铁芯磁化为暂时性磁铁,在环形气隙中就会形成一个磁场,导体中的电流越大,气隙处的磁感应强度就越大,霍尔元件输出的霍尔电压 U_H 就越大。可以通过检测霍尔电压而确定导线中电流的大小。此方法的测量精度要高于导线旁测法。

在实际应用中,为了使用方便,还可以根据导线贯串磁芯法原理,把导磁铁芯做成钳式形状,制作成钳式电流表。钳式电流表又分为闭合磁路形状及非闭合磁路形状两种,分别如图 12.4.4 和图 12.4.5 所示。一款数字式钳形电流表如图 12.4.6 所示。

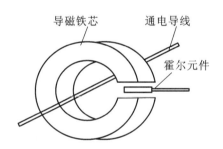

图 12.4.3 导线贯串磁芯法原理图

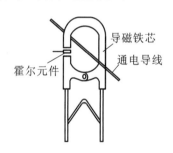

图 12.4.4 闭合磁路式

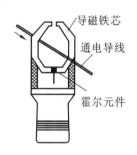

图 12.4.5 非闭合磁路式

3. 磁芯绕线法

磁芯绕线法如图 12.4.7 所示。用铁磁材料做成带气隙的圆环状导磁铁芯,被测通电导线绕在导磁铁芯上,将霍尔元件或霍尔集成电路放在圆环状导磁铁芯的气隙中,这样可以通过环形铁芯集中磁力线。当导线中有电流流通时,导线周围产生磁场,使导磁铁芯磁化成暂时性磁铁,在环形气隙中就会形成一个磁场,导体中的电流越大,气隙处的磁感应强度就越大,霍尔元件输出的霍尔电压 U_H 就越大。可以通过检测霍尔电压 U_H 而换算出通电导线中电流的大小。

12.4.2 霍尔传感器在磁性材料研究上的应用

在磁性材料特性研究中,通常需要复杂的过程才能得到磁性材料的 B-H 曲线。因为霍尔电压 U_H 同铁芯磁化绕组的电流 I_M 的关系式 $U_H = f(I_M)$ 同样反映了磁感应强度 B 与磁场强度 H 之间的关系式 $B = f(H)$,而在图 12.4.8 所示的实验装置中,可以通过示波器直接观察到 $U_H = f(I_M)$ 曲线,也即可直接用示波器观察 $B = f(H)$ 曲线。

在图12.4.8中,交流信号源给磁化绕组提供激励电流I_M,被测磁性物质在激励电流I_M的作用下,按安培定律所描述的规律被磁化,在磁路中产生与磁场强度H相对应的磁感应强度B。直流电源E通过电流表A给霍尔元件提供激励电流,插在磁隙中的霍尔元件将产生随磁感应强度B变化的霍尔电压U_H。串联在励磁回路中的电阻R,其两端的电压与激励电流I_M成正比,将此电压加到示波器的X轴上,而将霍尔电压U_H加到示波器的Y轴上,这样就可以在示波器的显示屏上观察到$U_H=f(I_M)$曲线。上面已经说明,霍尔电压U_H是随磁感应强度B变化的,I_M则是磁场强度H的激励电流,所以通过示波器直接观察到$U_H=f(I_M)$曲线,与实际的$B=f(H)$曲线是相同的。

图12.4.6 数字式钳形电流表

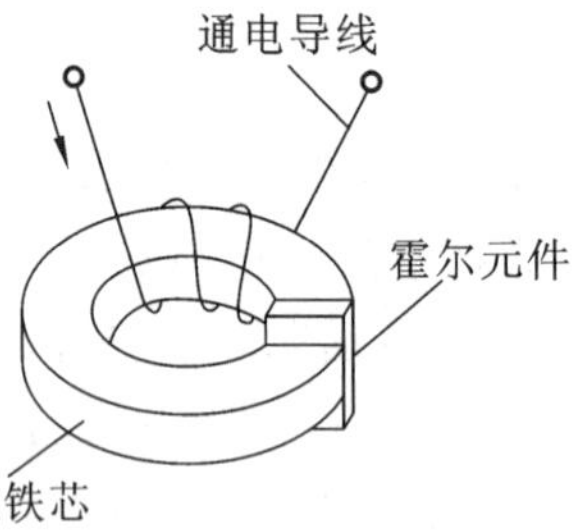

图12.4.7 磁芯绕线法原理图

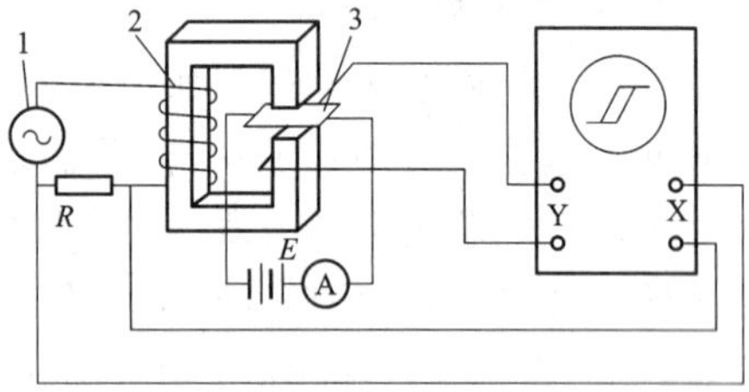

图12.4.8 利用霍尔传感器和示波器观察$B=f(H)$曲线特性

1—交流信号源;2—磁化绕组;3—被测磁性物质

12.4.3 霍尔传感器在转速测量上的应用

利用霍尔效应测量转速的工作原理是将磁体按适当的方式固定在被测转轴上,霍尔元件置于磁铁的气隙中或其他适当的位置。当被测转轴转动时,霍尔元件输出的电压中包含有转速的信息,将霍尔元件输出电压经后续电路处理,便可得转速的数据,下面分别介绍几种不同结构的霍尔转速计的原理。

1. 永磁体安装在转轴端面上的转速计

永磁体安装在转轴端面上的示意图如图12.4.9所示。由图可知,永磁体安装在转轴的端面上,霍尔元件则在外部固定且总是处于磁铁的气隙中,当轴转动时,霍尔元件输出的电压则表现为正弦波的形状,霍尔电压U_H与转角$α$的关系曲线如图12.4.10所示。该曲线包含有转速的信息,每当转轴转动一周时,该曲线就出现$0\sim2\pi$的一个完整的正弦波。将霍尔元件的输出电压U_H经后续电路处理,便可得转速的数据。

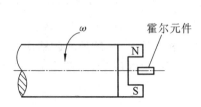

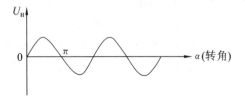

图12.4.9 永磁体安装在转轴端面

图12.4.10 霍尔电压与转角的关系曲线

2. 永磁体安装在转轴侧面上的转速计

永磁体安装在转轴侧面上的示意图如图12.4.11所示。由图可知,永磁体安装在转轴的侧面上,霍尔元件则在外部固定且总是处于磁铁的气隙中,当轴转动时,霍尔元件输出的电压则是周期正弦波半波的形状,霍尔电压U_H与时间t的关系曲线如图12.4.12所示。该曲线包含有转速的信息,设转轴转动一周所需时间为 T,由图可知,每当转轴转动一周时,该曲线就出现一个正弦波的半波波形。将霍尔元件的输出电压 U_H 经后续电路处理,便可得转速的数据。

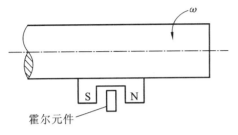

图 12.4.11　永磁体安装在转轴侧面

图 12.4.12　霍尔电压的波形

3. 齿轮结构式霍尔转速计

图 12.4.13 所示为齿轮结构式霍尔转速计的示意图。在被测转轴上安装一个齿轮,也可以选取被测转轴中的一个齿轮,将线性霍尔元件及磁路系统靠近齿轮。齿轮的转动使磁路的磁阻随气隙的改变而周期性的变化,霍尔元件输出的霍尔电压,与图 12.4.11 类似,是一个个的正弦脉冲信号。只是每一个正弦脉冲对应的是齿轮上的一个齿。若已知齿轮上齿的个数,再通过信号处理电路处理和计数,即可确定被测转轴的转速。

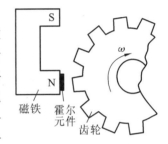

图 12.4.13　齿轮结构式

12.4.4　霍尔式非接触键盘开关

键盘是计算机中一个非常重要的外围设备。早期的键盘都是采用机械接触式,在使用过程中容易发生抖动噪声,系统可靠性受到影响。目前广泛采用的是无触点键盘开关,其构造是:每个键上都有两小块永久磁铁,键按下时,磁铁的磁场加在键下方的开关型霍尔集成传感器上,输出开关信号。因为开关型霍尔集成传感器具有滞后效应,故工作十分稳定可靠。无触点键盘开关功耗低,动作过程中传感器是无接触形式,因此使用寿命非常长。

综观现有利用霍尔元件制作的传感器,有如下优点:①体积小,结构简单、坚固耐用;②无可动部件,无磨损,无摩擦热,噪声小;③装置性能稳定,寿命长,可靠性高;④频率范围宽,从直流到微波范围均可应用;⑤霍尔元件载流子惯性小,装置动态特性好。

12.5　磁敏电阻及其应用

磁敏电阻器是基于磁阻效应的磁敏元件,应用范围比较广,可以利用它制成磁场探测仪、位移和角度检测器、安培计以及磁敏交流放大器等。

12.5.1　磁阻效应

若给通以电流的半导体材料的薄片加以与电流垂直或平行的外磁场,则其电阻值就增加。称此种现象为磁致电阻效应,简称磁阻效应。

在外加磁场作用下,某些载流子受到的洛伦兹力比霍尔电场作用力大时,它的运动轨迹就偏向洛伦兹力的方向;这些载流子从一个电极流到另一个电极所通过的路径就比无磁场时的路径要长些,因此增加了电阻率。

当温度恒定时,在磁场内,半导体薄片的电阻与磁感应强度 B 的平方成正比。如果器件只是在电子参与导电的简单情况下,理论推导出来的磁阻效应方程为:

$$\rho_B = \rho_0 (1 + 0.273\mu^2 B^2) \quad (12.5.1)$$

式中:ρ_B 为磁感应强度为 B 时的电阻率;ρ_0 为零磁场下的电阻率;μ 为电子迁移率;B 为磁感应强度。

当电阻率变化为 $\Delta\rho = \rho_B - \rho_0$ 时,则由式(12.5.1)可求得电阻率的相对变化为:

$$\Delta\rho/\rho_0 = 0.273\mu^2 B^2 \quad (12.5.2)$$

由上式可知,磁场一定时电子迁移率越高的材料(如 InSb、InAs 和 NiSb 等半导体材料),其磁阻效应越明显。

当材料中仅存在一种载流子时,磁阻效应几乎可以忽略,此时霍尔效应更为强烈。若在电子和空穴都存在的材料如 InSb 中,则磁阻效应很强。

磁阻效应还与磁敏电阻的形状、尺寸密切相关。这种与磁敏电阻形状、尺寸有关的磁阻效应称为磁阻效应的几何磁阻效应。若考虑其形状的影响,电阻率的相对变化与磁感应强度和迁移率的关系可表达为:

$$\Delta\rho/\rho_0 \approx 0.273(\mu B)^2 \left[1 - f\left(\frac{L}{b}\right)\right] \quad (12.5.3)$$

式中:$f\left(\dfrac{L}{b}\right)$ 为形状效应系数。

对于长方形磁敏电阻来说,只有在 L(长度)$<b$(宽度)的条件下,才表现出较高的灵敏度。把 $L<b$ 的扁平器件串联起来,就会得到零磁场电阻值较大、灵敏度较高的磁敏电阻器件。

几何磁阻效应还可以通过图 12.5.1 来说明。图 12.5.1(a)为器件长宽比 $L/b \gg 1$ 的纵长方形片,由于电子运动偏向一侧,必然产生霍尔效应,当霍尔电场 E_H 对电子施加的电场力 f_E 和磁场对电子施加的洛伦兹力 f_L 平衡时,电子运动轨迹就不再继续偏移,所以片内中段电子运动方向与长度 L 的方向平行,只有两端才是倾斜的。这种情况下电子运动路径增加得并不显著,电阻增加得也不多。

图 12.5.1(b)所示的是在 $L>b$ 长方形磁阻材料上面制作许多平行等间距的金属条(即短路栅格),以短路霍尔电势,这种栅格磁阻器件就相当于许多扁条状磁阻串联。所以栅格磁阻器件既增加了零磁场电阻值又提高了磁阻器件的灵敏度。实验表明,对于 InSb 材料,当 $B=1$ T(特斯拉)时,电阻可增大 10 倍(因为来不及形成较大的霍尔电场 E_H)。

下面对磁阻效应与霍尔效应进行比较,也对磁阻元件与霍尔元件进行比较。

磁阻效应与霍尔效应的区别在于,霍尔电势是指垂直于电流方向的横向电压,而磁阻效应则是沿电流方向产生的阻值变化。磁阻效应与材料性质及几何形状有关,一般迁移率愈大的材料,磁阻效应愈显著;元件的长、宽比愈小,磁阻效应愈大。

磁阻元件类似于霍尔元器件,当磁阻元件受到与电流方向垂直的磁场作用时,不仅会产

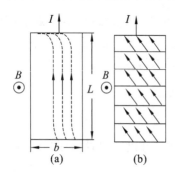

图 12.5.1 几何磁阻效应的解释

生霍尔效应引起的霍尔电势，而且还会出现半导体电阻率增大的现象。这种现象称为磁阻效应（或称为高斯效应）。

磁阻元件是利用半导体的磁阻效应而制作的元件，这种元件的电阻值能够随着磁场的增加而增大。它的优点是像电阻元件一样，只有两个端子，结构简单，安装方便，其缺点是磁阻元件的电特性比霍尔元件的复杂，不是单一的线性输出。半导体磁阻元件外形呈扁平状，非常薄，它是在 0.1～0.5 mm 的绝缘基片上蒸镀上约 20～25 μm 的一层半导体材料制成的，也有在半导体薄片上腐蚀成型的。常见的磁阻元件有 InSb（栅格型）、InSb-NiSb（共晶型）和薄膜型等。

12.5.2 磁敏电阻的结构

考虑到磁敏电阻的几何磁阻效应，通常使用以下两种方法来制作磁敏电阻。

（1）在较长的元件片上用真空镀膜方法制成，如图 12.5.2 所示的许多短路电极（金属栅条）的元件。短路电极既可以增加零磁场时的电阻值又能提高磁敏电阻的灵敏度。

（2）由 InSb 和 NiSb 构成的共晶式半导体（在拉制 InSb 单晶时，加入 1% 的 Ni，可得 InSb 和 NiSb 的共晶材料）磁敏电阻。

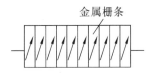

图 12.5.2　短路电极结构

这种共晶式半导体中，NiSb 呈具有一定排列方向的针状晶体，它的导电性好，针的直径在 1 μm 左右，长约 100 μm，许多这样的针横向排列，代替了金属条起短路霍尔电压的作用。由于 InSb 的温度特性不佳，往往在材料中加入一些 N 型碲或硒，形成掺杂的共晶，但灵敏度会有一定的损失。在结晶制作过程中有方向性地析出金属而制成磁敏电阻，具有针状晶体结构的磁敏电阻如图 12.5.3 所示。

除上述两种长条形磁敏电阻之外，还有圆盘形磁敏电阻，其中心和边缘处各有一电极，如图 12.5.4 所示。磁敏电阻大多制成圆盘结构，因为这种结构的磁敏电阻灵敏度最高。

圆盘形结构的磁敏电阻为什么灵敏度高，可以用图 12.5.5 来说明。图 12.5.5(a) 所示的是没加磁场的情形，此时电荷运动的轨迹是沿半径方向，图 12.5.5(b) 所示的是加磁场后的情形，此时电荷运动的轨迹是沿弧线方向。显然，沿弧线的路径比沿半径的路径要长得多，因而电阻就增加大很多。

12.5.3 磁敏电阻的主要特性

了解磁敏电阻的主要特性，对设计或使用磁敏电阻传感器都是有帮助的，下面简单介绍磁敏电阻的主要特性。

1. R-B 特性

磁敏电阻的电阻值随按规定要求外加的磁感应强度的变化而变化的特性，称为磁敏电阻的 R-B 特性。绘制 R-B 特性曲线时，通常采用归一化的纵坐标，即以磁感应强度为零时磁敏电阻的电阻值 R_0 作为比较的标准。磁阻相对变化与磁感应强度 B 的变化关系曲线如图 12.5.6 所示。曲线 L 和曲线 D 为不同掺杂的 InSb-NiSb。由图可知，磁感应强度小于 0.3T 时，电阻变化与磁感应强度近似成平方关系；当大于 0.3T 时则近似成线性关系。图 12.5.7 所示的是 InSb 磁敏电阻的 R-B 特性，该图的纵坐标是直接以 Ω 为单位的，更为直观。

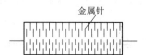

图 12.5.3　针状晶体结构　　图 12.5.4　圆盘结构

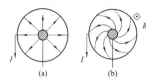
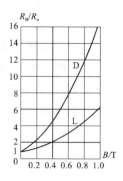
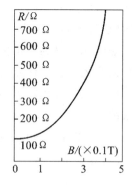

图12.5.5　圆盘形磁敏电阻的工作情况　　图 12.5.6　R-B 特性　　图 12.5.7　InSb 磁敏电阻的 R-B 特性

2. 灵敏度特性

由灵敏度的一般性定义式见式(1.4.7)，得出磁敏电阻的灵敏度表达式为：

$$K = \frac{\Delta R}{\Delta B} \tag{12.5.4}$$

上式表明，磁敏电阻的灵敏度是在一定磁场强度下，磁敏电阻的变化与引起该变化的磁感应强度的变化之比，也就是磁敏电阻 R-B 特性曲线的斜率。由于磁敏电阻 R-B 特性曲线不是一条直线，因此磁敏电阻的灵敏度 K 不是常数，它随磁感应强度 B 的变化而变化。由式(12.5.4)还可知，磁敏电阻的灵敏度 K 的单位是(欧姆/特斯拉)，或用(Ω/T)表示。

在实际工作中，常用 R_B/R_0 来表示磁敏电阻的灵敏度。R_0 表示无磁场情况下，磁阻电阻的电阻值，R_B 为在施加 0.3T 磁感应强度时磁敏电阻表现出来的电阻值，这种情况下，一般磁敏电阻的灵敏度大于 2.7，这时的灵敏度是一个无名数，要注意上述两种灵敏度定义是有区别的。

无论按上述的哪一种定义来讨论磁敏电阻的灵敏度，磁敏电阻的灵敏度与磁感应强度是相关的，它们都是磁感应强度的函数。

3. 温度特性

磁敏电阻的温度特性是指在一定磁感应强度 B 的情况下，磁敏电阻值随温度变化的特性。图 12.5.8 所示的是 InSb 磁敏电阻的温度特性曲线。由图可见磁敏电阻的温度特性不好，随温度的上升，其电阻值下降得很快，这与半导体材料的特性有关。因此，在利用磁敏电阻进行系统设计时，要注意考虑温度补偿电路的设计。

除上述特性参数外，磁敏电阻常用的特性参数还有：磁阻比——指在某一规定的磁感应强度下，磁敏电阻器的阻值与零磁感应强度下的阻值之比；磁阻系数——指在某一规定的磁感应强度下，磁敏电阻器的阻值与其标称阻值之比。

12.5.3　磁敏电阻的应用

磁敏电阻的应用涉及工农业生产和科学研究的诸多领域。例如，磁敏电阻可以用于制作电流传感器、磁敏接近开关、角速度/角位移传感器、磁场传感器、开关电源、电子仪器仪表、智能机器人、电梯控制系统、防爆电机保护器等多种产品设备。下面举例说明。

1. 半导体 InSb 磁敏无触点电位器

电子线路中常用的传统电位器，是靠中心抽头在电阻介质上面滑动来改变两个电阻的比例的。而半导体 InSb 磁敏无触点电位器与传统电位器相比,有其特别的优点:无接触电刷、无电接触噪音、旋转力矩小、分辨率高、高频特性好、可靠性高、寿命长。半导体 InSb 磁敏无触点电位器是基于半导体 InSb 磁阻效应原理,由半导体 InSb 磁敏电阻元件和偏置磁钢组成,其结构与普通电位器相似,如图 12.5.9 所示。由图可知,电位器的核心是一个圆形结构磁敏电阻,被安装在同一旋转轴上的半圆形永磁钢上,其面积恰好覆盖圆形磁敏电阻的一半。圆形结构磁敏电阻有三个引出端,分别为 1、2、3 端。设 1、2 端的电阻值为 R_1,2、3 端的电阻值为 R_2,1、3 端的电阻值为 R,则有:$R=R_1+R_2$。当半圆形永磁钢在右边时,如图 12.5.9(a)所示,由于磁敏效应,R_1 达到其最大值,R_2 则为其最小值,但二者的和 $R=R_1+R_2$ 不变;当半圆形永磁钢在左边时,如图 12.5.9(c)所示,由于磁敏效应,R_2 达到其最大值,R_1 则为其最小值,但二者的和 $R=R_1+R_2$ 不变;当半圆形永磁钢在中间位置时,如图 12.5.9(b)所示,由于磁敏效应,R_2 和 R_1 都为其取其中间值,但二者的和 $R=R_1+R_2$ 不变。并且,无论半圆形永磁钢旋转到什么位置,R_2 和 R_1 的和 $R=R_1+R_2$ 都是一个预先设计的常数,保持不变,这一点与常用的传统电位器是相同的。

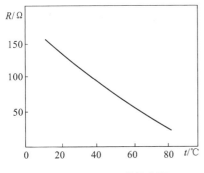

图 12.5.8 InSb 磁敏电阻的温度特性

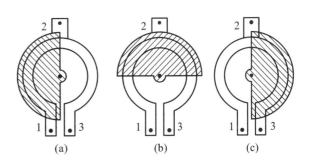

图 12.5.9 半导体 InSb 磁敏无敏点电位器的结构示意图

这种电位器的缺点是:用它来作为电阻分压器,调节中间电位时,不能调到零,也不能调到最高的电源电位。因为无论如何调整,半圆形永磁钢的位置 R_2 和 R_1 都不可能为零。

2. 锑化铟(InSb)磁敏电阻在防伪点钞机中的应用

锑化铟(InSb)磁敏电阻在防伪点钞机结构示意图如图 12.5.10 所示。图中,A 为锑化铟(InSb)磁敏电阻,B 为永磁体,C 为隔板。当带有磁性防伪标志的纸币从隔板上滑过时,磁敏电阻值会变大,假币由于没有磁性防伪标志,故设计合理的放大与信号处理电路就可以对真币进行计数,而假币通过时则给出报警信号。

3. 磁敏电阻在非接触式交流电流检测仪中的应用

非接触式交流电流检测仪的结构示意图如图 12.5.11 所示。图中,A 为锑化铟(InSb)磁敏电阻,B 为通有大交流电流的导线。只要将半导体磁敏电阻器靠近电流导线,半导体磁敏电阻器的电阻就会增大,而且电流越大,磁场就越强,电阻器的电阻增大就越多。只要设计合理的放大与信号处理电路就可以显示出交流电流的大小。当然要采用半导体磁敏电阻设计出这种非接触式交流电流检测仪,要经过很多的步骤,要经过反复试验和修改设计方案。在设计中应注意:线性度、温度的影响、距离的影响、如何定标等问题的处理。

12.6 磁敏二极管及其应用

磁敏二极管、磁敏三极管是继霍尔元件和磁敏电阻之后迅速发展起来的新型磁电转换元件。

霍尔元件和磁敏电阻均是用N型半导体材料制成的体型磁敏元件。磁敏二极管和磁敏三极管是 PN 结型的磁电转换元件,它们具有输出信号大、灵敏度高(磁灵敏度比霍尔元件高数百甚至数千倍)、工作电流小、能识别磁场的极性、体积小、电路简单等特点,它们比较适合磁场、转速、探伤等方面的检测和控制。

12.6.1 磁敏二极管的结构、工作原理

1. 磁敏二极管的结构

磁敏二极管的结构如图 12.6.1(a)所示。磁敏二极管的结构是 P^+-I-N^+ 型,分为硅磁敏二极管和锗磁敏二极管两种。在高纯度锗或硅半导体的两端用合金法制成高掺杂的 P 型和 N 型两个区域,并将较长的本征区(I区)的一个侧面打毛形成高复合区(R区),而与 R 区相对的另一侧面,保持为光滑无复合表面。这就构成了磁敏二极管的管芯,再加一个管壳即成为一完整的磁敏二极管。磁敏二极管的电路符号如图 12.6.1(b)所示。

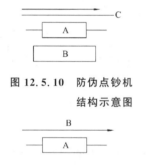

图 12.5.10 防伪点钞机结构示意图

图 12.5.11 非接触式交流电流检测仪结构示意图

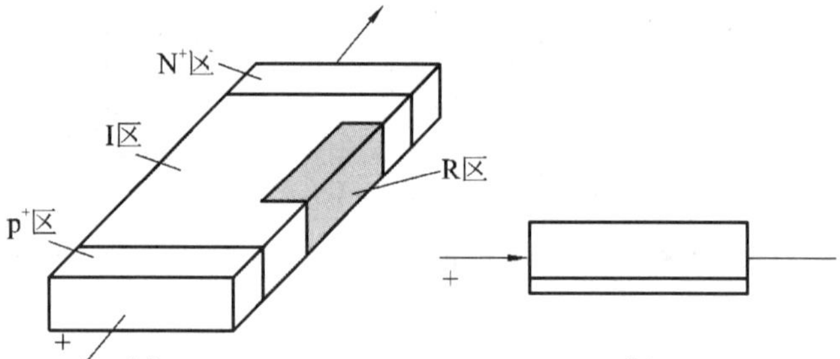

图 12.6.1 磁敏二极管的管芯结构示意图与电路符号

2. 磁敏二极管的工作原理

当磁敏二极管的 P 区接电源正极,N 区接电源负极(即外加正偏压)时,如图 12.6.2 所示,随着磁敏二极管所受磁场的变化,流过二极管的电流也在变化,也就是说二极管等效电阻随着磁场的变化而变化。下面详细进行分析。

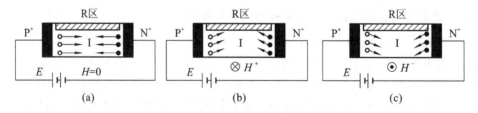

图 12.6.2 磁敏二极管的工作原理示意图

(1) 当磁敏二极管未受到外界磁场作用时,如图 12.6.2(a)所示。在外加正偏压的作用

下,有大量的空穴从P区通过I区进入N区,同时也有大量电子由N区注入并通过I区,进入P区,这样形成电流,只有少量靠近R区的电子和空穴进入R区或在I区复合掉。为便于与下面两种情况比较,设此种情况下磁敏二极管的等效电阻为R_0。

（2）当磁敏二极管受到如图12.6.2(b)所示的外界磁场H^+（正向磁场）作用时,则电子和空穴受到洛伦兹力的作用而向R区偏转,由于R区的电子和空穴复合速度比光滑面I区快,空穴和电子一旦复合就失去导电作用,意味着基区的等效电阻增大,电流减小。磁场强度越强,电子和空穴受到洛伦兹力就越大,单位时间内进入由于r区而复合的电子和空穴数量就越多,载流子减少,外电路的电流越小。设此种情况下磁敏二极管的等效电阻为R^+。

（3）当磁敏二极管受到如图12.6.2(c)所示的外界磁场H^-（反向磁场）作用时,则电子和空穴受到洛伦兹力作用而向R区对面的方向偏移,这样电子、空穴复合率明显变小,I区的等效电阻减小,则外电路的电流变大。设此种情况下磁敏二极管的等效电阻为R^-。

比较上述三种情况,显然有$R^+>R_0>R^-$。综上所述,可得出如下结论:随着磁场大小和方向的变化,磁敏二极管可产生输出电流的变化,特别是在较弱的磁场作用下,可获得较大的输出电流的变化。将输出电流的变化通过负载电阻即可转变成所需的信号电压。若r区和r区之外的复合能力之差越大,那么磁敏二极管的灵敏度就越高。

若在磁敏二极管上加反向偏压,即P区接电源负极,N区接电源正极,则仅有很微小的电流流过,与普通二极管上加反向偏压相同,处于截止状态,并且几乎与磁场无关。因此,磁敏二极管仅能在正向偏压下工作。利用磁敏二极管的正向导通电流随磁场强度的变化而变化的特性,即可实现磁电转换。

12.6.2 磁敏二极管的主要特性

掌握磁敏二极管的特性,对于正确选用磁敏二极管设计传感器系统或正确使用维修各种磁敏二极管传感器都是必需的。下面分别介绍磁敏二极管的主要特性。

1. 伏安特性

伏安特性是指在给定的磁场下,磁敏二极管两端正向偏压和通过它的电流的关系曲线。图12.6.3(a)所示的是锗磁敏二极管的伏安特性曲线。硅磁敏二极管的伏安特性有两种形式:一种如图12.6.3(b)所示,开始在较大偏压范围内,电流变化比较平坦,随外加偏压的增加,电流逐渐增加,此后,伏安特性曲线上升很快,表现出其动态电阻比较小;另一种如图12.6.3(c)所示,硅磁敏二极管的伏安特性曲线上有负阻现象,即电流急增的同时,有偏压突然跌落的现象。

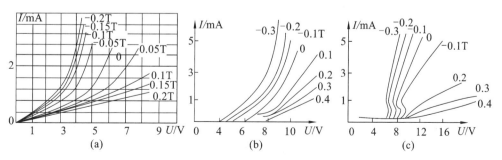

图12.6.3 磁敏二极管的伏安特性曲线

产生负阻现象的原因是由于高阻硅的热平衡载流子较少,且注入的载流子未填满复合中心之前,不会产生较大的电流,当填满复合中心之后,电流才开始急增。

2. 磁电特性

磁电特性是指在给定的测试条件下,磁敏二极管的输出电压变化量与外加磁场间的变化关系,称为磁敏二极管的磁电特性。图 12.6.4 所示的是磁敏二极管的磁电特性曲线,测试电路和测试温度如图所示。图 12.6.4(a)所示为磁敏二极管单个使用时的接线图和测试曲线,图 12.6.4(b)所示为互补式连接时的接线图和测试曲线。由曲线可以看出,磁场在 0.1T 以下时,曲线近似为直线,随着磁场的增强,曲线趋向饱和。由图 12.6.4(a)还可看出磁敏二极管单个使用时,其正向磁灵敏度大于反向磁灵敏度。

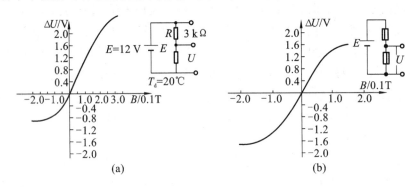

图 12.6.4　磁敏二极管的磁电特性曲线

3. 温度特性

磁敏二极管的温度特性是指在标准测试条件下,磁敏二极管的输出电压变化量 ΔU(或无磁场作用时中点电压 U_m)随温度变化的规律,如图 12.6.5 所示。一般情况下,磁敏二极管受温度影响较大,即在一定测试条件下,磁敏二极管的输出电压变化量 ΔU,或者在无磁场作用时,中点电压 U_m 随温度变化较大。因此,在实际使用时,必须对其进行温度补偿。在图 12.6.5 中右边的纵坐标表示通过磁敏二极管的电流随温度变化而变化的情况。

4. 频率特性

硅磁敏二极管的频率特性是指在规定的测试电路中,其输出电压与磁场频率的关系,如图 12.6.6 所示。图中的纵坐标是对电压的比值取对数,即以 dB 为单位,其中,U_f 表示磁场频率为 f 时的输出电压,U_0 表示磁场频率为零时的输出电压。在图 12.6.6 中,横坐标也是对数为标尺刻度。硅磁敏二极管的频率特性取决于硅磁敏二极管的响应时间。而硅磁敏二极管的响应时间几乎等于注入载流子漂移过程中复合并达到动态平衡的时间。所以,频率响应时间与载流子的有效寿命相当。硅管的响应时间小于 1 μs,其截止频率高达 1 MHz,锗磁敏二极管的截止频率小于 10 kHz。

5. 磁灵敏度

磁敏二极管的磁灵敏度对于不同的测量电路,有不同的定义表达式,但无论哪种测量电路,其磁灵敏度的定义应符合式(1.4.7)的一般定义的基本含义。

如对于图 12.6.7 所示的磁敏二极管的测试电路,根据式(1.4.7),可得磁敏二极管的磁灵敏度为:

$$K = \frac{\Delta y}{\Delta x} = \frac{\Delta U}{\Delta B} \qquad (12.6.1)$$

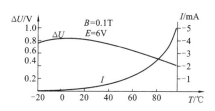 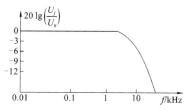 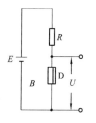

图 12.6.5 磁敏二极管温度特性曲线　　图12.6.6 硅磁敏二极管的频率特性　　图 12.6.7 磁敏二极管的测试电路

按这个定义式,磁敏二极管的磁灵敏度 K 是有单位的。在实际工作中,要测出磁场的变化量,操作起来不够方便,因此,又给出了对于图 12.6.7 的测试电路适用的磁敏二极管磁灵敏度的另一种定义:

$$K_u = \frac{U_B - U_0}{U_0} \times 100\% \qquad (12.6.2)$$

式中:U_0 表示磁场的磁感应强度 $B=0$ 时测试电路的输出电压;U_B 表示磁场的磁感应强度为 B 时测试电路的输出电压;K_u 是一个无单位的纯数。这两种定义虽然不同,但都能反映磁敏二极管对磁场变化的敏感程度。在实际工作中还可根据实际情况给出其他表达形式的定义,这里不再赘述。

12.6.3 磁敏二极管的温度补偿

由于一般情况下,磁敏二极管受温度影响较大,即在一定测试条件下,磁敏二极管的输出电压变化量 ΔU,或者在无磁场作用时,中点电压 U_m 随温度变化较大。因此,在实际使用时,必须对其进行温度补偿。实际的工程设计中对磁敏二极管常用的温度补偿电路有如下几种。

1. 互补式温度补偿电路

磁敏二极管互补式温度补偿电路如图 12.6.8 所示。选用两只性能相近的磁敏二极管,按相反磁极性组合,即将它们的磁敏面相对或背向放置串接在电路中。无论温度如何变化,其分压比总保持不变,输出电压 U 随温度变化而始终保持不变,这样就达到了温度补偿的目的。不仅如此,理论上可以证明互补式温度补偿电路还能提高磁灵敏度。

2. 差分式温度补偿电路

差分式温度补偿电路如图 12.6.9 所示。差分电路不仅能很好地实现温度补偿,提高灵敏度,还可以弥补互补电路的不足。如果电路不平衡,可适当调节电阻 R_1 和 R_2,使电路实现平衡。

3. 全桥式温度补偿电路

全桥式温度补偿电路如图 12.6.10 所示。全桥式温度补偿电路是将两个互补电路并联而成。与互补式温度补偿电路一样,其工作点只能选在小电流区。该电路在给定的磁场下,其输出电压是差分式温度补偿电路的两倍。由于要选择四只性能相同的磁敏二极管,会给实际使用带来一些困难。

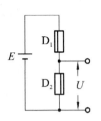 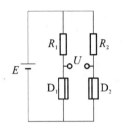 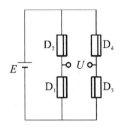

图 12.6.8　互补式温度补偿电路　图 12.6.9　差分式温度补偿电路　图 12.6.10　全桥式温度补偿电路

4. 热敏电阻温度补偿电路

热敏电阻温度补偿电路图 12.6.11 所示。该电路是利用热敏电阻随温度的变化,而使 R_t 和 D 的分压系数不变,从而实现温度补偿。热敏电阻温度补偿电路的成本略低于上述三种温度补偿电路,因此是常被采用的一种温度补偿电路。

12.6.4　磁敏二极管的应用

下面介绍磁敏二极管的两个实际应用。

1. 磁敏二极管漏磁探伤仪

磁敏二极管漏磁探伤仪是利用磁敏二极管可以检测弱磁场变化的特性而设计的,其工作原理如图 12.6.12 所示。漏磁探伤仪由激励线圈、铁芯、放大器、磁敏二极管探头及显示仪表等部分构成。将待测物(如钢棒)置于铁芯之下,并使之不断转动,在铁芯、线圈激磁后,钢棒被磁化。若待测钢棒没有损伤的部分在铁芯之下时,如图 12.6.12(a)所示,铁芯和钢棒被磁化部分构成闭合磁路,激励线圈感应的磁通为 Φ,此时无泄漏磁通,磁敏二极管探头没有信号输出。若钢棒上的裂纹旋至铁芯下,如图 12.6.12(b)所示,裂纹处的泄漏磁通作用于磁敏二极管探头,探头将泄漏磁通量转换成电压信号,经放大器放大输出,根据指示仪表的示值可以得知待测铁棒中的缺陷。磁敏二极管的出现使磁力探伤仪测量探头进入实用阶段,实现了导磁材料探伤自动化。

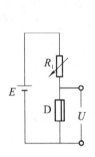 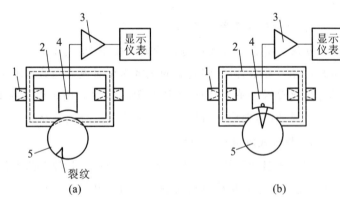

图 12.6.11　热敏电阻温度补偿电路　　图 12.6.12　磁敏二极管漏磁探伤仪工作原理示意图
1—激励线圈;2—铁芯;3—放大器;4—磁敏二极管探头;5—待测物

2. 磁敏二极管磁通计

磁敏二极管可用于磁场测量。用磁敏二极管制成磁通计,可以测量小于 10^{-6} T 的弱磁场,一种磁敏二极管磁通计的前端电路如图 12.6.13 所示。图中 CD_1、CD_2 为连接成互补方式的磁敏二极管,其输出电压直接送到由集成运放构成的同相比例放大器进行放大。集成运算放大器 A 应选用低噪声集成运放。运放的输出电压则送到后续信号处理电路进行处理，最终给出磁场强度的显示。用磁敏二极管还可制成磁电指向仪、磁力探矿仪和地磁测量仪等多种测量仪表。

12.7 磁敏三极管及其应用

12.7.1 磁敏三极管的结构与工作原理

1. 磁敏三极管的结构

磁敏三极管与普通三极管一样，也有 NPN 型和 PNP 型之分。NPN 型磁敏三极管的结构如图 12.7.1(a) 所示，图 12.7.1(b) 为其电路符号。在弱 P 型近本征半导体上用合金法或扩散法形成发射极、基极和集电极。其最大特点是基区较长，基区结构类似磁敏二极管，也有高复合速率的 r 区和本征 I 区。长基区分为输运基区和复合基区。

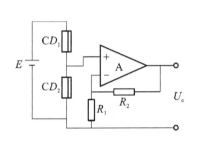

图 12.6.13 磁敏二极管磁通计前端电路

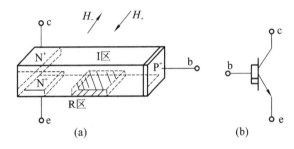

图 12.7.1 NPN 型磁敏三极管的结构示意图与电路符号

2. 磁敏三极管的工作原理

磁敏三极管的工作原理可用图 12.7.2 来说明。当磁敏三极管未受到磁场作用时，如图 12.7.2(a) 所示，由于基区宽度大于载流子有效扩散长度，大部分载流子通过 e-I-b，形成基极电流；少数载流子输入到 c 极，因而基极电流大于集电极电流。当受到正向磁场（H^+）作用时，如图 12.7.2(b) 所示，由于磁场的作用，洛伦兹力使载流子向复合区偏转，导致集电极电流显著下降。当受到反向磁场（H^-）作用时，如图 12.7.2(c) 所示，载流子向集电极一侧偏转，使集电极电流增大。由以上分析可知，磁敏三极管在磁场作用下，其集电极电流随磁场的方向和强弱的变化而变化。

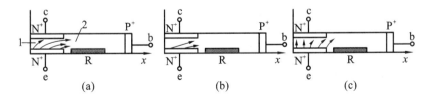

图 12.7.2 磁敏三极管工作原理示意图

1—运输基区；2—复合基区

12.7.2 磁敏三极管的基本特性

了解和掌握磁敏三极管的特性，对正确选用磁敏三极管设计传感器系统是十分有益的。下面分别介绍磁敏三极管的基本特性。

1. 磁电特性

磁敏三极管的磁电特性是应用的基础,是基本特性之一。磁敏三极管的磁电特性是指在一定的测试条件下,磁敏三极管的集电极电流 I_c 随磁感应强度 B 变化而变化的关系曲线。例如,国产 NPN 型 3BCM(锗)磁敏三极管的磁电特性如图 12.7.3 所示。由图可知,在弱磁场作用下,曲线接近一条直线,当 $B>0.2$ T 后,集电极电流 I_c 趋向于饱和。

2. 伏安特性

磁敏三极管的伏安特性是指在一定的测试条件下,磁敏三极管的集电极电流 I_c 和集电极发射极间的电压 V_{ce} 之间的关系曲线。这与普通晶体三极管的伏安特性曲线类似,是以基极电流为参变量的一组曲线族。不同的是,磁敏三极管的伏安特性曲线还有第二个参变量,那就是磁感应强度 B。图 12.7.4(a)所示为不受磁场作用时($B=0$),磁敏三极管的伏安特性曲线族;图 12.7.4(b)为基极电流 $I_b=3$ mA 不变,而磁场 B 改变的 I_c-V_{ce} 曲线族。由该图可知,在图示的参数条件下,磁敏三极管的电流放大倍数小于 1,也即 $\beta=I_c/I_b<1$。

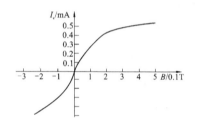

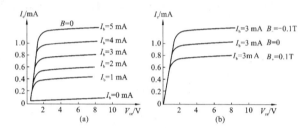

图 12.7.3 磁敏三极管 3BCM 的磁电特性　　　　图 12.7.4 磁敏三极管伏安特性曲线

3. 温度特性

磁敏三极管对温度也是比较敏感的,实际使用时必须采用适当的方法进行温度补偿。对于锗磁敏三极管,如 3ACM、3BCM,其磁灵敏度的温度系数为 $0.8\%/℃$;对于硅磁敏三极管如 3CCM,磁灵敏度的温度系数为 $-0.6\%/℃$。3BCM 的温度特性曲线如图 12.7.5 所示。图 12.7.5(a)给出了 3BCM 在基极电源为恒压 $V_b=5.7$ V 的条件下,其集电极电流 I_c 在三种不同的磁感应强度时,随温度变化的特性曲线;而图 12.7.5(b)则给出了 3BCM 在基极电流为恒流 $I_b=2$ mA 的条件下,其集电极电流 I_c 在三种不同的磁感应强度时,随温度变化的特性曲线。

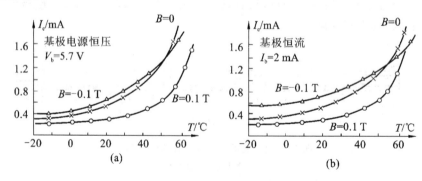

图 12.7.5 磁敏三极管 3BCM 的温度特性

4. 频率特性

磁敏三极管的频率特性是指在规定的测试电路中,其输出电压与磁场频率的关系。磁敏三极管的频率特性取决于载流子在运输基区和复合基区的渡越时间因而频率特性与元件的尺寸大小有关。对于锗磁敏三极管 3BCM,其渡越时间约为 2 μs,因而其截止频率约为 500 kHz。对于硅磁敏三极管如 3CCM,其渡越时间约为 0.4 μs,因而其截止频率约为 2.5 MHz。但是实际测试的结果比上述理论值要低很多,因为实际测量的数据表示的是由三极管组成的放大器的上限频率,这包含了实际线路中的其他元件及许多外部因素在内。

5. 磁灵敏度

磁敏三极管的磁灵敏度对于不同的测量电路,有不同的定义表达式,但无论哪种测量电路,其磁灵敏度的定义应符合式(1.4.7)的一般定义的基本含义。根据式(1.4.7),磁敏三极管的磁灵敏度的定义为:

$$K_c = \frac{\Delta I_c}{\Delta B}\bigg|_{I_b, V_{ce}\text{为常数}} \tag{12.7.1}$$

在磁敏三极管的基极电流 I_b 和集射极电压 V_{ce} 保持不变的条件下,磁敏三极管的集电极电流的变化与引起该变化的磁感应强度的变化之比。根据上式,可由图 12.7.4(b)所示的磁敏三极管的伏安特性曲线求得磁灵敏度 K_c。

12.7.3 磁敏三极管的温度补偿

一般情况下,磁敏三极管受温度影响较大。因此,在实际使用时,必须对其进行温度补偿。实际的工程设计中对磁敏三极管常用的温度补偿电路有如下几种。

(1) 方法一如图 12.7.6 所示。因为硅磁敏三极管 Q_c(3CCM)磁灵敏度的温度系数为 $-0.6\%/℃$,故对于硅磁敏三极管可用正温度系数的普通硅三极管 Q_1 来补偿因温度变化而产生的集电极电流的漂移。具体补偿电路如图 12.7.6 所示。当温度升高时,Q_1 管集电极电流 I_c 增加,导致硅磁敏三极管 Q_c 的集电极电流也增加,从而补偿了硅磁敏三极管 Q_c 因温度升高而导致的 I_c 下降。

(2) 方法二如图 12.7.7 所示。此法是利用锗磁敏二极管 Q_D 的电流随温度升高而增加的这一特性,使其作硅磁敏三极管 Q_c 的负载,当温度升高时,可以弥补硅磁敏三极管的负温度漂移系数所引起的电流下降的问题。

(3) 方法三如图 12.7.8 所示。此法是采用两只特性一致、磁极相反的磁敏三极管 Q_{C1}、Q_{C2} 组成差分电路,R_1、R_2 分别为磁敏三极管 Q_{C1}、Q_{C2} 的集电极负载,W_1、W_2 分别为磁敏管 Q_{C1}、Q_{C2} 的基极电阻,调节 W_1、W_2 可使电路在磁感应强度 $B=0$ 时,电路输出 $U_o=0$,即达到平衡状态。R_3 为两磁敏三极管发射极公共电阻。当温度发生变化时,性能相同的两磁敏三极管的集电极电流的变化也相同,因此差动放大器的输出 $U_o=0$ 会保持不变。

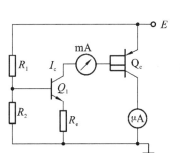

图 12.7.6 温度补偿法一

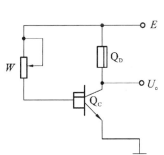

图 12.7.7 温度补偿法二

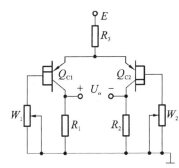

图 12.7.8 温度补偿法三

这种电路既可以提高磁灵敏度，又能实现温度补偿，是一种较好的温度补偿电路。

12.7.4 磁敏三极管的应用

1. 磁敏三极管构成的钢球计数装置

由磁敏三极管构成的钢球计数装置工作示意图如图 12.7.9 所示。该装置由于采用了磁敏三极管作为磁探测的敏感元件，因而能感受到很小的磁场变化，可对通过探头附近的黑色金属零件进行计数检测。由图 12.7.9 可知，当钢球通过计数装置的探头时，由于钢是导磁材料，使得通过磁敏三极管的磁力线增强，磁敏三极管的输出电压发生变化。由图 12.7.10 所示的磁敏三极管钢球计数装置内部结构框图可知，磁敏三极管的输出电压经低噪声前置放大器放大后，送入后续的信号处理与显示电路，该装置即可对其进行计数并显示。

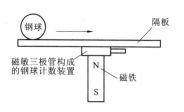

图 12.7.9 磁敏三极管构成的钢球计数装置工作示意图

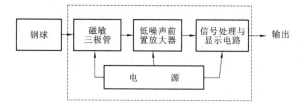

图 12.7.10 磁敏三极管钢球计数装置内部结构框图

2. 磁敏三极管磁通计

由于磁敏三极管有较高的磁灵敏度，体积和功耗都很小，且能识别磁极性等优点，利用磁敏三极管可以制成磁场探测仪器，如高斯计、漏磁测量仪、地磁测量仪等。用磁敏三极管制作的磁通计，可以测量小于 10^{-6} T 的弱磁场，磁敏三极管磁通计的前端电路如图 12.7.11 所示。图中，CD 为磁敏二极管，起温度补偿作用，W 为基极偏置电阻，可用来调节磁敏三极管的基极电流。

磁敏三极管的输出电压直接送到由集成运放 A 构成的同相比例放大器进行放大。集成运算放大器 A 应选用低噪声集成运放，如 TLV4376、OPA4180 等。运放的输出电压则送到后续信号处理电路进行处理，最终给出磁场强度的显示。

从原理上来说，霍尔片、磁敏电阻、磁敏二极管和磁敏三极管都是磁敏元件，在实际的检测应用中是可以相互取代的，只是后续的信号转换和处理电路不同而已。从以上几节的论述可以看到，相对来说，后续的信号转换和处理电路以磁敏三极管最为复杂，因此其实际应用较少。为便于读者进行系统设计，现将常用的磁敏三极管 3BCM、3CCM 的有关参数列于表 12.7.1 中，同时磁敏二极管 2ACM 和磁敏三极管 3ACM、3BCM 的外形尺寸如图 12.7.12 和图 12.7.13 所示，以供参考。

表 12.7.1 磁敏三极管 3BCM、3CCM 的主要参数

参　数	单　位	测试条件	规　范
磁灵敏度 $h = \dfrac{I_{c0} - I_{cB}}{I_{c0}} \times 100\%$	%	$E_c = 6$ V $I_b = 3$ mA $B = \pm 0.1$ T	$> 5\%$
击穿电压 BU_{cco}	V	$I_c = 10$	$\geqslant 20$ V
漏电流 I_{cco}	μA	$I_{ce} = 6$ A	$\leqslant 5$ μA

参　数	单　位	测试条件	规　范
功耗	mW		20 mW
使用温度	℃		−40～85 ℃
最高温度	℃		100 ℃
温度系数	%/℃		−0.10～0.25%/℃

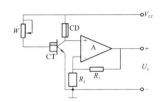
图 12.7.11　磁敏三极管磁通计的前端电路

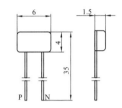
图 12.7.12　磁敏二极管 2ACM 外形结构与尺寸(单位:mm)

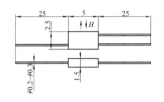
图 12.7.13　磁敏三极管 3ACM、3BCM 外形结构与尺寸(单位:mm)

习　题　12

12.1　什么是磁敏传感器？磁敏传感器的核心部件是什么元件？画出磁敏传感器的结构框图。

12.2　常用的磁敏元件是用什么材料制作的？常用的磁敏元件分为哪几种类型？

12.3　什么是洛伦兹力？给出完整的论述。

12.4　什么是霍尔效应？给出完整的论述。

12.5　简述霍尔元件的结构与工作原理。

12.6　给出霍尔元件的霍尔系数的定义，说明研究霍尔系数有何意义？

12.7　给出霍尔元件的灵敏度的定义，如何才能提高霍尔元件的灵敏度？

12.8　如图 12.1.3 所示的 N 型半导体薄片的长度 $L=10$ mm，宽度 $b=3.5$ mm，厚度 $d=1.0$ mm。沿长度 L 方向通以电流 $I=1.0$ mA，在垂直方向施加如图所示的均匀磁场 $B=0.3$ T，测得霍尔电压 $U_H=6.55$ mV。求该霍尔元件的灵敏度 K_H 和电子浓度 n。

12.9　什么是霍尔元件？什么是霍尔组件？二者有何区别？

12.10　霍尔元件的主要特性参数有哪几个？逐一进行介绍。

12.11　对于霍尔元件，为什么要选择合适的激励电源？霍尔元件的激励电源有哪几种？分别给予详细介绍。

12.12　什么是霍尔元件的后置放大器？对霍尔元件的后置放大器有何要求？霍尔元件的后置放大器还有什么别的名称吗？

12.13　单片霍尔集成电路有哪几种类型？分别画出它们的内部结构框图并进行必要说明。

12.14　各列举两种霍尔片及霍尔组件在传感器设计中的应用。

12.15　磁敏电阻属于何种磁敏元件？其工作原理是什么？

12.16　磁敏电阻的结构如何？为什么是这样的结构？

12.17　磁敏电阻有哪些主要的特性？分别进行简要介绍。

12.18　磁敏电阻在工农业生产和科学研究领域有哪些应用，试举例说明。

12.19　磁敏二极管的结构如何？磁敏二极管的结构与普通二极管的结构有何区别？

12.20　画出磁敏二极管的结构示意图，结合示意图说明其工作原理。

12.21　磁敏二极管的主要特性有哪几项，分别进行简要解释。

12.22　磁敏二极管在工作时是否需要进行温度补偿？为什么？

12.23 磁敏二极管的温度补偿方法有哪几种,分别进行详细讲解。
12.24 磁敏二极管在工农业生产和科学研究领域有哪些应用,试举例说明。
12.25 磁敏三极管的结构如何?磁敏三极管的结构与普通三极管的结构有何区别?
12.26 画出磁敏三极管的结构示意图,结合示意图说明其工作原理。
12.27 磁敏三极管的主要特性有哪几项,分别进行简要解释。
12.28 磁敏三极管在工作时是否需要进行温度补偿?为什么?
12.29 磁敏三极管的温度补偿方法有哪几种,分别进行详细讲解。
12.30 磁敏三极管在工农业生产和科学研究领域有哪些应用,试举例说明。
12.31 磁敏二极管的型号为2ACM,其各段符号的含义是什么?
12.32 磁敏三极管的型号为3ACM,其各段符号的含义是什么?
12.33 简述磁敏元件和磁敏传感器的发展史。
12.34 题12.34图所示为利用霍尔元件进行角度检测的示意图,试根据该图说明其工作原理。
12.35 题12.35图所示为利用霍尔组件测量转速的三种方案,试根据图示说明每种方案的工作原理。

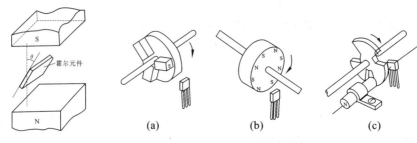

题12.34图　　　　题12.35图　利用霍尔组件测量转速的三种方案

第13章　智能传感器

13.1　智能传感器的发展史

智能传感器(intelligent sensor 或 smart sensor)最初是由美国国家航空航天局于1978年开发出来的产品。宇宙飞船上需要大量的传感器不断向地面发送温度、位置、速度和姿态等数据信息,用一台大型计算机很难同时处理如此庞杂的数据,若要不丢失数据且降低成本,必须有能实现传感器与计算机一体化的灵巧传感器。智能传感器是指具有信息检测、信息处理、信息记忆、逻辑思维和判断功能的传感器。它不仅具有传统传感器的各种功能,而且还具有数据处理、故障诊断、非线性处理、自校正、自调整以及人机通信等多种功能。它是微电子技术、微型电子计算机技术与检测技术相结合的产物。

早期的智能传感器是将传感器的输出信号经处理和转化后由接口传送到微处理机进行运算处理。20世纪80年代智能传感器主要以微处理器为核心,将传感器信号处理电路、微电子计算机存储器及接口电路集成到一块芯片上,使传感器具有一定的人工智能。20世纪90年代智能化测量技术有了进一步的提高,使传感器实现了微型化、结构一体化、阵列式、数字式,使用方便且操作简单,具有自诊断功能、记忆与信息处理功能、数据存储功能、多参量测量功能、联网通信功能、逻辑思维以及判断功能。

随着微处理器技术的迅猛发展及测控系统自动化、智能化的发展,要求传感器准确度高、可靠性高、稳定性好,而且还具备一定的数据处理能力,并能够自检、自校、自补偿,传统的传感器已不能满足这样的要求。另外,为了制造高性能的传感器,光靠改进材料工艺也很困难,需要利用计算机技术与传感器技术相结合来弥补其性能的不足。计算机技术使传感器技术发生了巨大的变革,微处理器(或微计算机)与传感器相结合,产生了功能强大的智能式传感器。

13.2　智能传感器的定义、结构、优点与发展方向

智能传感器的定义可能各不相同,但其最基本的特征是将一个敏感元件与由微处理器所提供的数据处理功能相结合。换言之,智能传感器是作为基础部件的敏感元件与植入的人工智能的结合。因此,一般可使用如下的定义。

　　智能传感器是一种带有微处理器的兼有信息检测、判断与信息处理功能的传感器。智能传感器的最大特点就是将传感器检测信息的功能与微处理器的信息处理功能有机融合在一起,从一定意义上来说,它具有类似于人工智能的作用。

目前,智能传感器的结构有四种形式,即非集成化的结构、集成化结构、混合结构和单片式结构。

13.2.1　非集成化的结构

非集成化智能传感器的结构是将 n 个传统传感器、多路开关、信号处理电路、微处理器

系统等组合成一个整体而构成的系统。它是在原有技术基础上的一种最经济、最快捷实现智能化的一种方法。非集成化智能传感器的结构框图如图13.2.1所示。

13.2.2 集成化结构

集成化智能传感器是采用微机械加工和大规模集成电路的工艺技术，以单晶硅为基材，将敏感元件、信号处理电路和处理器等集成于一块芯片上。集成化智能传感器的外形如图13.2.2所示。其特点是微型化、一体化、精度高、多功能、可阵列化、全数字化。

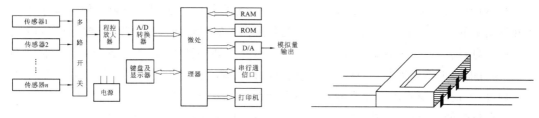

图13.2.1 非集成化智能传感器的结构框图　　图13.2.2 集成化智能传感器的外形

13.2.3 混合结构

混合结构的智能传感器是以上非集成化结构智能传感器和集成化结构智能传感器两种方式的混合,混合结构的智能传感器结构框图如图13.2.3所示。

混合结构的智能传感器是考虑兼顾成本、工艺和性能三者的结果。

由图13.2.3可见,混合结构的智能传感器对于每一个敏感单元,都单独配备一个微处理器单元,这样更有针对性,尤其是对于软件开发来说。而信号调理电路则根据不同的情况,可以有不同的安排。最后,各单元均通过总线接口电路与上位机实现通信。

13.2.4 单片结构

单片结构是将敏感单元、信号调理电路、微处理单元和总线接口集成在一个芯片上构成的单片智能传感器,如图13.2.4所示。

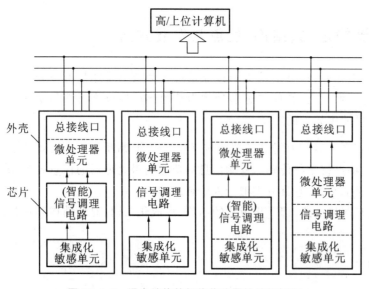

图13.2.3 混合结构的智能传感器的结构框图

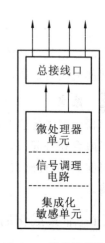

图13.2.4 单片智能传感器

13.2.5　智能传感器的优点

智能传感器相对于普通传统的传感器来说有许多优点,可归纳为如下几点。

1. 实现了自补偿和计算

利用智能传感器的计算功能对传感器的零位和增益进行校正,对非线性和温度漂移进行补偿。这样,即使传感器的加工不太精密,通过智能传感器的计算功能也能获得较精确的测量结果。

2. 实现了自校正和自诊断

智能传感器通过自检软件,能对传感器和系统的工作状态进行定期或不定期的检测,诊断出故障的原因和位置并做出必要的响应,发出故障报警信号,或在计算机屏幕上显示出操作提示。

3. 具有复合敏感功能

集成化智能传感器能够同时测量多种物理量和化学量,具有复合敏感功能,能够给出全面反映物质和变化规律的信息,并且具有数据存储、记忆和信息处理功能。

4. 具有接口功能,便于实现网络化以及与上位机连接

由于智能传感器中使用了微处理器,其接口容易实现数字化与标准化,可以方便地与网络系统连接实现网络化,同时也便于与上一级计算机进行连接,这样就可以由远程中心计算机控制整个系统工作。

5. 具有显示报警功能

集成化智能传感器通过接口与数码管或其他显示器结合起来,可选点显示或定时循环显示各种测量数值及相关参数。测量结果也可以由打印机输出。此外,通过与预设上下限值的比较还可以实现超限值时的声光报警功能。

13.2.6　智能传感器的发展方向

智能传感器是传感器技术未来发展的主要方向,智能传感器又称为智能传感器系统,具有广阔的发展空间。目前,传感器正从传统的分立式,朝着单片集成化、智能化、网络化、系统化的方向发展。智能传感器可广泛用于工业、农业、商业、交通、环境监测、医疗卫生、军事科研、航空航天、现代办公设备和家用电器等领域。在今后的发展中,智能传感器无疑将会进一步扩展到化学、电磁、光学和核物理等诸多应用、研究领域。

一个性能优异的智能传感器系统的核心部分包括传感器、能源、通信和信号处理等。智能传感器系统的一个主要特色是所提供的重要数据更为可靠和完整。智能化性能可以建立在传感器层次上,包括自标定、工作状态自评估和故障自修复以及补偿测量(如自动调零、标定、温度和压力以及相对湿度校正)等。

开发智能传感器系统的目标是实现系统的非扰动模式,所提供的信息可以满足使用者无论何时、何地以及以何种方式提出的应用需求。实际上,智能传感器的研究目标是开发这样一种新型的智能系统,它可以告知用户,为了做出某种正确决策他们需要知道哪些信息。

智能传感器系统需要通过一个电界面来将传感器的输出信号传输到远端的数据收集、记录和采集系统。理想情况下,这一界面不需要连线而是通过无线遥测方法进行通信。一个实用的可集成到智能传感器的遥测系统必须是相对较小而且具备所有必需的操作功能。微电子设计和加工工艺的进展,也就是熟知的 MEMS(微电子机械系统)技术提供了无线通信系统必需的先进技术。

智能传感器系统是未来智能系统的基本构成部分,它代表着新一代传感器和具有自我检测能力的未来系统。通过设计将人工智能下载于构件层次的智能传感器系统将在各种应用领域中产生深刻影响,如食品安全、生物毒物检测、安全毒物检测和报警、在本地和全球范围内进行环境监控、健康监控和医学检测以及工业和太空应用等。

智能传感器系统可以使能进行自我监控和对外部环境变化产生响应的人工智能系统的安全性能和运行效率得以优化。将传感器和计算方法合成在一起的设计可用于火警的早期报警等各种基于传感器的应用领域。

智能传感器的另一发展方向就是网络传感器。网络传感器是包含敏感元件、信号处理电路、网络接口和微处理单元的新一代智能传感器。

智能传感器正成为推动信息产业发展的强大动力,智能传感器在电子信息工程领域具有特殊的重要意义,需要继续深入地研究、开发和推广应用。

13.3 智能传感器实例

13.3.1 非集成化智能传感器与集成化智能传感器的对比

典型的智能传感器远非传统的单一的传感器所能比拟,它是一个完整的功能系统。这样的系统中包含了一个用于管理和控制电源的模拟电路以及与数字电路连通的接口。在数字电路中,传感器输入信号经过处理以降低噪声,同时与别的传感元件信息结合在一起以改进补偿功能和提供重复测量,也可以提高可靠性。再将改善后的信息变成所需的输出信号,如简单的传感器输出显示;也可进行无线传输和储存,再反馈到传感元件或传输到合适部件来进行恰当的系统控制。如图13.3.1(a)所示的是一个非集成化智能传感器结构的实例,它是由若干个电子单元依据需要,按一定规律来构成,以获得所希望的特殊性能。如图13.3.1(b)所示的是集成化智能传感器,它将上述非集成化智能传感器所有功能集成到一个微小的、智能化系统中。集成化智能传感器系统的一个特殊之处是应用了微制造技术来实现复杂功能的集成,其成本远小于那些用手工组装的尺寸较大的非集成化智能传感器。

13.3.2 集成化智能气体泄漏检测器

如图13.3.2所示为一个集成化智能气体泄漏检测器的样机图片,它是一个用微电子加工技术制作的微型传感器阵列的多功能系统,可用来进行燃气泄漏和毒性气体的检测。整个系统包含三个气体敏感元件、信号处理电子线路、电源、数据储存、校正表以及自检测、遥测等部分。整个系统的表面积如同邮票大小(可与图中左边的邮票比较)。未来可以根据需要将这一集成化智能气体泄漏检测器如粘贴邮票那样安放在汽车之中,不必通过线路连接到汽车或从汽车取得电源。检测器中的程序可为使用者提供所需的某些常规信息,以及进一步提供用户所需的其他检测信息。检测器可通过遥测功能传输检测信息,还可同时传送检测信息到中央信息处理枢纽。用此类集成化智能气体泄漏检测器作为核心部件组成的智能传感器系统可广泛应用于火警检测、呼吸监控、环境监控和在火箭发动机测试平台上运行。

13.3.3 集成化智能气体检测器

如图 13.3.3 所显示的是一组迷你型集成化智能气体检测器,可选择性地测定如下气体:氢气、硫化氢、一氧化碳和臭氧。该组检测器所用的手表电池可使用一年或更长时间。这一智能气体检测器系列的特殊设计满足了低成本、低能耗和长电池寿命的需求。智能气体检测器中包含声警报器和 LED 数字显示。声警报器由蜂鸣器来提供报警或启用振动功能。检测器同时还具有如下功能:温度补偿信号、时间权重平均计量、数据/现场实况登录以及无线数据下载等。检测器的重量小于 31 克。之所以能在单一的超小型系统中实现所有上述功能,应该归功于传感器技术、集成电路制造技术和计算机技术的飞速发展。检测器的功耗极小,一般来说,对样品的测定仅需消耗数微瓦的能量。

图 13.3.1 非集成化与集成化智能传感器的对比

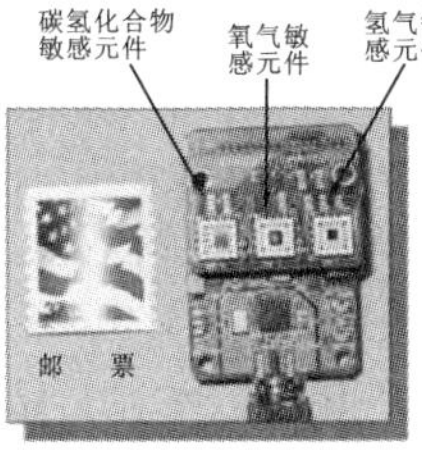

图 13.3.2 集成化智能气体泄漏检测器

图 13.3.3 迷你型集成化智能气体检测器

13.3.4 PPT、PPTR 系列智能精密压力传感器

PPT、PPTR 系列智能精密压力传感器,其测量精度为 ±0.05%,比传统压力传感器的精度大约提高了一个数量级。PPT、PPTR 系列智能精密压力传感器是美国霍尼韦尔(Honeywell)公司的产品,其外形如图 13.3.4 所示。

PPT、PPTR 系列智能压力传感器的内部电路框图如图 13.3.5 所示。由其内部电路框图和外形可以初步判定 PPT、PPTR 系列是非集成化智能传感器。由图 13.3.5 可以看出,非集成化智能传感器就是将传统的普通传感器与一个专用的小型计算机系统通过接口电路连接起来,从而全面地提高了传统的传感器的性能。

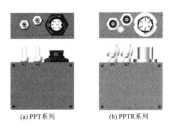

图 13.3.4 智能精密压力传感器

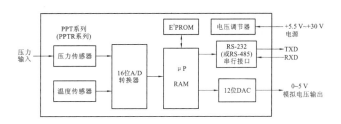

图 13.3.5 PPT、PPTR 系列智能压力传感器的内部电路框图

13.3.5 SHT11/15 型多功能湿度/温度/露点智能传感器

SHT11/15 型高精度、自校准、多功能式智能传感器,瑞士 Sensirion 公司的产品。其能同时测量相对湿度、温度和露点等参数,兼有数字湿度计、温度计和露点计这三种仪表的功能,可广泛用于工农业生产、环境监测、医疗仪器、通风及空调设备等领域。SHT11/15 型智

能传感器,为集成化智能传感器,其外形尺寸仅为 7.62 mm(长)×5.08 mm(宽)×2.5 mm(高),质量只有 0.1 g,其体积与一个大火柴头相近,如图 13.3.6 所示。

习 题 13

13.1 简述智能传感器的发展史,展望智能传感器未来的发展方向。

13.2 给出智能传感器的定义。

13.3 有人认为"智能传感器是传统的传感器技术与计算机技术相结合的产物",你认为这句话对否,给出你的看法和论述。

13.4 目前,智能传感器的结构有几种形式?分别进行简要介绍。

13.5 根据非集成化智能传感器的结构框图,设计一个多功能湿度/温度/露点智能传感器,要求能实时显示环境的湿度、温度和露点。

13.6 根据单片智能传感器的结构,设计一个单片温度智能传感器,要求能实时显示环境的温度,误差为±0.1 ℃。

13.7 智能传感器相对于普通传统的传感器来说有哪些优点?

13.8 非集成化智能传感器与集成化智能传感器的对比,哪一个更具有优势?

13.9 对于非集成化智能传感器、集成化智能传感器、混合结构的智能传感器和单片智能传感器,各举一个应用实例。

13.10 题 13.10 图是 APMS-10G 智能化混浊度传感器系统的内部框图,试根据该框图分析其是用哪一种方式实现智能化的?该智能化混浊度传感器系统除了混浊度以外还可以测量哪些物理量?

图 13.3.6 SHT11/15 型智能传感器的外形

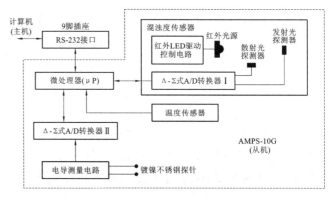

题 13.10 图 APMS-10G 智能化混浊度传感器系统的内部框图

第14章 传感器网络简介

14.1 概述

随着通信技术和计算机技术的飞速发展,人类社会已经进入了网络信息时代。由于智能传感器的开发和大量使用,导致了在分布式控制系统中,对传感信息交换提出了许多新的要求。单独的传感器数据采集已经不能适应现代控制技术和检测技术的发展,取而代之的是分布式数据采集系统组成的传感器网络。一种分布式传感器网络系统结构示意图如图 14.1.1 所示。

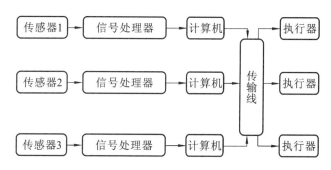

图 14.1.1 分布式传感器网络系统结构示意图

智能传感器实现网络化后,增加了如下功能:①可以实施远程采集数据,并进行分类存储和应用;②多个用户可同时对同一过程进行监控;③凭借智能化软硬件,灵活调用网上各种计算机、仪器仪表和传感器各自的资源特性和潜力;④可区别不同的时空条件和仪器仪表、传感器的类别特征,测出临界值,做出不同的特征响应,完成各种形式、各种要求的任务。

14.2 传感器网络的结构

传感器网络可用于人类工作、生活、娱乐的各个方面,也可用于办公室、工厂、家庭、住宅小区、机器人、汽车等多个领域。

传感器网络的结构形式多种多样,可以是如图 14.1.1 所示全部互连形式的分布式传感器网络系统,也可以是如图 14.2.1 所示的多个传感器计算机工作站和一台服务器组成的主从结构形式的传感器网络,还可以是以太网或其他网络形式。总线连接可以是环形、星形或线形。传感器网络还可以是多个传感器和一台计算机或单片机组成的智能传感器,如图 14.2.2 所示。换言之,一台含有多个敏感元件的智能传感器也可以看成是一个传感器网络。

传感器网络可以组成个人网、局域网、城域网,甚至可以接入 Internet,如图 14.2.3 所示。若将数量巨大的智能传感器接入互联网络,则可以将互联网延伸到更多的人类活动领域。现在,人类社会正在快速地实现这个目标。

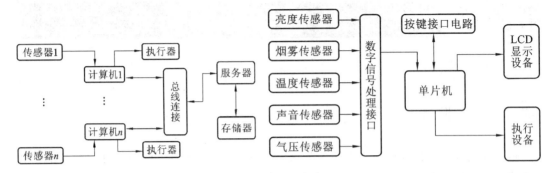

图 14.2.1　主从结构的传感器网络　　　　图 14.2.2　传感器网络组成的智能传感器

目前,传感器网络的建设工作遇到的最大问题是传感器的供电电源问题。理想的情况是能保持几年不更换的高效能电池,或采用耗电少的传感器。

值得关注的是,随着移动通信技术的发展,传感器网络也正朝着开发无线传感器网络的方向发展,而且已经取得了很多研究成果,正在朝着实用化的方向前进。

无线传感器网络与普通传感器网络最大的区别在于其信息的交互是通过无线收发器进行的,这个区别类似于手机和座机的区别。当然,由于无线收发器的引入,也必然会带来一些硬件结构和软件程序上的改进和更新。关于无线传感器网络的内容将在第 15 章介绍。

14.3　传感器网络信息交换体系

传感器网络的信息交换体系涉及协议、总线、器件标准总线、复合传输、隐藏、数据链接控制等。协议是传感器网络上各分布式系统之间进行信息交换而达成共识的一套规则或约定。

对于一个给定的具体应用,在选择协议时,必须考虑传感器网络的系统功能和使用硬件、软件与开发工具的能力。传感器网络上各分布式系统之间要进行可靠的信息交换,最重要的是选择和制定协议。

一个统一的国际标准协议可以使各厂家都生产符合标准规定的产品,不同厂家的传感器和仪器仪表可以互相代用,不同的传感器网络可以互相连接,相互通信。

14.3.1　OSI 开放系统互连参考模型

国际标准化组织 ISO(international standardization organnization)定义了一种开放系统互连参考模型,即 OSI(open system interconnect model)参考模型。OSI 参考模型规定了一个网络系统的框架结构,把网络从逻辑上分为七层。各层通信设备和功能模块分别为一个实体,各个实体相对独立,通过接口与其相邻层连接。相应协议也分七层,每一层都建立在下层之上,每一层的目的都是为上层提供一定的服务,并对上层屏蔽服务实现的细节。各层协议互相协作构成一个整体,称为协议簇或协议套。而开放系统互连,是指按这个标准设计和建成的计算机网络系统都可以互相连接。用户进程(设备和文件)经过 OSI 开放系统互连参考模型的七层模型规范操作后,进入光纤、电缆、电波等物理传输媒质,传输到对方。OSI 参考模型规定的七层结构框图如图 14.3.1 所示。

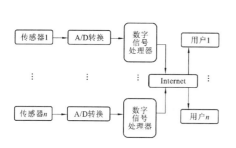
图 14.2.3 智能传感器接入互联网

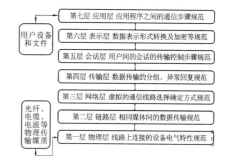
图 14.3.1 OSI 参考模型规定的七层结构框图

OSI 七层模型发送信息的规范工作流程是：首先发送用户的数据信息进入第七层实体，经该层协议操作后，在其前面加上该层协议操作标头（协议控制信息 PCI），组成协议数据单元 PDU。PDU 进入下一层实体后称为服务数据单元 SDU。再经下一层协议操作，加上下一层协议控制信息 PCI，又组成下一层协议数据单元 PDU。这样经一层一层实体的协议操作控制后，进入物理传输媒质（如光纤、电缆、自由空间等）传输。

而用户接收信息的规范工作流程是：接收设备从物理传输媒质上接收到协议数据单元 PDU 后，第一层功能模块根据标头信息（协议控制信息 PCI），对协议数据单元 PDU 进行数据恢复，并去掉标头信息，交第二层实体；第二层实体根据本层标头信息（PCI），对协议数据单元 PDU 进行数据恢复，并去掉本层标头信息，再交上一层实体。这样经一层一层实体数据恢复后，第七层将发送用户数据信息复原。接收用户从第七层获得发送用户数据信息。

14.3.2 OSI 参考模型对各层规范的功能

1. 物理层

物理层规范的功能包括：①确定二进制"位"比特流信号在线路上的码型；②确定二进制"位"比特流信号在线路上的电平值；③当建立、维护与其他设备的物理连接时，确定需要的机械、电气功能特性和规程特性。

2. 数据链路层

数据链路层规范的功能包括：①将传输的数据比特流加上同步信息、校验信息和地址信息封装成数据帧；②实现对数据帧传输顺序的控制；③实现对数据比特流差错检测与控制；④实现对数据比特流传输流量控制。

3. 网络层

网络层规范的功能包括：①通过路径选择将信息分包，选择最合适的路径从发送端传送到接收端；②防止信息流过大造成网络阻塞；③实现信息传输收费记账功能；④实现对由多个子网组成网络的建立和管理；⑤实现对与其他网络连接的建立和管理。

4. 传输层

传输层规范的功能包括：①能分割和重组报文，进行打包；②能提供可靠的端到端的服务；③能实现对流量的控制；④能提供面向连接的和无连接数据的传输服务。

5. 会话层

会话层规范的功能包括：①能使用远程地址建立用户连接；②允许用户在设备之间建

立、维持和终止会话；③进行管理会话。

6. 表示层

表示层规范的功能包括：①能对数据编码格式进行转换；②能实现数据压缩与解压；③建立数据交换格式；④能确保数据的安全与保密；⑤具有其他特殊服务功能。

7. 应用层

应用层规范的功能包括：①作为用户应用程序与网络间的接口；②使用户的应用程序能够与网络进行交互式联系。

> 要指出的是，很多情况下的网络节点并不一定要提供全部七层功能，可根据业务规格决定网络结构。例如，传感器网络通常提供第一层到第三层功能。无线传感器网络通常包括应用层、传输层、网络层、链路层和物理层等五层结构。

14.4 传感器网络的通信协议

在分布式传感器网络系统中，一个网络节点应包括传感器（或执行器）、本地硬件和网络接口。传感器用一个并行总线提供数据包从不同的发送者到不同的接收者间传送。一个高水平的传感器网络应使用OSI模型中第一层到第三层，以提供更多的信息并且简化用户系统的设计及维护。

14.4.1 汽车协议及其应用

汽车的发动机、变速器、车身与行驶系统、显示与诊断装置有大量的传感器。它们与微型计算机、存储器、执行元件一起组成电子控制系统。来自某一个传感器的信息和来自某一个系统的数据必须能与多路复用的其他系统通信，以减少传感器的数目和车辆所需拥有的线路。该电子控制系统就是一个汽车传感器网络。汽车传感器网络具有以下优点：①只要保证传感器输出具有重复再现性，并不要求输入、输出线性化，可以通过微型计算机对信号进行修正计算来获得精确值；②传感器信号可以共享并可以加工；③能够从传感器信号间接获取其他信息。用于汽车传感器网络的汽车协议已经趋于规范化。其中，SAE J1850 协议和 CAN 协议已形成标准。还有其他几个协议因为特定制造商的应用也同时存在。

1. SAE J1850 协议

SAE J1850 协议作为美国汽车制造商的标准协议，于1994年被批准实行，定义了应用层、数据链路层及物理层。信息传输速率为 11.7 Kb/s 和 10.4 Kb/s 两种。每帧仅包含一个信息，每帧的最大长度是 101 bit（位），帧内标头部分包含了信息的优先级、信息源、目标地址、信息格式和帧内信息的状况。

2. CAN 协议

CAN 协议是一种串行通信的协议，初衷是应用于汽车内部测量和执行部件之间的数据通信。现在主要用于汽车之外的离散控制领域中的过程监测和控制，特别是工业自动化的低层监控，解决控制与测试之间的可靠和实时的数据交换。CAN 是一种多用户协议，它允许任何网络节点在同一网络上与其他节点通信，传输速率范围为 5 Kb/s～1 Mb/s。CAN 利用载波监听、多路复用来解决多用户的信息冲突。CAN 的物理传输介质包括屏蔽或非屏蔽的双绞线、单股线、光纤和耦合动力线等。同时,一些 CAN 用户已在进行射频传送的研制。

3. 其他汽车协议

其他汽车协议有:①汽车串行位通用接口系统(A-bus);②车辆局域网络(VAN);③时间触发协议(TTP);④汽车电子操作系统 OS 标准。

4. 汽车协议应用实例

一个汽车协议应用实例如图 14.4.1 所示。该传感器网络就是一个基于分布式控制的发动机智能温度传感器系统。其组成包括上电自检测电路、热电偶信号处理电路、显示电路接口、DSP 与 CAN 的接口电路、电源电路等几部分。该系统成功地使用了 CAN 协议,取得了良好的效果。

14.4.2 工业网络协议

分布式传感器网络的功能很容易在工厂自动化的应用中显示出来,工业网络协议比汽车网络协议有更多的提议和更完善的标准。"现场总线"是在工业自动化进程中的非专有双向数字通信标准,其定义了 ISO 模型的应用层、数据链路层和物理层,并带有一些第四层的服务内容。现场总线控制系统的结构如图 14.4.2 所示。常用的工业网络协议有:①CAN 协议,CAN 协议通信网络由于简单和低成本而获得发展,并成为一种工业标准;②LonTalk 协议,该协议定义了 OSI 模型中的所有七个层,其数据长度为 256B(字节),通信速率高达 1.25 Mb/s,具有冲突检测和优先级选择功能。其他工业协议有:①可寻址远程传感器通道 HART;②过程现场总线 Profibus;③TOPaz。这里不再赘述。

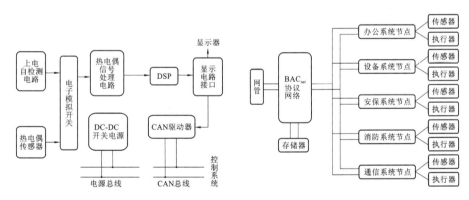

图 14.4.1 发动机智能温度传感器　　图 14.4.2 现场总线控制系统

14.4.3 办公室与楼宇自动化网络协议

楼宇自动化网络系统如图 14.4.3 所示。在办公室和楼宇的各个需要的部位,各节点传感器的传感信息随环境而变,它们将状态和信息通过网络传送给能够响应这种改变的节点,由节点执行器依据相关信息执行相应的调整。例如,断开或关闭气阀、改变风扇速度、花木喷灌、启动防火开关、启动报警、故障自诊断、数据记录、接通线路、传呼通信、信号验证等。常用的办公室与楼宇自动化网络协议有 BACnet、LonWorks 等,BACnet 是为楼宇自控网络所制定的一种数据通信协议,它是一种统一的数据通信标准,按照该标准生产的设备能进行通信,可实现相互操作。

14.4.4 家庭自动化网络协议

计算机控制是智能化住宅工程的目标。用于家庭自动化网络接口的有:供暖、通风、空调系统、热水器、安全系统和照明,还有公用事业公司在家庭应用方面的远程抄表和用户设备管理等。家庭自动化网络系统如图 14.4.4 所示。家庭自动化网络系统的信息传输速度有高有低,取决于连接到系统的设备,其信息数量的大小及通信协议的复杂程度都属于中等。家庭自动化网络协议有:①X-10 协议;②CEBus;③LonTalk。这几种协议目前在西方国家已经成为广泛应用的主流协议,而在我国尚未推广应用。

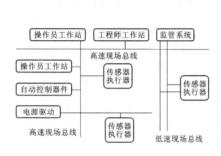

图 14.4.3 楼宇自动化网络系统

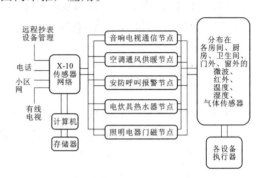

图 14.4.4 家庭自动化网络结构

习 题 14

14.1 智能传感器实现网络化后,增加了哪些功能?

14.2 传感器网络的结构形式多种多样,试画出三种常见的结构形式的方框图。

14.3 传感器网络的信息交换体系涉及哪几个方面?

14.4 传感器网络上各分布式系统之间依靠什么来进行信息交换?

14.5 传感器网络为什么需要一个统一的国际标准协议?

14.6 什么是 OSI 参考模型?

14.7 画出 OSI 参考模型规定的七层结构框图,说明用户进程是如何实现的?

14.8 OSI 七层模型发送信息的规范工作流程是怎样的?

14.9 OSI 七层模型中用户接收信息的规范工作流程是怎样的?

14.10 OSI 参考模型对各层规范的功能是怎样的?

14.11 一个传感器网络应至少应使用 OSI 模型中的哪几层?为什么?

14.12 常用的传感器网络的通信协议有哪几类?每一类中又有哪几种?

14.13 汽车传感器网络由哪几部分组成?汽车传感器网络有何特点?

14.14 常用的汽车协议有哪些?

14.15 常用的工业网络协议有哪些?常用的办公室与楼宇自动化网络协议有哪些?

14.16 画出家庭自动化网络系统的结构框图,常用的家庭自动化网络协议有哪些?

第15章 无线传感器网络

15.1 概述

无线传感器网络(wireless sensor network,WSN)是由大量移动或静止的传感器节点,通过无线通信方式组成的自组织网络。通过节点的温度、湿度、压力、振动、噪声、光照、气体等微型传感器的协作,实时监测、感知和采集网络分布区域内的各种环境或监测对象的信息,并发送给观察者或者用户。传感器、感知对象和观察者构成了无线传感器网络的三个要素。无线传感器网络的发展主要得益于微机电系统(micro-electromechanical systems,MEMS)、数字电子技术和无线射频(RF)通信技术等多种技术的高速发展。

无线传感器网络的发展历史,可以分为三个阶段。第一阶段,最早可以追溯至越南战争时期使用的传统的传感器系统。美军在"胡志明小道"部署了2万多个"热带树"传感器,用于侦测当地游击队的补给车队。"热带树"实际上是由震动和声响传感器组成的系统,它由飞机投放,落地后插入泥土中,只露出伪装成树枝的无线电天线。第二阶段为20世纪70年代末初至90年代末之间。美国国防部高级研究计划局(defense advanced research projects agency,DARPA)于1978年开始资助卡内基·梅隆大学进行分布式传感器网络的研究,这被看成是无线传感器网络的雏形。这种分布式传感网络系统能够实现多兵种协同作战、远程战场自动感知等。无线传感器在传感器的基础上增加了无线通信能力,大大延长了传感器的感知触角,降低了传感器的工程实施成本。第三阶段为现在的无线传感网络阶段。这个阶段从21世纪开始至今,并且还在不断发展和完善之中。无线传感网络将网络技术引入到无线智能传感器中,使得传感器不再是单个的感知单元,而是能够交换信息、协调控制的有机结合体,实现物与物的互联,把感知触角伸入世界各个角落,大大加强了物联网获取目标信息的能力。无线传感网络除了应用于反恐活动,在其他商业领域更是获得了长足的发展,所以2002年美国国家重点实验室——橡树岭实验室(Oak Ridge National Laboratory)提出了"网络就是传感器"的论断。

2016年开始,无线传感器网络的研究已逐渐走出节点软/硬件体系设计和通信协议开发的初级阶段,逐步进入面向应用的整体解决方案的高级阶段,侧重于对节点群体行为的研究,如覆盖区域、网内信息处理、跨层协同设计、能量管理与优化调度、服务质量保障等。我国的WSN技术及产业链仍处于发展初期,中国科学院软件研究所无线自组织网络研究小组、中国科学院计算技术研究所传感器网络实验室、无锡物联网产业研究院、上海市计算技术研究所、清华大学仪器科学与技术研究所在WSN理论及应用方面进行了深入的研究和探索,"国家中长期科学和技术发展规划纲要(2006—2020年)"也将"传感器网络及智能信息处理"作为"重点领域及其优先主题"给予政策上的支持,对于WSN技术构架和产业模式的形成都具有巨大的推动作用。无线传感器网络的价值就在于它的低成本和可以大量部署。为了降低产品成本、扩大市场和实现规模效应,传感器网络的某些特征和共性技术必须实现标准化,这样来自不同厂商的产品才能协同工作。

通过感知识别技术,让物品"开口说话、发布信息",是融合物理世界和信息世界的重要一环,是物联网区别于其他网络的最独特的部分。物联网的"触手"是位于感知识别层的大量信息生成设备,包括 RFID(radio frequency identification,无线射频识别)、传感器网络、定位系统等。传感器网络所感知的数据是物联网海量信息的重要来源之一。

传感器网络已被视为物联网的重要组成部分,如果将智能传感器的范围扩展到 RFID 等其他数据采集技术,从技术构成和应用领域来看,广义的传感器网络等同于现在提到的物联网。

15.2 无线传感器网络的结构

无线传感器网络由传感器节点、汇聚节点、移动通信网或卫星通信网、监控/管理中心、终端用户等五大部分组成。典型的无线传感器网络结构如图 15.2.1 所示。下面对各部分的功能进行详细介绍。

15.2.1 传感器节点

传感器节点通过各种微型传感器采集网络分布区域内的环境或监测对象的温度、湿度、压力、振动、噪声、气体、光照等信息,由嵌入式系统对信息进行处理,同时对其他节点转发的数据进行存储、管理和融合,再以多跳转发的无线通信方式,将数据发送到汇聚节点。传感器节点一般由传感器模块(含模/数转换)、处理器模块、存储器模块、无线通信模块、其他支持模块(包括 GPS 定位、移动管理等)、电源模块等组成。传感器节点的结构框图如图 15.2.2 所示。各模块均用大规模集成电路工艺制造,例如 0.18 μm 工艺。无线通信频率为超高频频段,例如 300~348 MHz,400~464 MHz,800~928 MHz 等频段。数据传输速率为 100 kbps 上下。通常采用 2 节 7 号(AAA)电池或者纽扣电池供电,发射输出功率为 mW 量级。为了节能,传感器节点要在工作和休眠之间切换。

15.2.2 汇聚节点

汇聚节点的结构框图如图 15.2.3 所示。汇聚节点具有相对较强的通信、存储和处理能力,对收集到的数据进行处理后,通过网关送入移动通信网、Internet 等传输网络,传送到信息监控管理中心,经处理后发送给终端用户。汇聚节点也可以通过网关将数据传送到服务器,在服务器上通过有关的应用软件分析处理后,发送给终端用户使用。汇聚节点既可以是一个增强功能的传感器节点,也可以是没有传感检测功能仅带无线通信接口的特殊网关设备。

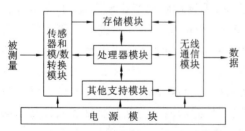

图 15.2.2 传感器节点的结构框图

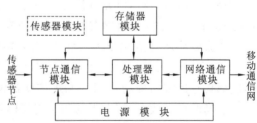

图 15.2.3 汇聚节点的结构框图

15.2.3 监控管理中心

监控管理中心用于对整个网络进行监测、管理,它通常为运行有网络管理软件的个人计算机或手持网络管理、服务设备,也可以是网络运营部门的交换控制中心。

15.2.4 终端用户

终端用户为传感器节点采集的传感信息的最终接收和使用者,包括记录仪、显示器、计算机和控制器等设备。终端用户可进行现场监测、数据记录、方案决策和操作控制等。

15.2.5 关于网络协议

无线传感器网络中的信息传输必须按一定的传输规则来进行,这就是网络协议。网络协议包括应用层、传输层、网络层、链路层和物理层等五层结构所使用的协议。应用层会根据协议采用不同的软件,实现不同的应用;传输层则是根据协议对传输数据进行打包组合和输出流量控制;网络层则根据协议选择将传输层提供的数据传输到接收节点的路由;链路层要将同步、纠错和地址信息加入,进行传输路径数据比特流量控制;物理层的功能是进行激活或休眠收发器管理,选择无线信道频率,进行信号调制、解调,生成比特流。

与传统网络类似,无线传感器网络的通信结构也延续了 ISO/OSI 的开放标准,但与传统的网络不同,无线传感器网络去掉了一些不必要的协议和功能层。因为一般的无线传感器采用电池供电,能量有限,且不易更换,所以能量效率是无法回避的话题。几乎所有的通信协议层的设计都要考虑能效因素。

无线传感器网络的价值就在于它的低成本和可以大量部署。为了降低产品成本、扩大市场和实现规模效应,传感器网络的某些特征和共性技术必须实现标准化,这样来自不同产商的产品才能协同工作。无线传感器网络的标准化工作受到了许多国家及国际标准组织的普遍关注,已经完成了一系列草案甚至标准规范的制定。其中最著名的就是 IEEE 802.15.4/ZigBee 规范,它甚至已经被一部分研究及产业界人士视为无线传感器网络的标准。IEEE 802.15.4 定义了短距离无线通信的物理层及链路层规范,ZigBee 则定义了网络互联、传输和应用规范。目前传感器网络标准化工作的两个公认成果是 IEEE 1451 接口标准和 IEEE 802.15.4 低速率无线个域网协议。

15.3 无线传感器网络的操作系统

无线传感器网络的信息传输、协议的执行,必须在操作系统的控制下才能完成。操作系统通常是指最靠近硬件的一层软件,它的作用主要体现在以下两方面:①对节点的全部资源进行管理,包括存储器、传感器模块等硬件资源,通信协议、调度程序等软件资源,以及系统参数等数据资源;②提供了人机交互的接口,用户可以通过这些接口访问底层的数据和信息,也可以通过这些接口发布命令与需求。无线传感器网络的操作系统面对的难题有以下几个方面:①由于节点资源有限,无法支持复杂的操作系统,也无法支持不同系统间的大量信息交互;②设备多种多样,无线传感器网络与应用相关,由于设计思路的不同及应用的多样性,系统中必定存在多种硬件设备,这就要求操作系统能够对多种设备通过支持,并屏蔽其性能与使用上的差异,为应用程序提供较好的支持,在更换硬件时,系统性能也不应出现较大的波动;③环境动态变化,由于应用场景的地势地貌的不同、气候条件的变化以及无线信道的不稳定、节点的工作状态、网络的拓扑结构都会发生较大的变化,这些对操作系统的稳定性提出了较高的要求;④系统并发性强,传感器节点中可能存在多个需要同时执行的逻辑控制,如传感器系统的数据获取、处理系统的管理控制、通信系统的信息传输等,操作系统应当能够有效地解决这种频繁发生的并发操作问题。常见的无线传感器网络操作系统有:①TinyOS,是由美国加利福尼亚大学伯克利分校设计和开发的一个开源的适用于无线传感器网络特殊开发需要的微型操作系统,TinyOS引入轻线程、主动消息、事件驱动和组件化编程等技术,其核心代码和数据大概只有400 B左右,能够突破传感器存储资源少的限制;②MantisOS是美国科罗拉多大学开发的一个以易用性和灵活性为主要目标的无线传感器操作系统,内核用标准C编写,对RAM的需求可小于500 B,对Flash的需求可小于14 KB,提供抢占式任务调度器,采用节点循环休眠策略来提高能量利用率,另外,MantisOS还是一个多模型系统,可以进行多频率通信,适合多任务传感器节点,可动态重新编程。在有些情况下,无线传感器网络在应用要求、硬件平台、操作系统、网络协议等方面存在较强的异构性,可在无线传感器网络中引入中间件,这样可以在面向多样化的应用领域中为上层应用软件提供一个统一的、标准化的运行平台。无线传感器网络中间件是用于屏蔽无线传感器网络底层硬件、网络平台复杂性以及异构性的软件和工具,介于操作系统和应用软件之间,是减少用户高层应用需求与网络复杂性差异的解决方案。中间件可以优化系统资源管理,增加程序执行的可预见性。

15.4 无线传感器网络的特征

综上所述,可将无线传感器网络与相关的设施或系统进行比较,可以更深刻地掌握无线传感器网络的特征和功能。

15.4.1 与现有无线网络的区别

无线传感器网络虽然与无线自组网有相似之处,但同时也存在很大的差别。无线传感器网络是集成了监测、控制以及无线通信的网络系统,节点数目更为庞大(上千甚至上万),节点分布更为密集;由于环境影响和能量耗尽,节点更容易出现故障;环境干扰和节点故障易造成网络拓扑结构的变化;通常情况下,大多数传感器节点是固定不动的。另外,传感器节点具有的能量、处理能力、存储能力和通信能力等都十分有限。传统无线网络的首要设计目标是提供高服务质量和高效带宽利用,其次才考虑节约能源,而无线传感器网络的首要设计目标是能源的高效使用,这也是无线传感器网络和传统无线网络最重要的区别之一。

15.4.2 与现场总线的区别

现场总线是应用在生产现场和微型计算机化测量控制设备之间、实现双向串行多结点数字通信的系统,也被称为开放式、数字化、多点通信的底层控制网络。现场总线作为一种网络形式,专门为实现在严格的实时约束条件下工作而特别设计的。由于现场总线通过报告传感数据从而控制物理环境,所以从某种程度上说它与传感器网络非常相似。我们甚至可以将无线传感器网络看作是无线现场总线的实例。但是二者的区别是明显的,无线传感器网络关注的焦点不是数十毫秒范围内的实时性,而是具体的业务应用,这些应用能够容许较长时间的延迟和抖动。另外,基于无线传感器网络的一些自适应协议在现场总线中并不需要,如多跳、自组织的特点,而且现场总线及其协议也不考虑节约能源问题。

15.4.3 传感器节点的限制

1. 电源能量有限

传感器节点体积微小,通常携带能量十分有限的电池。传感器节点消耗能量的模块包括传感器模块、处理器模块和无线通信模块等。如图 15.4.1 所示的是传感器节点各部分能量消耗的相对大小情况,由图可知传感器节点的绝大部分能量消耗在无线通信模块。

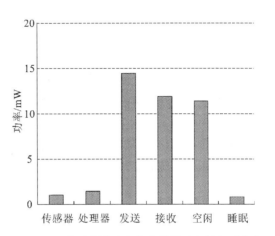

图 15.4.1 传感器节点各部分能量消耗的相对大小

2. 通信能力有限

无线通信的能量消耗与通信距离 d 的关系为 $E=kd^n$,其中 k 是系数,参数 n 满足关系 $2<n<4$,n 的取值与很多因素有关,如传感器节点部署贴近地面时,障碍物多干扰大,n 的取值就大,天线质量对信号发射质量的影响也很大。考虑诸多因素,通常取 n 为 3,即通信能耗与距离的三次方成正比。随着通信距离的增加,能耗将急剧增加。因此,在满足通信连通度的前提下应尽量减少单跳通信距离。一般而言,传感器节点的无线通信半径在 100 m 以内比较合适。传感器节点的无线通信带宽有限,通常仅有几百 kbps 的速率。

3. 计算和存储能力有限

传感器节点是一种微型嵌入式设备,要求它价格低、功耗小,这些限制必然导致其携带的处理器能力比较弱,存储器容量比较小。除了降低处理器的绝对功耗以外,现代处理器还支持模块化供电和动态频率调节功能。利用这些处理器的特性,传感器节点操作系统设计了动态能量管理和动态电压调节模块,可以更有效地利用节点的各种资源。动态能量管理是当节点周围没有感兴趣的事件发生时,部分模块处于空闲状态,将这些组件关闭或调整到更低能耗的睡眠状态。动态电压调节是当计算负载较低时,通过降低微处理器的工作电压和频率来降低处理能力,从而节约微处理器的能耗。

15.4.4 无线传感器网络与传感器网络的区别

第 14 章简要地介绍了传感器网络的有关基本内容,本章又介绍了无线传感器网络的有关基本内容,那么这二者有何区别和联系呢?将 14 章介绍的三种不同形式的传感器网络结构方框图 14.1.1、图 14.2.1、图 14.2.2 和本章介绍的典型的无线传感器网络结构图 15.2.1 对比,可以发现,二者最大的区别在于,传感器网络都是通过传输线连接,而无线传感器网络除了有传输线连接外,还有通过社会上已有的移动通信网进行的无线联系和传送。另外,与传统网络类似,无线传感器网络的通信结构也延续了 ISO/OSI 的开放标准(见 14.3.1 节),但与传统的网络不同,无线传感器网络去掉了一些不必要的协议和功能层。无线传感器网络的网络协议包括应用层、传输层、网络层、链路层和物理层等五层结构所使用的协议,而不是 OSI 参考模型规定的七层结构。仔细研究和对比,还可以找到许多相似之处和区别,这里不再赘述。

15.5 无线传感器网络的应用

无线传感器网络在工农业生产、城市管理、医疗护理、环境监测、抢险救灾、军事国防等方面有极大的实用价值。图 15.5.1 所示为美国缅因州大鸭岛生态环境检测无线传感器网络。无线传感器网络还被应用于矿井、核电厂等工业环境,实施安全监测;在交通领域则用于车辆和物流监控。图 15.5.2 所示为城市物流管理跟踪无线传感器网络。在军事上,传感器网络具有可快速部署、可自组织、隐蔽性强和高容错性的特点,因此传感器网络非常适合军事上的应用。通过飞机或炮弹直接将传感器节点播撒到敌方阵地内部,或者在公共隔离带部署传感网络,就能隐蔽而且近距离的准确收集战场信息。传感器网络已经成为美国军事 C4ISRT 系统必不可少的一部分。

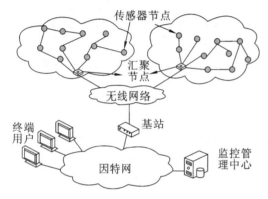

图 15.5.1 大鸭岛生态环境检测无线传感器网络

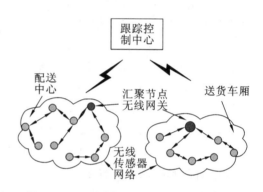

图 15.5.2 物流管理跟踪无线传感器网络

由无线传感器网络构成的环境观测和预报系统可以用于监视农作物灌溉情况、土壤空气情况、牲畜和家禽的生活环境状况和大面积的地表监测、气象和地理研究、洪水监测等。例如,ALERT 系统中就有用于监测降雨量、河水水位和土壤水分,并依此预测爆发山洪的可能性。

在医疗护理方面,可用于收集人体的各种生理数据、跟踪和监控医院内患者的行动、管理医院的药物等。例如,一个可以成像的特殊发送器芯片与精巧设计的超低功率无线技术结合,就能实现可用于一个胃肠道诊断的微型吞服摄像胶囊。患者吞下维 C 片大小的成像胶囊后,胶囊经过食道、胃和小肠时就可将图像信号传输出来。外部由接收机接收后,可还原成影像,医生可根据影像判断病变的部位。胶囊由一个摄像机、LED、电池、特制芯片和天线组成。

在智能家居应用方面可在家中或家电、家具中嵌入传感器节点,通过无线网络与 Internet 连在一起,这样,即使主人出差在外地,也可以通过互联网随时观察到家中的情况。

可以利用传感器网络监控建筑物的安全状态。例如,Microstrain 在佛蒙特州的一座桥梁上安装了一套该公司研制的系统,将位移传感器安装在钢梁上用来测量静态和动态应力,并通过无线网络来采集数据。该无线系统可以保留在桥梁上,用于长期监测桥梁是否处于正常受控状态。

借助于航天器,在外星体播撒一些传感器网络节点,可以对星球表面进行长时间监测。成本低、节点体积小,相互之间可以进行通信,也可以和地面站进行通信。

习 题 15

15.1 简述无线传感器网络的发展历史,并介绍目前研究现状。
15.2 画出典型的无线传感器网络结构图,说明各部分的功能。
15.3 画出无线传感器网络中传感器节点的结构框图,说明各部分的作用。
15.4 画出无线传感器网络中汇聚节点的结构框图,说明各部分的作用。
15.5 无线传感器网络中监控管理中心的作用是什么?
15.6 无线传感器网络中终端用户可以安装哪些设备?各有何作用?
15.7 什么是网络协议?在无线传感器网络中网络协议的作用是什么?
15.8 无线传感器网络的标准化工作的重要性体现在哪些方面?目前进展如何?
15.9 IEEE 802.15.4 规范的内容是什么?
15.10 无线传感器网络为什么还需要操作系统?常见无线传感器操作系统有哪几个?
15.11 无线传感器网络的特征有哪些?
15.12 无线传感器网络与现有的无线网络有哪些不同之处?
15.13 无线传感器网络与现场总线有何区别?
15.14 无线传感器网络的传感器节点受到哪些限制?
15.15 无线传感器网络与传感器网络有哪些异同点?
15.16 试举例说明无线传感器网络的实际应用。
15.17 无线传感器网络有哪三个要素?
15.18 无线传感器网络的发展主要得益于哪几种技术的高速发展?
15.19 "网络就是传感器"的论断是否正确?为什么?

第16章 噪声与干扰的基本知识

16.1 引言

大多数传感器检测系统是由传感器接受被测量的作用后,将被测量转换为电信号,再进行必要的处理从而提取有用的信息。

各类传感器输出的电信号一般是十分微弱的,其电平值可能只有 μV,nV 数量级,甚至更低。例如,波音707的尾焰辐射在某一距离时,为 $E=7.6\times10^{-10}$ W/cm^2,若探测器的电压响应率 $R_v=70$ V/W,探测器光敏面积为 $S=0.1$ cm^2,则可求得探测器的响应电压为 $V_s=ESR_v=7.6\times10^{-10}\times0.1\times70=5.3\times10^{-9}$ V,即为 5.3 nV。一个探测系统性能的好坏,在很大程度上是由系统对噪声和干扰的抑制能力所决定的。又如,在上例中,设探测器的内阻为 $R=117$ Ω,测量带宽 $\Delta f=1\,000$ Hz,温度 $T=300$ K,则可求得探测器的热噪声电压 $u_n=\sqrt{4KTR\Delta f}=4.4\times10^{-8}$ V $=44$ nV。此时噪声电压 u_n 远大于信号电压 V_s,若不采取有效的方法,显然不可能进行有效的探测。将探测器制冷和减小测量系统的带宽是两个有效的方法。

为了使探测器输出信号尽可能大,信噪比尽可能高,必须根据探测器的性能设置合理的偏置电路,关于各类探测器的偏置电路的设计方法,在相关章节中已经进行了讨论,本章不再介绍。

如上例所述,当探测器输出的信号十分微弱时,噪声和干扰的影响就不能忽视。探测器的偏置电路和前置放大器都要进行特殊的设计,即进行"低噪声电子设计"。当探测器输出的信号十分微弱,小到甚至被噪声所淹没,这时要从噪声中分离出有用信号,就要采用特殊的方法,即采用"微弱信号检测"的方法。"微弱信号检测"的理论和方法已超出本书的范围,不作讨论。

从单元探测器输出的信号,是时间的函数,对这类信号的分析,既可以在时域内进行,也可以在频域或复频域内进行。噪声和干扰,也都可以表述为时间的函数,对噪声和干扰的分析,分析,同样既可以在时域进行,也可以在频域或复频域内进行,下面介绍经常采用的频域的分析方法。

从多元探测器(线列或阵列)输出的信号是时间和空间的函数,这种信号可以表示为:

$$v_s=v_s(t,x,y) \tag{16.1.1}$$

对这种信号的处理和传输往往要先进行转化,一般是通过扫描的方式将 v_s 按一定的空间顺序转化为单一的时间函数,即空间-时间变换:

$$v_0=v_0(t) \tag{16.1.2}$$

将 $v_0(t)$ 进行处理,传输之后,再还原成时间和空间的函数,这类过程一般用于光电图像处理。

综上所述,学习传感器原理与检测技术,必须先学习对信号和系统进行分析的基本理论和方法,还必须掌握探测器和传感器的有关基础理论和知识。

16.2 噪声与干扰的基本知识

16.2.1 噪声与干扰

噪声和干扰泛指除有用信号以外的其他一切无用信号,将极大影响电子设备的性能指标。

(1) 噪声:通常指内部噪声,是指由电路内部产生的无用信号。内部噪声包括:自然噪声,如热噪声、散粒噪声、闪烁噪声等;人为噪声,如交流噪声、感应噪声、接触不良等。

(2) 干扰:通常指外部噪声,是指来自电路外部的无用信号称。外部噪声包括:自然干扰,如天电干扰、宇宙干扰等;人为干扰,如工业干扰、无线电干扰等。

干扰和噪声都具有随机性。

对于光电探测系统与传感器,影响它们工作的噪声与干扰可以用如图 16.2.1 表示出来。

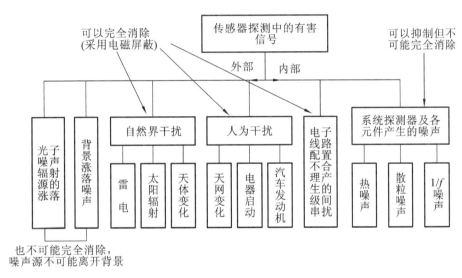

图 16.2.1 传感器探测系统中的噪声与干扰

16.2.2 电子线路中常见的噪声源

在探测系统与传感器中,除了探测器和传感元件之外,主要的部分就是电子线路。电子线路中的基本元件是晶体管、集成电路、电阻、电容、电感等,这些元件中电子的运动除了在宏观上遵从电路定律和器件的约束规律外,在微观上还有起伏和涨落,每个器件都是一个甚至多个噪声源。本节将研究这些噪声的共同机理。

噪声是一种随机信号,也是一种随机过程,因而它服从相应的统计规律,通常是用均值、方差以及功率谱来描述噪声的性质。

电子线路中常见的噪声类型较多,但主要的有热噪声、低频噪声和散粒噪声等三种。

1. 热噪声

1) 热噪声及其理论分析

热噪声是由导体中的自由电子的随机热运动引起的,由于电子携带 1.6×10^{-19} 库仑的电荷,因而电子的随机运动会使电流大小产生波动。虽然从长期来看,这些波动产生的电流平均值为零,但是在每一瞬时它们并不为零,而是在平均值上下取值。所以,在每一瞬时这种波动电流便在导体两端形成了电位差,这就是热噪声电压,可以证明一个电阻为 R 的导体两端的热噪声电压的均方值为:

$$\overline{v_n^2} = 4kTR\Delta f \tag{16.2.1}$$

式中:R 为电阻或阻抗元件的实部(Ω);k 为玻耳兹曼常数,其值为 1.38×10^{-23} J/K;T 为导体的绝对温度(K);Δf 为测量系统的带宽(Hz)。

显然,这个公式两边的量纲是一致的,都为 V^2。若取室温 $T = 290$ K,则可求出 $\overline{v_n^2} \approx \left(\sqrt[4]{\frac{R}{10^3}\Delta f}\right)$ nV,取一个 1 kΩ 的电阻,在 1 Hz 带宽内的均方根热噪声电压是 4 nV。

式(16.2.1)对绝缘介质是不适用的,因为绝缘介质中没有自由电子,不符合推导公式的过程。

为了简化符号,常记为 $E_n^2 = \overline{v_n^2}$ 或 $E_n = \sqrt{\overline{v_n^2}}$。

从式(16.2.1)可以看出,噪声电压的均方值与带宽成正比,而与频率并没有什么关系,或者说,它是平行于频率轴的一条直线。研究信号时,常在频率域中(简称频域)进行,对噪声的研究也是这样。

将式(16.2.1)两边除以 Δf,就得到:

$$S(f) = \frac{E_n^2}{\Delta f} = 4kTR \tag{16.2.2}$$

$S(f)$ 的物理意义代表了单位带宽内的噪声电压的均方值,也就是单位带宽内的噪声,通常称为功率谱密度,其单位为 V^2/Hz。

式(16.2.2)表示单位带宽内的噪声应是频率的函数,但从式(16.2.2)看出,$S(f)$ 表达式中并不含 f,也就是说在整个频带内,热噪声是均匀的。我们把噪声在整个频带内均匀分布的噪声称为白噪声。

由(16.2.1)式可知,要想减小热噪声,必须使 R 尽可能地小,使温度尽可能地低,同时还应尽量减小电子系统的带宽。

在对电路进行噪声分析计算时,一个实际的电阻 R,产生的热噪声电压,可以用一个噪声电压源 E_n 和一个无噪声电阻 R 相串联的二端网络来表示,或者用一个噪声电流源 I_n 与一个无噪声电阻 R 相关联的二端网络来表示,如图 16.2.2 所示。

由于噪声电压、噪声电流的相位是随机的,通常都是研究它们的均方值,因此,噪声电压源和噪声电流源都不标明正方向,也不知道它们的实际正方向。

热噪声电压均方根值为: $\sqrt{\overline{v_n^2}} = \sqrt{4kTR\Delta f}$

采用不同阻值 R 的导体,在不同温度下观察其有效噪声功率 P_t,首先观察到的是 P_t 和 T 成正比,还观察到其与测量系统的带宽 Δf 成正比。

因此,可以表示为:

$$P_t \propto T\Delta f$$

大量的实验数据,确定了这个比例系数就是 k,即玻尔兹曼常数,因此,可以将上式等为:

$$P_t = kT\Delta f \tag{16.2.3}$$

由式(16.2.3)的定义,有: $P_t = \frac{E_n^2}{4R}$

式中：E_n 为热噪声电压的均方值，或有效值，由图 16.2.3 得：

$$P_t = \left(\frac{E_n}{2R}\right)^2 \cdot R = \frac{E_n^2}{4R}$$

而实验定律为：
$$P_t = kT\Delta f$$

因此有：$\frac{E_n^2}{4R} = kT\Delta f$，即：$E_n^2 = 4kTR\Delta f$。

根据约翰逊的实验，很多人包括 Nyzuist Freeman 和王竹溪都进行了理论上的推导。但这些推导，都涉及统计物理学或传输线或更深的一些数学知识，这里就不作介绍了。

2) 热噪声的旁路电容

从热噪声表达式 $E_n = \sqrt{4kTR\Delta f}$ 可知，当电阻 R 为无穷大时，会产生无穷大的噪声电压，但实际上并不是这样。实际上，公式的推导或实验，都说明了必须是导体，而导体的电阻不可能为无穷大，只有绝缘体的电阻才可看成无穷大。另一方面当导体电阻 R 增大时，在实际电路情况下往往存在一些限制电压的旁通电容。例如，一个实际的产生噪声的电阻及其旁路电容如图 16.2.4 所示。因为 E_{n0} 不是矢量，我们只关心它的振幅，即：

$$E_{n0} = E_n \left|\frac{\frac{1}{j\omega C}}{R + \frac{1}{j\omega C}}\right| = \frac{E_n}{\sqrt{1+(\omega RC)^2}}$$

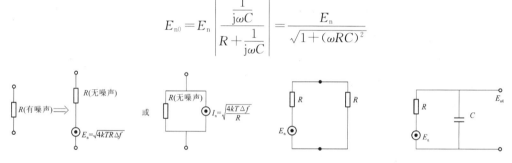

图 16.2.2 电阻器的热噪声等效模型   图 16.2.3 求有效功率的原理图   图 16.2.4 电阻及其旁路电容

因此
$$E_{n0}^2(f) = \frac{E_n^2}{1+(\omega RC)^2} = \frac{4kTR\Delta f}{1+(2\pi fRC)^2} \tag{16.2.4}$$

将上式在整个频带内积分，即得全频带内的噪声功率。

$$E_{n0}^2 = \int_0^\infty \frac{4kTR\,df}{1+(2\pi fRC)^2} \xrightarrow{\diamondsuit\, x = 2\pi RCf} \frac{1}{2\pi RC}\int_0^\infty \frac{4kTR\,dx}{1+x^2} \tag{16.2.5}$$
$$= \frac{2kT}{\pi C}\int_0^\infty \frac{dx}{1+x^2} = \frac{2kT}{\pi C} \cdot \arctan x \Big|_0^\infty = \frac{2kT}{\pi C} \cdot \frac{\pi}{2} - 0 = \frac{kT}{C}$$

这个结论与实验观察的结果是一样的。实际上旁路电容的作用很重要，使用旁路电容是抑制热噪声的一个常用的有效方法。由式(16.2.5)可以看出，出热噪声与旁路电容成反比，故减小电阻热噪声对电路的影响的一个重要方法，就是给电阻增加旁路电容。但是加的上电容必须是高质量的，否则电容本身会引入新的更大的噪声。

2. 散粒噪声

散粒噪声由 Schottky 发现，并于 1918 年在《对真空管阴极发射电子随机性研究》一文中用理论验证了它的存在及其影响因素。散粒噪声与电流流过电子管阴极表面的位垒有关。在晶体三极管与二极管中，也存在散粒噪声，它是由于载流子越过势垒区（或 PN 结）时的随机性产生的。当载流子扩散通过 PN 结时，由于载流子的速度不可能完全一致而使电流产

生波动,从而产生了散粒噪声,普通导体中,由于没有位垒,故没有散粒噪声。由统计物理学可以证明散粒噪声电流的均方根值为:

$$I_{sh} = \sqrt{2qI_{DC}\Delta f} \tag{16.2.6}$$

式中:q 为电子的电荷量,其值为 1.6×10^{-19} C;I_{DC} 为流过结的直流电流(A);Δf 为带宽(Hz)。

散粒噪声的功率谱密度为:

$$\frac{I_{sh}^2}{\Delta f} = 2qI_{DC} \tag{16.2.7}$$

散粒噪声的谱密度显然与频率无关,因而也是一种白噪声。由式(16.2.7)可知,散粒噪声与电流 I_{DC} 和频宽 Δf 有关,因此要降低散粒噪声就必须减小电流 I_{DC},同时应尽量使频带变窄。

3. 低频噪声

在电子器件中还存在一类这样的噪声,其功率大小与 $\dfrac{1}{f^\alpha}$ 成正比,其中 f 为频率,α 为常数(α 约为 0.8~1.3),在不同器件中,α 取不同的值,但通常可简单取为 1。由于这类噪声的功率随频率的减小而增大,所以称为低频噪声或 $1/f$ 噪声。因为它是在电子管中首先发现的,所以又称为闪烁噪声,还可称为过量噪声、接触噪声或过剩噪声等。

在半导体元器件中,$1/f$ 噪声是由于载流子在半导体表面能态上的产生与复合而引起的,因而与半导体表面状况密切相关。

$1/f$ 噪声的谱密度一般由经验公式表示:

$$S(f) = \frac{k_0}{f} \tag{16.2.8}$$

式中:k_0 是与器件有关的常数;$S(f)$ 的单位是 V^2/Hz。

$1/f$ 噪声是普遍存在的,不仅在电子管、晶体管和电阻器件中存在,而且在热敏电阻、炭质微音器、薄膜和光源中也有。有报告说,生物系统的膜电位的起伏,也有闪烁效应(这里的闪烁效应即是 $1/f$ 噪声)。

式(16.2.8)也可写成噪声电压的均方值形式:

$$E_f^2 = \frac{K_0}{f} \cdot \Delta f \tag{16.2.9}$$

这种噪声不是白噪声,它是随频率的降低而增大。产生低频噪声的物理机制是比较复杂的,目前还没有统一的解释。

有人对低频噪声进行过观察和测量,最低频率可达 6×10^{-5} Hz,这个频率相当于每天只有几个周期。但是,不能认为在直流时,$1/f$ 噪声为无穷大,这个公式是一个实验规律的总结,是有一定适用范围的。

对于 $1/f$ 噪声,每十倍频带宽内的噪声功率是恒定的,可表示为:

$$P_N = \int_{f_1}^{f_2} S(f) df = \int_{f_1}^{f_2} \frac{k_0}{f} df = k_0 \ln\frac{f_2}{f_1} = k_0 \ln 10 = 2.3 k_0$$

16.3 噪声的关联与相加

当噪声电压、噪声电流彼此独立地产生,且各瞬时值之间没有关系时,则称它们是不相关联的,简称不相关;若各瞬时值之间有某种关系存在,则称它们是相关联的,简称相关。两个频率相同,相位一致的正弦波是完全相关的例子。

设有两个噪声电压 E_1、E_2,则其均方合成电压的一般表示式为:

$$E^2 = E_1^2 + E_2^2 + 2rE_1E_2$$

其中 r 为相关系数,可以证明 $-1 \leqslant r \leqslant 1$,下面分别讨论几种情况。

(1) 当 $r=0$ 时,表示两噪声电压不相关,则均方合成电压为:

$$E^2 = E_1^2 + E_2^2 \tag{16.3.1}$$

即不相关的两噪声电压的合成应当是均方值相加,或功率相加,而不能线性相加。

(2) 当 $r=1$ 时,表示两噪声电压完全相关,则:

$$E^2 = E_1^2 + E_2^2 + 2E_1E_2 = (E_1+E_2)^2 \tag{16.3.2}$$

即两噪声电压完全相关,噪声电压的合成应当是瞬时值或均方根值的线性相加,如同频同相的正弦波即是如此。

(3) 当 $r=-1$ 时,表示两噪声电压完全相关,但相位相反,则:

$$E^2 = E_1^2 + E_2^2 - 2E_1E_2 = (E_1-E_2)^2 \tag{16.3.3}$$

即相位相反的相关噪声电压的合成是其瞬时值或均方根值的线性相减,如同频、反相的正弦波。

(4) 当 r 取其他值时,表示两噪声电压部分相关。

在实际电路计算中必须分析噪声源的性质,弄清它们的关联情况,才能决定合成它们的方式,这一点在计算中应当十分注意。

16.4 含多个噪声源的电路及其计算法则

每一噪声都包含很多的频率分量,而每一频率分量的振幅及相位都是随机分布的。两个独立的噪声电压发生器(它们不相关,相关系数 $r=0$)串联时,根据能量守恒原理,总输出功率等于各个噪声源分别单独作用时的功率之和。因此,总均方噪声电压等于各噪声源均方电压之和。这一原则可以推广到独立的噪声电流源的并联。

图 16.4.1 中的 E_1 和 E_2 为互不相关的两噪声电压源,串联时得到的总噪声电压为 E_{eq},并且有:

$$E_{eq}^2 = E_1^2 + E_2^2 \tag{16.4.1}$$

两个噪声电阻串联时,每个噪声电阻可用一个噪声电压发生器与一个无噪声电阻串联来代替,如图 16.4.2(a)所示。为了获得图 16.4.2(a)所示电路中 a、b 两端的噪声电压,可以画出其等效电路如图 16.4.2(b)所示。图 16.4.2(b)中的参数有 R_{eq} 和 E_{eq},其中:

$$R_{eq} = R_1 + R_2 \tag{16.4.2}$$

而 E_{eq} 则可用式(16.4.1)计算。

当两个噪声电阻并联时,如图 16.4.3(a)所示。为了获得图 16.4.3(a)所示电路中 a、b 两端的噪声电压,可以画出其等效电路如图 16.4.3(b)所示。首先应求出电路的等效电阻为:

$$R_{eq} = \frac{R_1 R_2}{R_1 + R_2}$$

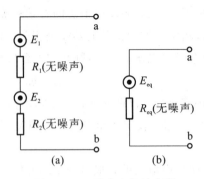

图 16.4.1 噪声电压源的串联　　　图 16.4.2 噪声电阻的串联

其次是求出它的等效噪声电压 E_{eq}：

$$E_{eq}^2 = \left(\frac{E_1 R_2}{R_1+R_2}\right)^2 + \left(\frac{E_2 R_1}{R_1+R_2}\right)^2 = E_1^2\left(\frac{R_2}{R_1+R_2}\right)^2 + E_2^2\left(\frac{R_1}{R_1+R_2}\right)^2$$

$$= 4kT\Delta f\left[R_1\left(\frac{R_2}{R_1+R_2}\right)^2 + R_2\left(\frac{R_1}{R_1+R_2}\right)^2\right] = 4kT\Delta f\frac{R_1 \cdot R_2}{R_1+R_2}$$

$$= 4kT\Delta f R_{eq}$$

上式结果说明：两噪声电阻并联时，总噪声电压等于其等效电阻的热噪声电压。这个结论可推广至复杂的电阻网络。例如，图 16.4.4 所示的电路，对端点 a、b 而言，等效电阻为：

$$R_{eq} = R_4 + \frac{R_3(R_1+R_2)}{R_1+R_2+R_3}$$

等效电路的噪声电压为：$E_{eq}^2 = 4kT\Delta f R_{eq} = 4kT\Delta f\left[R_4 + \frac{R_3(R_1+R_2)}{R_1+R_2+R_3}\right]$。

上式中的等效噪声电压也可用求解电路的方法求出，读者可自己完成。

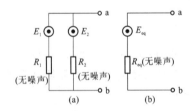

图 16.4.3 噪声电阻的并联

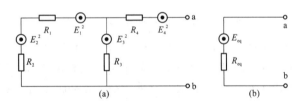

图 16.4.4 复杂噪声电路及其等效电路

16.5 等效噪声带宽

定义　设系统的功率增益为 $A^2(f)$，且 $f=f_0$ 时 $A^2(f)$ 取得最大值 $A^2(f_0)$，那么，系统的等效噪声带宽为：

$$\Delta f_n = \frac{\int_0^\infty A^2(f)\mathrm{d}f}{A^2(f_0)} \tag{16.5.1}$$

其几何意义如图 16.5.1 所示。

$\Delta f_n \cdot A^2(f_0)$ 表示了一个矩形的面积，此矩形的高为 $A^2(f_0)$，宽为 Δf_n。而 $\int_0^\infty A^2(f)\mathrm{d}f$ 则代表了功率增益曲线 $A^2(f)$ 下的面积。为什么要这样定义呢？

首先回顾和一下放大器的频率特性。在小信号放大时，放大器可以看成一个线性网络，

其电压放大倍数 $\dot{A}_v(f)$ 是频率的函数，电压放大倍数 $\dot{A}_v(f)$ 可以简记为 $\dot{A}(f)$，其模 $|\dot{A}(f)|=A(f)$，根据相量的复数表示法，$\dot{A}(f)=A(f)\angle\varphi(f)$，$A(f)\text{-}f$ 的关系称为幅频特性，$\varphi(f)\text{-}f$ 的关系称为相频特性。

对于普通三极管放大器，当 f 在中频时 $A(f)$ 取得最大值，随着 f 的上升或下降，$A(f)$ 都会降低，其幅频特性如图 16.5.2 所示。

当 $f=f_0$ 时，$A(f)$ 取得最大值，f_0 是通频带的中心频率。随着 f 的增加，$A(f)$ 减小，当 $f=f_H$ 时，$A(f_H)=A(f_0)\times\dfrac{\sqrt{2}}{2}=0.7A(f_0)$，$f_H$ 称为上限频率；随着 f 的下降，$A(f)$ 也会减小，当 $f=f_L$ 时，$A(f_L)=\dfrac{\sqrt{2}}{2}A(f_0)=0.7A(f_0)$，$f_L$ 称为下限频率。放大器的通频带 $B_f=\Delta f_{0.7}=f_H-f_L$，常称之为 3 dB 带宽，或半功率点之间的频率间隔。

下面来分析一个噪声通过上述放大器时的情况，设输入端的噪声功率谱密度为 $S_i(f)$，那么，输出端的噪声功率谱密度 $S_0(f)$ 为：

$$S_0(f)=A^2(f)S_i(f) \tag{16.5.2}$$

因此，若作用于输入端的是均匀功率谱密度为 $S_i(f)$ 的白噪声通过如图 16.5.3(a) 所示的功率传输系数为 $A^2(f)$ 的线性网络后，输出端的噪声功率谱密度就不再是均匀的了，如图 16.5.3(b) 所示。也就是说，白噪声通过有频率选择性的线性放大器（或线性网络）后，输出的噪声就不是白噪声了。

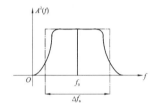
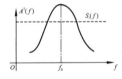
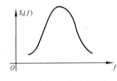

(a) 白噪声的功率谱与 放大器的功率增益　　(b) 放大器输出端的 噪声功率增益

图16.5.1　系统等效噪声带宽的几何意义　　图 16.5.2　放大器的幅频特性　　图 16.5.3　白噪声通过放大器时功率谱的变化

噪声只能用功率来度量。白噪声的频率也不可能为无穷大，实际上最大只能为 10^{15} Hz 左右。

通常用均方值计量噪声，那么，在这种情况下，如何求得输出端噪声电压的均方值呢？根据噪声功率谱的含义，可得平均功率为：

$$P=\overline{V_n^2}=\lim_{T\to\infty}\dfrac{1}{T}\int_0^T V_n^2(t)\mathrm{d}t$$

输出端的噪声电压均方值 $\overline{V_{n0}^2}$ 可以写为：

$$\begin{aligned}\overline{V_{n0}^2}&=\int_0^\infty S_0(f)\mathrm{d}f=\int_0^\infty A^2(f)S_i(f)\mathrm{d}f\\&=S_i(f)\int_0^\infty A^2(f)\mathrm{d}f=S_i(f)\Delta f_n\cdot A^2(f_0)\end{aligned} \tag{16.5.3}$$

如果输入端是热噪声，即

$$S_i(f)=4kTR$$

则有：
$$\overline{V_{n0}^2}=4kTRA^2(f_0)\Delta f_n \tag{16.5.4}$$

由此可见，电阻热噪声通过线性网络后，输出的均方值电压就是该电阻在等效噪声带宽

Δf_n 内的均方值电压的 $A^2(f_0)$ 倍。通常 $A^2(f_0)$ 为已知,所以只要求出等效噪声带宽 Δf_n,就很容易求出 $\overline{V_{n0}^2}$。对于其他噪声源来说,只要噪声功率谱密度是白噪声,都可以应用等效噪声带宽 Δf_n 来计算其通过线性网络后输出端噪声电压的均方值。

下面可以简单地进行一下总结和对比。

一个放大器(或线性网络)的通频带(简称带宽,又常称 3 dB 带宽,记为 $\Delta f_{0.7}$)是描述这个放大器频率特性的参数,表示放大器允许信号通过的频率范围。

噪声是有害信号,由于噪声的随机性,噪声是用电压的均方值或功率谱来描述的,因而又引入了放大器(或线性网络)的等效噪声带宽 Δf_n 这个参数。有了这个参数之后,在已知输入端的白噪声功率谱密度的情况下,计算输出端的噪声电压的均方值非常方便。同样,Δf_n 也是描述系统频率特性的参数,它是针对噪声而言的,且只有等效意义。

现在来看系统的等效噪声带宽与系统的 3 dB 带宽(通常又简称带宽)之间的关系。对于同一个系统来说,可分别根据定义求出其等效噪声带宽 Δf_n 和 3 dB 带宽 $\Delta f_{0.7}$,二者之间是存在着一定的关系的,对于不同的系统,关系不同。

例如,对于常用的单调并联谐振电路来说,有:

$$\Delta f_n = \frac{\pi}{2} \Delta f_{0.7} \qquad (16.5.5)$$

又如,RC 电路如图 16.5.4 所示,有:

$$\frac{\Delta f_n}{\Delta f_{0.7}} = \frac{\pi}{2}$$

如果放大器的频率响应由时间常数相同的两级 RC 网络决定,则有:

$$\frac{\Delta f_n}{\Delta f_{0.7}} = 1.22$$

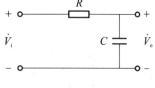

图 16.5.4 RC 低通网络

随着级数的增加,Δf_n 和 $\Delta f_{0.7}$ 的比值越来越接近于 1。

例 16.5.1 RC 低通滤波网络如图 16.5.4 所示,试求该系统的等效噪声带宽与 3 分贝带宽之比。

解 设系统的传输函数为 $\dot{A}_v(f)$,则由图 16.5.4 可知:

$$\dot{A}_v(f) = \frac{\dot{V}_0}{\dot{V}_i} = \frac{\frac{1}{j\omega C}}{R + \frac{1}{j\omega C}} = \frac{1}{1 + j\omega RC}$$

$$A_v^2(f) = |\dot{A}_v(f)|^2 = \left(\frac{1}{\sqrt{1+(\omega RC)^2}}\right)^2$$

$$= \frac{1}{1+(\omega RC)^2}$$

$$= \frac{1}{1+(2\pi fRC)^2}$$

即为该系统的功率增益。

当 $f=0$ 时,功率增益 $A_v^2(f)$ 取得最大值,即:

$$A_v^2(f_0) = A_v^2(0) = 1$$

根据系统等效噪声带宽的定义有:

$$\Delta f_n = \frac{\int_0^\infty A_v^2(f)\mathrm{d}f}{A_v^2(f_0)} = \int_0^\infty \frac{\mathrm{d}f}{1+(2\pi fRC)^2} \frac{1}{(2\pi RC)^2}\int_0^\infty \frac{\mathrm{d}f}{\left(\frac{1}{2\pi RC}\right)+f^2}$$

令 $\alpha = \frac{1}{2\pi RC}$ 代入上式，则可得：

$$\Delta f_n = \alpha^2 \int_0^\infty \frac{\mathrm{d}f}{\alpha^2 + f^2}$$

根据不定积分 $\int \frac{\mathrm{d}u}{\alpha^2 + u^2} = \frac{1}{\alpha}\arctan\frac{u}{\alpha} + C$

得

$$\Delta f_n = \alpha^2 \left[\frac{1}{\alpha}\arctan\frac{f}{\alpha}\Big|_0^\infty\right] = \alpha^2\left[\frac{1}{\alpha}\left(\frac{\pi}{2}-0\right)\right]$$

$$= \frac{\alpha^2}{\alpha}\cdot\frac{\pi}{2} = \alpha\cdot\frac{\pi}{2} = \frac{1}{2\pi RC}\cdot\frac{\pi}{2} = \frac{1}{4RC}$$

故系统的等效带宽为 $\Delta f_n = \frac{1}{4RC}$，若选取 $R=2.5\ \mathrm{k\Omega}, C=1\ \mathrm{\mu F}$，则可求得：

$$\Delta f_n = \frac{1}{4\times 2.5\times 10^3 \times 10^{-6}}\ \mathrm{Hz} = 100\ \mathrm{Hz}$$

故可求出上述 RC 低通网络的上限频率为：

$$f_H = \frac{1}{2\pi RC}$$

求出其下限频率为 0，故 3 dB 带宽为：

$$\Delta f_{0.7} = f_H - f_L \approx \frac{1}{2\pi RC}$$

对于上述 RC 低通网络，有：

$$\frac{\Delta f_n}{\Delta f_{0.7}} = \frac{\frac{1}{4RC}}{\frac{1}{2\pi RC}} = \frac{\pi}{2} \tag{16.5.6}$$

用同样的方法可以证明，随着级数的增加，$\frac{\Delta f_n}{\Delta f_{0.7}}$ 越来越接近于 1。

16.6 噪声的基本属性

前面介绍的几种噪声有着共同的性质，那就是都可以近似地看成是独立平稳的随机过程。因此，可以利用概率论中关于独立随机过程和平稳随机过程的理论来研究电子线路中的基本噪声。基于此，有时又将电子元件中由于物理原因产生的噪声称为随机噪声（以区别于其他噪声）。

16.6.1 随机过程的基本概念

随机过程是一类没有确定的变化形式和必然的变化规律的过程，用数学语言来说，就是事物变化的过程不能用一个（或几个）时间 t 的确定函数来进行描绘的量，但随机过程可以用一族随机函数来描述。例如，观察某电阻两端的热噪声电压，观察结果如图 16.6.1 所示。

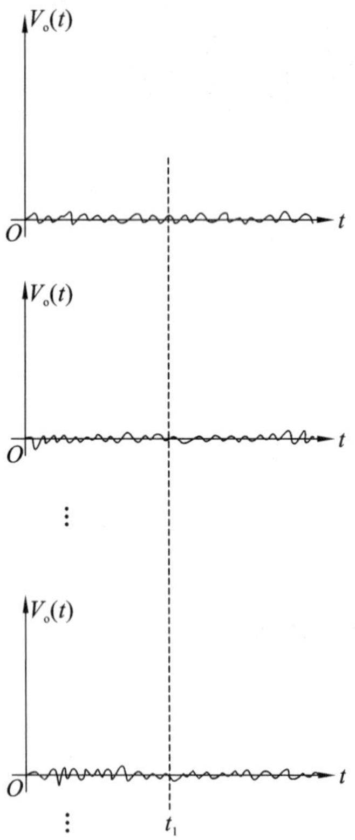

该图表示每次试验结果都不一样,因为电阻两端的热噪声电压是一个随机过程。一般地说,随机过程 $X(t)$ 是由一族随机函数 $\{x(t)\}$ 组成的,对于每一个确定的 t_1,随机过程都是一个随机变量 $x(t_1)$。

随机过程在任一时刻的状态是随机变量。由此,可以用随机变量的统计描述方法来描述随机过程的统计特性。

设 $X(t)$ 是一随机过程,对于每一个固定的 $t_1 \in T$(T 是时间 t 的变化范围),$x(t_1)$ 是一个 $X(t)$ 随机变量,它的分布函数一般与 t_1 有关,记为:

$$F_1(x_1,t_1) = P\{x(t_1) \leqslant x_1\} \quad (16.6.1)$$

称为随机过程 $X(t)$ 的一维分布函数,如果存在二元函数 $f_1(x_1,t_1)$ 使

$$F_1(x_1,t_1) = \int_{-\infty}^{x_1} f_1(x_1,t_1)\mathrm{d}x_1$$

成立,则称 $f_1(x_1,t_1)$ 为随机过程 $X(t)$ 的一维概率密度。

16.6.2 随机过程的统计规律

由于噪声是一种独立平稳的随机过程,因此,在任何时刻它的幅度及相位都是不可预知的,即是随机的。但每一种噪声都遵从独立平稳的随机过程的共同的统计规律,具体如下。

图 16.6.1 随机过程

1. 噪声电压幅值的大小 $v_n(t)$ 服从一定的统计分布规律

由于噪声电压在任何时刻都是一个连续的随机变量。因此,可以根据统计得出它的概率密度函数 $f(x)$(这里 $x = v_n(t)$),且实验表明,大多数噪声(如热噪声、散粒噪声等)瞬时值的概率密度函数符合正态分布,即

$$f(x) = \frac{1}{\sqrt{2\pi}\sigma} e^{-\frac{(x-a)^2}{2\sigma^2}} \quad (16.6.2)$$

式中:a——独立平稳随机过程的均值;

σ^2——独立平稳随机过程的方差。

这里 $f(x)$ 是概率密度函数,其分布函数为:

$$F(x) = \int_{-\infty}^{x} f(x)\mathrm{d}x \quad (16.6.3)$$

注意二者具有不同的量纲。

均值与方差的数学含义为:

均值:$\displaystyle E(x) = \int_{-\infty}^{\infty} x \left[\frac{1}{\sqrt{2\pi}\sigma} e^{-\frac{(x-a)^2}{2\sigma^2}}\right]\mathrm{d}x = a \quad (16.6.4)$

方差:$\displaystyle D(x) = \int_{-\infty}^{\infty} (x-a)^2 f(x)\mathrm{d}x$

$\displaystyle \qquad\quad = \int_{-\infty}^{\infty} (x-a)^2 \cdot \frac{1}{\sqrt{2\pi}\sigma} e^{\frac{(x-a)^2}{2\sigma^2}}\mathrm{d}x = \sigma^2 \quad (16.6.5)$

它们的实际物理意义是:

$$a = \bar{x} = \overline{v_n(t)} = \lim_{T \to \infty} \frac{1}{T} \int_0^T v_n(t) dt$$

对于正态分布，有 $a=0$ 即 $\overline{v_n(t)}=0$。

σ^2 为噪声电压的均方值，即

$$\sigma^2 = \overline{x^2} = \lim_{T \to \infty} \frac{1}{T} \int_0^T v_n^2(t) dt$$

对于随机噪声来说，$a=0$ 即为正态分布，如图 16.6.2 所示。

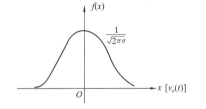

图 16.6.2　噪声电压的正态分布

噪声电压的瞬时值为 $v_n(t)$，而 $\overline{v_n^2(t)}$ 简记为 $\overline{v_n^2} = E_n^2$，代表了噪声功率的大小。

> 说明：为什么电压的平方代表了功率的大小呢？这是由于认为这个电压作用在 1 Ω 的电阻上。同样 $\overline{i_n^2(t)} = \overline{i_n^2} = I_n^2$ 也代表了噪声功率的大小，同样是认为它作用在 1 Ω 的电阻上。而均方根值 $\sqrt{\overline{v_n^2}} = \sqrt{E_n^2} = E_n$ 代表了噪声电压的有效值。这与正弦交流电中有效值的定义是完全一致的。

根据正态分布概率密度的表达式，可以计算出噪声电压 $v_n(t)$ 落在下列区间的概率值：

$P(0-\sigma < v_n < 0+\sigma) = 0.6826$

$P(0-2\sigma < v_n < 0+2\sigma) = 0.9544$

$P(0-3\sigma < v_n < 0+3\sigma) = 0.9974$

$P(0-4\sigma < v_n < 0+4\sigma) = 0.99994$

因此，噪声基本上是在 $\pm 3.3\sigma$ 之间，这就是所谓"3σ 规则"。噪声电压瞬时值超过 $\pm 4\sigma$ 的可能性只有 0.006%，因此 $\pm 3.3\sigma$ 常用于噪声测量，噪声的有效值（rms）与峰-峰值之间的关系为：

$$6.6 \text{rms} = V_{P-P}$$

或

$$6.6\sigma = V_{P-P}$$

这个数据在进行噪声测量和噪声计算时要经常用到。

2. 随机噪声的功率谱密度及相关函数的关系

在研究确知信号（周期信号和非周期信号）时有两种方法，一种是在时域中分析和研究，一种是在频域中分析和研究。两种方法互为补充，各有优缺点。噪声是一种随机信号，不能用确定的时间函数表达式来描述，因此也无法用幅度谱来表示。噪声又是一个近似的独立平稳随机过程，只要产生噪声过程的宏观条件不变，噪声功率或给定时间内的能量就不变。因此，可以用平稳随机过程的理论定义噪声的功率谱密度 $S(f)$ 来研究噪声的频谱分布。

定义：
$$S(f) = \lim_{\Delta f \to 0} \frac{P(f, \Delta f)}{\Delta f} \tag{16.6.6}$$

式中：$P(f, \Delta f)$ 代表频率为 f 处，带宽为 Δf 的频带内噪声的平均功率。

平稳随机过程的特点是均值为常数，自相关函数为单变量（$\tau = t_2 - t_1$）的函数。这就使得随机过程的自相关函数的意义和确知信号的自相关函数的意义完全一致（这意味着相关理论可用于平稳随机过程的研究），可以共同地表达为：

$$R(\tau) = \lim_{T \to \infty} \int_{-\frac{T}{2}}^{\frac{T}{2}} x(t) x*(t-\tau) dt \tag{16.6.7}$$

式中：* 为共轭号，如果为实函数，则共轭号 * 可以去掉。

正因为如此，平稳随机过程中的功率谱函数 $S(f)$ 与其相关函数是一对傅里叶变换关

系，即为维纳-欣钦（Wiener-Khinchine）关系：

$$S(\omega) = \int_{-\infty}^{\infty} R(\tau) e^{-j\omega\tau} d\tau$$

$$R(\tau) = \frac{1}{2\pi} \int_{-\infty}^{\infty} S(\omega) e^{j\omega\tau} d\omega = \int_{-\infty}^{\infty} S(f) e^{j2\pi f\tau} df \tag{16.6.8}$$

这样，就可以通过自相关函数来求得噪声的功率谱。反之，常常利用噪声的功率谱来求相关函数，进而利用相关函数进行相关检测。例如，白噪声的功率谱密度为常数，根据傅里叶反变换，其自相关函数为冲激函数。

随机噪声的自相关函数 $R(\tau)$ 的重要性质有以下几点。

(1) $R(\tau)$ 仅与时间差（即时延 τ）有关，而与计算时间起点无关（正因为如此，可用相关理论来分析噪声功率密度谱）。

(2) 由于绝大多数噪声是独立的随机过程，所以 $R(\tau)$ 随 τ 增加而衰减，$\tau \to \infty$ 时 $R(\tau) \to 0$，实际上衰减很快，用不着 $\tau \to \infty$，这一性质在相关检测中有着重要应用。

当 $\tau = 0$ 时，有：

$$\begin{aligned} R(0) &= \lim_{T \to \infty} \int_{-\frac{T}{2}}^{\frac{T}{2}} x(t) * x(t) dt \\ &= \lim_{T \to \infty} \int_{-\frac{T}{2}}^{\frac{T}{2}} x^2(t) dt = \overline{x^2(t)} \end{aligned} \tag{16.6.9}$$

此式说明，噪声的自相关函数在 0 点的值，就是噪声的均方值。

如果噪声是一个理想的冲激函数，那么，它的频域函数就是一条直线，实际噪声仍是一个窄脉冲，因而频谱仍是一个 Sa 函数（抽样函数）。

噪声电压是由无数个单脉冲电压叠加而成的，但由于噪声的随机性，各个脉冲的振幅频谱中相同频率分量之间没有确定的相位关系，因此不能用直接叠加得到整个噪声电压的振幅频谱。

虽然整个噪声电压的振幅频谱无法确定，但其功率频谱却是完全能够确定的。可以想象，将噪声电压加到 1 Ω 电阻上，电阻内损耗的平均功率即为不同频率的振幅频率平方在 1 Ω 电阻内所损耗功率的总和。又由于单个脉冲的振幅频谱是确定的，则功率谱也是确定的，那么由各个脉冲的功率频谱叠加而得到的整个噪声电压的功率谱也是确定的。因此，常用功率谱来说明噪声的频率特性。

16.7 噪声对数字系统的影响

数字系统抗噪声、抗干扰的能力要比模拟系统强很多，但是，数字系统也不能完全消除噪声和干扰的影响。下面分析噪声对数字系统的影响，干扰对数字系统的影响将在第 18 章分析。

设数字系统中所传输的信号为二进制脉冲编码 U_0，如图 16.7.1 所示。当脉冲幅度为 A 时编码为"1"，幅度为零时编码为"0"。

数字系统同样是由大量电子元器件组成的，而每一个电子元器件又都含有若干个噪声源。这样，该信号在传输过程中，不可避免地要受到噪声的影响。图 16.7.2 所示的是这种影响的结果。其中，虚线表示某一噪声源产生的噪声，噪声和编码信号叠加后的合成信号用粗实线表示。为了从接收系统中恢复出二进制码，在每个脉冲间隔内（如在间隔的中点）对接收到的信号进行一次采样,并根据采样值判定该时刻出现的是"1"还是"0"。为了简单起见,设当取样值大于 $A/2$ 时,判收到的编码为"1",小于 $A/2$ 时判为"0"。

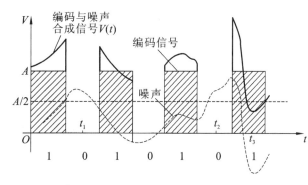

图 16.7.1　二进制脉冲编码　　　　图 16.7.2　噪声对脉冲编码信号的影响

如果没有噪声的影响,则通过判决就可以完全恢复出传输的信号。但是由于噪声的影响,这种判决有时就会出现错误。例如,图 16.7.2 中,在时刻 t_1、t_2、t_3 等处取样时,就会出现误判。现在要研究的问题是如何确定误判的概率,简称误码率。

由于电子元器件中的噪声都是随机噪声,并且服从高斯分布,因此可以认为,在数字系统中,某一时刻的噪声电压 V_n 是一个高斯型随机变量,其平均值为 0,方差为 σ^2,故其概率密度函数为:

$$p(V_n) = \frac{1}{\sqrt{2\pi\sigma^2}} e^{\frac{-v_n^2}{2\sigma^2}} \tag{16.7.1}$$

在时刻 t,这个随机噪声电压 v_n 与编码信号电压 U_0 叠加合成了随机信号电压 V。当发送"0"时,$V = V_n$;当发送"1"时,$V = A + V_n$,A 为常数,V 和 V_n 都是随机变量。所以信号 V 和噪声 V_n 相比较,除了平均值从 0 提高到 A 外,还具有相同的统计特性。因此,当发送"0"时,信号电压 V 的概率密度函数为:

$$p_0(V) = \frac{1}{\sqrt{2\pi\sigma^2}} e^{\frac{-v^2}{2\sigma^2}} \tag{16.7.2}$$

当发送"1"时,信号电压 V 的概率密度函数为:

$$p_1(V) = \frac{1}{\sqrt{2\pi\sigma^2}} e^{\frac{-v^2}{2\sigma^2}} \tag{16.7.3}$$

根据前面所介绍的接收系统的判决法则,当发送"0"时,若 V 值大于 $A/2$ 就会发生误判,其误判概率记为 p_{e0},则有:

$$p_{e0} = \int_{A/2}^{+\infty} p_0(V) dV = \int_{A/2}^{+\infty} \frac{1}{\sqrt{2\pi\sigma^2}} e^{\frac{-v^2}{2\sigma^2}} dV \tag{16.7.4}$$

p_{e0} 的大小等于图 16.7.3(a)所示阴影部分面积。当发送"1"时,若 V 值小于 $A/2$ 就会发生误判,其误判概率记为 p_{e1},则有:

$$p_{e1} = \int_{-\infty}^{A/2} p_1(V) dV = \int_{-\infty}^{A/2} \frac{1}{\sqrt{2\pi\sigma^2}} e^{\frac{-(V-A)^2}{2\sigma^2}} dV \tag{16.7.5}$$

p_{e1} 的大小等于图 16.7.3(b)所示阴影部分面积。

应该注意的是,式(16.7.5)的概率值没有闭合形式的解,只能用数值方法计算,一般的概率论教材中,都附有这种分布函数数值表可供查用。但这种表格是按照归一化了的高斯函数制成的,即令均值 $a=0$,标准差 $\sigma=1$,得到标准(或归一化)高斯积分:

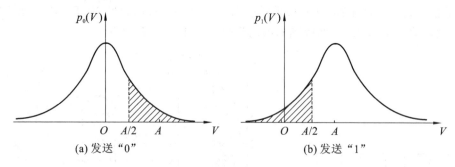

图 16.7.3 叠加噪声的脉冲编码的概率密度函数

$$\varphi(x) = \frac{1}{\sqrt{2\pi}} \int_{-\infty}^{x} e^{\frac{-V^2}{2}} dV \tag{16.7.6}$$

再按上式计算即可得所需函数值。对于均值 $a \neq 0$，和标准差 $\sigma \neq 1$ 的情况，只需进行变量置换，令 $t = \frac{V - \alpha}{\sigma}$，就可以将积分

$$p(x) = \int_{-\infty}^{x} \frac{1}{\sqrt{2\pi}\sigma} e^{\frac{-(V-\alpha)^2}{2\sigma^2}} dV \tag{16.7.7}$$

转换成

$$\varphi\left(\frac{x-\alpha}{\sigma}\right) = \int_{-\infty}^{\frac{x-\alpha}{\sigma}} \frac{1}{\sqrt{2\pi}} e^{\frac{t^2}{2}} dt \tag{16.7.8}$$

这样一来，查表就可获得所需的中间值，经过换算，即可得所需的概率值。具体过程，可复习概率论的有关内容。

除了用正态函数表之外，现在很多计算机辅助分析软件（如 MATLAB、MathCAD 等）均直接提供了这个函数，计算时可直接调用。

在简要地复习利用正态分布密度函数求正态分布的概率值的方法之后，再回到原问题上来。由图 16.7.3 所示和概率论的知识可以得到 $p_{e1} = p_{e0}$，又因为发送"0"和"1"这两个事件是互不相容的，同时，假定发送"0"和"1"的概率是相等的，各为 0.5，由此可得传输系统的总误码率 p_e 为：

$$p_e = 0.5 p_{e0} + 0.5 p_{e1} = p_{e0} = p_{e1} \tag{16.7.9}$$

由式(16.7.4)得：

$$p_e = p_{e0} = \int_{A/2}^{+\infty} p_0(V) dV = 1 - \int_{-\infty}^{A/2} p_0(V) dV$$
$$= 1 - \frac{1}{\sqrt{2\pi\sigma^2}} \int_{-\infty}^{A/2} e^{\frac{-V^2}{2\sigma^2}} dV \tag{16.7.10}$$

为了求上式中第二项的积分，作变量置换，令 $t = V/\sigma$，则上式中第二项积分为：

$$\frac{1}{\sqrt{2\pi\sigma^2}} \int_{-\infty}^{A/2} e^{\frac{-V^2}{2\sigma^2}} dV = \frac{1}{\sqrt{2\pi}} \int_{-\infty}^{A/2\sigma} e^{\frac{-t^2}{2}} dt$$

而上式右边，就是归一化高斯积分，并记为：

$$\varphi(x) = \frac{1}{\sqrt{2\pi}} \int_{-\infty}^{x} e^{\frac{-t^2}{2}} dt \tag{16.7.11}$$

利用上述符号，则有：

$$p_e = 1 - \varphi\left(\frac{A}{2\sigma}\right) \tag{16.7.12}$$

式(16.7.11)就是前述的式(16.7.6),即归一化高斯积分,因此,只要知道 A 和 σ 值,就可查表或用计算机求出 $\varphi\left(\dfrac{A}{2\sigma}\right)$,继而求出误码率 p_e。

由数字电路知道,A 值一般为 5 V,而根据本章前述的基本噪声,对于一般的噪声源,其 σ 值从几十纳伏到几微伏数量级,因此,$\dfrac{A}{2\sigma} \gg 3$ 从而 $\varphi\left(\dfrac{A}{2\sigma}\right) = 1$,$p_e = 0$,这就意味着,对于单个的基本噪声源,它们对数字系统造成的误码率可以认为是零。但目前的数字系统都是由大规模集成电路构成的,而每一片大规模集成电路又都包含有上万个甚至几十万个元器件,而每个元器件至少有一个基本噪声源,它们共同作用的结果,对数字系统传输数字信号所造成的误码率就不会是零了。

这可以引出一个值得注意的理论研究问题,即多个噪声源的联合分布对数字系统误码率的影响,有兴趣的读者可以深入研究下去。

习 题 16

16.1 什么是"噪声"?探测系统中可能存在有哪些噪声和干扰?

16.2 如题 16.2 图所示的电阻网络,在室温 $t = 17$ ℃ 时,计算 a、b 两端 1 Hz 带宽内的热噪声电压之均方根值。

16.3 电阻的热噪声表达式为 $E_n = \sqrt{4kTR\Delta f}$,当电阻 R 为 ∞ 时,E_n 是否也为 ∞?为什么?

16.4 当两个噪声相加时,其总的噪声 $E_n^2 = E_{n1}^2 + E_{n2}^2 + 2rE_{n1}E_{n2}$,其中 r 为相关系数,试证明 $-1 \leqslant r \leqslant 1$。

16.5 J. B. Johnson 博士是怎样发现热噪声并导出热噪声基本公式的?

16.6 给出等效噪声带宽 Δf_n 的定义,它和系统的通频带有什么关系?

16.7 RC 低通滤波器如题 16.7 图所示,试证明该系统 $\Delta f_n = \dfrac{\pi}{2} B_f$,式中,$\Delta f_n$ 为系统的等效噪声带宽,B_f 为系统的通频带,即 3 dB 带宽。

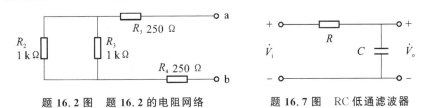

题 16.2 图　题 16.2 的电阻网络　　　题 16.7 图　RC 低通滤波器

16.8 RC 高通滤波器题 16.8 图所示,试求其等效噪声带宽 Δf_n,并就此做出说明。

16.9 求如题 16.9 图所示两级 RC 低通滤波器的等效噪声带宽 Δf_n 和 3 dB 带宽 Δf 之比。

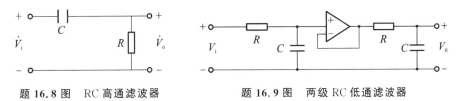

题 16.8 图　RC 高通滤波器　　　题 16.9 图　两级 RC 低通滤波器

第17章 低噪声前置放大器

设计出高质量的低噪声前置放大器,既要了解信号的特性,也要了解噪声的特性,并且应有一套行之有效的噪声分析方法,这样才能更好地抑制噪声、放大信号。本章先介绍放大器的噪声及描述放大器噪声特性的一些有关参数和模型,然后分析低噪声前置放大器的设计原则和方法。

17.1 放大器的噪声电压-噪声电流(E_n-I_n)模型

一个放大器是由若干个元件构成的,而每个元件都会产生噪声,这样一个放大器内部的噪声就相当复杂了。为了简化分析,通常采用所谓的 E_n-I_n 模型来描述放大器的总的噪声特性。

根据网络理论,任何四端网络内的电过程均可等效地用连接在输入端的一对电压电流发生器来表示。因而一个放大器的内部噪声可以用串联在输入端的具有零阻抗的电压发生器 E_n 和一个并联在输入端具有无穷大阻抗的电流发生器 I_n 来表示。二者的相关系数为 r。这个模型称为放大器的 E_n-I_n 噪声模型,如图 17.1.1 所示。

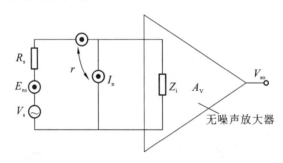

图 17.1.1 放大器的噪声模型

图中,V_s 为信号源电压;R_s 为信号源内阻;E_{ns} 为信号源内阻上的热噪声电压,$E_{ns}^2 = 4kTR_s\Delta f$;$Z_i$ 为放大器输入阻抗;A_v 为放大器电压放大倍数;V_{so}、E_{no} 分别为总的输出信号和输出噪声。

有了 E_n-I_n 模型后,放大器便可看成是无噪声的了,因而对放大器噪声的研究归结为分析 E_n、I_n 在整个电路中所起的作用。这就简化了对整个电路系统的噪声的计算。

这种模型还有其实验基础,即能够通过测量得出 E_n、I_n 的具体数值,这对于低噪声电子设计来说是非常重要的。

17.2 等效输入噪声及简化计算法则

利用 E_n-I_n 模型,一个放大系统的噪声能够简化为三个噪声,即 E_n、I_n 和 E_{ns}。进一步考虑这三个噪声源的共同效果,还可以将它们全部等效到信号源上,用等效输入噪声 E_{ni} 这个物理量来表示它们。

下面推导 E_{ni} 与 E_n、I_n、E_{ns} 的关系。

先计算各噪声源在放大器输出端的贡献，根据迭加原理可知：

E_{ns} 的贡献为：
$$E'_{no(E_{ns})} = E_{ns}\frac{Z_i}{R_s + Z_i}A_V$$

E_n 的贡献为：
$$E''_{no(E_n)} = E_n\frac{Z_i}{R_s + Z_i}A_V$$

I_n 的贡献为：
$$E'''_{no}(I_n) = I_n(R_s \| Z_i)A_V$$
$$= I_n\frac{R_s Z_i}{R_s + Z_i}A_V$$

若 E_n、I_n 不相关，将上述各项均方相加便得总的输出噪声为：

$$E^2_{no} = E'^2_{no(E_{ns})} + E''^2_{no(E_n)} + E'''^2_{no(I_n)}$$
$$= E^2_{ns}\left(\frac{Z_i}{R_s + Z_i}A_V\right)^2 + E^2_n\left(\frac{Z_i}{R_s + Z_i}A_V\right)^2 + I^2_n\left(\frac{R_s Z_i}{R_s + Z_i}A_V\right)^2$$

在上式中，有一个公共因子 $\frac{Z_i}{R_s + Z_i}A_V$。实际上，这是放大系统对信号源的电压放大倍数。

当信号源为 V_s 时，输出信号为：
$$V_{so} = V_s\frac{Z_i}{R_s + Z_i} \cdot A_V$$

故
$$\frac{V_{so}}{V_s} = \frac{Z_i}{R_s + Z_i} \cdot A_V$$

令
$$K_V = A_{vs} = \frac{V_{so}}{V_s}$$

因此，等效输入噪声为：
$$E^2_{ni} = \frac{E^2_{no}}{K^2_V} = E^2_{ns} + E^2_n + I^2_n R^2_s \tag{17.2.1}$$

这个单一噪声源位于 V_s 位置上，代替了系统的所有噪声源，称为等效输入噪声。

如果 E_n、I_n 是相关的，则有：
$$E^2_{ni} = E^2_{ns} + E^2_n + I^2_n R^2_s + 2rE_n I_n R_s \tag{17.2.2}$$

式中：r 为相关系数。

广泛采用 E_n-I_n 模型的另一个原因，是这个模型中所采用的各个参数容易测量。

首先，源电阻 R_s 的热噪声 E_{ns} 可以由电阻的热噪声公式求出：
$$E^2_{ns} = 4kTR_s\Delta f \Rightarrow E_{ns} = \sqrt{4kTR_s\Delta f}$$

其次，在公式 $E^2_{ni} = E^2_{ns} + E^2_n + I^2_n R^2_s$ 中，令 $R_s = 0$（将输入短路）就会使 $E_{ns} = 0$，$I_n R_s = 0$，于是 $E^2_{ni} = E^2_n$。

因此，在 $R_s = 0$ 的条件下，测量放大器的总输出噪声，得到的就是 $A_{vs}E_n$，此条件下总输出噪声除以 A_{vs} 即是 E_n 的值。

在已知 E_{ns} 和 E_n 的条件下，再进行一次测量，即可求出 I_n 之值，这个工作留给读者自己完成。

17.3 噪声系数

在实际工作中常常需要衡量一个放大器，或者一个元件，或者一个系统的噪声性能。系统的噪声性能，不仅仅是指系统本身元器件产生噪声的大小，还包括它对信号影响的程度。由于 E_{ni} 的表示式中含有源电阻 R_s 及其热噪声项，故不宜用 E_{ni} 作为衡量的指标。另一方面，同时用 E_n、I_n 来表示又比较麻烦。因此，在噪声分析中，通常是用噪声系数 NF(noise factor) 作为衡量放大器或元件或系统噪声性能的指标。

为了定义噪声系数 NF，先给出信噪比的定义。在电路某一特定点上的信号功率与噪声功率之比，称为信号噪声比，简称信噪比，用符号 $\dfrac{P_s}{P_n}\left(\text{或} \dfrac{S}{N}\right)$ 表示。一般要求放大器的输出端要有足够高的信噪比。

$$\text{噪声系数：} NF = \frac{P_{si}/P_{ni}}{P_{so}/P_{no}} = \frac{\text{输入端信噪比}}{\text{输出端信噪比}} \qquad (17.3.1)$$

用分贝表示则写成：

$$N_F = 10\lg \frac{P_{si}/P_{ni}}{P_{so}/P_{no}} \qquad (17.3.2)$$

放大器的噪声系数表示信号通过放大器后，信噪比变坏的程度，信号通过放大器后，假定信号和噪声都同样放大了，放大器无滤波功能，则信噪比不可能变好。

如果放大器是理想的无噪声的线性网络，那么其输入端的信号与噪声得到同样的放大，即输出端的信噪比与输入端的信噪比相同，于是 NF=1 或 $N_F = 0$ dB。

一个好的低噪声放大器其噪声系数可小于 3 dB。如果放大器本身有噪声，则输出噪声功率等于放大后的输入噪声功率和放大器本身的噪声功率之和，这样的放大器，信号经放大后，输出端的信噪比就比输入端的信噪比低，则 NF>1。我们这样分析，实际上假定噪声的带宽恒等于或小于放大器的通频带。

由此看来，噪声系数是用来衡量一个放大器（或一个器件、一个电子系统）的噪声性能的参数，如果其噪声系数 NF=1，则这个放大器是一个理想的无噪声的放大器，而实际的放大器，其噪声系数 NF>1。

通常，输入端的信号功率 P_{si} 和噪声功率 P_{ni} 分别由输入信号源的信号电压 V_s 和其内阻 R_s 的热噪声所产生，并规定 R_s 的温度为 290 K（即 17 ℃）。

因此，NF 的定义，也可以写成另一种形式：

$$NF = \frac{P_{si}/P_{ni}}{P_{so}/P_{no}} = \frac{\dfrac{P_{si}}{P_{ni}}}{\dfrac{P_{so}}{P_{no}}} = \frac{P_{si} \cdot P_{no}}{P_{ni} P_{so}} = \frac{P_{no}}{P_{ni}\left(\dfrac{P_{so}}{P_{si}}\right)}$$

即

$$NF = \frac{P_{no}}{P_{ni} \cdot A_p} \qquad (17.3.3)$$

或

$$NF = \frac{P_{no}}{P_{no1}} \qquad (17.3.4)$$

式中：$A_p = P_{so}/P_{si}$ 为放大器的功率增益；$P_{no1} = P_{ni} \cdot A_p$ 表示信号源内阻产生的噪声，通过放大器后在输出端所产生的噪声功率。

式(17.3.4)表示，噪声系数 NF 仅与输出端的两个噪声功率 P_{no} 和 P_{no1} 有关，而与输入信号的大小无关。

实际上，放大器的输出噪声功率 P_{no} 是由两部分组成：一部分是 $P_{ni}A_p$；另一部分是放大器本身（内部）产生的噪声在输出端上呈现的噪声功率 P_n，即：

$$P_{no} = A_p P_{ni} + P_n = P_{no1} + P_n$$

所以，噪声系数又可写成：

$$\mathrm{NF} = \frac{P_{no}}{P_{ni}A_p} = \frac{A_p P_{ni} + P_n}{A_p P_{ni}} = 1 + \frac{P_n}{P_{ni}A_p} = 1 + \frac{P_n}{A_p P_{ni}} \tag{17.3.5}$$

由式(17.3.5)也可以看出噪声系数与放大器内部噪声的关系。实际上放大器总是要产生噪声的,即 $P_n > 0$,因此 NF > 1。只有放大器是理想情况,内部才无噪声,即 $P_n = 0$ 则 NF = 1。

上述噪声系数的三个表达式分别为:

基本定义式: $$\mathrm{NF} = \frac{P_{si}/P_{ni}}{P_{so}/P_{no}} = \frac{\text{输入端信噪比}}{\text{输出端信噪比}} \tag{17.3.6}$$

导出式: $$\mathrm{NF} = \frac{P_{no}}{P_{ni}/A_p} = \frac{\text{输出端总的噪声功率}}{\text{源电阻产生的输出噪声功率}} \tag{17.3.7}$$

或: $$\mathrm{NF} = 1 + \frac{P_n}{P_{ni}/A_p} = 1 + \frac{\text{放大器产生的噪声功率}}{\text{源电阻产生的输出噪声功率}} \tag{17.3.8}$$

三个式子是完全一致和等效的,它们分别从不同的角度说明了噪声系数的含义。在计算具体电路的噪声系数时,用式(17.3.7)和(17.3.8)比较方便。

应该指出,噪声系数的概念仅仅适用于线性电路(线性放大器),因此可以用功率增益来描述。对于非线性电路而言,不仅得不到线性放大,而且信号和噪声、噪声和噪声之间会相互作用,即使电路本身不产生噪声,在输出端的信噪比和输入端的也不相同。因此噪声系数的概念就不能适用。

有时噪声系数用电压比表示,即:

$$\mathrm{NF} = \frac{\dfrac{V_s^2}{E_{ns}^2}}{\dfrac{V_{so}^2}{E_{no}^2}} = \frac{E_{no}^2}{E_{ns}^2} \cdot \frac{1}{A_{vs}^2}$$

式中: $A_{vs} = \dfrac{V_{so}}{V_s}$,为系统输出电压对源电压的放大倍数。

由于: $$E_{no}^2 = A_{vs}^2 E_{ni}^2$$

于是: $$\mathrm{NF} = \frac{E_{n0}^2}{E_{ns}^2} \cdot \frac{1}{A_{vs}^2}$$

$$= \frac{E_{ni}^2}{E_{ns}^2} \text{(噪声系数等于等效输入噪声与源噪声之比)}$$

$$= \frac{E_{ns}^2 + E_n^2 + I_n^2 R_s^2}{E_{ns}^2} \tag{17.3.9}$$

考虑到相关系数 $r \neq 0$,则噪声系数为:

$$\mathrm{NF} = \frac{E_{ns}^2 + E_n^2 + I_n^2 R_s^2 + 2r E_n I_n R_s}{E_{ns}^2} \tag{17.3.10}$$

噪声系数的概念只适用于线性放大器,这在前面即已经论述。还要注意的是:噪声系数是以信号源为电阻性质来定义的,如果信号源为阻抗形式,此时噪声系数中的 R_s 应为阻抗中的电阻部分。

17.4 最佳源电阻 R_{opt} 与最小噪声系数 NF_{min}

由噪声系数表达式(17.3.9)可得:

$$\mathrm{NF} = \frac{E_{ns}^2 + E_n^2 + I_n^2 R_s^2}{E_{ns}^2} = 1 + \frac{E_n^2}{E_{ns}^2} + \frac{I_n^2 R_s^2}{E_{ns}^2}$$

因为
$$E_{ns}^2 = 4kTR_s\Delta f$$

所以
$$NF = 1 + \frac{E_n^2}{4kTR_s\Delta f} + \frac{(I_n^2 R_s)^2}{4kTR_F\Delta f} \tag{17.4.1}$$

由上式可知,NF 是四个变量 E_n、I_n、P_s、Δf 的函数。放大器一旦设计制造好以后,E_n、I_n 就基本不变了,因为 E_n、I_n 是由放大器内部的元器件和它们之间的配置情况确定的。因此,对于一个确定的放大器来说,NF 就只是 R_s 和 Δf 的函数,Δf 是系统的带宽,它可以由放大器本身决定,也可以由放大器前后的滤波器决定,不过这时应该把放大器和滤波器看成一个整体来考虑它们的噪声系数。对于一个确定的放大器来说,只能通过改变源电阻来减小它的噪声系数。NF 和 Δf 的关系是明显的,增大 Δf 可以减小 NF。但在后面的分析会看到,增大 Δf 会使等效输入噪声 E_{ni} 增加,这对提高系统的信噪比是非常不利的,因此不能采取增加 Δf 的方法,而只能研究 NF 和 R_s 的关系。

由式(17.4.1)可看出 NF 与 R_s 有关,且 R_s 增大时第二项减小而第三项增大,R_s 减小时第二项增大第三项减小,因此,NF 是有极值的。对式(17.4.1)求导数,并令其等于零,可得:

$$\frac{\partial NF}{\partial R_s} = -\frac{1}{R_s^2} \cdot \frac{E_n^2}{4kT\Delta f} + \frac{I_n^2}{4kT\Delta f} = 0$$

得 $R_s = \dfrac{E_n}{I_n}$。

因此,当信号源的内阻 $R_s = \dfrac{E_n}{I_n}$ 时,噪声系数 NF 取得最小值,为:

$$NF_{min} = 1 + \frac{E_n I_n}{4kT\Delta f} + \frac{E_n I_n}{4kT\Delta f} = 1 + \frac{E_n I_n}{2kT\Delta f} \tag{17.4.2}$$

称此时的源电阻 $R_s = \dfrac{E_n}{I_n}$ 为最佳源电阻,记为 R_{opt} 或 $(R_s)_{opt}$。

当 $R_s = R_{opt} = \dfrac{E_n}{I_n}$ 时,可使放大器的噪声系数为最小,这时源电阻和放大器的配置称为噪声匹配,这是低噪声设计的一个重要原则。

17.5 噪声温度

根据前面推导出的噪声系数的公式(17.3.5)式,放大器的噪声系数可表示为:

$$NF = 1 + \frac{P_n}{P_{ni}A_p}$$

式中:P_n 是放大器内部噪声在输出端产生的噪声功率;$P_{ni}A_p$ 是信号源的内阻产生的噪声功率在放大器输出端的结果。

设放大器在输入端和信号源是功率匹配的,在输出端和负载也是功率匹配的,即 $R_s = R_i$,$R_0 = R_L$。此时,放大器的功率增益为 A_{PH}。那么信号源的内阻 R_s 产生的热噪声电压均方值为 $\overline{E_{ns}^2} = 4kTR_s\Delta f$,而放大器的输入噪声功率(又称为额定输入噪声功率)则为:

$$P_{ni} = \frac{\overline{E_{ns}^2}}{4R_s} = kT\Delta f$$

将该噪声功率放大后变为:

$$P_{ni}A_p = A_{PH} \cdot kT\Delta f$$

式中:P_n 为放大器本身产生的噪声在输出端的功率,也可将 P_n 等效到放大器的输入端,并且假定这个噪声也是一个阻值为 R_s 的电阻产生的,不过这个电阻的温度为 T_i。则:

$$P_n = A_{PH} \cdot kT_i\Delta f$$

将 $P_{ni}A_p$、P_n 的表达式代入式(17.3.5)得：

$$NF = 1 + \frac{P_n}{P_{ni}A_p} = 1 + \frac{A_{PH}kT_i\Delta f}{A_{PH}kT\Delta f} = 1 + \frac{T_i}{T}$$

由上式解得：
$$T_i = T(NF - 1) \tag{17.5.1}$$

式中：T_i 为放大器的噪声温度。

当 $T_i = 0$ 时，NF = 1 表示放大器本身不产生噪声，是理想的无噪声放大器；当 $T_i = T(= 290K)$ 时，则 NF = 2(N_F = 3 dB)，表示放大器本身所产生的噪声和信号源所输入的噪声相等。

放大器的总的输出噪声功率(在功率匹配情况下)为：

$$P_{n0} = A_{PH}kT\Delta f + A_{PH}kT_i\Delta f = A_{PH}k(T + T_i)\Delta f$$

此式很好地说明了噪声温度的物理意义：放大器内部所产生的噪声功率，可看成由放大器输入端接上一个匹配的温度为 T_i 的电阻所产生；或看成与放大器匹配的噪声源内阻 R_s 在工作温度 T 上再加一温度 T_i 后，所增加的输出噪声功率。所以噪声温度也代表相应的噪声功率。

令 $T = 290$，则根据(17.5.1)式，有：

$$T_i = (NF - 1)$$

由上式可以进行噪声系数 NF 和噪声温度 T_i 的换算。

T_i 和 NF 都可以表征放大器内部噪声的大小，没有本质的区别。通常噪声温度可较精确地比较放大器内部噪声的大小。

例如：$T = 290$ K，则当 NF = 1.10 时 $T_i = 29$ K；当 NF = 1.11 时 $T_i = 31.9$ K。两噪声系数 NF 只相差 0.01，而两噪声温度 T_i 相差 2.9 K，可见噪声温度更精细。

17.6 多级放大器的噪声系数 $NF_{1,2,\cdots,n}$

由式(17.3.5)可以得到：

$$\frac{P_n}{A_pP_{ni}} = NF - 1 \tag{17.6.1}$$

如果在图 17.1.1 中，将放大器冠以不同的编号 k，则有：

$$\frac{P_{nk}}{A_{pk}P_{ni}} = NF_k - 1 \tag{17.6.2}$$

对于级联放大器中各级的放大器，可以认为它的噪声系数 NF_k，都是在相同的源的情况下(即相同的 P_{ni})的噪声系数，这一点是需要特别指出的。

三级级联放大器的如图 17.6.1 所示，有时又称其为三级级联网络。从系统的观点来看，每一级放大器称为子系统。

图中，P_{ni} 为第一级输入端的输入噪声功率，也是整个系统的输入噪声功率。P_{n1}、P_{n2}、P_{n3} 分别为各级所产生的噪声功率，在各级输出端的体现。A_{p1}、P_{p2}、P_{p3} 分别为各级的功率增益。

因此，根据单级放大器噪声系数的分析，每个放大器单独和源相连接时，可以分别从式(17.6.2)得到：

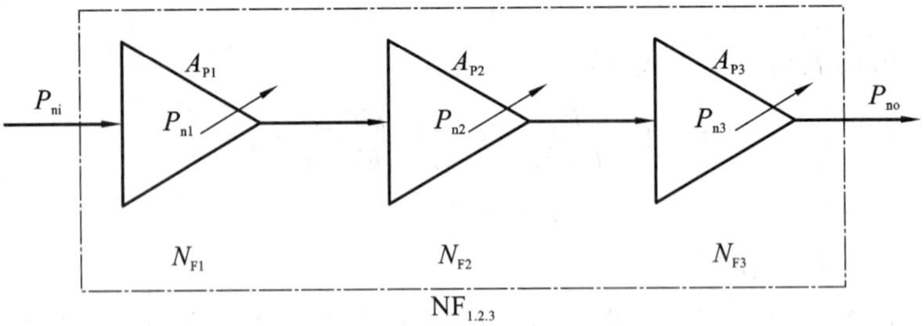

图 17.6.1　多级放大器的噪声系数

$$\left. \begin{array}{l} \dfrac{P_{n1}}{A_{p1}P_{ni}}=NF_1-1 \\[4pt] \dfrac{P_{n2}}{A_{p2}P_{ni}}=NF_2-1 \\[4pt] \dfrac{P_{n3}}{A_{p3}P_{ni}}=NF_3-1 \end{array} \right\} \quad (17.6.3)$$

三级放大器级联成为一个放大系统，此系统的噪声系数，根据式(17.3.5)有：

$$NF_{1,2,3}=1+\dfrac{P_n}{A_p \cdot P_{ni}} \quad (17.6.4)$$

不过，在式(17.6.4)中，P_n 为三级级联放大器内部噪声功率在输出端的体现，因此有：

$$P_n=(P_{n1}\cdot A_{p2}+P_{n2})A_{p3}+P_{n3}$$

展开后有：
$$P_n=A_{p2}\cdot A_{p3}\cdot P_{n1}+A_{p3}P_{n2}+P_{n3} \quad (17.6.5)$$

式(17.6.4)中，A_p 为三级放大器的总的功率增益。

因此
$$A_p=A_{p1}\cdot A_{p2}\cdot A_{p3} \quad (17.6.6)$$

将式(17.6.6)、式(17.6.5)代入式(17.6.4)得：

$$\begin{aligned} NF_{1,2,3} &= 1+\dfrac{P_n}{A_p P_{ni}}=1+\dfrac{A_{p2}\cdot A_{p3}P_{n1}+A_{p3}\cdot P_{n2}+P_{n3}}{A_{p1}\cdot A_{p2}A_{p3}P_{ni}} \\ &= 1+\dfrac{P_{n1}}{A_p P_{ni}}+\dfrac{P_n}{A_{p1}A_{p2}P_{ni}}+\dfrac{P_{n3}}{A_{p1}A_{p2}A_{p3}P_{ni}} \\ &= NF_1+\dfrac{NF_2-1}{A_{p1}}+\dfrac{NF_3-1}{A_{p1}A_{p2}} \end{aligned} \quad (17.6.7)$$

对于 n 级级联放大器，可以用递推法得出其噪声系数为：

$$NF_{1,2,\cdots,n}=NF_1+\dfrac{NF_2-1}{A_{p1}}+\dfrac{NF_3-1}{A_{p1}A_{p2}}+\cdots+\dfrac{NF_n-1}{A_{p1}\cdot A_{p2}\cdots A_{pn-1}} \quad (17.6.8)$$

这就是多级放大器的噪声系数理论的 Friis 公式，它是 Friis 于 1944 年 7 月提出的，从这个公式可以看出，多级放大器噪声系数的大小，主要取决于第一级放大器的噪声系数，为了使多级放大器的噪声系数减小，应尽量减小第一级的噪声系数，以及提高第一级的功率放大倍数 A_{p1}，这就是设计低噪声前放的又一个重要原则。

17.7　耦合网络的低噪声设计原则

从光电探测器获取信号，除了要有必要的偏置电路外，还必须有耦合网络才能将探测器输出的信号送到后续的低噪声前置放大器进行放大。

这一节介绍耦合网络的类型,以及耦合网络的低噪声设计的原则。

首先,用源阻抗 Z_s 表示探测器和偏置电路形成的等效阻抗,而用 V_s 表示由探测器得到的信号电压,这样探测器及其偏置电路就可以用图 17.7.1 表示的等效电路来代替,即探测器及其偏置电路可以等效为内阻为 Z_s、电动势为 V_s 信号源。

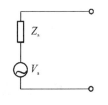

图 17.7.1 探测器及其偏置电路的等效电路

信号源与前放耦合的方式,经过归纳,有如图 17.7.2 所示的五种形式。

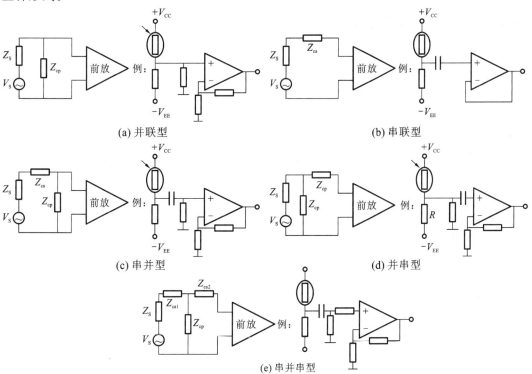

图 17.7.2 探测器与前置放大器的五种耦合方式

耦合网络除了要符合电子学的设计原则之外,从降低噪声提高输出端信噪比的角度来考虑,为了尽量减少耦合网络带来的噪声,必须满足下列条件。若

$$\begin{cases} Z_{cp} = R_{cp} + jx_{cp} \\ Z_{cs} = R_{cs} + jx_{cs} \end{cases}$$

则应满足:

① 对于耦合网络中的串联阻抗元件,有:

$$\begin{cases} R_{cs} << E_n/I_n \\ X_{cs} << E_n/I_n \end{cases}$$

② 对于耦合网络中的并联阻抗元件,有:

$$\begin{cases} R_{cp} << E_n/I_n \\ X_{cp} << E_n/I_n \end{cases}$$

E_n、I_n 为前置放大器的 E_n-I_n 模型中 E_n、I_n 参量。

③ 为了减小电阻元件的过剩噪声(过剩噪声是除了热噪声之外的一种由流过电阻的直流电流所引起的 1/f 噪声),必须尽量减小流过电阻的电流,或者降低电阻两端的直流压降。

由于每一个元件都是一个噪声源,对系统的输出噪声都有贡献,因此为了减小输出端的噪声,提高信噪比,应尽量采用简单的耦合方式,在可能的情况下,应采用直接耦合方式,从而消除耦合网络所带来的噪声。在迫不得已要采用耦合网络时,注意遵循上述原则。

17.8 低噪声前置放大器的选用

为了将探测器输出的微弱信号放大,必须合理地设计或选用低噪声前置放大器,以保证放大器的输入端和输出端有足够大的信噪比。下面介绍低噪声前置放大器的选用方法。

17.8.1 根据低噪声前放的 N_F(dB)值计算等效输入噪声 E_{ni}

根据前面介绍的有关噪声的基础知识,噪声系数 N_F 是用来描述放大器(或一个器件)噪声性能的参数,如果一个放大器是理想的无噪声的放大器,那么,它的噪声系数 NF=1,而 $N_F=20\lg NF=0$ dB,一个质量好的低噪声前置放大器其 N_F 值可以达到 0.05 dB 甚至更低。生产厂商在出售低噪声前置放大器时,都附有相关的技术资料,其中就包括提供各种测试条件下的 N_F 值。

系统设计时,可以充分利用这些技术资料了解其性能。可以根据 N_F 值来计算低噪声前放的等效输入噪声 E_{ns},根据式(17.3.9),有:

$$\text{NF} = \frac{E_{ni}^2}{E_{ns}^2} = \frac{E_{ni}^2}{4kTR_s \Delta f} \tag{17.8.1}$$

采用分贝表示的噪声系数为:

$$N_F = 10 \lg \text{NF} = 10 \lg \frac{E_{ni}^2}{4kTR_s \Delta f} \tag{17.8.2}$$

解之,得:

$$E_{ni} = 10^{\frac{N_F}{20}} \sqrt{4kTR_s \Delta f} \tag{17.8.3}$$

此式表明,如果已知前置放大器的 N_F 值,信号源的源电阻 R_s 及带宽 Δf(在其中心频率 f_0 附近)则放大器的等效输入噪声 E_{ni} 即可求出。

17.8.2 根据 E_{ni} 和 V_{si} 来选用前置放大器

知道了放大器的等效输入噪声 E_{ni} 的大小后,将 E_{ni} 和放大器输入端的信号 V_s 进行比较,就可判定这个放大器是否符合要求,一般是根据系统对(V_s/E_{ni})的比值的要求来选定放大器的 N_F 值。应该注意的是,N_F 值和 E_{ni} 的大小都是和源电阻及带宽 Δf 密切相关的。其中带宽 Δf 是由系统的需要所确定的,并且是由系统中的某一部件,如带通滤波器或者前置放大器本身的通频带所决定的。

下面根据实例来说明前置放大器的选用。例如,有两个标号分别为 1 号、2 号的前置放大器,它们的有关数据经计算列于表 17.8.1 中。

表 17.8.1 几种不同 R_s、Δf、N_F 值情况下的 E_{ni}

E_{ni} $\Delta f, R_s$ 标号	1 号 $N_F=20$ dB	2 号 $N_F=3$ dB
$R_s=100$ Ω $\Delta f=100$ Hz	130 nV	18 nV
$R_s=100$ Ω $\Delta f=1$ Hz	18 nV	1.3 nV

注:$T=300$ K,表格计算方法前面已介绍,详见式(11.8.3)。

如果被测信号为 $V_{si}=1\mu V$，$\Delta f=100$ Hz，$R_s=100$ Ω，且系统要求 $\dfrac{V_s}{E_{ni}}>10$。如果选用 1 号放大器，则有：

$$\frac{V_s}{E_{ni}}=\frac{1\ \mu V}{130\ nV}=\frac{1\ 000\ nV}{130\ nV}=7.69<10$$

故不合要求，如果选用 2 号放大器，则有：

$$\frac{V_s}{E_{ni}}=\frac{1\ \mu V}{18\ nV}=\frac{1\ 000\ nV}{18\ nV}=55.56>10$$

故符合要求。

故在信号源内阻 $R_s=100$ Ω，系统带宽 $\Delta f=100$ Hz，且要求 $V_{si}/E_{ni}>10$ 的条件下，应该选择 2 号放大器作为低噪声前置放大器使用。

若其他条件不变，采取压缩带宽的措施，使 $\Delta f=1$ Hz，经过计算可知，1 号放大器也可以适用。故压缩带宽对克服噪声是非常有利的，但是压缩带宽在某些情况下可能损失信息量，所以压缩带宽有时要付出一定的代价。

17.8.3 N_F 图的应用

在上面的例子中，表 17.8.1 是如何得到的呢？这些数据是由低噪声前置放大器的生产厂家所提供的 N_F 图得到的。

由式(17.8.2)，可得：

$$N_F=10\lg\frac{E_{ni}^2}{4kTR_s\Delta f}=10\ \lg\frac{E_{ni}^2}{E_{ns}^2}$$

可知选定不同的 R_s 和 Δf 测出 E_{ni} 就可以得到一系列的 N_F 值。

生产厂家在测量中通常的做法是在放大器后面接一个中心频率 f_0 可调的带通滤波器，采用噪声发生器法，或正弦波法，测出不同 R_s 和 f_0 条件下的一系列 N_F 值，都标在坐标图上。坐标图以 f_0 为横坐标，R_s 为纵坐标，且均以对数为标度。将所有 N_F 值相等的点连接起来，就得到一幅 N_F 等值图，称为放大器的噪声因子图或 N_F 图。不同的放大器有不同的 N_F 图，放大器一经制成，N_F 图的结果就是唯一的，生产厂家必须向用户提供低噪声前置放大器的 N_F 图，如图 17.8.1 所示的就是美国 PARC 公司 113 型低噪声前放的等值图，它充分反映了该放大器的噪声特性。

利用 N_F 图，可以做到如下几点。

(1) 从 N_F 图中，可以选择 N_F 最小的 R_s 和 f_0 的范围。例如，113 型低噪声前放 $N_F=0.05$ dB 等值线 f_0 的范围在几赫兹到几千赫兹，而 R_s 的范围从几百千欧到 10 MΩ。

(2) 在实际的微弱信号检测中，不同的检测对象可根据 N_F 图选择最适用的前置放大器。由于测量和放大的对象不同，源电阻 R_s 的差异是很大的。例如，光电信增管(PMT)的 R_s 很大，热电偶的 R_s 却很低。同样，工作频率的选择也不一致。例如，声学或生物医学的选择常在低频范围，而某些电检测又常常避开 $1/f$ 噪声，需选择中频区，N_F 图为我们正确选择前置放大器提供了依据。

(3) 利用 N_F 图还可以计算出最小可检测信号 MDS 的大小，MDS 的定义为折合到放大器输入端的 E_{ni}。

由式(17.8.3)，可得：

$$E_{\mathrm{ni}} = 10^{\frac{N_{\mathrm{F}}}{20}} \sqrt{4kTR_{\mathrm{s}}\Delta f}$$

可以由等值图中最小的 N_{F} 值计算出低噪声前放在一定条件下的最小的 E_{ni}，这就是 MDS。

在科研和开发中，选购低噪声前置放大器时，应注意向厂方要求提供 N_{F} 图及有关技术参数，其他参数还有如输入、输出阻抗、增益、带宽、N_{F} 最小点、增益稳定度等。如有特殊要求可另行商议。

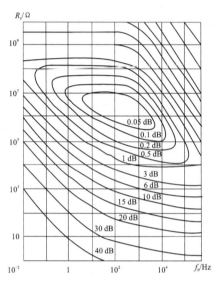

图 17.8.1　113 型低噪声前放的 N_{F} 图

17.9　噪声参数的测量

在进行低噪声前置放大器的设计过程中，首先要选择低噪声元器件，但对于有些器件来说，手册中可能并未给出详尽的噪声性能参数，即使给出了，也只是这类器件的平均参数，而实际元器件的参数可能与手册上给出的数据相差很多。在要求较高的情况，或实验里有噪声测量系统可用时，就应该对所用器件进行噪声测量。

设计与制作了一个低噪声前置放大器或购买了一个低噪声前置放大器，它的真正噪声性能如何，也必须通过测量才能证实。因而噪声测量是低噪声设计中必不可少的环节。

前面已引入描述放大器噪声的有关参数，如输出噪声功率 E_{n0}^2、等效输入噪声 E_{n1}、噪声电压 E_n、噪声电流 I_n、噪声系数 N_{F} 等都是能够直接测量或间接测量的量。

17.9.1　噪声测量的特点

噪声测量与其他电量的测量方法最主要的不同之处是其电压太小，噪声电压往往只有 μV 或 nV 数量级。不能直接把一个高灵敏的电压表放在放大器输入端去测量，一方面是因为噪声值太小，另一方面还因为噪声实际上分布在放大器的各个部分，将其等效到输入端只是理论分析处理的结果。因此噪声的测量都是在电平最高的输出端测量。测出的总噪声是系统内部各个噪声作用的综合结果。

17.9.2 等效输入噪声 E_{ni} 的测量

根据式(17.2.1),有: $E_{ni}^2 = \dfrac{E_{n0}^2}{A_{vs}^2} = E_{ns}^2 + E_n^2 + (I_n R_s)^2$

故各噪声参数的测量,都可归结到 E_{n0}^2 的测量。对 E_{n0}^2 的测量,有以下两种方法。

1. 正弦波法

根据等效输入噪声的意义,等效输入噪声就是将整个电路的噪声折算到信号源处的结果。正弦波法的原理图如图 17.9.1 所示。

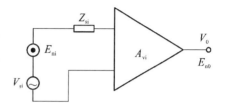

图 17.9.1 正弦波法测量等效输入噪声

1) 用正弦波法测 E_{ni} 的步骤

(1) 在输出端测量总输出噪声 E_{n0}。

(2) 测量并计算从信号源到输出端的传输函数 A_{vs},而 $A_{vs} = \dfrac{V_0}{V_s}$。

(3) 计算等效输入噪声。

$$E_{ni} = \dfrac{E_{n0}}{A_{vs}}$$

从以上三步可以看出,其中的关键是步骤(1),实际的测量线路如图 17.9.2 所示。

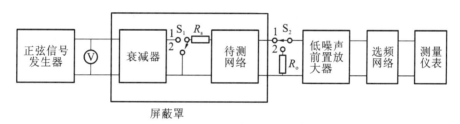

图 17.9.2 正弦波法实际测量线路图

2) 对各部分仪表的要求

(1) 正弦信号发生器是用来测量系统输出对源的放大倍数 A_{vs} 的信号源,输出正弦信号幅值应稳定。

(2) 交流电压表 V 是用来测量信号发生器输出电压的大小的,要求精度高、频带宽,即应使用宽频带高精度交流电压表。

(3) 低阻抗衰减器有三方面用途:一是将信号发生器输出的信号衰减,并提供给待测电路以使其有一个正常的动态范围;二是提供一个低的输出阻抗,要求比 R_s 小很多;三是能够与待测电路一起进行屏蔽,减小源端的外界干扰。

(4) 模拟源电阻 R_s 的大小应等于待测电路在实际应用时所接探测器的内阻的大小。

(5) 模拟输出电阻 R_o 的大小应等于待测电路输出电阻大小。它的用途是,当低噪声放大器及选频电路的噪声不可忽略时,可将 R_o 并联在低噪声放大器输入端,这时,测出低噪声放大器及选频电路的噪声,然后与总噪声相减就得到待测电路及源电阻的输出噪声。

(6) 由于待测电路的噪声很微弱,一般为 nV 或 μV 量级,因此用普通仪表测量有困难,必须后接低噪声放大器使微弱信号放大到能被后面的仪表所检测,故要求低噪声前置放大器噪声越低越好。

(7) 选频电路是一个带宽比被测电路及低噪声放大器都窄的带通滤波器,其带宽 Δf 即为整个系统的带宽。

(8) 均方根指示计的表头必须选用真均方根电压表。这种电压表的工作原理和普通的整流式电压表的工作原理是不同的。

根据式(17.2.1),分别测出放大器输出端的 E_{no}^2 及放大器的 A_{vs}(即对信号源的放大倍数),就可以计算出 E_{ni}。

17.2 节中已经介绍,利用式(17.2.1),算出 E_{ni} 后就可分别求出 E_n 及 I_n。在 $R_s=0$ 的条件下,$E_n^2=E_{ni}^2$,在 R_s 较大且 E_n^2 已经求出时,有:

$$I_n^2 R_s^2 = E_{ni}^2 - E_{ns}^2 - E_n^2 = E_{ni}^2 - 4kTR_s\Delta f - E_n^2$$

即可求出:
$$I_n^2 = \frac{E_{ni}^2 - E_n^2}{R_s^2} - \frac{4kT\Delta f}{R_s} \tag{17.9.1}$$

在测得 E_{ni}^2 的情况下,噪声系数 N_F 可由式(17.8.2)求出:

$$N_F = 10 \lg \frac{E_{ni}^2}{4kTR_s\Delta f}$$

由此可知,在噪声测量中,关键是求得 E_{ni}^2,而 E_{ni}^2 的测量是通过 E_{no}^2 和 A_{vs} 的测量得到的。

2. 噪声发生器法

噪声发生器法属于比较法,比较的基准是噪声发生器,因此测量的准确度决定于噪声发生器的精度和读数误差。此外,还要求噪声发生器在测量带宽上应具有均匀的噪声谱密度。

图 17.9.3 所示的是噪声生发器法测量等效输入噪声的原理图。E_{ni} 为放大器的等效输入噪声,E_{ng} 为噪声发生器,R_s 为源电阻。为了测量 E_{ni},在输出端进行两次噪声测量:一次是噪声发生器未接入时的总输出噪声 E_{n01},于是有:

$$E_{n01}^2 = A_{vs}^2 E_{ni}^2 \tag{17.9.2}$$

A_{vs} 是系统的传输函数(对源的放大倍数),另一侧是噪声发生器接入时的总输出噪声 E_{n02},且

$$E_{n02}^2 = A_{vs}^2 (E_{ni}^2 + E_{ng}^2) \tag{17.9.3}$$

由上两式可得:
$$A_{vs}^2 = \frac{E_{n02}^2 - E_{n01}^2}{E_{ng}^2} \tag{17.9.4}$$

由式(17.9.2)又可得:
$$E_{ni}^2 = \frac{E_{n01}^2}{A_{vs}^2}$$

将式(17.9.4)代入得:
$$E_{ni}^2 = \frac{E_{n01}^2 E_{ng}^2}{E_{n02}^2 - E_{n01}^2} \tag{17.9.5}$$

上面介绍的方法要进行两次测量,实际上只要改变 E_{ng} 使第二次接入 E_{ng} 后的 E_{n02} 和未接入 E_{ng} 时的 E_{n01} 满足:

$$E_{n02}^2 = 2E_{n01}^2$$

则可由式(17.9.5)得到:
$$E_{ni}^2 = \frac{E_{n01}^2 E_{ng}^2}{2E_{n01}^2 - E_{n01}^2} = E_{ng}^2 \tag{17.9.6}$$

上式表明,使输出噪声功率增大一倍所需的噪声发生器电压就是放大器的等效输入噪

声,故噪声发生器法又称功率增倍法。

3. 两种方法小结

正弦波法与噪声发生器法各有所长。正弦波法的特点是所用设备一般实验室都具备,适合于低频和中频的情况使用,其缺点是测量和计算次数较多。

噪声发生器的特点是操作简便易行,速度快。故在宽带系统中或要求频繁测量时能充分发挥其优势,适用于高频和射频,但要求噪声发生器应精确定标。在测量带宽内要求为白噪声,但在低频时难以满足,因为有 $1/f$ 噪声。

噪声发生器可以自己制作,如一个稳压管就是一个最简单的噪声发生器。如图 17.9.4 所示,也可以用正向偏置的二极管作为噪声电压发生器。

图 17.9.4 所示的电路中,电容 C_2 有旁路和稳定电源输出的作用,C_1 为隔直作用。

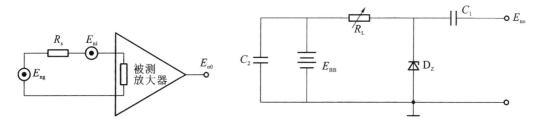

图 17.9.3 噪声发生器法测量等效输入噪声　　图 17.9.4 用稳压管制作的噪声发生器

一个宽带白噪声发生器如图 17.9.5 所示,它是利用三极管 T_2 的发射结反偏后产生的齐纳击穿现象来产生噪声,是一种散粒噪声。

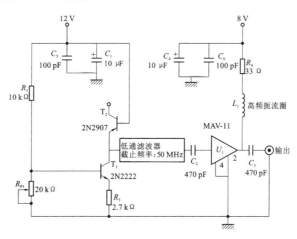

图 17.9.5　实用的宽带白噪声发生器

在图 17.9.5 中,发射极—基极所呈现的反向击穿电压可以很容易地用一般的频谱分析仪观察到。可达到的带宽约为 300 MHz,而功率输出大约是 -70 dBm(毫瓦分贝)。

为了增大噪声功率,可以增加一个或多个放大器,图中采用了 Mini-Circuits 公司的 MAV-11 单片放大器,在噪声发生器和放大器之间接入了一个 50 MHz 的低通滤波器(亦选用的该公司的 PLP-50 芯片),这对于保持放大器输出功率,并将带宽压缩在允许的数值是必不可少的。这样配置的结果,将白噪声的带宽限制在 0～50 MHz 范围内,即噪声功率谱在滤波器截止频率之外变为零。

R_4的作用是用来限制加到放大器的电流。L_1是高频振流圈,将射频信号和直流电流隔开。C_3是隔直电容,用于去掉发生器输出的直流成分。

调节微调电位器R_{P1},可使噪声发生器输出的噪声功率发生变化,最高可达-60 dBm。

17.10 低噪声前置放大器对电源的要求

任何放大器都必须采用直流电源供电,低噪声前置放大器也不例外。由于低噪声前置放大器的性能指标要求高。因此,对直流供电源的要求也高,主要是要求直流稳压电源的稳压度高和纹波小。

由于一般的开关电源稳定度和纹波远远达不到要求,故不能采用,或者只能作为初级稳压源。一般的线性电源(如三端稳压块)其稳定度只能达到$10^{-2}\sim10^{-3}$,其纹波电压为1 mV~0.1 mV 数量级,而低噪声前置放大器要求其供电直流稳压电源稳定度高达$10^{-5}\sim10^{-6}$,要求纹波电压小于0.1 μV,故一般的线性电源也达不到要求,因而必须采用高精度线性直流稳压电源。采用三端稳压块加多级 RC 滤波,在要求不高的场合,也能满足要求。

为了避免从电源引入共模干扰,电源变压器都必须采用屏蔽层,如图 17.10.2 所示。没有屏蔽层的电源变压器将引入共模干扰,如图 17.10.1 所示。

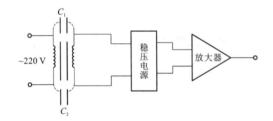
图 17.10.1 未加屏蔽层的电源变压器
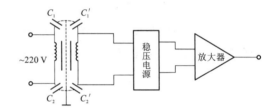
图 17.10.2 加了屏蔽层的电源变压器

初级高压及其波动通过级间分布电容C_1、C_2送到稳压电流及放大器并形成通路,使放大器受到干扰。

初级、次级之间加了屏蔽层之后,这种干扰大部分会被屏蔽掉了,其中只有极少的干扰通过分布电容耦合到放大器形成通路,如图 17.10.2 所示。绝大部分由C_1、C_2形成了通路,没有耦合到稳压电源和放大器中去,或极小一部耦合到次级,这可以从电容串联后总的容量小于单个电容的容量这一点来说明。

低噪声前置放大器,在有的情况下,可单独用电池供电,电池由于体积小,因而能够与放大器一起放在屏蔽罩内避免外界干扰,但电池由于具有内阻,且随着耗电量的增加,内阻会不断增加。电池由于具有内阻而存在过量噪声(即电阻的过剩噪声)并随着使用时间延长,耗电量会增加。内阻不断增大,这种噪声也越来越大,可以通过一个滤波电路来滤除电池的噪声。

17.11 低噪声集成运算放大器的选用

随着集成电路制造技术的不断提高,低噪声、低温漂的集成运算放大器的种类越来越多,因此,在低噪声前置放大器的设计中,可直接选用性能优良的低噪声集成运算放大器,这可以节省许多时间。

1. 利用低噪声运算放大器的 N_F-R_s 曲线选择运算放大器

对于低噪声集成运算放大器，生产厂商一般会在其产品手册中提供一定测试条件下的 N_F-R_s 曲线，如图 17.11.1 和图 17.11.2 所示。

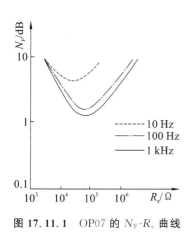
图 17.11.1 OP07 的 N_F-R_s 曲线

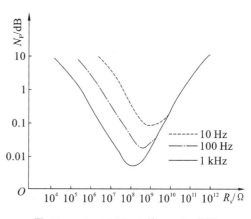
图 17.11.2 LMC662 的 N_F-R_s 曲线

从 N_F-R_s 曲线上可以清楚地看到，在所使用的频率范围内，源电阻 R_s 和噪声系数 N_F 的关系。当 R_s 为 50 kΩ，使用频率为 1 kHz 时，OP07 的 N_F 约为 3 dB，而 LMC662 的却为 8 dB，故这两者中应选用 OP07。

2. 利用 E_n、I_n 计算 E_{ni}

有的生产厂商只提供在一定测试条件下的 $E_n/\sqrt{\Delta f}$、$I_n/\sqrt{\Delta f}$ 值。其中，$E_n/\sqrt{\sim}$、$I_n/\sqrt{\sim}$ 是表示噪声的谱密度函数，单位分别是 $V/\sqrt{Hz}$ 和 $A/\sqrt{Hz}$。

此时，可根据源电阻 R_s 的情况，选用 $E_n/\sqrt{\Delta f}$ 和 $I_n/\sqrt{\Delta f}$ 均较小的运算放大器，尤其是在 R_s 较大的情况下，$I_n/\sqrt{\Delta f}$ 起着比较大的作用。根据实际计算来确定 E_{ni} 再和 V_s 比较。然后根据 P_{si}/P_{ni}（或 V_{si}/E_{ni}）的要求决定运算放大器是否符合要求。

例如，OP07 和 LMC662 在 1 kHz 时的 $E_n/\sqrt{\Delta f}$ 和 $I_n/\sqrt{\Delta f}$ 分别如表 17.11.1 所示。

表 17.11.1 OP07 和 LMC662 在 1 kHz 时的 $E_n/\sqrt{\Delta f}$ 和 $I_n/\sqrt{\Delta f}$ 的值

	$E_n/\sqrt{\Delta f}$	$I_n/\sqrt{\Delta f}$
OP07	9.6 nV·Hz$^{-1/2}$	120 fA·Hz$^{-1/2}$
LMC662	22 nV·Hz$^{-1/2}$	0.113 fA·Hz$^{-1/2}$

当 $R_s=50$ kΩ，且工作在 1 kHz 的条件下，应选哪一种运放可使 E_{ni}^2 更小一些呢？假定带宽为 $\Delta f=1$ Hz。分别计算如下。

由于 $E_{ni}^2 = E_{ns}^2 + E_n^2 + (I_n R_s)^2$，所以对于 OP07 来说，有：

$$(E_{ni}^2)_{OP07}^2 = 4kTR_s\Delta f + \Delta f \left(\frac{E_n}{\sqrt{\Delta f}}\right)^2 + \Delta f \left(\frac{I_n}{\sqrt{\Delta f}} \cdot R_s\right)^2$$

$$= 4 \times 1.38 \times 10^{-23} \times 290 \times 50 \times 10^3 + 1 \times (9.6 \times 10^{-9})^2 + 1 \times (120 \times 10^{-15} \times 50 \times 10^3)^2$$

$$= 80.04 \times 10^{-17} \, V^2 + 9.216 \times 10^{-17} \, V^2 + (6 \times 10^{-9})^2 \, V^2$$

$$= 8.0 \times 10^{-16} \text{ V}^2 + 9.216 \times 10^{-17} \text{ V}^2 + 3.6 \times 10^{-17} \text{ V}^2$$
$$= 8.0 \times 10^{-16} \text{ V}^2 + 128.16 \times 10^{-18} \text{ V}^2$$
$$= 8.0 \times 10^{-16} \text{ V}^2 + 128 \times 10^{-16} \text{ V}^2$$
$$= 9.28 \times 10^{-16} \text{ V}^2$$

在 $T=290$ K,1 Hz 带宽下,对于 LWC662 来说,有:
$$(E_{ni})^2_2 = 4kTR_s \Delta f + (22 \times 10^{-9})^2 + (0.113 \times 10^{-15} \times 50 \times 10^3)^2$$
$$= 8.0 \times 10^{-16} \text{ V}^2 + 4.84 \times 10^{-16} \text{ V}^2 + (5.65 \times 10^{-12})^2$$
$$= 8.0 \times 10^{-16} \text{ V}^2 + 4.84 \times 10^{-16} \text{ V}^2 + 3.19 \times 10^{-23} \text{ V}^2$$
$$= 21.84 \times 10^{-16} \text{ V}^2$$

可见,$(E_{ni})^2_{OP07} < (E_{ni})^2_{LMC662}$。
$$(E_{ni})_{OP07} = 3.046 \times 10^{-8} \text{ V}$$

即 $E_{ni}/\sqrt{\Delta f} = 30.46 (\text{nV}/\sqrt{\text{Hz}})$,故决定选用 OP07。

有些集成低噪声运算放大器,手册上没有给出 N_F-R_s 曲线,甚至 I_n 也没有给出,只给出了 $E_n/\sqrt{\sim}$,符号 $E_n/\sqrt{\sim}$ 是表示噪声的谱密度函数,单位是 $\text{V}/\text{Hz}^{1/2}$。I_n 也是以 $I_n/\sqrt{\sim}$ 形式给出,单位是 $\text{A}/\text{Hz}^{1/2}$。如果只给出了 $E_n/\sqrt{\sim}$,则可自己来计算 $I_n/\sqrt{\sim}$。

根据 $I_n^2 = 2qI_B \Delta f$,可得:
$$\frac{I_n}{\sqrt{\Delta f}} = \sqrt{2qI_B}$$

式中:q 为电子电量;I_B 为运放输入级偏置电流(但真正高质量的低噪声运放,特性曲线应该齐全)。

例如,当 $I_B = 100$ nA 时,可求得:
$$I_n^2 = 2qI_B \Delta f = 2 \times 1.60 \times 10^{-9} \text{ C} \times 100 \times 10^{-9} \text{ A} \times 1 \text{ Hz} = 3.2 \times 10^{-26} \text{ A}^2$$
$$\frac{I_n^2}{\Delta f} = \frac{3.2 \times 10^{-26} \text{ A}}{\Delta f}$$

令 $\Delta f = 1$ Hz,有:则
$$\frac{I_n}{\sqrt{\sim}} = \sqrt{\frac{3.2 \times 10^{-26} \text{ A}^2}{1 \text{ Hz}}} = 1.79 \times 10^{-13} \text{ A}/\sqrt{\text{Hz}} = 1.79 \times 10 \text{ nA}/\sqrt{\text{Hz}}$$

17.12 设计举例

有一光导型 PbS 探测器,在室温下工作,其内阻范围为 100 kΩ~200 kΩ,信号的频率范围为 0~1 000 Hz(即 $\Delta f = 1 000$ Hz,$f_0 = 500$ Hz)V_{si} 为 50 μV~500 μV,试为其设计一个低噪声前置放大器,要求 $A_{vs} \geq 20$,等效输入噪声 $E_{ni} \leq 10$ μV(保证 $\frac{V_{si}}{E_{ni}} \geq 5$)。

1. 电源的选取原则

电源电压应综合考虑,即偏置电路的电压和放大器的电源电压尽量一致,以减少电源种类。电源的选取应符合低噪声电子设计的要求,详见 17.10 节。

2. 有源器件的选择

根据实际的源电阻(包括偏置电路在内)来选择有源器件,由于 PbS 的室温下的电阻

值为 100 kΩ～200 kΩ,假定采用匹配偏置,如图 17.12.1 所示,则有:

$R_S = R_t // R_L = \frac{1}{2}R_L = \frac{1}{2}R_t$,所以 $R_s = \frac{1}{2}R_t = $ 50 kΩ～100 kΩ。由双极晶体管的最佳源电阻的适用范围是从几百欧到 1 兆欧,故可以选用双极型晶体管,也可以选用集成运放和结型场效应管,最终要查手册选定型号后购买。

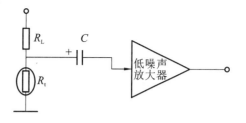

图 17.12.1　PbS 的偏置电路

根据上节的计算数据,可选择 OP07 作为有源器件,具体原因如下。

(1) OP07 在源电阻为 50 kΩ 时,N_F 为 3 dB,实际源电阻,可能在 50 kΩ～100 kΩ 之间。如果源电阻为 100 kΩ 时,OP07 的 N_F 可达 1 dB,比其他低噪声运放(经过比较)要低,且 OP07 易于购买,价格适中。

(2) 根据上节计算,可得:

$$\frac{E_{ni}}{\sqrt{\Delta f}} = 30.46 \times 10^{-9} \frac{V}{\sqrt{Hz}}$$

对于 1 000 Hz 带宽来说,$E_{ni} = \sqrt{\Delta f} \cdot \left(\frac{E_{ni}}{\sqrt{\Delta f}}\right)$,故:

$$E_{ni} = \sqrt{1\,000\,Hz} \cdot 30.46 \times 10^{-9} V/\sqrt{Hz} \approx 0.96 \times 10^{-6} V = 0.96\,\mu V$$

故 $E_{ni} = 0.96\,\mu V \ll 10\,\mu V$,满足要求。

有源器件选择原则除了噪声要求之外,还有其他多种因素,如性能价格比等。

3. 选择电路形式,进行参数选择设计

采用 OP07 作第一级低噪声放大器,因为其开环放大倍数很大。因此,必须采用具体的运算电路,形成闭环电路,可供选择的电路形式有如下几种。

(1) 同相比例放大电路,这属于电压串联负反馈,如图 17.12.3 所示。
(2) 反相比例放大电路,这属于电压并联负反馈,如图 17.12.4 所示。

对于电压串联负反馈,为了使反馈网络所产生的噪声可以忽略不计,必须满足:

$$(R_{F1} // R_{F2}) \ll \frac{E_n}{I_n} = 80\,k\Omega\,(\text{由 OP07 数据算出})$$

而同相比例放大器的放大倍数为:

$$A_V = \frac{V_o}{V_i} = \left(1 + \frac{R_{F1}}{R_{F2}}\right) \gg 20 \tag{17.12.1}$$

故由式(17.11.7)解得 $R_{F1} \geq 19 R_{F2}$。

取 $R_{F1} = 29 R_{F2}$,此时 $A_v = 30$,再根据不等式条件:

$$R_{F1} // R_{F2} = \frac{R_{F1} \cdot R_{F2}}{R_{F1} + R_{F2}} = \frac{29 \cdot R_{F2}^2}{30 R_{F2}} = \frac{29}{30} R_{F2} \ll 80\,k\Omega$$

取 $\frac{29}{30} R_{F2} \approx 10, \cdots, 2, 1\,k\Omega$,均可。所以 $R_{F2} \approx 10, \cdots, 2, 1\,k\Omega$,则是 $R_{F1} = 290\,k\Omega, \cdots, 29\,k\Omega$。

具体电路如图 17.12.5 所示。

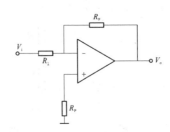
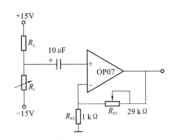

图 17.12.3　同相比例放大　　图 17.12.4　反相比例放大　　图 17.12.5　PbS 低噪声放大器

如果 R_{F1} 采用线绕多圈电位器，则本级增益可以调节。

如果选择反相比例放大器，则必须满足 $R_F \gg E_n/I_n$ 的低噪声条件，即 $R_F \gg E_n/I_n = 80$ kΩ，所以 R_{F1} 至少取 1 MΩ 的高阻值电阻，这极易引入外界干扰，故不宜选用这种电路形式。在模拟电子技术中介绍过，反相比例放大器在某些方面性能优于同相比例放大器，即反相比例放大不会引入共模干扰，而在低噪声设计中，可以看出同相比例放大器也有优于反相比例放大器的地方。当然，这里采用反相比例放大，也有一些优点，如第一级功率增益大等。

习　题　17

17.1　画出放大器的 E_n-I_n 模型，并导出等效输入噪声 E_{ni} 的表达式。说明这种模型方法在科学研究中的意义。

17.2　给出噪声系数 NF 的定义，一个三极管的噪声系数 $N_F = 0$ dB，其实际意义是什么？

17.3　什么是噪声匹配？实现噪声匹配的目的是什么？给出简要论述和证明。

17.4　试证明三级级联放大器的噪声系数：

$$\mathrm{NF}_{1,2,3} = \mathrm{NF}_1 + \frac{\mathrm{NF}_2 - 1}{A_{p1}} + \frac{\mathrm{NF}_3 - 1}{A_{p1} \cdot A_{p2}}$$

17.5　为什么要进行有关噪声参数的测量？噪声测量的特点是什么？

17.6　简述噪声测量中正弦波法的原理和步骤。

17.7　简述噪声测量中噪声发生器法的原理和步骤。

17.8　简述测量放大器 E_n-I_n 模型中 E_n 和 I_n 的方法及步骤。

17.9　求下列情况下，白噪声通过放大器后，输出端的噪声功率 E_{no}^2，设白噪声的功率谱密度为 ρ，而放大器的功率增益特性分别为：

(1) $A_v^2(f) = \begin{cases} f & 0 \leqslant f \leqslant 1 \text{ kHz} \\ 1\,000 & 1 \text{ kHz} \leqslant f \leqslant 20 \text{ kHz} \\ 1\,000 - 0.012\,5\,(f - 20\,000) & 20 \text{ kHz} \leqslant f \leqslant 100 \text{ kHz} \\ 0 & f > 100 \text{ kHz} \end{cases}$

(2) $A_v^2(f) = \begin{cases} \left(\dfrac{f}{f_1}\right)^{N_1/6} & 0 < f < f_1 \\ 1 & f_1 < f < f_2 \\ \left(\dfrac{f_2}{f}\right)^{N_2/6} & f_2 < f < \infty \end{cases}$

17.10　求上题中两种情况下放大器的等效噪声带宽。

17.11　晶体三极管中有哪几种基本噪声源？试画出晶体三极管的混合 π 型噪声等效电路，并阐明为了获得小的噪声系数，应如何选取三极管的有关参数？

17.12　结型场效应管中有哪几种基本噪声源，试画出结型场效应管的噪声等效电路。

17.13 电阻中除了热噪声外,还有什么噪声?

17.14 理想的电容是否产生噪声?实际的电容是否产生噪声?若产生,画出其噪声等效电路。

17.15 理想的电感是否产生噪声?实际的电感是否产生噪声?若产生,画出其噪声等效电路。

17.16 半导体二极管有哪些噪声源?画出其噪声等效电路,并写出噪声源的表达式。

17.17 什么样的偏置电路称为无噪声偏置电路?

17.18 放大器的噪声与晶体管的组态有什么样的关系?

17.19 负反馈能否抑制放大器的噪声?为什么?

17.20 在低噪声电子设计中,应选用什么样的稳压二极管为什么?

17.21 试简述各种负反馈中反馈元件选取所必须遵循的低噪声电子设计的原则。

17.22 如果源阻抗较小,实现噪声匹配的方法有哪些?

17.23 有一低噪声前置放大器,噪声系数 N_F 为 3 dB,源电阻为 100 Ω,带宽为 100 Hz,求:①$t=27$ ℃ 时之等效输入噪声 E_{ni}。②$N_F=2$ dB 时,其他条件相同时的 E_{ni}。

17.24 已知源电阻为 100 kΩ,带宽为 $\Delta f=1\,000$ Hz,在 $T=300°$ 时,欲使输入信噪比 $(V_{si}^2/E_{ni}^2)\geqslant 2$,且已知 $V_{si}=10\ \mu V$,应选用噪声系数 N_F 为多大的前放才合用。若要求 $(V_{si}^2/E_{ni}^2)\geqslant 10$ 呢?

17.25 在源和前置放大器之间并联一个理想的电容 C,试用 E_n-I_n 模型分析此时的等效输入噪声 E_{ni}。

第18章 屏蔽接地技术

18.1 抗干扰方法

屏蔽接地技术是为了排除电子线路外部的干扰和内部相互间的串扰而发展起来的。它是一般电子线路必须考虑的问题,对于传感器探测系统来说,电子线路是其重要的组成部分,因此这个问题显得更为重要和突出。如果对于电子线路的屏蔽和接地没有处理好,设计得再完美的传感器探测系统也无法发挥作用。

电子线路的抗干扰技术是 EMC 的一个主要组成部分,EMC 是 Electro-Magnetic Compatibility 的缩写,可译为电磁环境兼容性。使用这种技术的目的是使一个电气装置或系统既不受周围电磁环境的影响,又不对环境造成电磁影响,它不会因电磁环境导致性能变差或产生误动作,而完全可以按原设计能力而可靠的工作。

电子线路是传感器探测系统中重要组成部分,其总的放大倍数可以高达 10^{11} 以上,即总增益可高达 220~240 dB。因此,电子线路的各个部分都很容易接受外界电磁场的干扰,尤其是前置放大器部分。

电子线路需要直流稳压电流供电才能正常工作,如果直流稳压电源质量不高,接线不合理,就可能造成干扰,使系统不能正常工作。

电子线路一般是由许多级组成,每级电路都需要连接到系统的公共地端,如果地线布局不合理,也会形成干扰信号,使系统无法正常工作。

当电子线路受到干扰而无法正常工作时,首先要观察和分析干扰来自何方,是由什么物体或装置产生的,是通过什么途径传到电子线路上来的,也就是要找到干扰源和干扰传播的途径。电子线路的抗干扰主要从三方面着手:抑制干扰源的干扰;阻断干扰传播的途径;加强电子线路抗干扰的能力。如果用 A 来描述一个电子线路接受干扰的程度,那么有:

$$A = \sum_j R_j K_j S_j$$

式中:S_j 表示某个干扰源的强度;K_j 表示传播路径的衰减系数;R_j 表示电子线路的接收系数,它代表了线路的抗干扰能力。R_j 越小,表示电子线路抗干扰能力越强。

在上述的电子线路抗干扰的三个方法中,以抑制干扰源产生的干扰最为有效。例如,继电器的频繁动作会产生强烈的电磁干扰,如果是直流供电的继电器,则在继电器线圈两端反向并联一个二极管,即可产生很好的抑制效果。又如,日光灯启辉器中的电容也是为消除日光灯启辉时对无线电设备产生电磁干扰而设置的。

因此,减少干扰源及干扰源的强度,增大各干扰源的衰减直至切断各干扰通道,提高电子线路的抗干扰能力(即减小 R)都可以使电子线路接受干扰的程度 A 减小。

18.2 干扰源的种类及频谱分析

在 16.2 节中,列出了几种主要干扰源,其中有天电干扰和工业环境产生的干扰。

天电干扰主要为雷电和太阳辐射、天体变化引起的电磁辐射。工业环境产生的干扰则是各种各样的电气装置中电流、电压的急剧变化所形成的电磁辐射。

天电干扰,可以看成一个个的冲激函数,其频谱结构为平行于 ω 轴的一条直线,如图 18.2.1 所示。

实际上,这些冲激是脉宽大约为 10^{-14} 秒的脉冲,因此,它们的频谱密度函数是 Sa 函数了,如图 18.2.2 所示。

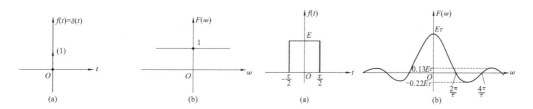

图 18.2.1　冲激函数及其频谱　　　　图 18.2.2　脉冲函数及其频谱

其频带宽度可以认为是 $B=\dfrac{1}{\tau}=10^{14}$ Hz。

工业环境产生的干扰一种是脉冲性质的,这种脉冲干扰可看成一个突然上升又按指数规律下降的尖脉冲,其表达式为:

$$f(t)=\begin{cases} e^{-at} & (t>0) \\ 0 & (t<0) \end{cases}$$

式中:$a>0$,表示干扰电压下降的速度。这是单边指数函数,其频谱密度函数为:

$$F(\omega)=\frac{1}{a+j\omega}$$

其幅度谱为:
$$|F(\omega)|=\frac{1}{\sqrt{a^2+\omega^2}}$$

单边指数函数的时域波形、幅度谱如图 18.2.3 所示。

工业环境产生的另一种干扰是工频电压的高次谐波。这是由于三相发电机产生的电压不是严格的正弦波形,或多或少包含一定的高次谐波分量,它们会通过电网或以电容性耦合,或以电感性耦合,或以空间电磁波的形式进入电子线路。

18.3　干扰对电路的作用形态

干扰对于电路的作用形态有两种:一种是串模干扰,一种是共模干扰。串模干扰和共模干扰的基本概念很重要,在分析线路受干扰时,应根据干扰的不同形态来进行正确区分,只有在正确区分的基础上才能正确地采取相应的措施。下面以实例来说明什么是串模干扰和共模干扰。

18.3.1　串模干扰

串模干扰可用图 18.3.1 来说明。在图 18.3.1(a)中,对于直流信号电压 V_s 来说,由于继电器触点的不正常的抖动,或者由于接触电阻的发热而产生的热电动势的变化,会在触点处产生一个干扰电压 V_n,V_n 是与信号电压 V_s 串联的,其等效电路如 18.3.1(b)所示,波形图如18.3.1(c)所示,这就是典型的串模干扰。当V_s是交流信号时,同样也是串模干扰,只不过干扰波形是叠加在交流信号上的。

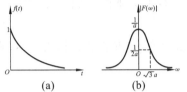

图18.2.3 单边指数函数的时域波形、幅度谱

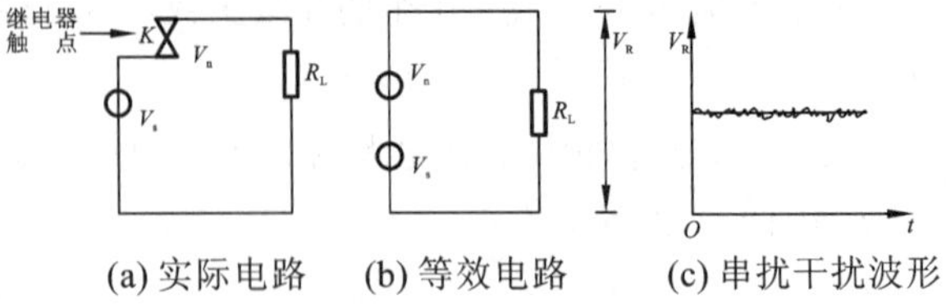

图18.3.1 串模干扰

18.3.2 共模干扰

共模干扰可用图18.3.2来说明。在以大地电位(或电路板上的公共地)为基准的回路中,有两个回路1和2如图18.3.2(a)所示,R是导线的电阻,初学者往往不易察觉。由于R的存在,使得回路2中线A和线B上均对地有一个干扰电压$V_n = V_1 \dfrac{R}{R_{L1}+R}$。回路1的电流变化,通过公共电阻$R$的耦合给回路2造成了影响。当$V_s$是直流信号,$V_2$是交流信号时,线A与线B上的波形如图18.3.2(c)所示。

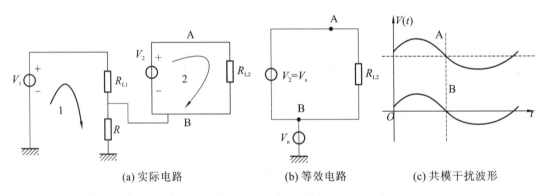

(a) 实际电路　　　　　(b) 等效电路　　　　　(c) 共模干扰波形

图18.3.2 共模干扰

共模干扰往往可以转换成为串模干扰。如图18.3.3所示,e_{CM}对于电路的影响是以共模干扰的形态出现的。如果电路中阻抗$Z_1=Z_2,Z_3=Z_4$,那么根据电桥平衡的原理,可以知道e_{CM}在Z_L两端引起的压降为零,即$e_{NM}=0$。这就是说,虽然有共模干扰的影响,但由于线路的阻抗平衡,它对线路的负载并不起作用。当$Z_1 \neq Z_2,Z_3 \neq Z_4$时,共模干扰电压$e_{CM}$会在负载$Z_L$上形成输出电压$e_{NM}=\left(\dfrac{Z_4}{Z_1+Z_4}-\dfrac{Z_3}{Z_2+Z_3}\right)e_{CM}$。这时,$e_{CM}$则是以串模的形态作用于电路而加于$Z_L$的两端,所以可以认为是共模干扰转化成了串模干扰,这个转化的条件就是线路的不平衡。

一般说来,共模干扰要转化成串模干扰才对电路有影响。若电路完全平衡,那么其中的共模干扰不会转化成串模干扰。然而,绝对的完全平衡是做不到的,总存在程度不同的不平衡,因而也总存在着共模干扰转换成串模干扰的影响,衡量一个电路抗共模干扰的能力,可以用它抑制转化成串模干扰的能力来表示,即用e_{CM}/e_{NM}的比值来表示。

电路的共模抑制能力常用CMRR(dB)表示,其定义为:

$$\text{CMRR} = 20\lg \frac{e_{\text{CM}}}{e_{\text{NM}}} \qquad (18.3.1)$$

注意：CMRR（common mode rejection ratio）和模拟电子技术中集成运放的共模抑制比 $K_{\text{CMR}} = \left|\dfrac{A_{\text{VD}}}{A_{\text{VC}}}\right|$ 的异同点。

对于共模干扰的研究很重要，不仅是因为以这种形态出现的干扰十分普遍，而主要是由于它最终会变成串模的形式来影响电路并且又难以察觉，抑制共模干扰在措施上往往比抑制串模干扰更困难。

18.4　在干扰传播途径中抑制干扰的措施

在干扰源处抑制干扰是最为有效的，前面已经进行了简单的论述。但是在许多情况下，在干扰源处是无法采取措施的，或者采取了措施，仍然不能避免干扰的产生。例如，天电干扰就无法在干扰源处采取抑制措施；又如电网中容性负载的接通或感性负载的断开，虽可采取抑制措施，但仍会产生部分干扰电压或电流或电磁场对其他电器形成干扰，这就需要进一步从传播途径采取措施对干扰进行抑制。干扰传播的途径主要有：经导线直接传导耦合、经公共阻抗的耦合、电容性耦合、电感性耦合、电磁场耦合等。下面根据各种传播的特点，采用不同的手段和方法将干扰切断或削弱，从而达到抑制干扰的目的。

18.4.1　导线直接传导干扰的抑制方法

干扰经导线直接传导耦合到电路中是最常见的，如干扰电压通过信号线直接传给电路或干扰经电源传给电路等。

抑制由导线直接传导的干扰，主要措施是串接滤波器。各种滤波器的性能及作用已在相关课程中详细讨论过，这里不再详细讨论。只要根据干扰的频谱特性，选用适当的滤波器即可。例如，在电源电路中设计输入和输出滤波器，又如在接收机信号通道中串接带阻滤波器，以滤除某特定频率的干扰。

18.4.2　公共阻抗耦合干扰（串扰）的抑制方法

公共阻抗耦合是指干扰源回路和受干扰回路之间存在着一个公共阻抗，干扰电流通过这个公共阻抗所产生的干扰电压，传导给受干扰回路的耦合形式。例如，18.3.2 节中的共模干扰就是由公共阻抗形成的。下面举一个多级放大器的例子。

1. 接地方法不对引入串扰

传感器探测系统的电子线路中一般都是多级放大器，如果各级接地点安排不当，就会产生严重的干扰，如图 18.4.1 所示。功放级的电流在 AO 段的压降会形成干扰电压加入前置放大器，形成了内部串扰。同理，流过功放的大电流通过 O_1A_1 段导线时，会使前置放大器的供电电压产生微小的波动，正确的布线方法如图 18.4.2 所示。各级接地点，均应直接接到电源负端，各级电源正端加电解电容滤波，电解电容的大小视各级取用电流大小而定。

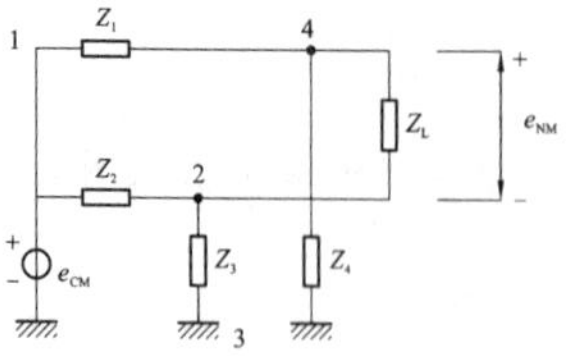

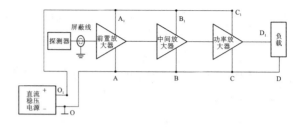

图 18.3.3　共模干扰转化成串模干扰的原理图

图 18.4.1　接地点不正确形成串扰

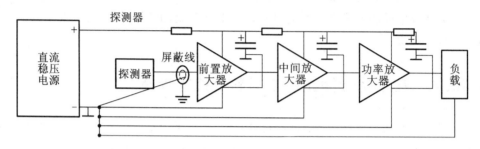

图 18.4.2　正确的接地方式

等效电路的分析表明,引入信号源或前置放大器"浮地"或"半浮地"技术能很好地抑制测试系统地回路电流的共模干扰。

2. 交流供电中的公共阻抗

交流供电线路中也有因公共阻抗使干扰传播的问题。例如,电网供电设计成如图 18.4.3(a) 所示结构时,电梯、空调等大功率负载的启动或关断会产生尖峰状电压或电流,而这些大功率负载与计算机供电电网形成的公共阻抗,会将它们耦合给计算机,从而对计算机产生干扰。解决的方法是减小公共阻抗,或者使这个公共阻抗远离计算机,这样大功率负载所产生的浪涌电流、电压或尖峰,经较长距离的电线衰减后,其影响会显著减小,或者分开相线使用,也可以减小受干扰的机会,如图 18.4.3(b)所示。

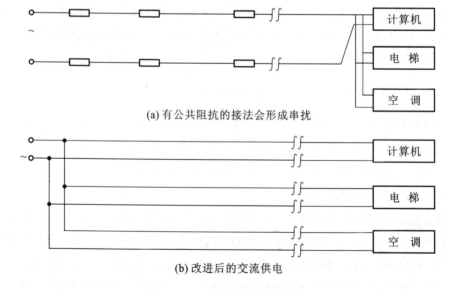

(a) 有公共阻抗的接法会形成串扰

(b) 改进后的交流供电

图 18.4.3　交流供电的两种接法

3. 印制板上公共阻抗不可忽视

忽视公共阻抗的存在，可能使本来是抗干扰的措施反而成了干扰的原因，如图 18.4.4(a)所示的多级放大器电路的两个旁路电容，本来是用于抑制自激振荡而设计的，在印制板上的装配如图 18.4.4(b)所示，两个旁路电容在公共点连接，然后再连接接地点。若这段印刷线有较大的阻抗 Z_c，就会构成如图 18.4.4(c)所示结构的等效电路，从而发生自激振荡，电容性能越好，即电容的内阻 R_1、R_2 越小，这种干扰越厉害。图 18.4.4(d)所示的为考虑到电容内阻的等效电路，X、Y 分别接到各级电源端，C_1、C_2 为各级的去耦电容，这种连接可减小公共阻抗产生的干扰。

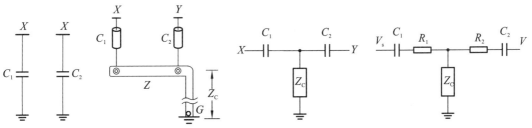

(a) 多级放大器的两个旁路电容　　(b) 实际印制电路　　(c) 公共阻抗 Z_c 的等效电路　　(d) 考虑电容内阻的等效电路

图 18.4.4　印制板上公共阻抗形成串扰

4. 高频时公共阻抗中的感抗不可忽视

上述的公共阻抗，除了电阻外，还包含容抗和感抗，但往往容易把公共阻抗只看成是电阻，这在抗干扰技术上是一个相当严重的错误，这种疏忽可能导致线路的严重干扰。由于干扰往往具有很高的频率成分，所以对于公共阻抗，不应单纯地只看到它的电阻成分；特别是对于常用的电线、印制线路板上的印刷线，从高频的角度来看，与其说它是电阻，不如说它是电感。因为在高频时导线的等效电路是由电阻和电感串联而成的，频率越高，感抗成分占整个阻抗的比例越大。直线形状的导线，其电感为：

$$L = 2l\left(\ln\frac{4l}{d} - A\right) \times 10^{-9} \text{ (H)} \tag{18.4.1}$$

式中：l 为导线长度(cm)；d 为导线的直径(cm)；A 为常数，取值范围为 $0.75 \sim 1$，无集肤效应时为 0.75，电流集中于导线表面时为 1。直径为 2 mm 的直铜线每 1 m 长的电感为 1 μH 左右。在 1 MHz 时其阻抗就是 6.3Ω。

对印制线路板进行分析可以发现：印制线路板一般是一层约 35 μm 厚的铜箔，印刷线如宽 1 mm，则每 10 mm 长的印刷线电阻值为 5 mΩ，电感量为 4 nH 左右。进一步的计算可以得出，印刷线电感部分所产生的干扰电压要比电阻成分产生的干扰电压大几百倍，因此电阻因素可以忽略。

通过上述分析可以看出，无论是导线还是印刷线形成的公共阻抗，电感成分是产生干扰电压的主要因素。所以在布线和设计印制线路板时，应尽量降低作为公共阻抗的导线或印刷线的电感量。地线可选用尽可能粗的导线来制作，有条件时可采用电感量很小的铜板条做地线，印刷线路的地线也要尽量做到短而粗，必要时可用大面积的铜箔来作为地线，这可大大降低其阻抗。

18.4.3 电容性耦合产生的干扰及其抑制方法

1. 电容性耦合传播干扰的机理

电容性耦合又称为静电耦合。在静电感应实验中,我们知道,当一个带电体接近下部带有两片金属箔的静电检测器时,金属箔产生感应电荷因同性相斥而张开;当带电体离去时,金属箔因自重而又重新闭合。从干扰的角度来看,金属箔的张合是一种受干扰的效应。在电力线作用下,从一方向另一方传送了静电而引起的变化,就是静电感应。电容器能传导交流电也是基于这个原理,从电容器传导变化电压的角度理解,可以认为这种干扰的传导属于电容性耦合。

事实上,系统中和系统间任何两个元器件或两根导线之间都存在电容及干扰的容性耦合,只是因为这种干扰因耦合电容很小可以忽略,但是在低噪声电子线路设计和微弱信号检测中,这种干扰则不能忽视。

2. 抑制方法

图 18.4.5 所示的为两根导线之间的容性耦合及其等效电路。图中,$\dot{V}_{ni}$ 为导线 1 上的干扰源,C_{1G}、C_{2G} 分别为导线 1 和导线 2 的对地电容;C_{12} 为两导线之间的分布电容;$\dot{V}_{n0}$ 为导线 2 从导线 1 耦合来的干扰电压。根据等效电路得:

$$\dot{V}_{n0} = \frac{j\omega C_{12}}{j\omega(C_{12}+C_{2G})+1/R_{2G}} \cdot \dot{V}_{ni} \tag{18.4.2}$$

若工作在低频(几百千赫兹)范围内,则通常满足 $|j\omega(C_{12}+C_{2G})| \ll \frac{1}{R_{2G}}$,因此上式可简化为:

$$\dot{V}_{n0} = j\omega C_{12} \cdot R_{2G} \dot{V}_{ni} \tag{18.4.3}$$

式(18.4.3)表明,干扰电压与干扰源的频率、两线之间的耦合电容 C_{12} 及被干扰电路的对地电阻 R_{2G} 等参数有关。由此可知,当干扰频率和振幅固定,而要降低容性耦合干扰时,可将受干扰电路运用在低阻状态并设法减小 C_{12}。减小 C_{12} 可采用改变导线走向(使两导线垂直)、拉开两线距离或屏蔽等方法。

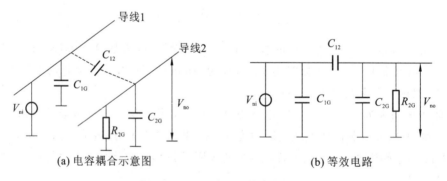

(a) 电容耦合示意图   (b) 等效电路

图 18.4.5 两导线间的电容耦合

图 18.4.6 表示用屏蔽线代替导线 2 的情况,但屏蔽线和芯线均不接地。从等效电路中可以求出在屏蔽金属线上的感应干扰电压为:

$$V_{N0}^{(1)} = \frac{C_{1S}}{C_{1S}+C_{SG}} V_{Ni} \tag{18.4.4}$$

由于屏蔽线与芯线之间没有电流,所以通过感应在芯线上的干扰电压同样为 $V_{N0}^{(1)}$。若屏蔽线接地,则 $V_{N0}^{(1)}=0$,即芯线上的干扰电压也为零。

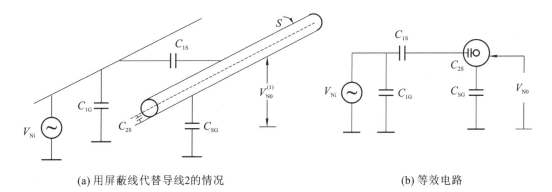

(a) 用屏蔽线代替导线2的情况　　　　　　　(b) 等效电路

图 18.4.6　加屏蔽后的电容性耦合

综上所述，要使容性耦合屏蔽效果好，首先要使屏蔽体接地，其次是尽量将被干扰的部分屏蔽起来，使干扰源和被干扰部件的耦合电容降到最低。

3. 注意接地良好

进行屏蔽时，要取得好的屏蔽效果是有条件的，即所提供的屏蔽体的接地被认为是非常理想的，接地阻抗应充分小，这样才可使 C_{1S}、C_{2S} 的作用忽略不计。然而，实际上往往忽视了这一点，或者只注意接地线电阻要小却忽视真正起作用的电感成分，结果静电屏蔽的效果不显著。在某种场合，屏蔽体的接地阻抗大反而成为干扰传播的条件。在图 18.4.7 所示的屏蔽接地系统中，本来为了将运算放大器与干扰源进行静电屏蔽的，但由于屏蔽接地阻抗 Z_m 大，不但没有起到屏蔽作用，反而导致其他干扰源通过屏蔽板的分布电容而进入放大器。

图 18.4.7 所示的接地系统，屏蔽接地不良成为干扰传播的条件，消除电容耦合的静电屏蔽原理如图 18.4.8 所示。

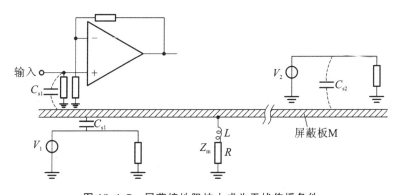

图 18.4.7　屏蔽接地阻抗大成为干扰传播条件

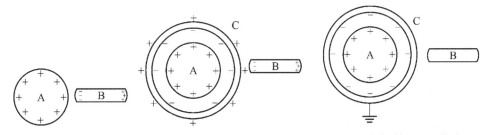

(a) 没有屏蔽，A对B形成干扰　　(b) 屏蔽而不接地，干扰仍存在　　(c) 屏蔽体C接地，干扰消除

图 18.4.8　静电感应和静电屏蔽

18.4.4 电感性耦合产生的干扰及其抑制方法

1. 原理

由电磁场理论可知：当电流 I 流过一个闭合回路时，将在回路的周围产生与电流成正比的磁通 $\Phi = LI$。其比例常数称为回路的电感 L。如果这一磁通影响到第二个回路，即这两个回路之间产生互感 M_{12}，其定义为：

$$M_{12} = \frac{\Phi_{12}}{I_1}$$

式中：Φ_{12} 为回路 1 中的电流 I_1 在回路 2 中产生的磁通，如果 I_1 是变化的，其还会在回路 2 中产生感应电动势：

$$V_{eM} = M_{12} \frac{dI_1}{dt} \tag{18.4.5}$$

式(18.4.5)表明，要减小磁场耦合，就应该减小互感 M_{12} 及干扰回路电流 I_1 的变化率。减小互感 M_{12} 可采取拉开两回路间的距离、减小回路 2 的面积或改变两回路的方向等方法来实现。

2. 信号线的屏蔽

如图 18.4.9(a)所示，回路 1 中的电流 I_1 对回路 2 会产生电感性耦合干扰。为了消除这种干扰，可以将回路 2 的信号线屏蔽起来。如果用一个不接地的非磁性屏蔽体把回路 2 的信号线屏蔽起来(图 18.4.9(a)中的虚线为信号线)，由于屏蔽体没有改变两导线间的几何形状，即没有减小回路 2 的面积，也没有改变介质的磁性，因此这种没有接地的屏蔽体(图 18.4.9(a)回路 2 中的圆筒形为屏蔽体)对导线 2 (即信号线)不起屏蔽作用。在导线 2 中仍会感应出 $V_{n2} = M_{12}\dfrac{dI_1}{dt}$ 的干扰电压，同时在屏蔽体上也会感应出电压 $V_{ns} = M_{1s}\dfrac{dI_1}{dt}$，此时的等效电路如图 18.4.9(b)所示。如果对信号线的屏蔽体采取适当的接地方式，减小回路 2 的面积就可起到好的防止感性耦合干扰的效果。

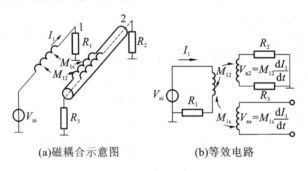

(a)磁耦合示意图　　(b)等效电路

图 18.4.9　加屏蔽时的电磁耦合干扰

例 18.4.1　用 50 kHz 的电磁场去干扰图 18.4.10 所示的不同接法的电路，实验结果表明各电路的抗干扰能力是不同的。图 18.4.10(a)所示的接法与图 18.4.9(a)相同，对电感性耦合干扰没有屏蔽作用，受干扰最强，以其干扰输出作为基准值(即 0 dB)，图 18.4.10 中其他几种接法对电感耦合的衰减量以分贝数示于图题中。实验结果表明，图 18.4.10(c)的接法抗干扰能力最强，而图 18.4.10(e)、图 18.4.10(d)的接法次之。这三种接法的共同之处是采取屏蔽体一端接地、源端浮地的接法，这种接法减小了受干扰回路的回路面积，同时也防止了容性干扰，这种接法是抗低频干扰的较好的屏蔽方式。图 18.4.10(b)所示的屏蔽体两端接地,为什么效果不好呢?这是因为流过负载 R_L 的电流会按图示那样分成 I_1、I_2 两个分量返回信号源,在低频情况下,I_2 比 I_1 小,与图 18.4.10(a)相比,区别不大,所以抗干扰效果不好。因此在大多数探测系统中,在较低频率范围工作时应采用图 18.4.10(c)所示的源电阻浮地、屏蔽体一端接地的方式。那么,什么频率范围是属于低频情况呢?在所使用的信号线为电缆、屏蔽线的情况下,所谓低频一般是指频率在几千赫或几十千赫以下,具体数值取决于屏蔽线的电阻和电感。

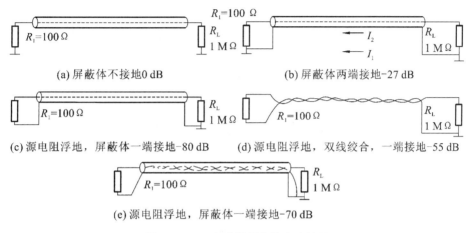

图 18.4.10 电感性耦合的实验结果

3. 双绞线的电磁屏蔽原理及其效果

从图 18.4.10 中可以看出,采用双绞线也是电磁屏蔽的一种良好的形式。下面介绍其工作原理。

图 18.4.11(a)所示的是双绞线作为干扰源的导线时,实现屏蔽的原理图。当双绞线中有电流流过时,各个环外磁通基本被抵消,在导线绞合所组成的面积很小的环路内,会产生相应的磁通,而在环路外,由于环的两边导线流过的电流方向相反,因此,产生的磁通方向相反,大部分被抵消。这种屏蔽方式常用于电子管灯丝、交流电源、指示灯、继电器等大功率设备的供电线上,使供电线上发散的磁通减少到最低限度,减少对其他电路的电磁影响。

如图 18.4.11(b)所示的是双绞线作为信号线时,其抗外界磁通干扰的原理图。双绞线在干扰磁通中,每根导线均被感应出干扰电流,其电流方向如图 18.4.11(b)所示。这样,在相邻两个环的两段双绞线上流过的干扰电流大小相等、方向相反,从而干扰电流被抵消。结果,在总的效果上,导线中不存在干扰所产生的感应电流。

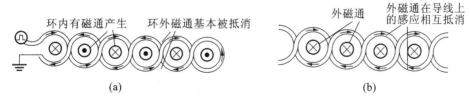

图 18.4.11 双绞线的两种屏蔽作用

双绞线的屏蔽效果随每单位长度的绞合数的增加而提高。双绞线的使用十分方便,价格低廉,屏蔽效果也较好,深受欢迎,在屏蔽中常会用到。双绞线如果再外加金属编织网,就可以克服双绞线易受静电感应的缺点,其屏蔽效果会更好。双绞线和屏蔽双绞线非常适用于频率低于 100 kHz 的屏蔽,当频率高于 1 MHz 时,其损耗会增大。

4. 电容性耦合干扰与电感性耦合干扰的对比

电容性耦合干扰与电感性耦合干扰往往是同时存在的，二者很容易相互混淆，如果在处理干扰时不能分清这两种性质的干扰，就不可能有的放矢地采取有效的抗干扰措施。表 18.4.1 所示的是两种耦合的判别方法。

另外，高电压回路容易成为电容性耦合的干扰源，而大电流回路容易成为电感性耦合的干扰源。

根据干扰源产生的干扰电压与电路中信号电压之间的串联或并联关系，也可以区分电容性耦合干扰和电感性耦合干扰。图 18.4.12(a)所示的几个干扰电压和信号源电压是并联的，属于电容性耦合干扰；而图 18.4.12(b)所示的几个干扰电压和信号源电压（图中省略未画出）是串联的，属于电感性耦合干扰。一般情况下，电容性耦合干扰属于共模干扰，而电感性耦合干扰属串模干扰。

表 18.4.1 两种耦合的判别方法

判别方法	电容性耦合干扰	电感性耦合干扰
使受干扰的信号回路的信号源内阻变化	变化	不变
加屏蔽体后，将屏蔽体接地，再断开接地，重复多次	变化	不变
干扰源回路负载变化	不变	变化

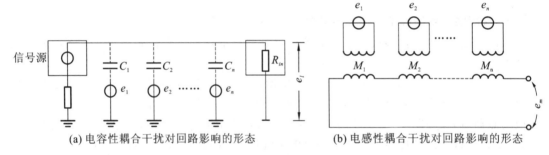

(a) 电容性耦合干扰对回路影响的形态　　(b) 电感性耦合干扰对回路影响的形态

图 18.4.12　电容性耦合干扰和电感性耦合干扰对回路影响的形态

18.4.5　电磁场耦合产生的干扰及其抑制方法

1. 近场和远场（感应场和辐射场）

辐射的电磁场的特性是由源的特性来决定的。源周围的介质以及源与观察点之间的距离等都能影响场的特性。在源附近的场，其特性主要决定于源的特性，当远离源的地方，场的性质则主要决定于场传播时所通过的介质。因此，对于电磁场辐射源的周围，可分为近场和远场两个范围，辐射源附近称近场，距离大于 $\lambda/2\pi$ 的地方称远场，这里 λ 为波长。在近场中，干扰一般是通过前述的电容性耦合或电感性耦合传播到电路中的。电场 E 对磁场 H 的比值称为波阻抗，在近场时它决定于源的特性和从源到观察点的距离。如果源为大电流低电压的情况，则近场主要为磁场，以电感性耦合的干扰为主；若源为高电压小电流，近场主要是电场，以电容性耦合的干扰为主。当频率低于 1 MHz 时，电子线路内的干扰大多是由近场所造成的。因为根据 $\lambda/2\pi$ 来计算，近场的范围很大，在 30 kHz 时，近场范围可达 1.6 km。

对近场中的电容性耦合和电感性耦合干扰前面已进行了分析。下面分析电磁辐射在远场中的传播情况及防止这种干扰的方法。

2. 远场中电磁场耦合的传播方式及其感应电动势

辐射的电磁场在空间的传播是由于电场和磁场的相互作用。例如,在一根导线上流过直流电流,会在导线周围产生磁力线,并沿导线方向产生电力线,这样就形成了磁场和电场。当电流变化时,导线周围的磁场和电场也相应地改变,这种变化在空间的传播就是电磁波,电磁波传播的速度等于光速。无线电广播、通信设备和其他高频的工业设备,往往辐射功率很大的电磁波。如果在辐射电磁场中放一金属导体,在导体上会产生正比于电场强度的感应电动势 V,即

$$V = h_{\text{eff}} E \tag{18.4.6}$$

式中:h_{eff} 为天线的有效高度,为一个比例常数。导线,特别是长的导线、如信号输入线、输出线、控制线、电源线等在电磁场中都能接收电磁波而感应出干扰电压。作为干扰源,这些导线又能辐射出电磁波。在大功率广播设备附近的强电场中,电子设备的外壳或内部的导线,导体都会感应出很大的感应电动势,导致对电路产生干扰。例如,当垂直极化波的电场强度为 100 mV/m 时,长度为 10 cm 的垂直导体可以产生 5 mV 的感应电动势。这么大的干扰电压几乎可以将被检测的信号完全淹没。因此,对于远场中的电磁波干扰,同样要采取抑制措施。

3. 屏蔽是抑制电磁波干扰最主要的方法

所谓屏蔽,是对两个空间区域之间加以金属隔离,对于电容性耦合可将金属接地进行静电屏蔽;对于电感性耦合,则采用金属屏蔽体进行适当的接地以进行电磁屏蔽。而对于远场中的电磁波也同样可以用金属体进行隔离,以阻止这种干扰的传播。与在近场中的屏蔽相同,在远场中的屏蔽也可以根据实际情况采取两种方法:一种是用金属屏蔽体将电磁场发射源包容起来,不让它向外扩散;另一种是对受干扰对象如仪器、电路、元件、电缆等进行屏蔽,使之不受电磁场的影响。

屏蔽的效果与电磁波的频率、屏蔽体的几何形状和材料性质等因素有关。金属板屏蔽体对电磁波的衰减作用有两种:一种是入射到金属表面时一部分被反射回去,称为反射损耗;另一种是入射波进入屏蔽金属内部,在继续传播的过程中消耗能量,这种损耗称为吸收损耗。

无论是在反射损耗还是在吸收损耗中,铜、铝、钢这三种材料中,铜的损耗是最大的,因此最适合于做屏蔽体,但由于铜价格较贵而且少,故要求不高的场合也可用铝和钢代替。

由于科技的进步和材料工业的发展,现在的仪器机箱很多是塑料制成的。为了使这种塑料机箱也能具有远场电磁屏蔽作用,发明了一种金属喷涂技术。例如,锌在燃烧气体的熔化下,用压缩空气将熔化的金属微粒喷射到塑料壳体的内层,形成镀锌的金属层。实验表明 100 μm 厚的镀锌屏蔽层在 30～500 MHz 范围内可得到 400 dB 以上的衰减量,效果很好。

4. 电磁场屏蔽的具体分析

从减小电感耦合的实例中可以看到,主要方法是减小受干扰回路的面积。双绞线的电磁屏蔽原理则是让干扰电流或干扰磁通相互抵消。总的说来,减少电感性耦合的有效方法是采用电磁屏蔽。电磁屏蔽的原理主要是利用在低电阻的金属屏蔽材料内流过的涡流来防止频率较高的磁通的干扰。例如,为了防止高频圈向外泄漏磁通,可用低电阻的金属(如铜、铝)制成的圆筒形容器将它包围起来,这时线圈的交变磁通穿过金属圆筒时,就会在金属层内产生涡流电流,这种涡流也产生一个磁通,这个磁通方向正好与原来的磁通方向相反,互相抵消,所以基本上隔离了磁通向外泄露,从而抑制了通过电感性耦合干扰的传播。如果这种屏蔽体也接地,又同时具有静电屏蔽的作用。故一般电磁屏蔽均接地,使其同时具有静电屏蔽的功能,故静电屏蔽本身就具有电磁屏蔽的功能。但是电磁屏蔽与静电屏蔽还有一个

不同的地方,就是严格的电磁屏蔽必须没有缝隙地严密地包围受屏蔽体,而静电屏蔽的要求没有那么高。这是由于干扰磁通使屏蔽体上产生涡流电流,涡流电流产生的磁通正好与干扰磁通相反,如果在垂直于涡流电流的方向上有缝隙,就会阻止涡流电流的流动,因而影响电磁屏蔽的效果。对于静电屏蔽,屏蔽体上有缝隙几乎对屏蔽作用无影响。例如,电流变压器初级和次级之间加静电屏蔽时,特地在屏蔽铜箔上开几条缝隙,以阻止涡流的流动,降低损耗,但这并不影响静电屏蔽的效果。

电磁屏蔽在较低的低频时并不十分有效,这时要用高导磁率的材料进行屏蔽,以便将磁力线限定在磁阻很小的磁屏蔽导体内部防止扩散到外部。这时,可选用坡莫合金等对低磁通密度有高磁导率的材料,并要求一定的厚度。图18.4.13所示为线圈发出的低频磁通的绝大部分集中于高导磁的屏蔽体内,而很少向外泄露;图18.4.13(b)所示是用屏蔽来保护某个区域不受外界磁通的影响,将高导磁材料置于屏蔽区域周围,以便提供一个低的磁阻旁路来达到排除磁通的影响。

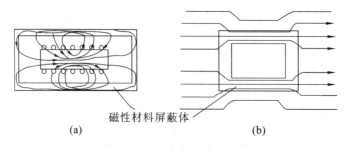

图 18.4.13　低频时的磁屏蔽

为了既屏蔽高频磁通又屏蔽低频磁通的干扰,应该在坡莫合金上镀一层低电阻的金属,如锌等。因为高频磁通在金属上引起涡流被损耗,低频磁通则被旁通。

18.5　正确选用电源及采用电源滤波器

大多数电子系统是使用直流电源。这种直流电源可以使用化学电池,但大多数情况下还是采用由交流市电,经过变换处理之后得到的直流稳压电源。这类电源,根据其工作方式的不同可分为两大类型,即开关式稳压电源和线性稳压电源。由于开关式直流稳压电源功率元件工作在几十千赫兹的开关状态,给线路不可避免地带来尖峰干扰,并且输出纹波大,可达几十毫伏,故在低噪声电子设计中一般不宜采用。

线性稳压电源则没有上述缺点,其纹波可以小于 1 mV,因此在要求高的场合下应优先选用线性电源,当要兼顾时,可联合运用。

为了抑制从电网串入的脉冲干扰和高次谐波,在线性电源的输入端应接入电源滤波器。常用的电源滤波器如见图18.5.1,分别介绍如下。

(1) 图18.5.1(a)所示的电源滤波器是以低阻抗起作用的。当它并接在电源的两端时,可以滤除电源中的串模噪声。如果接在电源和地之间,则可滤除电源的共模噪声。这里的电容要求高频特性非常好,而且引线电感要尽可能的小。

(2) 图18.5.1(b)所示的电源滤波器可以滤除电源的共模噪声。其接地的阻抗应尽量小,它影响着滤波器的高频特性。

(3) 图18.5.1(c)所示的电源滤波器中,C_1、C_2对滤除共模噪声起作用,C_3对滤除串模噪声起作用。

(4) 图18.5.1(d)所示的电源滤波器是滤除串模噪声的滤波器,L_1、L_2对于噪声来说呈

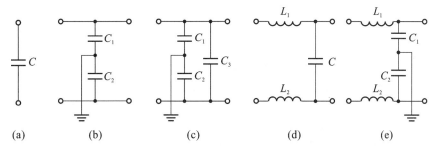

图 18.5.1 各种电源滤波器的构成

高阻抗，C 为低阻抗。

(5) 图 18.5.1(e) 所示的电源滤波器是滤除共模噪声的滤波器，应注意其接地阻抗必须充分的小，否则没有什么效果。

图 18.5.2 所示的是对串模干扰和共模干扰均有滤除效果的滤波器。

L_1、L_2、C_1 是滤除串模干扰的，L_3、L_4、C_2、C_3 是滤除共模干扰的。L_1、L_2 可选几百毫亨的电感。C_1 要选高频特性的陶瓷电容或聚酯电容，电容量为 $0.047 \sim 0.22~\mu\text{F}$。$C_2$、$C_3$ 的要求与 C_1 相同，电容量一般在 2 200 pF 左右选用，漏电电流不能大于 0.75 mA。

L_3、L_4 是抗共模干扰扼流圈。两个线圈均绕成相同的圈数，一般可各绕十匝左右。其原理图如图 18.5.3(a) 所示，其结构如图 18.5.3(b) 所示。由图可知，由于电源线的往返电流所产生的磁通在磁芯中已相互抵消，所以它对串模干扰已无电感作用，而对电源线与地之间的共模干扰则起到了电感抑制作用。

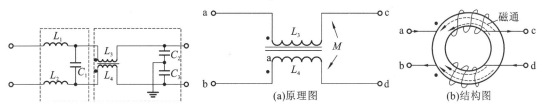

图 18.5.2 对串模、共模干扰都有效果的滤波器

图 18.5.3 抗共模干扰扼流圈

习 题 18

18.1　EMC 的含义是什么？为什么说电子线路的抗干扰技术是 EMC 的一个主组成部分？

18.2　电子线路的抗干扰主要从哪几个方面着手？抗干扰最有效的方法是什么？

18.3　从频谱分析来看，干扰源的频谱有哪几类？

18.4　干扰对电路的作用形态有哪几种，分别举例说明。

18.5　干扰进入电路的途径有几种？如何抑制？分别给予简要论述。

18.6　举例说明什么是串模干扰，什么是共模干扰。

18.7　比较电路的"共模抑制比"和集成运算放大器的"共模抑制比"两个定义的异同点。

18.8　如何抑制通过信号线传给电子线路的干扰？

18.9　如何抑制通过电源传给电子线路的干扰？

18.10　举例说明因接地方法不对而引入的串模干扰，如何消除这种串模干扰？

18.11　举例说明因交流供电中的公共阻抗所引入的串模干扰，如何消除这种串模干扰？

18.12　一个由交流 220 V 供电的电磁阀，每动作一次，就给邻近的电子设备造成干扰，产生误动作或错误的显示，应如何消除这种干扰？

参 考 文 献

[1] 何兆湘.光电信号处理[M].武汉:华中科技大学出版社,2008.
[2] 何兆湘,卢钢.电子技术实训教程[M].武汉:华中科技大学出版社,2015.
[3] 何兆湘,叶念渝,鲁世斌.信号与系统简明教程[M].武汉:华中科技大学出版社,2017.
[4] 康华光.电子技术基础 模拟部分[M].6版.北京:高等教育出版社,2013.
[5] 刘贤德,石定河,陈汝钧,等.红外焊缝检测仪的研制与应用[J].红外技术,1991(2):12-16.
[6] 王化祥,张淑英.传感器原理及应用[M].4版.天津:天津大学出版社,2014.
[7] 魏学业.传感器技术与应用[M].武汉:华中科技大学出版社,2013.
[8] 吴建平.传感器原理及应用[M].2版.北京:机械工业出版社,2012.